悠遠的回聲

漢口路壹伍壹號

华东建筑设计研究总院
《时代建筑》杂志编辑部 著

同濟大學出版社
TONGJI UNIVERSITY PRESS

写在前面/引子

这是一本有关企业文化的记录。

对于中国建筑设计行业的人来说，华东院这个名字并不陌生。这家设计院的许多重要作品，都已成为城市的标志和人们工作、生活场景的记忆。作为一家历史悠久的国有企业，它一定有着人们似曾相识的发展经历；作为一个锐意进取的创意群体，它也一定有着与众不同的文化背景。它的相似和不同，正是我们试图记录和梳理的。因为这样的文本，对于这个行业，无疑有着不同凡响的文化影响力；因为这样的文本，一定会是新中国城市发展的一个缩影。

现代企业的历史，凝聚了很多人的智慧、理想与奋斗，也已成为人类现代文明史的一部分。人们可以从中认识企业的成长、组织的发展、社会的责任及创造的价值。中国现代企业发展时间不长，行业内此类记录与研究也不多，我们的尝试只是抛砖引玉。

当今中国已成为世界的聚焦点，近 30 年来中国城市的发展，影响甚至改变着全球的经济格局和人们的生活方式。在这一过程中，作为中国城市建设背后的重要服务者之一的设计院（机构）也开始走向成熟。追寻它们的故事，也许能让我们发现真实的自己。

城市建设关乎国计民生，反映了生活的变迁、社会的进步、技术的发展、文化的印迹，也打上了时代的烙印。所以，其背后的设计机构的成长故事，同样折射出中国城市、社会、经济的时代轨迹和特征，同时也浓缩了设计院几代人共同的努力，见证了中国城市走向现代化的曲折道路，反映出建设行业中的项目积累、技术科研的成熟与贡献。

以时间、事件、项目、人物为线索，以访谈的形式整理素材，我们希望这些文字能够串联起企业发展的脉络，展示企业深厚的文化，再现企业真实的历史，发现华东院独特的企业文化基因。

60 年后，当我们再读汉口路 151 号华东人艰苦创业、砥砺前行的感人故事时，凝视现代化大都市那条宏伟壮丽的城市天际线，仍然无法按捺内心的激动。他们留下的，是追求创新、追寻卓越的华东设计精神；我们接过的，是民族复兴和行业振兴的旗帜。

这个工作或许只是一个开始，但是这个开始意味着一段文化的苏醒，一种精神的再现。这个看似悠远而又亲近的召唤，相信会推动华东院走向未来、走向世界。

目　录

写在前面 / 引子

1952 —1959

010　那些令人难忘的身影
020　辉煌的红星——中苏友好大厦
028　一封信
032　在远方
040　中国建筑研究室纪事
048　启蒙的日子

1960 —1979

060　在遵义的群山中
064　长江边上——回忆“9424”工程和倪天增
074　苦乐在大屯
076　援外点滴
082　难忘的1972——上海国际卫星通讯地面站和金山石化
088　在山摇地动的时刻——援建唐山的回忆

1980 —1989

102　“过关”记
114　海陆空三座门——上海铁路新客站、虹桥机场和十六铺码头
126　超越——龙柏饭店
134　宾馆新风
146　高层新景
150　新村叙事
164　你好，星空——佘山天文台天文望远镜观察室
168　上海世贸商城

1990—1999

182 大珠小珠落玉盘——东方明珠电视塔

196 陆家嘴群楼

202 大剧院之歌

208 激情12年——浦东国际机场T1、T2航站楼

222 创“室”记

21世纪

240 城中城——上海虹桥综合交通枢纽

256 世博会来了

310 漫步长安街

328 佛光梵宫

334 “看”与“被看”——深圳紫荆山庄

338 超高层，一个梦想——武汉中心

348 “创”为先

370 “中国创造”之海外篇

382 上海滩的新故事——南外滩项目

388 幸运的四叶草——中国博览会会展综合体

附录

396 附录1：机构沿革

397 附录2：组织机构图

398 附录3：历届党、政、技组织领导表

402 附录4：员工名册

410 附录5：1952—2011年项目列表

444 **结语**

451 **后记**

1952—1959

· 那些令人难忘的身影

· 辉煌的红星——中苏友好大厦

· 一封信

· 在远方

· 中国建筑研究室纪事

· 启蒙的日子

1952－1959年

上图：20世纪50年代院外景

下图：院大门变迁

“时间开始了……”一位著名诗人这样为新中国歌唱。

新中国的“时间”始于1949年。华东建筑设计研究院有限公司（以下简称“华东院”）的“时间”，始于1952年。就在这一年，中央建筑工程部成立，各地成立建筑工程局，建立新中国第一批设计单位。北京组合11个中央建筑单位，成立中央直属设计公司。

1951年12月，上海市营建筑公司设计室和上海税务局地方税务处的技术人员组成“上海建筑设计公司”。1952年5月，华东建筑工业部成立，作为其直属单位，设计公司更名为“华东建筑设计公司”；1953年12月，更名为“建筑工程部华东工业建筑设计院”，即如今为业界、学界所熟知的“华东院”。

这是百废待兴，建设美好家园的时候。华东院举起了招贤纳士的旗帜，一批批分散在各界的建筑人才来此集聚，一时间华东院精英荟萃。

华东院成立一年之后，第一个五年计划开始了。社会主义建设在满目疮痍的大地上突飞猛进。“一五”的重点是重工业建设，全国集中力量进行由苏联帮助我国设计、大批建设单位参与的156项工业建设项目，建立我国工业化的初步基础……全国经济和文化建设支出总额766.4亿元，折合黄金超过7亿两，其中用于基本建设的占55.8%。1956年，苏联再次援助中国55个新的工业企业。

华东院成立之初就与国民经济发展的形势紧密联系。当年，很多人还没有做过工业建筑，华东院组织大家一起学俄文，虚心向苏联老大哥学习。在学习和实践中，他们渐渐成为工业建筑的专家。

那时候的设计师可以骄傲地说，国家利益高于一切，上海乃至全国，都是他们施展才华的舞台。在工业建筑中，华东院留下了不朽的业绩。他们完成和参与完成的主要项目有沈阳重型机器厂的铸钢车间、长春第一汽车厂、长春客车厂、戚墅堰机车厂、大连船厂、江南造船厂、镇江苇浆厂、慎和翻砂厂、上钢一厂、上钢三厂、上海水泥厂、上海电缆厂、上海造纸机械厂、吴泾化工厂和上海的仪表厂、化工机械厂等。

无数人间奇迹在他们设计的厂房中诞生：生产 1 250 吨、2 500 吨水压机及 5 吨锻锤的锻压车间、年产 30 万吨转炉车间、年产 6 万吨无缝钢管车间、年产 6.75 万吨薄板车间、年产 20 万吨中板车间、年产 30 万吨水泥厂……

华东院还参与规划和设计了彭浦工业区，著名的彭浦机器厂就在那个时候诞生，并迅速成为上海的工业新地标。

这也是战争硝烟逐渐散去的时日。新中国成立之时，解放战争还没有结束，解放大军正在向西北、西南、华南和海南推进。之后进行了抗美援朝，面对台湾的东南沿海成为军事前沿。设计师们在东北和山东有一系列军工厂作品。他们还走进福建深山，设计了重要的国防工程。至今，

华东工业建筑设计院1959年先进生产（工作）者暨院室负责同志合影

这些设施造在哪里，项目的内容是什么，参与设计的专家依然严守秘密。

新上海市中心的第一个地标——中苏友好大厦，也在华东院建筑师的积极努力下点亮了红色的五角星。当代建筑史研究者注意到，华东院有100多人投入到这项工程中。工程始于1954年，这可能是当时国内最早进行国际合作设计的项目之一。中苏友好大厦的建成，也是上海在新中国成立以后城市天际线一次重要的改变，中苏友好大厦的塔尖超过了此前上海最高的建筑——国际饭店。

在国家恢复经济的同时，文化建设项目也相继开工。华东院设计了一系列的大学校园建筑。如今，上海交通大学和复旦大学校园里在改革开放之后建起的新楼中间那些历经岁月沧桑的老建筑，巍然依旧。在复旦大学图书馆，与承重结构一体化的钢筋混凝土书架堪称一绝。厦门华侨大学、西安交通大学的美丽校园中，很多建筑最早都是在上海设计师手中开始的。

1954年8月，华东院职工总数达到1178人，达到院成立以来的最大数量，成为国内一流的建筑设计单位。

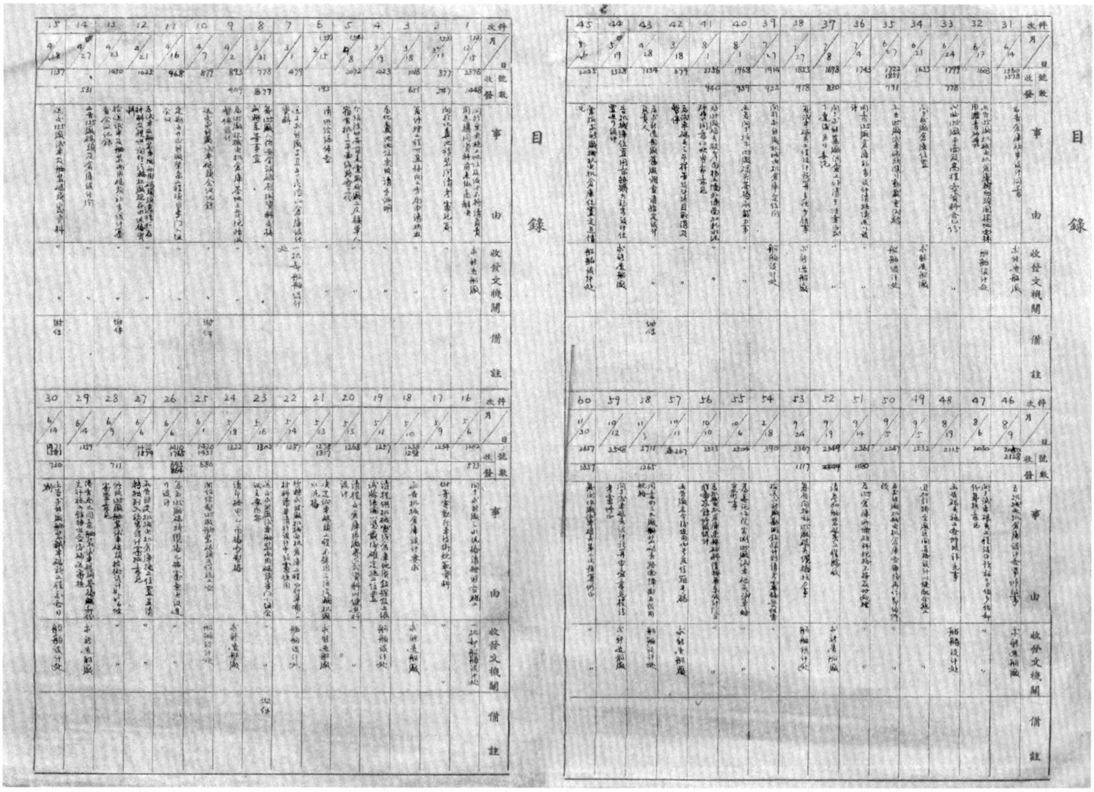

工整的“求新造船厂”项目文件往来记录，体现了当时严谨的企业管理制度

一个大型的建筑设计机构是怎样的，绝无模式可以借鉴。华东院的管理者们为自己设计了崭新的组织结构，保证业务的高效运行。总图、文教、居住、医卫、工厂、土木、机电、预算、土测等设计室一应俱全；计划统计室、技术室等也渐渐完善；还与同济大学合作成立了土建工程实验所。为了保证质量和进度，建立了责任制和规定审核程序，“三校两审”由此开始。

这一颇具现代设计企业特征的管理架构初成于当年的创业者金瓯卜等人。人们注意到，企业的完善是与华东院的党组织系统完善同时进行的。那些走过白色恐怖的地下党员，同时也是有实践经验的建筑从业人员，因而他们能与专家倾心相处，从建筑设计的专业规律出发构建企业架构。

华东院先后和上海市劳动局等合作，培养了多批建筑人才。华东院还与南京工学院（今东南大学）合作，创办了中国建筑研究室。1959年，华东院的学术内刊《设计科技研究》诞生。在完成繁重的设计任务的同时，他们时刻挂念中国建筑设计和华东院的未来，可谓目光长远。

华东院团队学习和研究的传统由此开始。

1954年，根据建工部的要求，华东院开始动员技术人员和领导干部奔赴外地，参加全国各地工业和国防建设项目。至1957年，一共向西北、西南、东北、华北、中南、北京等地输送860人。不久，勘察设计部门、水泥设计部门也独立建制。

建筑师和工程师们以无比的热情，奔赴祖国最需要的地方。那时“最需要的地方”就意味着最艰苦、最困难。他们和战士一样，有着庄严的使命感，作出义无反顾的奉献。每一列奔赴艰苦地方的队伍，排在第一个的总是领导干部。身先士卒，以身作则，正是他们的高风亮节。

当年，走出华东院的设计师一直铭记着自己在华东院的日子里获得的教益，他们在新的岗位上孜孜不倦地付出，欣喜地收获。一批大师，已经从他们中间诞生。而他们对华东院深沉的留恋，一直被传为佳话。

华东院第一批设计师当年的努力，不仅成功地在战争废墟上建设起雄伟的新工厂、新城市；而且他们的豪迈情怀，他们的高瞻远瞩，留存于每一张精心绘制的图纸，他们的一言一行被后人所铭记。

一个团队不可磨灭的风格和气质，始于他们。在此后漫长的岁月中积累的企业文化，亦始于此时。

设计团队合影

那些令人难忘的身影

回溯 60 年前……

1951 年冬天，在北京的一次会议上，时任中共中央书记处书记的陈云同志指示："今后的工作重点转向经济建设，以实现国家工业化。建立强有力的设计、施工队伍是头等大事，而工程的质量首先取决于设计的质量。"陈云还要时任上海军管会工商局管理处处长金瓯卜"去抓本行工作"。

回上海后，上海市副市长潘汉年通知金瓯卜，市财委决定设立建筑工业处，并且让金瓯卜具体负责，筹备建立国营的建筑设计单位。

金瓯卜1956年参加工商会议

金瓯卜

陈云和潘汉年确实是知人善任。因了这一次点将，才有了华东院轰轰烈烈的大事业。

金瓯卜是一位年轻的"老革命"，又是一位才华横溢的建筑师、城市规划师。

1938 年，还在上海光华附中读高中的金瓯卜加入了中国共产党。入党后的金瓯卜在光华附中任支部书记，和校内的党员以"学协"的名义办义校、抗日歌咏班、办壁报、组织读书会等，宣传党的抗日统一战线政策，开展抗日斗争，并积极物色培养党的发展对象。

高中时代的金瓯卜任男中区委书记。1938—1939 年，他在男中区共发展 166 名党员，之后的两年又发展 100 余名党员。上海学生界先后输送根据地参加武装斗争 6 000 余人，其中不少热血战士出自男中。

金瓯卜在革命斗争中很快成长为一名优秀的地下党领导人。

1941 年金瓯卜进入之江大学就读建筑学专业，并被任命为大学区委书记。

当时敌伪势力进一步渗入租界，环境明显恶化。出身大家的母亲好社交，平时从不过问金瓯卜的事，但见一个女生每周来家一次，每次关门谈好几个小时，便着急起来，批评他不该找这样年纪大的女朋友。金瓯卜挨了责备，反而心里高兴。原来，那一位女同学是他的上级，是鼎鼎大名的陈修良。

在白色恐怖下，金瓯卜从事地下党工作，一做就是 13 年。在天天都有生命危险的恐怖环境中，他先后任男中区委书记、大学区委书记、社会区委书记，以无私无畏的精神、隐蔽的身份以及细致多变的工作方式，把自己融入大众之中。他在敌人的心脏地区顽强战斗，从事大量的学运、策反、情报、统战等工作，终于迎来了上海解放。

温文尔雅的学者气质和精明果敢的领导者作风，集于金瓯卜一身。金瓯卜向领导提出，调集当时大学土木建筑系毕业的地下党员和大学、大专毕业的工程、建筑设计人员加入国营设计单位。潘汉年副市长立即批复。

老上海是设计、工程、技术人员集中的地方。潘汉年副市长指示应招贤纳士，广加吸收，并要求金瓯卜放手开拓工作。

最早来参加筹备工作的是张庆云，后来陆续来的土木建筑系大学毕业的党员有方义弼、林雄超、曾坚、张钦楠、蔡明道、钱可权、章公孚、竺宜伟、鲁祥麟、李明清、吴大胜等，其中有不少后来成为全国不同设计单位的行政或技术领导。

潘汉年副市长还答应，政府将在经费上给予大力支持，表示对技术人员的生活上要给予照顾，待遇可以从优。华东院的伙食标准由此较其他单位也略高一筹。

1952 年 1 月，“上海市建筑设计公司”（华东院的前身）筹备处成立，并对外办公。公司当时将市营建筑工程公司的设计师和公房管理处的设计室并入，又从税务局与材料公司调入一批技术人员，加上本市分配来的干部，共 100 余人。

金瓯卜通过各种关系，造访著名设计师、工程师、建筑界前辈，并在法国俱乐部（今花园饭店）举办联谊晚会，邀请各界建筑人才参加。业界精英纷纷放弃在原先单位的高报酬，前来报到。创业元老中有赵忠邃、吴景祥、罗邦杰、蔡显裕、许照、李学海、皇甫繁、王华彬、何广乾、华国英、朱栋、蔡恢等。华东院从公司初建起，就汇集了国内建筑界一大批精英人才，成为当时国内瞩目、实力雄厚的设计单位。

1952 年 5 月 19 日，有 200 余人的华东建筑设计公司正式宣告成立。这是第一个拥有建筑、结构、水暖电、预算、测量、钻探、地质等专业的综合性国营设计勘测公司。赵深、陈植、罗邦杰、蔡显裕、许照五人任总工程师，赵深任总建筑师兼总体设计室主任。

公司借上海文化俱乐部召开了声势浩大的成立大会，新闻界广为报道，在建筑界引起震动。

虽然金瓯卜先生在华东院工作仅 4 个年头，但正是这 4 年打下的坚实基础，令华东院在当时的上海乃至全国同行业里，技术和人才等方面都居领先地位。1954 年 6 月公司职工总数增加到 1 178 人，是 1951 年筹备时人数的 10 倍。

如今，已驾鹤西去的老总经理金瓯卜，他生前念念不忘的就是“再次回到第一故乡上海，和战斗过、工作过的老朋友、老同事聚聚”。

赵深

新中国成立之初，上海最著名的建筑事务所就是华盖建筑师事务所。“华盖三杰”——赵深、陈植和童寯，名满天下。其时，国内建筑界有“北梁南赵”之说，“北梁”是北京的梁思成，“南赵”就是上海的赵深。

1952 年上半年，当金瓯卜前来相邀时，赵深等三杰二话没说，立即安排当时“联合建筑师工程师事务所”的业务收尾工作。童寯去南京工学院建筑系任教授，赵深与陈植、罗邦杰、蔡显裕、许照五人则加入华东建筑设计公司分任总工程师，赵深还兼任总体设计室主任。

赵氏后人回忆，赵深父亲为一名小学教师，英年早逝。赵深 13 岁考取清华学堂（清华大学前身），学习八年，成绩优异、品学兼优，经校方评议，被推荐公费出国留学。1920 年去美国宾夕法尼亚大学建筑系学习，因病推迟一年入学报到，通过多选学分，在两年内学完两年半的学业。1922 年夏即获建筑学学士学位。1923 年修毕研究生课程，获硕士学位。

赵深利用两个暑假的机会到纽约的建筑师事务所工作实习，并利用业余时间参加南京中山陵建筑设计方案的竞赛。截稿时孙中山先生丧事筹备处已收到 40 多位应征者的稿件，唯一一份境外稿件就是来自赵深。赵深当年仅 27 岁，在资料缺乏的情况下，独自一人完成方案，并获得荣誉二等奖。他的设计方案，一直保存在南京中山陵纪念堂档案室内。

上图：1943年在昆明的赵深

下图：1930年自立“赵深建筑师事务所”时所申请的技师登记证书

實業部技師登記證書

工字第叁拾伍號

茲有趙深

年三十二歲江蘇無錫人聲請登記

為技師經本部審查與技師登記法第

四條第一項資格相合得為建築科

工業技師除登記外此證

部長 孔祥熙

技師審查委員會委員長 趙錫恩

工業司司長 程振鈞

中華民國 五月二十五日

1933年，中山先生之子孙科写信给南京总理陵园管理委员会，提出建造中山文化教育馆，并指名请赵深设计，可见当时赵深的盛名。赵深不负厚望，交出的作品受到孙科的赞赏。工程于1935年1月完工，同年3月2日开馆使用，可惜毁于抗日战争的炮火中。

赵深的太太孙熙明曾在宾夕法尼亚大学美术学院学习一年，与林徽因是校友。1927年，赵深和孙熙明回国结婚，定居上海。不久，二人合作参加上海市在江湾筹建的新市政府行政区和楼群总体方案的竞赛征集。他们在统一设计思路后，由孙熙明为主作图后投交当局，结果评为一等奖。

1927年受邀为青年会设计，1928年八仙桥青年会筹款落实，1929年八仙桥青年会大楼开工，1931年落成。这是国内第一座具有中国民族风格的高楼。

1931年3月，赵深自办"赵深建筑师事务所"。1932年春，陈植离开东北大学，赴沪与赵深合组"赵深陈植建筑师事务所"。1933年1月童寯加入，改名"华盖建筑师事务所"。 三人都曾就读于宾夕法尼亚大学，在合作经营华盖的二十多年中，建立了敦厚的情谊，成为世交。

据赵深长女赵庆闰回忆，曾听母亲说过，为避免营造厂商偷工减料，他从不收受礼物。凡有礼物送来，他必定派人送回去。赵深自请入狱的故事在今天读来仍让人感慨。他曾在昆明设计了大逸乐戏院。日本侵略者轰炸昆明时，戏院附近落弹6枚，整个屋盖产生较大位移，屋架倾斜。赵深当即拟修整计划提交业主，敦促立即停业修理。戏院不予理会。在又一次轰炸中，戏院再次受损，但仍照常营业。几天后，在一次晚场放映时，屋面坍塌，造成严重伤亡。事发后，赵深即去警察局自投。后经鉴定，屋架设计与构造并无错误，赵深被拘三周后获释。按理此事责任在业主，但赵深仍拿出全部设计费作为死伤抚恤金。

1949年北京解放后，事务所坚守在上海，迎接解放。1950年华盖与其他5个事务所的11位建筑师、3位工程师组织起"联合建筑师工程师事务所"，赵深被推为主任。

1952年后，赵深曾先后任华东建筑设计公司总建筑师、建设工程部中央设计院总工程师、华东工业建筑设计院副院长、中国建筑学会第二届、第三届、第四届副理事长，1957年当选为第二届上海市人民代表，1964－1978年任第四届、第五届全国政协委员，并曾在同济大学兼课。据赵深女儿回忆，赵深和建筑界不少老前辈都是挚友。梁思成、林徽因、杨廷宝、杨宽麟等常来家里相聚，交流看法。

赵深为人正直，不辞辛苦，勤恳踏实，谦虚谨慎，实事求是。他认为任何建筑物，一要有一流的设计水平，二要有一流的施工质量，三要有正常的检查和维修，才能百年不衰。

应新疆建设兵团司令员陶峙岳将军的邀请，1950 年 10 月，赵深风尘仆仆地来到边疆石河子小镇。1951 年 4 月，石河子设计完成。经过 50 多年的不断建设，石河子发生了翻天覆地的变化，成为戈壁滩上的一颗灿烂的明珠。

在天安门广场设计方案的讨论中，赵深、陈植等专家主张"中而新"的方案，对建筑的风格、广场与建筑之间的比例等问题，赵深与来自上海的 6 位专家认真地写了报告和建议，送交周恩来总理，最终方案得到采纳。

赵深是一个极端认真的人，除了对设计方案，以至细部构造都加以深入推敲、严格要求外，还经常亲临现场，检查与解决具体问题。"大跃进"期间，他还巡视华东设计院负责设计的常州客车厂几个数万平方米的大厂房。70 岁时，还亲自下 300 米的深井了解情况。

1976 年唐山大地震时，赵深已是 78 岁高龄。为了重建唐山，他往返上海、北京、唐山等地，与其他专家一起研讨河北小区的规划，提出方案。并亲赴唐山多次，视察工地，提出很多建议。

赵深虽年事已高且带病，仍专注于工作，到北京开会时，就曾晕倒。1978 年秋的一天，他正准备去上班，心肌梗塞又一次发作，他病倒了。

赵深和陈植在北京摘柿子

上图：1926年陈植（左）与梁思成在宾夕法尼亚大学的合影

下图：1929年陈植（左三）在东北大学教工宿舍前与梁思成（右二）、傅鹰、蔡方明、徐宗述等人的合影

夫人孙熙明正在北京女儿处，是陈植老先生打电话通知家属。陈老说：赵深一心扑在工作上，对自己的身体不够注意；而赵深却对子女们说："不要因为我的病耽误你们的工作，我感觉良好，我还准备去南宁参加全国住宅设计交流会呢"，还说："病好以后，我想去美国考察。"

1978 年 10 月 16 日，赵深因患急性心肌梗塞，并发上消化道出血，病逝于上海市仁济医院，享年 80 岁。很多人叹息："赵老是累死的。"

陈植

1949 年，陈植正在台湾的一个建筑工地上，听说上海即将解放，立刻赶了回来。

陈植也是自清华毕业的建筑师。他凭着优异的成绩跨进了清华学堂的大门。1923 年被录取为清华庚子赔款公派出国留学的学生，远涉重洋，来到美国费城宾夕法尼亚大学建筑系学习。他学习刻苦，深得导师毕克莱（George Howard Bickley）的赞许，以出类拔萃的成绩于 1927 年获得美国柯沛纪念设计竞赛一等奖。

1929 年他毅然回国，应梁思成、林徽因之邀，担任东北大学建筑系教授。在东北大学任教期间，他与梁思成、林徽因、张作甫组织了梁、林、陈、张建筑师事务所，成为中国最早的执业建筑师之一。

陈植来到上海，与同窗好友赵深洽谈后，于 1932 年合作开设"赵深陈植建筑师事务所"。学成归国的好友童寯得知后，也欣然加盟，1933 年改名"华盖建筑师事务所"。三位血气方刚的青年建筑师聚集在一起，立志为中华盖楼。

那时，陈植最杰出的设计作品是他和赵深、童寯在 1932 年设计的大上海大戏院（现大上海电影院，位于上海西藏中路 500 号）。

其时，陈植还在之江大学任教。著名古建筑、园林专家陈从周先生早年曾在之江大学攻读中文系，得到学士学位，后来在中国园林建筑研究方面，成就斐然。他后来常常提到陈植先生的教诲之恩。他说，最初钻研的中国古建筑术书——《清式营造则例》（梁思成著）就是从陈植那里借来的，在钻研过程中遇到古怪生僻的古建筑术语又都是陈植一一解说的。

1991 年陈植 90 大寿时，陈从周竟以传统礼法行跪拜大礼向老师祝寿，陈植也用大礼回拜。两位老人的“对拜”，一时成为沪上建筑界的美谈。

1953 年，时任华东建筑设计公司总工程师的陈植，出任中苏友好大厦工程（今上海展览中心）总建筑师。中苏友好大厦是新中国成立初期上海最大的民用建筑项目，陈植带领设计组与苏联专家一起，经过两年多的辛勤劳动，使这座宫殿式样的建筑完美地交付使用。

陈植从事建筑设计和教育 70 余年，离世之时，已经百岁。

陈植　1902–2001 年

走进汉口路 151 号

这时候的华东院群星荟萃。

当建筑界名流在上海同唱一曲“群英会”之时，金瓯卜提出，希望能有一处办公场所。潘汉年副市长立刻将浙一大楼除底层外全部交给设计公司作办公用。

浙一大楼，即汉口路 151 号的浙江第一商业银行，于 1951 年竣工，且尚未启用。建筑标准高，地段好，银行和外贸单位都抢着要，没想到领导将这栋大楼交由华东院和浙江第一商业银行共用。

在四周林立的西方古典式建筑中，汉口路 151 号以全新的现代主义建筑面貌，淡然、典雅地伫立在那里。这是“华盖”的作品。赵深在这幢大楼上酣畅地表达着现代风格的建筑理想，从大楼的外形到大楼的内部空间。外墙朴实简洁，大楼立面带形窗及其遮阳板刻画出的水平线条，展现出强烈的现代建筑美感。大楼所采用的现代框架结构，实现了自由平面、自由立面的建筑理想，这在当时是很先进的理念与技术，现在看仍历久弥新。

虽然这幢大楼是赵深和陈植按照银行的标准设计的，可是最后竟然成为了他们自己的办公楼，这是难得的缘分。

刘秋霞回忆说：

大楼即将完工时，我还是之江大学的学生。当时陈植先生一边打理事务所，一边在之江大学授课。为做“银行”设计课题，陈老师曾经带着学生们来到这里，参观即将完工的浙江第一商业银行大楼。

陈先生带我们去屋顶参观，当时正在贴银行的金字招牌，陈先生想看贴得是否牢固，就爬上了脚手架。此时陈先生已经五十出头了，而且功成名就，可他就那么自然地爬上去了，跟普通工人一样。那一刻，我暗下决心，以后也要做这样的建筑师。想不到，后来我也走进了这栋大楼，成为一名建筑师，直至退休。

林俊煌：1953年5月，浙江第一商业银行除部分自用外全部交给华东设计公司办使用。浙江第一商业银行自用底层，二层为营业厅，三层为银行办公室，六层留作董事长住所。设计公司用四、五两层办公。金瓯卜院长在四楼西面办公室办公，同房间还有米华襄理。建筑设计室在四楼东面大房间，结构、机电设备专业在五楼，五楼东角为食堂厨房。浙一商业银行搬出后，设计公司扩大租用了六楼最为经理室，三楼作为办公室，二楼作为食堂厨房、档案室、办公室等。曾一度租用底层，但不久就退租了。

那时，大楼基本上辟为写字间。二楼和二楼夹层的金库改成了档案室。做完项目，设计图都收在后来“金库”里。档案室见证了华东人的工作业绩，这里不断有新的工程图纸入库，又不断有旧图纸从档案室提出。如今二楼的金库存放账本、年鉴等资料。二楼夹层的金库存放2005年后的图纸，之前的图纸用电子缩微保存。

季康深情回忆道：

华东院20世纪80年代末就安装了空调，改善了办公环境。2002年，为筹备华东院50周年院庆，大楼重新装修，工程总负责人是马锡元，我是工程监理总监。可以说，我对汉口路151号有着特殊的感情。

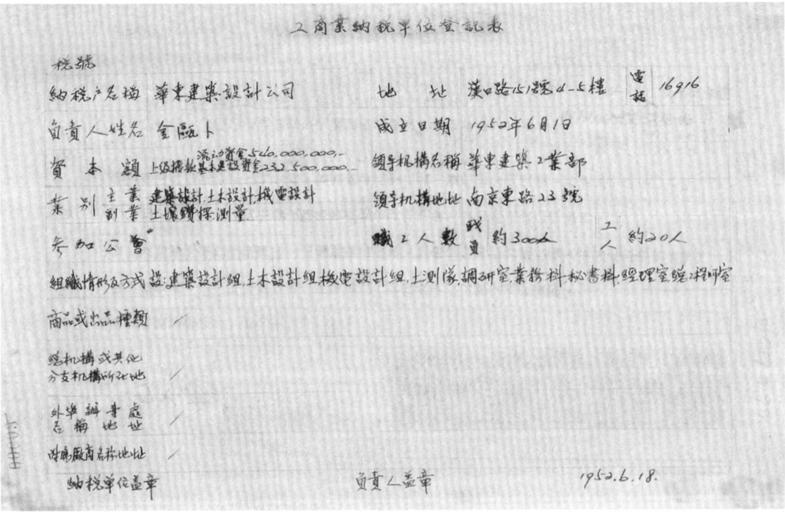
工商業納稅單位登記表

稅號

納稅户名稱	華東建築設計公司	地址	漢口路151號4-5樓	電話	16916
負責人姓名	金甌卜	成立日期	1952年6月1日		
資本額	上級撥款 流動資金560,000,000,- 基本建設資金232,500,000,-	領導機構名稱	華東建築工業部		
業別 主業 / 副業	建築設計,土木設計,機電設計 / 土壤鑽探測量	領導機構地址	南京東路23號		
參加公會		職工人數 職員	約300人	工人	約20人
組織情形及方式	設:建築設計組,土木設計組,機電設計組,土測隊,調研室,業務科,秘書科,經理室,總工程師室				
商品或出品種類	/				
總機構或其他分支機構所在地	/				
外埠辦事處名稱地址	/				
聯屬廠商名稱地址	/				

納稅單位蓋章　負責人蓋章　1952.6.18.

纳税登记表

九、本契約壹式貳份，正本貳份，副本肆份，出租人執正本壹份，副本壹份，承租人執正本壹份，副本貳份，證明人執副本壹份存證。

附批

(一)除值班及警衛人員外，承租人不住宿人員在租賃物內，警衛人員當駐在六樓。

(二)水費（包括燒開水用之煤炭費用）按照雙方職工人數比例分攤。

(三)馬達電費（包括自來水幫浦及電梯）承租人負擔總數十分之〇·七五。電梯每天祇用壹部，使用時間為自上午七時半起至下午六時止。如承租人辦公時間更改，得按照實際需要情況，雙方洽商延長或縮短之。

(四)租賃物內部電燈費由承租人自行裝設電表，繳付電費。

(五)承租人如需使用水汀，由出租人供給，其費用由雙方於使用前另行協議定之。

(六)承租人得在大門或公共處設置名牌或標記，其地位由雙方另行協議之。承租人非經出租人書面同意，不得在租賃物外裝置標記或附着物。

(七)屋頂平台公用但出租人有優先使用權。

出租人 浙江第一……行

承租人

證明人

公元一九五二年十月二十七日

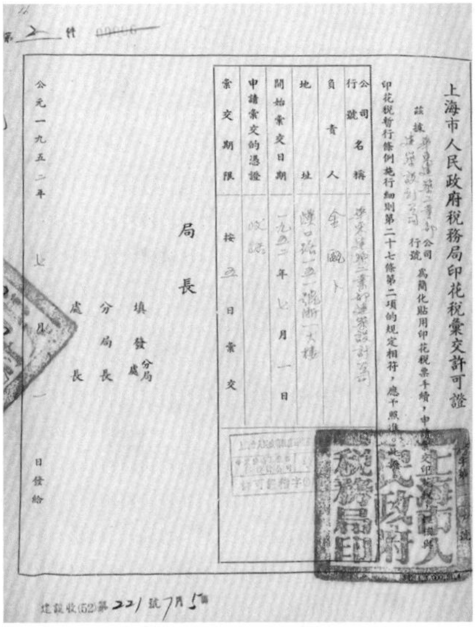

第2件

上海市人民政府稅務局印花稅彙交許可證

茲據 華東建築工業部建築設計公司 公司行號 為簡化貼用印花稅票手續，申請彙交印花稅，與印花稅暫行條例施行細則第二十七條第二項的規定相符，應予照准，此證。

公司行號名稱	華東建築工業部建築設計公司
負責人	金國卜
地址	漢口路一五一號浙一大樓
開始彙交日期	一九五二年七月一日
申請彙交的憑證	收據
彙交期限	按五日彙交

局長

填發分局處 分局長 處長

公元一九五二年七月一日發給

建設收(52)第221號7月5日

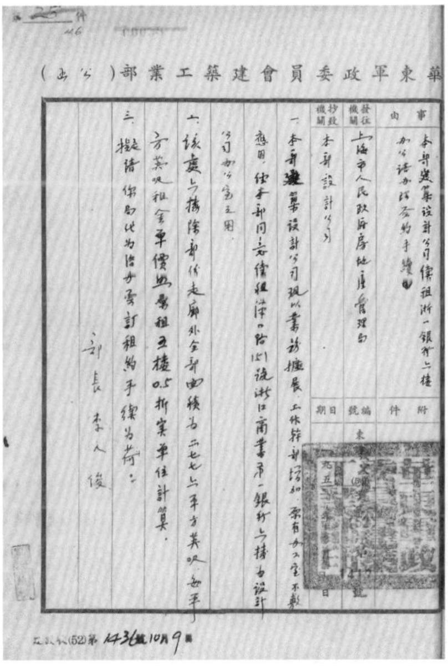

第25件

華東軍政委員會建築工業部（函）

事由	本部建築設計公司借租浙一銀行六樓辦公請辦理簽約手續由
發往機關	上海市人民政府房地產管理局
抄致機關	本部設計公司

部長 李人俊

建設收(52)第1436號10月9日

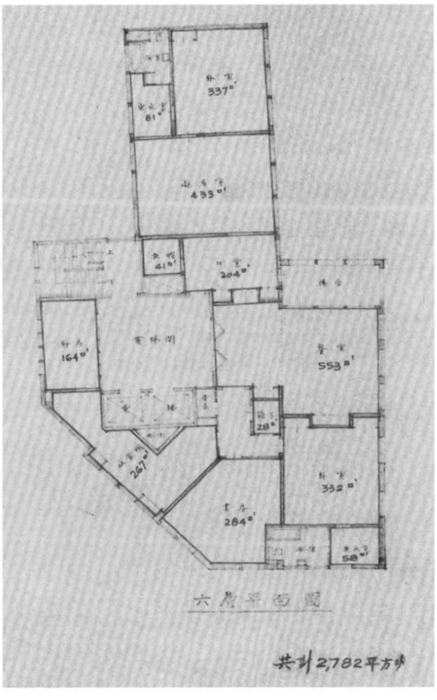

1. 租赁契约及印花税

2. 税务局印花税许可证

3. 华东军政委员会建筑工业部有关租赁浙一银行的公函

4. 租借时的六层平面图

华东人就在这栋大楼里埋头设计。虽然前辈们一个个离开了这栋大楼，但他们的音容笑貌、治学态度、职业精神都凝聚在这栋大楼的人文情怀中，这样的精神传承了60年，并将继续传承下去。

辉煌的红星
——中苏友好大厦

上图：中苏友好大厦水彩渲染，陈植

曾经有许多年，每逢国庆，在上海上空，一颗闪耀的红星和满天的礼花交相辉映。

中苏友好大厦主楼塔顶上所托的红五角星离地 114 米，比当时上海最高的建筑——国际饭店还要高出 20 多米。

这是上海在新中国成立后建成的第一个标志性建筑。它从 1955 年跃起，占据上海城市天际线的最高点。直到 1972 年上海电视塔建成，这一历史才被改写。

紧迫时限和挑灯夜战

1952 年，政务院财政经济委员会副主任李富春同志访问苏联。在与苏联谈判时，苏方提出在中国展示苏联的建设成就。为此，中央决定在北京、上海建设苏联展览馆，以学习、借鉴苏联社会主义建设的经验。苏联派了建筑专家来我国帮助设计和施工。当时在上海拟选了三个地方作为展馆馆址：一是文化广场，即昔日的“跑狗场”旧址；二是哈同花园，即爱俪园旧址；三是大华农场。

经与筹建展馆的苏方负责人反复商量，双方认为哈同花园最为理想。哈同花园是近代沪上犹太冒险家哈同的私人住宅。哈同和他的妻子罗迦陵去世后，园废地荒。无论是占地面积，还是所处的地理位置，均较符合建

西翼門廳　食品館　穀物館　工業館

蘇聯經濟及文化建設成就展覽會

蘇聯經濟及文化建設成就展覽會去年在我國首都——北京展出後，今年三月十五日又在上海開幕了。這是蘇聯政府和蘇聯人民對我國熱情援助的又一次表現。

蘇聯經濟及文化建設成就展覽會分工業館、輕工業館、農業食品館、文化藝術館、鐵道陳列廣場及汽車、礦山機械廣場、農業機器廣場和電影院。其中農業食品館又分農業概況、穀物、食品、畜牧、技術作物、蔬菜園藝及葡萄種植業等六館。文化藝術分高等教育館、出版物、手工藝品、民族服裝、造型藝術、體育玩具、樂器無線電和傢俱、職工教育等八館。另有介紹"中蘇友好大廈"的建築工程館，和爲展覽會服務的賣品部與書刊供應部。除鐵道陳列廣場設在虹口公園外，其餘各館、場、院分別設在"中蘇友好大廈各處。

這個展覽會用眞憑實據向我們介紹了蘇聯社會主義和共產主義建設的偉大成就、蘇聯先進的科學和技術，和蘇聯人民爲和平建設而艱苦鬥爭的高貴品質；因此這個展覽會好比是擺在我們面前的一座"社會主義大學"。

中央大廳

東翼門廳　畜牧館　造型藝術館　建築工程館

作圖：林俊煌　周鎮

攝影：葉文津　張祖麟　朱文貝

上、下图：中苏友好大厦资料(科学画报1955年4月)

在北京蘇聯展覽舘及上海中蘇友好大厦設計工作中向蘇聯專家學習的體會

北京蘇聯展覽舘 上海中蘇友好大厦 結構工程師 周禾源 上海中蘇友好大厦總工程師 陳 植 校

當我國現在正在進行第一個五年建設計劃的時候，蘇聯政府與人民爲了幫助我們，使我們能全面地有系統地瞭解蘇聯在社會主義建設中經濟上與文化上的偉大成就，將先後在北京與上海舉行規模宏大的蘇聯經濟與文化展覽會。並爲了這一次展覽會，在北京興建一座蘇聯展覽館，在上海興建一座中蘇友好大廈。

這兩座建築物都是在蘇聯有名的建築師斯大林獎金獲得者安德烈耶夫、優秀的女建築師吉斯諾娃、與有名的結構工程師斯大林獎金獲得者郭赫曼三位同志的領導之下，與中國的建築師與工程師共同設計完成的。這兩座建築物將表現出蘇聯在建築藝術與建築科學上的成就，它本身也就是一件展覽品。通過這建築物的設計工作，中國的建築師與工程師們，深刻的瞭解到蘇聯的建築師與工程師們在國家的建設工作中是具有怎樣的設計思想，採取怎樣的工作態度與工作方法。直接提高了中國建築師與工程師們的思想水平與技術水平，使我們以後能更有效地爲國家的建設事業服務。

左、安德烈耶夫 中、吉斯諾娃 右、郭赫曼

我很榮幸的能參加了這兩個建築物結構部分的設計工作，所以和蘇聯結構工程師郭赫曼專家的接觸較多。在這一次工作中，我深刻的體會到專家的設計思想、工作方法與工作態度是很值得我們來學習的。

過去領導上經常指示我們，在基本建設中，無論在設計方面或是在施工方面，都得掌握「又要好、又要省、又要快」這三個原則。這一次專家指示我們說：「在結構設計中，除了保證結構物有足够的强度與穩定性之外，還要按照國家的利益，掌握節省材料、節省勞動和便利施工這三個原則。」我覺得專家所講的設計原則，與過去領導上所指示我們的，基本上是相同的。

我們過去所設計的工程中，在很大程度上是由於設計者的保守思想與自由主義不負責任的態度，把一個結構物設計得不必要的過分的堅固，因而造成很大的國家財力與物力的浪費。

在考慮結構物的强度與穩定性的時候，我們過去僅局限於樑、板、柱等個別構件的强度計算，認爲結構設計主要的就是這些構件的計算工作，除此以外就沒有什麼了不起的工作了。但是專家認爲這些計算工作僅僅是整個結構設計工作中的極小一部分，主要的工作應該是把整個結構物看作一個整體來考慮它的强度與穩定性。假如結構物整體的强度與穩定性不够，那末每一個構件的强度是得不到保證的。過去我們沒有注意到這一點，所以對土壤有着錯誤的認識。例如像上海那樣的土壤，我們過去一直認爲很不好，容易使結構物不均匀的沉降，使結構物遭到破壞，因此向來對上海的土壤規定了很低的耐壓力。要是造高一些的房子，土壤的耐壓力要超過規定，就一定要打樁。專家研究了上海的情況，認爲這種想法是錯誤的。第一，他認爲打樁對於上海的土壤沒有多大用處。祇要使結構物具有足够的强度與穩定性，來抵抗不均匀的沉降就可以了。例如在中央大廳，設計了一個箱形基礎，具有很大的剛度，可保證上面以高層的建築物避免不平均的沉降。在兩翼部分設計了磚牆承重的結構，並把磚牆縱橫相連，使成爲剛性很大的結構形式，因而也可以避免不平均的沉降。

從上面所舉的幾個例子，可以看出結構設計是必須要考慮結構物有足够的强度與穩定性，但是怎樣來得到結構物的强度與穩定性，可能有很多的辦法，有的辦法是節省的，有的辦法是不節省的；有些辦法是施工方便的，有些辦法是施工困難的。因而專家强調的提出節省材料、節省勞動力、施工方便爲設計的三個原則是很有道理的。他很明確的告訴我們，結構設計主要是用最省的材料，最少的勞動力、和最方便的施工方法，來得到結構物所要求的强度與穩定性。

上排 右起第二人總工程師陳植，右起第三人蘇聯結構專家郭赫曼 下排 第二人結構主任工程師唐沃戚 第四人蘇聯專家吉絲諾娃(建築) 第五人蘇聯專家安德列耶夫(建築)第六人建築主任工程師方鑑泉 第七人結構主任工程師蔡顯裕 第八人建築主任工程師沈仲山 第一人中央大厅建筑设计组长林俊煌

在節省材料方面，專家並不單純考慮材料的數量問題，而主要是從整個利益出發，適當的選擇材料。他們認爲中國正在過渡到社會主義，目前任務是集中力量使國家工業化，因而有些材料像鋼、水泥和有色金屬等，在民用建築中就應考慮少用或不用。

在節省勞動力方面，專家認爲在蘇聯由於工業化，已使機械化施工有了物質基礎，但在中國目前，機械化施工條件還不够。所以拿中蘇友好大廈中央大廳頂上的尖塔來說，根據我們一般施工的起重能力，將塔分成廿二節，在工廠裏預先做好，然後在大廳裏把各節焊接，利用簡單的起重工具如滑輪、鋼索和摇車等，把整個尖塔由大廳地面升到屋頂。並特別爲了升塔，化了比設計尖塔本身更多的時間與精力，設計了一套安裝架子和固定尖塔方向用的軌道。這就省去了高層脚手，同時避免了高空作業。

考慮施工方便，就是用最快的速度來建設我們的國家。施工過程是最艱苦的工作，所以設計者事先在設計中盡力避免複雜與繁重的施工，而代之以簡便的施工，是具有很大意義的。

安德烈耶夫建築師曾强調指出，簡單而樸素的建築物輪廓，非但施工方便，就在建築藝術性上也是富於象徵性，同時也是美的。

郭赫曼工程師也再三指出，越是簡單整齊的平面結構佈置，越是好的設計。專家還特別指出施工圖主要是爲施工服務，因此一切畫法與尺寸的註法，也都要從施工方便出發。（下接 421 頁）

设一座永久性展览馆的要求。随后将此展馆命名为“中苏友好大厦”。

1953 年 3 月，由室主任蔡明道带队与施工单位包了一节车厢，到北京跟随苏联专家学习北京展览馆的设计经验，同行的建筑师有田聘耕、张乾源、林俊煌、李莲霞和刘秋霞等。

1953 年 12 月，在陈毅市长的牵头协调下，成立了以潘汉年副市长为主任的“建馆委员会”，市府秘书徐平羽具体负责。苏方设计者包括斯大林奖章的获得者建筑师安德烈耶夫、结构工程师郭赫曼以及建筑师吉斯诺娃等专家。而中方则派出总建筑师陈植，总结构工程师蔡显裕等 70 余位建筑设计人员。大厦的设计和施工，对当时的中国建筑行业来说，是相当先进的。

初步决定大厦于 1954 年 5 月 1 日开工。1954 年 4 月 8 日，人民广播

电台向全中国广播，宣布大厦定于5月1日开工的初步决定，莫斯科电台也报导了这条消息。《解放日报》以《苏联展览馆建筑工程定于5月份开工》标题报导，“这项工程将于今年5月份开工”，“苏联展览馆将是上海最大的一个展览场所……这座建筑物的兴建，象征着中苏两国人民深厚的友谊，也将表现出苏联建筑方面的辉煌成就。”

安德烈耶夫立刻召集上海的设计人员开会。安德烈耶夫说，苏联人民以及全世界都知道今年5月1日上海中苏友好大厦开工，所以我们现在只能靠集体努力，千方百计拼命也要达到这个目标。然而此时，连一张大厦的设计草图都没有，要在不到3周的时间里就正式开始施工，不是天方夜谭就是创造奇迹。

距离5月1日还有19天，因此只能立刻将上海中苏友好大厦设计方案定下来。隔了一天，上海派华东院金瓯卜经理和蔡明道主任，陈植、汪定曾、蔡显裕、方鉴泉四位总师以及田聘耕、林伟贤、许惟阳、郑贤荣、赵良圃、程大正、王文琳、倪大增等工程师急赴北京，参与设计。

先由安德烈耶夫画出方案草图。大家集体讨论后，把建筑平面草图定下来，再将大轴线定下来，然后立刻分拆成中央大厅、东翼、西翼、工业馆和电影馆五部分分工负责。大家埋头苦干，连续数天通宵达旦地绘制一张张平面图、立面图、剖面图。

年近花甲的陈植每天都是深夜才睡，眼睛一直布满红丝。大家请他早些睡觉，他却始终和大家战斗在一起，还讲些笑话增加士气。7天后，通过这支设计队伍日日夜夜的奋斗，中苏友好大厦的设计方案图竟然奇迹般地全部完成了。

4月15日，金瓯卜经理和大家一起讨论设计方案后，就将设计方案图纸带回上海。

那些日子，所有设计人员一起挑灯夜战，齐心协力。4月28日，由许惟阳负责完成箱形基础施工图，赵良圃负责完成东西翼条形基础图。这样，5月1日就可以正式开工了。设计师们在前后十个月的时间内共同完成了2 480张施工图纸，确保了工程的顺利进展。

困难被征服和奇迹的诞生

大厦主体由中央大厅、工业馆、文化馆、农业馆和电影院5个单位工程组成。从大门进去是中央大厅，然后是工业厅，大厅东西两翼是文化馆

上图：北京苏联展览馆模型（摘自《科学画报》1954年11月）

下图：上海中苏友好大厦模型（摘自《科学画报》1954年11月）

和农业馆，工业厅后面有一个能容纳 800 人的电影院。中央大厅的前面设计有一个很大的喷水池，在喷水池周围的柱廊里，装饰着 16 个苏联加盟共和国的国徽。所有这些都是按照苏联民族形式设计的。

为了赶工期，苏联专家和中方设计师不得不采用边设计边施工的方法。当时承担建设任务的施工人员是由部队转业的，他们熟悉材料和施工各个环节，与设计师紧密配合，同步绘制施工图纸、配建材，这才使得 10 个月完工这一奇迹最终实现。

中苏友好大厦融合了俄罗斯古典建筑风格和部分巴洛克建筑特色，可想而知，其中的雕刻、纹样、花式相当丰富，数量更是大得惊人。有一次苏联专家为设计东西两翼的汉白玉雕塑寻找中国元素，将头戴瓜皮帽，身穿长袍马褂，梳着长辫子的中国小商贩形象画进雕塑草稿中。陈植先生看后向苏联专家解释，这个形象是封建中国的写照，不是向上和积极的。苏联专家最后接受了陈植先生的建议。

三位苏联专家的要求极为仔细和严苛，每个展室的每一个立面都要画施工图。安德烈耶夫对图纸要求极为精细，先要确认样稿，然后再逐渐放大图纸比例，最后要求完成 1:5 的施工大样图及局部 1∶1 足尺详图。需要确认颜色的图纸，还要求画成水彩渲染施工图。

中国设计师还参加了一些建筑细部的设计，电影馆的楼梯平台上的玻璃花纹草稿就是青年建筑师刘秋霞画的。她将设计图纸拿给安德烈耶夫看，苏联专家非常满意，说：”这些苏联民族形式的图饰经中国同志的创造性发展，已颇具中国风味。”

经专家签字确认后的图纸则拿到模型室制作 1:5 的泥塑模型，然后做成 1:5 的石膏模型，并拿到现场再次确认比对，如果不妥还要修改重来。工作的细致程度丝毫没有因为工期仅仅 10 个月而有些许放松。

在上海中苏友好大厦竣工典礼那天，有一个展区专门用来展览设计图纸。室内的、室外的；彩色的、墨线的；透视图、大样图……大大小小布满展室，不下千张。

有一幅水彩渲染是由李莲霞画的素描底稿，陈植先生亲自着色。先生的水彩画造诣颇深。这幅画的画面相当大，立起来有半面墙，画三维透视底稿就用了三四天。这么大的渲染图，陈植先生用一个晚上就完成了，而且渲染得好极了。

这个建筑在很多地方都使用了中国传统工艺。展馆金碧辉煌的装饰使

上图：建筑师在中苏友好大厦平台上合影

中图：70年代初在中苏友好大厦大台阶参加布展的员工

下图：李莲霞和刘秋霞在现场绘制大门渲染图

用的是中国传统的沥粉工艺，那些亮丽饱满的圆珠来自上海城隍庙，而大厦的镏金工艺则是由北京匠人完成的。

上海是软土土壤，地基土承载力较低，容易产生不均匀沉降。展馆中央大厅由 14 层结构组成，主楼塔顶上所托的红五角星离地 114m，而东西两翼的文化馆只有两层高。

当时对于采用桩基础还是箱型基础，进行了较激烈的讨论，为此还召开高级别的会议，寻求解决办法。尽管箱型基础在当时还是相当新颖的结构概念，尚没有成熟的经验，但出于对总进度等方面的考虑，最终还是采用了箱型基础方案。

1955 年 4 月号的《科学画报》，刊登题为《中苏友好大厦建筑工程上的成就》的文章。文中记载，“几十年来，好像得出那么一个错误结论：上海的土壤不好，造高房子一定要打桩……上海中苏友好大厦的基础，却没有打一根桩，也没有把基础做得很深。25 000 多吨重的中央大厅，就支

上图：中苏双方设计师合影

下图：工地证章

上图：上海展览中心中央会议大厅

下图：绿穹顶

撑在箱型基础上。”

上海是软土地区，土壤本身空隙比较大，再加上中央大厅的荷载比较大，在当时情况下，采用箱型基础取得成功，可以说是一个艺高胆大的举措。虽然后期沉降量比较大，但沉降的还是均匀。

1955 年初，大厦建成。整个工程共用花岗岩 6 450 平方米，大理石 2 400 平方米。3 月 15 日全部展览品已布置完毕。首先邀请参加建设的人员参观，大家看到了自己劳动的成果，既兴奋又感慨。

展览会当天，安德烈耶夫在中央大厅的顶部咖啡厅请全体设计人员喝咖啡，他激动地说："我由衷地对中国的知识分子和工人表示敬佩，像这样伟大的建筑，只用 10 个月时间建成是一个奇迹。这样精致高大的铜雕刻大门和各种各样的华丽精致的吊灯，艺术性做得这么强，也是非常令人信服的。"

金子的塔和金子一样的青春

大厦特别引人注目的是中央大厅上空的镏金钢塔。在苍茫的夜色中，塔顶的红五角星每每发出灿烂的光芒，美丽而炫目。星内装有 25 只灯泡，总功率高达 6 300 瓦。五个角之间，装有紫铜光刺 24 根，用来反射光芒，增加亮度。红玻璃能耐 100°C 高温，浇以冷水也不会裂。五角星尖端有通风洞，可散发内部热量。

中央塔座高达 28 层，基座上高大的巨型圆柱及连拱券柱装饰着券洞，上面是每边 8 根及每边 4 根的双层方券圆柱廊，在 4 个小尖锥的烘托下，主塔顶端的红五角星高耸入云。整个塔座自下而上，逐层收进，由稳重而轻盈，由阔长而细密，由浑厚而至于锋利地穿天一击。

支承红星的钢塔高 51.8 米，用 6 毫米厚的钢板制作，分 22 节焊接。总重 32 吨的钢塔和五角星，自中央大厅提升至百米高空，在 20 世纪 50 年代简直是个奇迹。安装时专门制作了一个提升井架，三台人力绞车，转动绞车，掌握定向器，观测经纬仪，将每节 1.5 吨重、22 节的钢塔，由井架穿过中央大厅屋面预留孔，逐节焊接，连成整体，一次提升至高空。钢塔就位后，顶点与钢塔垂直中线偏斜仅 5 厘米，为总高度的千分之一，完全合乎设计要求。

整个塔身用 1 300 张厚 0.7~0.8 毫米的紫铜皮，紫铜皮表面镏金，四周折边，拼缝连接，固定在塔身上，对钢塔转角处不能包紫铜皮镏金的，则采用镀金方法。总共用去黄金 300 两，水银 2 400 两。

当时采用的镏金方法是中国传统工艺。首先把金子压成很薄的片，然后再把金片弄碎，制成金粉，溶解在水银里。把溶解了纯金的水银用刷子蘸了，均匀地涂在洗干净的铜皮上，再用木炭火烤，水银受热蒸发，金粉便镏在铜皮上了。然后在镏金的铜皮上进行磨光处理，最后涂上一层香蕉水，增加光彩，它可以保证塔身在一两百年内熠熠生辉。

这种制作方法最直接的危害就是水银中毒。因此，现场操作的工作人员一定要戴防毒面具。当时参与大厦设计的建筑师们都很年轻，经验不够丰富。组长张仲义经常前往施工现场，他心想现场巡视时间较短，一两次不戴防毒面具应该不成问题。没想到在项目结束之后不久，本来身体非常健康的他却感觉不适，后来才得知自己得了白血病。虽经各方全力抢救，他的病情未能好转，最终英年早逝。同事们都说，他是为大厦的辉煌付出了生命。

留给今天的记忆

大厦 1984 年改名为“上海展览中心”。

2001 年，大厦按照“整旧如旧，提升功能”的原则进行大修，保留俄罗斯古典主义建筑风格。

大厦历经半个世纪，殊荣频仍。中共中央的三代领导人均在这里接待过外宾。包括法国前总统蓬皮杜；苏联领导人伏罗希罗夫，俄罗斯前总统叶利钦，美国前总统尼克松、卡特、里根，数十个国家的元首和政府首脑都曾经来此进行参观访问。

现在的上海展览中心，更是上海政治、经济、文化和外事活动的重要场所。这里召开过各种展览会，举办过进出口商品交易会和展销会。近年来，上海市人大、政协会议均在此召开。

上海展览中心曾入选 1949—1999 年的“上海十佳建筑”和“建国 50 周年十大金奖经典建筑”。今天，上海展览中心依然有着不可替代的地位，它记载了共和国的一段建设历史，更融入一批有理想、有抱负的中国建筑师、工程师们的无悔青春。

2009 年，建国 60 周年之际，中国建筑学会授予“上海展览中心”建筑创作大奖，这是对大厦所有设计者的褒奖，也是对这个团队中默默奉献者的肯定。

一封信

在尘封的档案中，找到了一封写于 1959 年的信件。这是华东院“工业时代”一份不可多得的文件。

信件署名是方鉴泉。华东院院史记载，“1956 年 3 月高级知识分子方鉴泉批准为候补党员”。写信时，他是一名新党员。方鉴泉是华东院第一批建筑师，后来为院总建筑师。他是一个多面手，建树颇丰，一生事业，几乎都在华东院。写信之时，他已经在工业建筑方面显示出才华，参加过大连造船厂扩建设计，主持审核了全厂性的大型工程——建筑铁道部长春客车厂的设计。信中自称都是“我们”，看来，这封个人署名的信件，是代表了华东院当时参与彭浦工业区规划项目的全体成员。

从文中看，彭浦工业区的方案已经“初步定案”。因此，华东院项目组这一次提出的建议，乃是为了方案能精益求精。知识分子报国拳拳之心跃然纸上。

1959 年，中国正处于三年自然灾害中，“少花钱多办事”正是那个时代规划最需要的。而信中的三条陈述有理有据，又有科学的观念，具有很强的说服力。这封信显然体现了项目组的规划意识，反映了那时对上海公私合营的小企业进行整合的思路。

当年的彭浦机器厂，历经 50 年的建设，如今已属国内大型企业，是国家机械工业部和上海市工程机械制造业的骨干企业，著名的花园工厂，是中国履带式推土机的摇篮。上海首个国家高新技术产业基地，也是从位于彭浦的市北高新技术服务业园区诞生……

这份不可多得的信件，让人们回忆起彭浦工业区艰难起飞的日子，也让人回味起当年华东院人的敬业精神。

事由：

关于彭浦工业区区域规划事。

正文：

我院担负的彭浦区廿八个厂的区域规划设计草案，已经三月廿四日在罗副主任主持的会议上，经过讨论初步定案，这个方案较原来征地要求可节约用地1 000余亩（原来3 000余亩，现在2 000余亩不到）。

我们感到在进行该区工业布置时，为能再进一步通过计划，区域规划和设计组织各方面的广泛的协作，对该区工业作统筹安排，综合考虑，则还可挖掘出节约投资降低生产成本的潜力，做得好，不仅使该区工业得到合理布置，有利于该区工业的发展而且还可节省大量投资，达到少花钱多办事的目的。

谨将我们的意见简述于后：

（一）彭浦区拟建的新安、华安两电机厂，大甡和正记两机械厂均系生产性质相同，工艺过程相同，设备及产品大体相同的厂。内燃机、底盘、汽车装配、汽车机械制造及汽车零件等五个厂以及张锡记机器厂和上海齿轮两个厂均系生产品协作极为密切的厂，这些厂原在市内分散各处，此次迁地扩建后，规模均不算大，是否仍旧分地建设各立门户，是否可以将同类型的小工厂合并成几个中型厂，值得考虑。我们认为，如将同类型的厂加以适当合并有很多优点：

（1）将可以合并的几个厂合并后，可以减少厂房的建筑面积和预留发展用地；

（2）可以减少辅助附属设施和道路管道等等的投资；

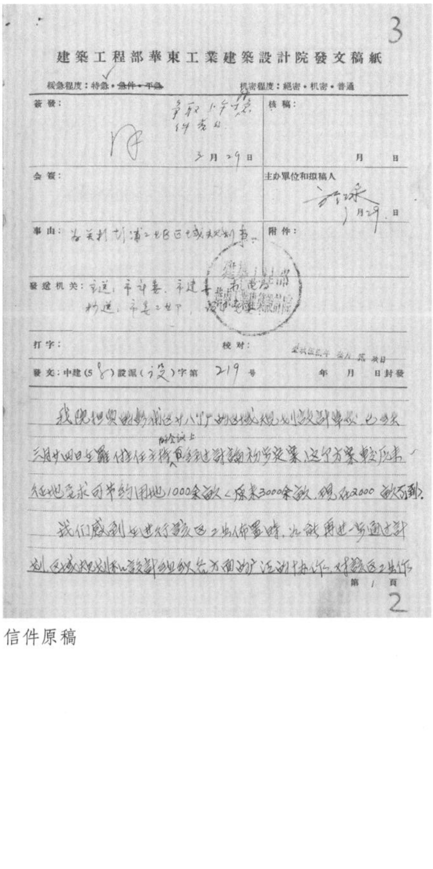
3

建築工程部華東工業建築設計院發文稿紙

緩急程度：特急・~~急件・平急~~　　机密程度：絕密・机密・普通

簽發： 3月29日	核稿： 月 日
会簽：	主办單位和擬稿人 月29日
事由：	附件：
發送机关：	
打字： 校对：	
發文：中建(58)設混(設)字第 219 号	年 月 日封發

第 1 頁

2

信件原稿

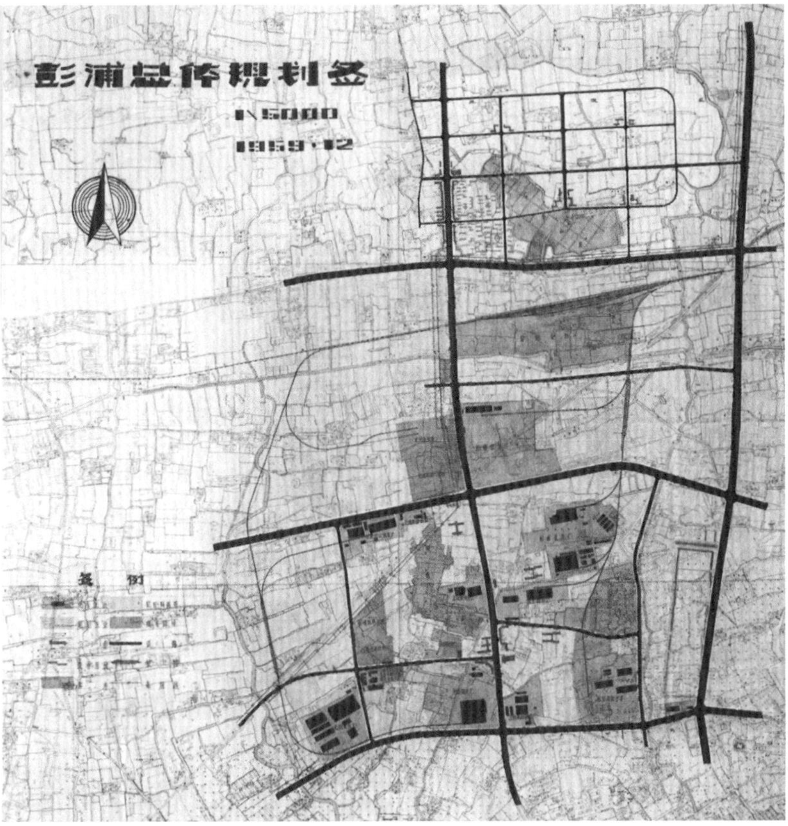

彭浦总体规划

（3）可以提高设备的利用率，减少机床需要量；

（4）职工人数可相应减少；

（5）经营管理费用可以减少，生产成本相应降低；

（6）便于将来发展，为按现有规模合并以后，某一产品需要单独发展，就可以全套搬出，择地另建，为发展规模较小可就地扩建，总之合并后仍可能拆开，灵活性很大；

（7）使工厂协作更加方便；

（8）厂房合并后，基建场地集中，便于施工。

以三个电机厂为例，华成厂生产小型电动机，新安厂生产大型电动机，二厂的机器设备、工艺过程及辅助附属设施均相同，如果将二厂主车间合并在一起，辅助、附属设施综合利用，就可以缩减厂房及用地面积，紧缩辅助、附属设施，机床设备利用率可大大提高，生产成本较单独生产可以降低，初步估计合并后仅基建投资方面两厂合并后可较原来投资节约30%左右。益中电机厂是生产变压器的，也是电机产品，如果将新安、华成、益中三个厂合并节约投资将更多一些。

此外，张锡记与上海齿轮厂协作关系极为密切，张锡记要为齿轮厂加工一部分配件，齿轮厂要供给张锡记的齿轮。大甡皮带运输机厂和正记起重机厂工艺类型相同，五个汽车制件厂协作关系也甚密切，均有合并的可能性，（汽车制件厂可考虑合并成二至三个厂）合并后均可实现上述同样效果。

（二）彭浦镇已建有慎和翻砂厂，该厂今后还将继续扩建，已成为区域性的铸造中心厂，但我们在区域规划设计中，发现有许多厂自己要建造铸工车间，如新民机器厂，上海机器厂，中国汽车机件制造厂，上海轴承厂，大甡机器厂和上海机械制配厂等。我们认为，除了像上海轴承厂之类是铸造特殊的合金铸件需要自己设立铸工车间外，其余一般的铸工车间没有再建造的必要，应该与慎和厂充分协作，这样基建投资可以节省，减少区域内的铸工车间对环境卫生条件也有好处。上海机械制造厂的铸工车间已经施工，据建设单位称因原来不知道有慎和中心翻砂厂，否则他们也不愿自己设立铸工车间，据悉他们铸工车间的生产能力，除满足本厂外，尚有铸钢件每年1 000吨和有色金属每年20吨，可以对外协作，其他厂可以考虑。

（三）拟迁至彭浦区扩建的一些规模较小的厂，是否可以利用别的迁移厂留下来的旧厂房，如拟迁彭浦区的东亚、通达和陈永兴三个厂，主车间面积最大的不超过2000平方米，规模很小，似乎不必一定要迁至彭浦区，是否可以利用正记厂的旧址，这样可少盖新厂房，节省基建投资。当然，如果没有条件，则另当别论。

以上三点，仅是我们在工作中感到的问题，由于我们对工厂生产情况不太熟悉，对市的工业发展计划了解不多，对市的建设方针领会不深，问题的提出可能不正确和不全面，特别对工厂合并问题，能否合并，当前工厂要多大规模较为合适及合并后有些什么困难等还不太了解，故提出的问题是否有当，乞予指示。如获允准，我们即转进进行修改设计，争取提前完成。

方鉴泉

1959年3月29日

彭浦机器厂

在远方

新中国成立了，上海的建筑设计人才集中。因此，当中央开始筹划全国的建设时，人才济济的华东院有一批创业者奉命调赴北京工作。

这里有华东院的创始人金瓯卜和赵深。

这里有中国注册建筑师制度的奠基者张钦楠。张钦楠，1951 年毕业于美国麻省理工学院土木工程系，1952 年回国后到华东院工作。1980—1988 年在北京先后于国家建委、城乡建设环境保护部等单位工作，曾任城乡建设部设计局局长，中国建筑学会秘书长、副理事长等职，先后当选为英国皇家建筑师学会、美国建筑师学会、澳大利亚皇家建筑师学会名誉资深会员、日本建筑家协会与俄罗斯建筑家同盟名誉会员；主要著译作及编著作品有《阅读城市》、《特色取胜——建筑理论的探讨》、《现代建筑——一部批判的历史》、《人文主义建筑学——情趣史的研究》、《20 世纪世界建筑精品集锦（1900—1999)》第 10 卷（副总编）等。

这里有中国室内设计行业的开创者和奠基人之一曾坚。曾坚，1947 年 6 月从圣约翰大学毕业后，进入建筑系德国教授 Richard Paulick 的事务所，开始亲历并见证中国室内设计行业从无到有的蹒跚历程。1952 年，曾坚先生曾经在华东院任室主任；1960 年调任北京，在北京工业建筑设计院任室主任。他主持完成了一系列重大设计项目，其中包括八届七中全会会场的全部家具设计，毛泽东主席北京及杭州住宅的家具设计，周恩来总理专机的室内设计，上海虹桥机场室内及家具设计等。1979—1985 年，曾坚先生任中国建筑学会副秘书长。20 世纪 80 年代末，在曾坚先生与设计界前辈的倡导推动下，中国建筑学会室内设计分会于 1989 年创建，曾坚先生被选为会长。他的著作《室内设计的昨天、今天、明天》等名篇，至今仍对行业发展有着重大指导意义。

这里有结构总师何广乾。何广乾，1942 年毕业于上海交通大学土木系。1949 年获法国巴黎大学理学院结构力学专业博士学位，1950 年回国。他曾经担任华东工业建筑设计院主任工程师，后来去了西北，任西北工业建筑设计院总工程师，中国建筑科学研究院副总经理兼总工程师、高级工程师，城乡建设环境保护部科技委员会副主任，中国建筑学会第五届副理事长、第六届常务理事，国际建筑师协会理事，国际预应力协会副主席。他在薄壳结构简化计算方面作出贡献，撰有《双曲偏壳在集中载荷作用下的简化计算》、《壳体稳定与边界积分方程法》、《组合型扭壳的有矩理论设计法及连续扭壳结构》等论文。

这里有"总师中的总师"王华彬。王华彬，1927 年毕业于清华大学庚款留学生预备班，后留学美国欧柏林大学和宾夕法尼亚大学建筑学院，获硕士学位。1933 年回国，先后任上海市中心建设委员会建筑师、上海沪江大学教授、之江大学建筑学系主任、教授、上海市房管局总工程师。他来到华东院，先后任医卫室主任和总建筑师，为华东院留下一批著名建筑之后去了北京，任北京工业建筑设计院总工程师。他在建筑教育、建筑设计、科学研究与学术理论等方面作出了重要贡献。

……

还有一些专家，则走进了高等学府。

这里有吴景祥。吴景祥，1929 年毕业于清华大学土木系，1933 年毕业于法国巴黎建筑专门学院。回国后，曾任中国海关总署建筑师，在之江大学担任过教授。新中国成立以后，进入华东院，被任命为总建筑师。后调任同济大学任建筑系主任、建筑设计研究院院长，上海市建筑学会第一届理事，第二届至第四届副理事长，第五届理事长等。他在建筑设计上有丰富的实践经验，对住宅建筑和高层建筑有特别的研究。他指导的“华沙人民英雄纪念碑”方案设计，于 1957 年获国际设计竞赛方案奖。曾经合编《法汉建筑工程词典》，译有《走向新建筑》。

……

建院之初，华东院很多专家到外省市开始设计工作。有一部分人，就永远留在了远方。

西安，是当年华东院输出人才最集中的地点之一。1955 年和 1956 年，共有两批多达 200 人来到古城。

当年热血沸腾的青年，如今已经白发苍苍。他们在新中国成立初期，设计从东北一直做到西北，最后落户在西安。当年支援西北的华东院专家中，如今健在的还有 34 位。他们和他们后代的叙说，无论从空间还是时间来看，都恰似悠远的回声……

上图：1953年，毛主席为长春第一汽车制造厂建厂奠基题词

下组图：第一汽车制造厂现场

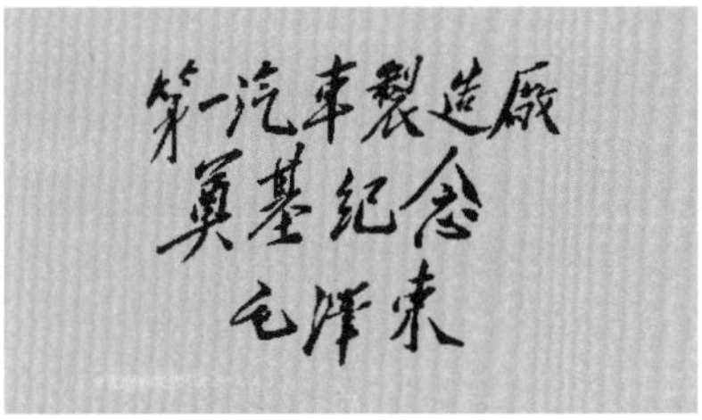

支援东北

黄克武（西北院资深总建筑师）：

我在西北工作将近60个年头了。说来话长……

华东院1953年就支援了东北的156项苏联的建设项目。由总建筑师赵深、蔡显裕等带领，由张庆云、曾坚等一批技术人员组成的工作组100余人赶赴沈阳、哈尔滨等城市，涉及飞机厂、坦克厂、弹药厂、军舰制造厂等30余个军工厂。他们在−30℃的东北地区，不畏严寒，出色地完成111、

112、114国防建设项目。

后来，金瓯卜和华东院的一些技术领导骨干先后调到北京部里工作。金瓯卜代表建工部去苏联接收和审查第一个五年计划中苏联援华项目的建筑图纸，其中包括长春第一汽车厂、富拉尔基重型机器厂、洛阳拖拉机厂、轴承厂、矿山机械厂等。工作结束后即到华东院组织起以王华彬总建筑师为首，建筑、结构、设备、预算等专业的百人工作队前往长春，配合苏联专家进行长春第一汽车厂生活区的初步设计工作。

新中国造汽车是从解放牌开始的。厂区是全配套的，等于一个汽车城。那时候搞的福利区，一开始是日本模式，后来我们感觉到有点问题，居住面积很大，工人分配不够用，后来我们又自己搞了一些改革。苏联专家来了之后套用他的标准图，后来也感觉到不行。他们认为需要中国式的建筑，不过他们对中国建筑的了解就是大屋顶。如今，在那里我们还可以看到用木材做出来的大歇山屋顶等中国古建的样式。

此后，我们到了北京，接手西安市的规划。华东院与北京规划设计院一起承担西安的城市规划。这是整个西安市的第一期规划，重点放在东郊和西郊。西郊是电工城，主要是电力，还有两个汽车配件工厂；东郊是为国防配套的工厂。

赵深有一段时间调到北京工业建筑设计院。设计院给他一个小四合院。我们在北京的时候，他说别的地方不要去住，他在北京太寂寞了。我们几个人就都住在他的四合院里面，空气很好，桂花很香。

图片资料：

1949年12月，毛泽东主席访问苏联，中苏双方商定，由苏联全面援助中国建设第一个载重汽车厂。经过一年多的调查研究和多个方案对比，1951年中共中央和中央人民政府决定把第一汽车制造厂的厂址设在吉林省长春市郊。

1953年7月15日，在第一汽车制造厂的厂址基地上举行了隆重的奠基典礼。在第一个五年计划时期，第一汽车制造厂完成基本建设投资6.2亿元，基本建设竣工面积75万平方米，工业建筑41.1万平方米，宿舍39.9万平方米，安装了2万台机器设备，铺设了30多公里长的铁路和8万多米长的管道，制造了上万套工艺装备。1956年7月13日，被毛泽东命名为“解放”牌的第一批国产汽车试制成功。

长春第一汽车制造厂生产的“解放”牌汽车是以苏联生产的吉斯150型汽车为范本，并根据中国的实际情况改进部分结构而设计和制造出来的。这种汽车装有90匹马力、6个汽缸的汽油发动机，最高时速为65公里，载重量为4吨。它不仅适合当时中国的道路和桥梁的负荷条件，而且还可以根据需要改装成适合各种特殊用途的变型汽车。首批汽车经过行车试验后，证明性能良好，符合设计要求。

安家西北

谁也没有想到，这一次设计就此改变了他们的命运。

很多人的回忆中都提到华东院的庞大队伍，出发的不仅有技术人员，还有管理人员甚至炊事员和理发员。华东院包了3节车厢来输送这支队伍。

李国忠（华东院支援西北院职工）：

到了1953年底，有消息说有一批人要支援大西北。去的人没有多大震动，政策也比较宽松。

黄克武：

华东院的领导是全心全意支援西北的。初定的名单都是当时我院最好的技术骨干，包括方鉴泉、魏志达等。

结果西北方面负责接收的毛之江并不领情。他说，“我只有一个要求，我就要当时做西安总体规划的技术人员，这些人我都要。”

华东院就把我们集中起来，说西北公司“指定要你们，部长都点了头了”。我们中原本有调北京的，也有调西南的，最后都到西北院去。我本来是要到北京的，结果从北京的名单里面划到西安去了。搞西安规划的时候，我是一个项目的负责人。一声令下，我把家都放下了，去了西北。

我爱人是1956年过去的，一去就安排在中学教书。

杨明根（华东院支援西北院职工）：

到西安一看，西安真不错。规划已经形成了，马路已经做好了，边上的房子还没有建。而上海，无论南京路也好，淮海路也好，又挤又小。西安就特好，一看马路那么宽，将来的发展一定不得了。

而且我们去的时候组织上照顾得不错，无微不至，把我们的生活安排得非常好，的确是个好地方。

陈韵（其父是华东院支援西北院职工）：

我父亲叫陈汉明，也是华东院的老人。我记得我父亲在华东院时在文教居住设计室工作，上海的跑狗场改建成文化广场，他就是设计者之一。

华东院支援西北的时候，我还在读书，后来华东院说，我可以一道

1958年2月25日，华东工业建筑设计院设备室欢送黄宝善主任工程师调差西北工业建筑设计院

去，去了之后作为华东院的家属，介绍到西北院工作。去了之后我一直在计划室，搞计划管理。

华东院的职工都是四面八方来的，在上海是各家各户不来往的，家属互相不认识。到了这里，一个大院全是华东院来的人，其乐融融。

屈培青（陈韵之子）：

我在当时那个大院生活了50年。在西北院能感受到“小上海”的气氛。我们住的家属楼里八成都是上海人，在老式苏联风格的住宅楼里，一层楼住着七八家人。我从小还是按照上海人的习惯生活。外婆教会了我说上海话。北方的城市以面食为主，到农村拿面粉换来的大米成了奢侈品。在食品限量供应的年代，为了能买上几斤南方的水磨年糕，外婆带上10岁的我，晚上9点排队领号，排到第二天早上9点开门。我们排了一夜的队，就为买5斤南方的水磨年糕……

最初的奋斗

华东院将优秀人才无私奉献给了西北。西北院原来就有200多人，华东院的人才一来，西北院就成为西北建筑设计最大的单位。

第一批来的有方山寿、黄克武、沈国栋等主任工程师，第二批来的有郑贤荣、唐汉诚等。在这些高级技术人员的带领之下，西北院的力量大大增强。

考虑到技术力量还不够，华东院调来的这批人开了个研修班，给西北院的同志上课，当时有很多同志只有初中学历，就培养他们的画图和设计能力。此外还搞了个训练班，为西北院培养了一批可以做预算的技术人员。

几年以后，这些人才也都成为西北院的骨干。

华东院马克勤副院长随第二批支援人员来到西安，并任西北院行政一把手。

新组建的西北院，第一个任务是东西郊改造，属于国家第一个五年计划项目。东西郊改造总体规划是苏联专家做的。从华东院来西北院的人开展的工程叫“100 号工程”。

这个工程中东郊是纺织城，西郊是电工城，南郊是文教区。

承担该项目的一些技术骨干，过去在上海有过设计居住建筑、公共建筑或是大型体育场、体育馆等项目的经验，因此他们也在西北院成立了班子，专门负责这部分工程。他们还完成了西安交通大学的设计，是为交大的搬迁而做的。此外，还设计了西安冶金学院，是由五个学校合并而成。按理说，西安冶金学院应该是以冶金工业为主，但其建筑专业似乎更为著名，现在已更名为西安科技大学。当年这两个校区建设第一期都是以华东院的名义设计的，第二期的时候，西安交通大学就由西北院承担了。

深情的怀念

屈培青：

在我家扎根西部20年后，我圆了我自己及全家的第一个梦，成为我们家第三代建筑师。我大学毕业后，分到西北院。三代学建筑学，都在西北院工作的就我们一家。

我的儿子，从小喜欢上建筑，以优异的成绩考上了同济大学建筑学专业，大学毕业又保送清华大学建筑学院。他向往在学业有成之时到上海，到华东院工作。

这是一个难得的建筑师之家。

第一代建筑师陈汉明 1955 年离开上海及华东院，来到西安。

如果他的曾外孙，第四代建筑师学成后回到上海，进入华东院，这难道不是一段最动人的建筑师“家族传奇”？

中国建筑研究室纪事

华东院设计和研究并举，始于建院之初。

20 世纪 50 年代，各地的建筑中采用民族形式日渐增多，各地建筑设计单位、人员迫切需要这方面的资料作为建筑设计的参考。而当时，国内对民族建筑的研究却没能跟上，可供参考的资料与成果寥寥无几。

华东院也想对民族形式做些探索，但没有这方面的专业人才。赵深和陈植想起了当时南京工学院的刘敦桢教授，希望他能够帮助培养一些人才。

刘敦桢先生是著名建筑学家、教育家、建筑史学家，中国科学院院士。曾创办我国第一所由中国人经营的建筑师事务所。长期从事建筑教育和建筑历史研究工作，是我国建筑教育的创始人之一，又是中国建筑历史研究的开拓者。

其时，正好刘敦桢有许多资料需要整理和出版，需要人手配合工作。于是双方一拍即合，成立"中国建筑研究室"。

当时华东院总经理金瓯卜非常支持，他派张步骞作为先头联系人去南京筹备。张步骞后来亦由此成为研究室的主要负责人。

一年之后，赵深致信刘敦桢："由于及时地完成了一些研究任务，对公司在生产上起了很大的帮助，特致谢意。"

研究室创办初期的老人戚德耀，如今已经 90 多岁高龄。1959 年进入"中国建筑研究室"，师从刘敦桢的叶菊华，已经 76 岁。刘敦桢先生的儿子刘

刘敦桢与研究室成员合影
1957年9月刘敦桢先生六十寿诞
庆祝活动时摄于南京玄武湖

叙杰，也是一位建筑学教授，已经80多岁了。

三老言谈中，往事历历在目。

我们那时……

刘叙杰（刘敦桢之子）：

新中国成立前，中国近代建筑受到西方建筑设计思想非常大的影响。1953年，新中国第一个“五年计划”开始，中国学习苏联“老大哥”，建筑界也不例外。当时苏联及其加盟共和国一方面对资本主义国家的建筑风格进行批判，另一方面则大力提倡“社会主义现实主义的创作方法”，实行“社会主义内容、民族形式”的建筑方针和政策。这股风后来吹到中国。那时候认为建筑式样，也是无产阶级及其政权的象征之一。皇家宫殿等建筑，显然不能代表无产阶级。民居才是“无产阶级建筑式样”的象征。因此，中国要发展新的式样就要从民居入手。

中国传统民居建筑历史发展时间最为悠久、种类最为丰富、分布最为广泛。几乎所有的中国古代建筑类型都可以说是来自于民居、由民居发展而来。其时，传统民居方面的调查、研究工作尚未起步。需要有人组织起一批研究人员，对中国传统民居进行全面、系统的调查、测绘和研究。

这就是我父亲和中国建筑研究室的使命。

戚德耀（华东院支援中国建筑研究室成员）：

我们去研究室，都是自愿报名的。有的就是普通技术人员，我们都是到南京后一步步培养起来的。那时候组织上也没说清楚在南京待多久，就说是去培训，搞研究。

刘叙杰：

研究室成立初期，上海派来的人员普遍缺少建筑历史方面的知识，所以需要培训和学习。他们和学生一起外出参观、暑期实践，这样还有一个好处就是他们都参加过工作，有较丰富的社会经验，外出可以照顾学生，也更容易适应暑期实践的活动。

戚德耀：

刘老跟我们讲，你们要练好基本功。

我们当时也在建筑系听课。每到上课的时候，教室前半部分是大二的学生，最后面一排旁听的就是我们研究室的成员。刘老当时讲授中国建筑史、中国古建结构、西方建筑史。我们还听过建筑材料、建筑物理、画法几何等，还有李剑晨老师讲的中国美术史，并学习了一年半的素描和水彩。

当时研究所所处的“中大院”还是“一”字形的平面，“中大院”二楼西半部分、内廊两侧都有我们的办公室，房间南北相对。办公桌周围沿墙壁立着许多放图书资料的书橱，往里走还有一个小房间，那就是刘老的办公室。后来郭湖生先生在里面和刘老一起办公，图书资料室也在里面。北侧是一个小房间，也有一部分人在里面办公。

研究室成立初期，所有的图书资料都是华东院购买的，研究经费也都是华东院提供的。当时华东院和刘老商量好，刘老喜爱的书，需要搜集的资料等都可以买。研究室书很多，有一些是新出的书和期刊，包括气象、地理、地质、矿产、旅游等方面的书和资料，只要是对古建研究有参考价值的，都可以订阅、购买。还有一些古籍，有线装的，还有国外原版的。那时我们收了好多好书，有的书很名贵。《中国营造学社汇刊》、德国人鲍希曼的那些书价钱都很高，而且很难买到，当时都是请刘老选定后，请书店帮忙买下的。

调查测绘使用的器材、工具之类也是华东院购买的。绘图桌、绘图工具、照相机、勘测器材，在当时来讲，都是很讲究、很先进的。比如我们的绘图桌，直接从上海运到南京，和华东院的一模一样。使用的照相机也是德国蔡司的，在当时是最高级的；胶卷都是美国、德国产的，日本的还不用呢。铅笔是美国维纳斯的，中国的牌子甚至都不用，纸张也有很多从外国进口。华东院在支持研究方面做足了工作。

研究室成立初期，杨廷宝、童寯先生经常来研究室，童老来得多些。他们和刘老很谈得来，所以经常来协助刘老管理研究室和指导我们。

严格的刘老

戚德耀：

刘老对我们的调查、研究成果的质量要求是非常高的。我们画的图，没有一回是可以一次通过的。有的前后返工七次，最高的达十几次。

刘老说，我们是研究机构，是要做榜样的，而且研究成果将来是要出版的，要供设计院做参考的，不能就这么随随便便。刘老如此严格，现在看来是有好处的，他培养了我们这些后来人。后来出版的《苏州古典园林》、《中国古代建筑史》等书籍中，我们画的插图到现在看起来还是非常出色的。最艰苦的就是暑假实践了，每逢假期，我们都到外面参观古建筑。路远的暑假实践基本上都是刘老亲自带队。刘老边看边讲，现场传授，我们都细心听。我们去过山西、河北、山东、北京等地，同济大学建筑系的陈从周等也都一起去。当年，陈从周还年轻，是我们队里的开心果。比较近的实践首选山东曲阜，刘老不去，由助教潘谷西带我们去。

我们来研究室之后的第一项工作，就是协助刘老整理他以前搜集的古建资料，主要是刘老在中国营造学社时期古建调查时所拍的照片资料，数量很多。文字以前都已经在《中国营造学社汇刊》上发表过，但是照片没有发表。整理工作进行了一年多，我们对古建有了初步的了解，编辑了一本《中国建筑史参考图集》。这本书当时没有公开出版发行，是在南工内部发行的。刘老的很多朋友都来要，刘老自己那本都送人了。可惜到现在我都没这本书了。

随着研究的深入，1954年，刘老招了4名中国建筑史研究生，他们是胡思永（后去香港，现在澳大利亚）、邵俊仪（苏州环保学院，现在苏州科技学院建筑系）、章明（女，原上海市民用建筑设计院总建筑师）、乐卫忠（上海市园林局局长）。他们原来是同济大学的本科生，毕业后先到哈工大，读了一年研究生后转到南工的。他们来了就和我们一起参加暑期实践。

叶菊华（原中国建筑研究室成员）：

我1959年从南工毕业。前一年，校方通知我不要做毕业设计，要做毕业论文，当时被挑出来一同做毕业论文的还有詹永伟和吕国刚。我的论文题目是“江苏近百年住宅发展史”。校方找我谈话，说有科研机构需要人，这样的人必须专业学习全面发展，具有良好的分析能力和写作能力，“我们看你可以，先从做毕业论文看看”。当我问到是什么科研机构，找我谈话的同志回答：“远在天边，近在眼前。”那时我就知道了，就是刘敦桢任主任的“中国建筑研究室”。我们一共4个人，毕业后分配在研究室里。

走遍大地

刘叙杰：

中国建筑研究室将成员分组派到各地进行调研。虽然北至东北，南至广东都有一些调查，但从整体上看，传统南方民居调研为多。这与中国南北方传统民居各自发展历程、形成原因以及各自特点有关。中国北方民居，地方特点不是太明显，以四合院为主，多为单层；南方民居，两层的建筑较北方多，且地方特征比较多元，外观上变化较多，其中又以安徽、浙江、福建等地调查为多。研究室将收集之测绘资料等以论文的形式发表于《南京工学院学报》等刊物上，有的还出版成专著，如《中国住宅概说》、《徽州明代住宅》等。

戚德耀：

1954年夏，研究室就外出实践调查了，一共有三期调查。

第一期分三组。第一组，张步骞去福建，那次的成果就是发现土楼，还有泰宁县的几座宋代古建。特别是甘露庵，他调查的时候还没有被烧，第二年即被烧毁，所以他搜集的材料、拍的照片都是最珍贵的原始资料。

第二组，张仲一、曹见宾、傅高杰、杜修均四人，去安徽调查皖南的徽州住宅。

第三组，我、方长源、窦学智三人，去了浙江的杭州、绍兴和宁波。因为我就是宁波人。在杭州，我们调查测绘了胡雪岩住宅。今天的胡雪岩住宅恢复，用的还是我们当年测绘的资料。绍兴主要是鲁迅故居，当地人叫“老台门”，鲁迅外婆家的住宅“小皋埠”。这些资料可能是新中国有关鲁迅研究的建筑方面的第一次搜集，不过这些材料后来都没有公开发表过。

宁波调查和测绘了天一阁。后来还发现了宋代的保国寺，是我们那次调查的最大收获。当时我们还是第一次碰到北宋的古建，感到吃不准，回来就向刘老汇报。刘老说不用汇报了，至少是元代的。他一看照片，立刻就说，“快回去，快回去，把它测绘下来。”刘老一直想亲自去看看保国寺，可惜这个心愿最终也没能实现。

刘老不准我们浪费胶卷，每张照片均需登记归公。当时我们使用的罗莱胶卷，每卷只有12张，拍坏的也要上交，决不允许拍工作照、私人照。

1955年后，第二期、第三期时，和我一起测绘的人有曹见宾、叶菊华等。我们主要搞的是浙江的村镇与住宅，当然遇到庙宇、塔寺等古建，还是加以调查搜集的。另外，我们还去江西和皖南的徽州做了调查，主要是明代、清代的住宅。

我和叶菊华发现了东阳卢宅，现在《中国古代建筑史》书中使用的卢宅平面图就是当时我们测绘的。我们去的时候十几座石牌坊都还在，可惜“文革”中“破四旧”被拆毁了，现在的两座牌坊都是“文革”后重建的。刘老写《中国住宅概说》时，书中好多资料就是运用了我们外出调研取得的资料。后来也有部分资料运用到建科院出的《浙江民居》一书里。

刘老对我们非常关心。我们出门在外，刘老尽量给充裕的经费。告诉我们，住和吃可尽量好些。因为我们身上带的相机、测绘仪器都很贵，一般的小店我们也不敢住。我们的准备工作、路线、时间、经费都是计划好的。我们身上不多带钱，刘老将钱打到基层县政府那儿，算好时间去取

曲阜孔庙留影

（左一方长源、左二朱鸣泉、左三戚德耀）

钱。缺钱用就拍电报，那时候通讯没有现在这么方便，好在群众都很热情，见到南工的介绍信，都很欢迎我们。

任务多时间紧。记得有次我们路过黄山脚下的小山村，测绘好之后就马不停蹄赶往下一个测绘点。叶菊华还埋怨我说连看黄山的时间都没有。我说没办法，一天也不能耽搁。

叶菊华：

那时候调研每天要走几十里路，除了长途车能到市区外，其余都靠脚走。1960年7月，调研的任务多，要完不成了。戚老说咱俩兵分两路，各走十天，然后再会合。我一个人独自跑了10天，走了浙西北、新安江、江西等地。独自带着四十多斤的大箱子，里面有照相和测量器材、几十卷胶卷和少量的衣服。碰到古建就请小孩子帮我拉尺子，量古建筑的长度和宽度。又请老乡借我竹竿，量古建高度。有了数据，回来才能画测绘图，写测绘报告。

戚德耀：

这事我也记得。我们会合的那天，我和叶菊华一起走山路，中午很热，四不着村，叶菊华说还没吃早饭。问路时，恰好碰到一个当兵的年轻人回家探亲，身上有一些黄豆，他就给了我和叶菊华一人一把。我们边走边嚼，直到傍晚才吃上这一天的第一顿饭。

叶菊华：

回来后不久，刘老就带着我去北京参加中国建筑史编史教材讨论会，那是我第一次也是唯一的一次见到梁思成先生，他作了半个小时的报告。编史的工作，我主要负责明清住宅和建筑史的插图。比较难的透视图，需画法几何求剖面的图由我来画。记得故宫太和殿的剖面透视图就是我画的，很多斗栱透视，层层叠叠，真的很难。

当时刘老已经63岁，身体不好，只工作半天。他喜欢抽烟和喝茶，早晨一来，自己倒好茶就来看我们的图，修改后第二天再改，往往一张图改个十遍八遍才过关。刘老对插图的要求非常严格。树景必须是冬天的，要分得出是什么树种，树的阴影不能随心所欲，要80%以上反映真实的取景，20%以下可以臆造。从1953年到1963年，整整十年，研究室做了很多的研究工作。1964年，基本上就是扫尾工作了。

十年之后

戚德耀：

中国建筑研究室后来脱离原先的体制，划归建科院管理。成立十年之后，建筑研究室被撤销。刘老一看人才都要被浪费了，就提出要求，人员最好不要拆散，将来研究室也好恢复和重建。尽量分配到建筑设计院和搞古建研究的对口单位，学有所用。这样，我们才被分成南京一部分、苏州一部分。

研究室存在十年，收获颇丰。

刘老呼吁改变当时只关心考古的倾向，希望社会重视古建的研究价值。他最先开拓古建里的住宅和园林两大研究方向，并且亲自率研究室同仁脚踏实地践行。

1956 年，刘敦桢发表了《苏州古典园林》，这是中国建筑史研究中一部非常重要的著作。

刘敦桢在研究室存在的这十年中，把精力放在编写教材上。之前，中国高校没有本国的建筑史教材，第一本教材，就是刘老在中国建筑研究室期间潜心编撰的《中国古代建筑史》。这本书出版的时候已经修改过很多稿。遗憾的是，刘敦桢去世也没能看到这本书出版。

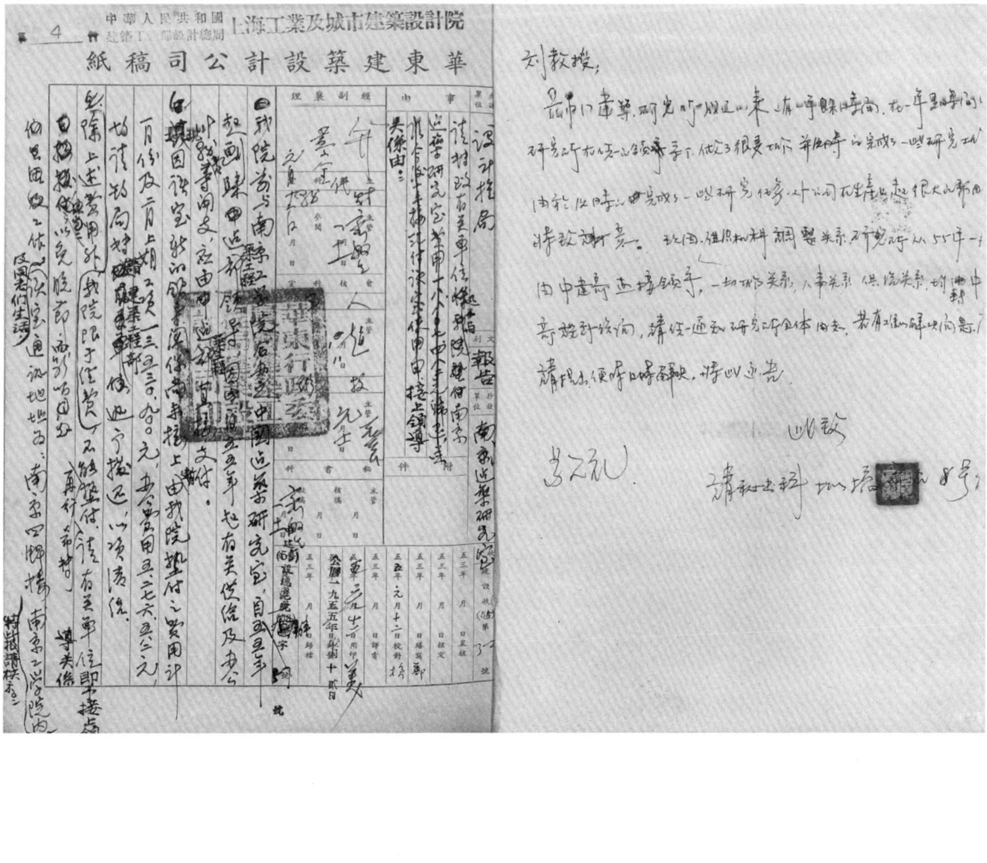
中華人民共和國
建築工程部設計總局
上海工業及城市建築設計院
華東建築設計公司稿紙

刘敦桢：

左图：有关研究室人士关系公函

右图：赵深给刘敦桢的信件

启蒙的日子

支撑华东院团队成长的基础之一，就是员工如饥似渴、孜孜不倦的学习热情。

学习是华东院企业文化最重要的积累。这是一代又一代大师传承下来的风格。

建院之初的培训班，就是很多人建筑生涯的开始。

1952 年，华东建筑管理局和上海市劳动局委托华东院提供师资力量办培训班，有 450 名学员参加。培训的内容有结构、建筑、绘图、制图、水电、机电、测量、土壤、施工、预算等。培训的地方就在康平路 100 号，当时这里是一片荒地，却是很多人建筑事业的神圣起点。

右图：遵照全国建筑工程厅局长扩大会议决定，由华东工业建筑设计院开办动力设备基础设计讲习班1961年2月7日结业典礼留影，摄于华东工业建筑设计院六楼平台。

秦壅（原主任建筑师）：

学习班是我懵懵懂懂进入建筑学专业的开始。建筑班主要学习建筑制图、画法几何和简单的设计原理等。建筑班80个学生，有20余名是代为培训的解放军。一个班朝夕相处，团结互助，像一个大家庭。后来才知道房屋设计中建筑专业是最难学的，一辈子也学不完。

潘菊清（原副所长、支部书记）：

我当时不满18岁，初中文化，学历在培训班里算高的，有的同学比我要大十几岁。记得刚开学时天气很冷，学员们睡木板床，住的草棚都结了冰。每周坐有轨电车回家，出了草棚，外面朦朦胧胧的都是白雪。

面试我的方义弼是当时华东院结构室的主任。他问我喜欢什么，我说喜欢数学，就这样我被分配到了结构专业学习。我记得当时的班主任是郭蓉，陈布丁是管理和行政人员。与我同期的还有杨梦柳、秦雍、邬志忠、李杏英等。

结业之后，经考试合格，华东院（时称华东建筑设计公司）共录用261人，剩余人员大多被其他单位录取。

不过，康平路100号，仅仅是他们学习的开始。

杨梦柳（原高级建筑师）：

1953年，我怯生生地从培训班走进设计院大门的时候，还是一个只有初中文化水平的助理技术员。一次，带教的同志让我画一张立面，我画了擦擦了又画，结果图是画好了，可挂起来一看，两边的立面不在一个标高上……

我这才明白，建筑是一辈子的事业，学习也是一辈子的事情。就暗暗下定决心，发誓努力。从1956年开始，之后的8年时间里，我坚持参加夜校学习高中、大专课程。没有节假日，没有午休时间，直至1964年“文革”初期学校被迫停课，才不得不中断学业，那时我已经拿到了大专毕业证。

我从一个初中毕业生到华东院的高级建筑师，是华东院培养了我，如果让我再选择一次，我还选择进华东院做一名建筑师。

华东院建院之初，不仅通过招贤纳士、举办培训班等充实技术队伍，同时，特别注重在设计实践中培养青年技术人员，在 60 年的企业发展过程中培养和造就了一大批技术人才。沈恭，就是一位杰出的代表。1951 年，沈恭从上海特别市立敬业中学土木工程科毕业，那时正赶上华东设计公司（华东院前身）筹建，他参加了筹建工作，其后就进入华东院工作。他的技术起点虽不高，但刻苦工作、勤奋好学，是院图书馆的常客。工作之余，他还就读于上海业余土木工程学院，并于 1965 年毕业于同济大学业余函授学院工民建本科。同时，他自学掌握了俄、英、德、日四国外语。他兢兢业业，脚踏实地，在学业及专业技术上，取得了非常突出的进步，成为钻研技术的标兵，许多技术级别比他高的设计人员都乐意与他共同探讨技术问题，人称“不是老总的老总”，得到前辈和同行的肯定。即使在“文革”期间，在“走白专道路”被批判的环境下，沈恭依旧体现出坚韧不拔的毅力，坚持自己的信念，仍然没有放弃学习。拨乱反正后，沈恭被提拔为院副总工程师，后来又走上了领导岗位，担任了市建委副主任，在技术和管理岗位上成绩卓著。

在华东院 60 年的发展历程里，无论是刚从农村回来的知青，还是刚从大学毕业的技术人员，甚至是已经事业有成的高级技术人员，都将不间断地学习当成是跟上时代步伐最重要的事情。

华东院前后共培训了近 700 名学员，几十年留院的 200 多名人员中，后来不少人成为工程师和高级工程师，成为华东院的技术骨干和管理人才。不断学习是华东人的光荣传统，他们的经历证明了一条真理——是金子总是会发光的。

在华东院企业文化的深处，始终保持着一种单纯、融洽的学习环境；一种求真、务实的工作氛围；一种开放、严谨的治学态度；一种执着、创新的探索精神，从这个意义上来说华东院更像是一所大学校。建筑设计的类型之多，涉及面之广，值得设计师终生去探究。在华东院，只要有着求知的渴望，就会有学习的渠道；只要有着建筑的梦想，就有可能获得实践的机会。前辈严谨细致的言传身教与后生脚踏实地的积极进取，使企业拥有了持续发展的健康肌体，这也是华东院历经 60 年，不断走向建筑设计新境界的原动力。

1960—1979

· 在遵义的群山中
· 长江边上——回忆“9424”工程和倪天增
· 苦乐在大屯
· 援外点滴
· 难忘的1972
——上海国际卫星通讯地面站和金山石化
· 在山摇地动的时刻——援建唐山的回忆

1960－1979年

20世纪50年代末开始，是亢奋和激进的年代，也是迷茫和彷徨的年代。

从“三面红旗”到“文化大革命”，左倾思潮一步步走向极端，举国上下深受其害，建筑设计领域也不能幸免。

曾记得，砖砌的围墙被拆掉，造就炼铁炉。铁门被拆，重新投入“土炉”中冶炼。树木被砍，成为燃料。即使是建筑师和工程师们，也不能远离这样在狂热中破坏建筑的愚昧行为。当年，在华东院衡山路工房，砌起了小高炉，冶铁炼钢，他们放下建筑书籍，“研究”如何“让钢铁元帅升帐”，下班之后夜以继日，烟熏火燎。

人们的激情、奉献，换来的只是报纸上红色的大字标题，以及无法使用的铁疙瘩。

上海的旧建筑，遇到了前所未有的困境。锣鼓声中，珍贵的历史建筑物中开办起街道工厂和卫生站，迁入了“72家房客”。人口膨胀，住宅建筑不足，石库门弄堂越发拥挤……

在接踵而来的自然灾害中，中苏之间的论战公开化。苏联在一个月里撤走了所有专家，带走了图纸和资料，同时逼迫中方归还抗美援朝期间军需物资14.06亿新卢布……资金窘迫，工程中断，楼堂馆所全部下马，建筑工程量在调整中缩减。

建筑设计工作条件严重恶化。建筑设计所依赖的艺术和科学观念，中国和国外的建筑精品都被批判。“左倾”思潮片面地提倡所谓的“艰苦朴素”，“保持革命本色”，干打垒、砖拱吊车梁、悬臂檩条等大行其道。

不过，在困难中，建筑师们依然在奉献。

“独立自主，自力更生”的精神，催生了一系列的尖端工程。华东院承担了多项重要的设计。上海嘉定科学城、中国科学院的11个研究所先后矗立起来，导弹装配车间，发射设施以及核工业等工程，都在秘密中建成。

为了加强国防，中国开始了“三线建设”。所谓“三线”，作为一个特定的历史概念已经深深地留在一代人的记忆里。三线建设，最早出自1956年毛泽东《论十大关系》一文中关于三线建设的战略思想。在这个构想中，毛泽东把全国划分为前线、中间地带和后方三类地区，分别称为

1960年工业基本建设项目设计任务预分配计划表

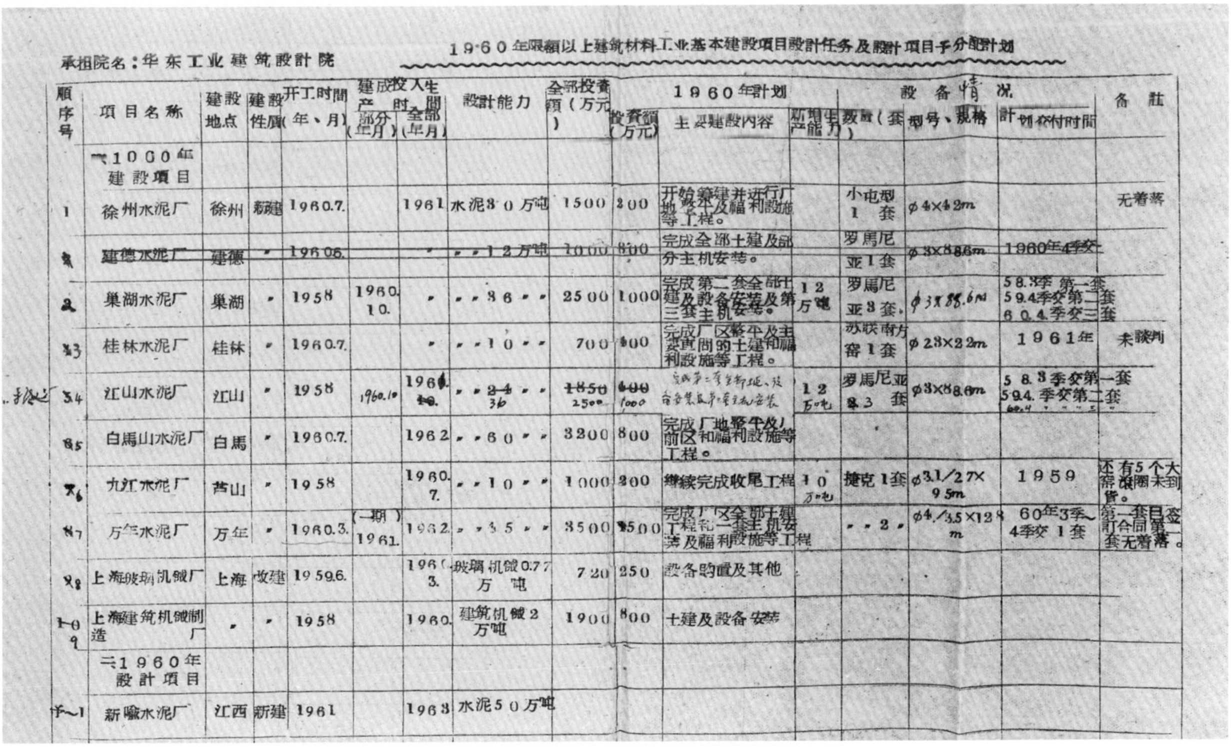

承担院名：华东工业建筑設計院

1960年限额以上建筑材料工业基本建設项目設計任务及設計项目予分配計划

顺序号	项目名称	建設地点	建設性质	开工时间（年、月）	建成投入生产时间 部分（年月）	全部（年月）	設計能力	全部投资额（万元）	1960年計划 投资额（万元）	主要建設内容	新增生产能力	設备情况 数量（套）	型号、规格	計划交付时间	备註
	一1960年建設项目														
1	徐州水泥厂	徐州	新建	1960.7.		1961	水泥30万吨	1500	200	开始筹建并进行厂地平整及福利設施等工程。		小电型1套	φ4×42m		无着落
~~2~~	~~建德水泥厂~~	~~建德~~	~~〃~~	~~1960.6.~~		~~〃~~	~~〃〃12万吨~~	~~1000~~	~~800~~	完成全部土建及部分主机安装。		罗馬尼亚1套	~~φ3×88.6m~~	~~1960年4季交~~	
2	巢湖水泥厂	巢湖	〃	1958	1960.10.	〃	〃〃36〃〃	2500	1000	完成第二套全部土建及設备安装及第三套主机安装。	12万吨	罗馬尼亚3套	φ3×88.6m	58.3季第一套 59.4季交第二套 60.4季交三套	
3	桂林水泥厂	桂林	〃	1960.7.		〃	〃〃10〃〃	700	400	完成厂区整平及主要車間的土建和福利設施等工程。		苏联南方窑1套	φ2.3×22m	1961年	未談判
4	江山水泥厂	江山	〃	1958	1960.10	~~1960.10.~~	〃〃~~24~~ 36〃〃	~~1850~~ 2500	~~400~~ 1000	完成第二套全部土建、設备安装及第二套主机安装	12万吨	罗馬尼亚3套	φ3×88.6m	58.3季交第一套 59.4.季交第二套 60.4 〃〃〃三〃	
5	白馬山水泥厂	白馬	〃	1960.7.		1962	〃〃60〃〃	3200	800	完成厂地整平及厂前区和福利設施等工程。					
6	九江水泥厂	芦山	〃	1958		1960.7.	〃〃10〃〃	1000	200	继续完成收尾工程	10万吨	捷克1套	φ3.1/2.7×95m	1959	还有5个大窑滚圈未到货。
7	万年水泥厂	万年	〃	1960.3.	（一期）1961.	1962.	〃〃35〃〃	3500	1500	完成厂区全部土建工程和一套主机安装及福利設施等工程		〃〃2〃	φ4./3.5×128m	60年3季～4季交1套	第一套已签订合同第二套无着落。
8	上海玻璃机械厂	上海	改建	1959.6.		1960.3.	玻璃机械0.77万吨	720	250	設备购置及其他					
9	上海建筑机械制造厂	〃	〃	1958		1960.	建筑机械2万吨	1900	800	土建及設备安装					
	二1960年設計项目														
1	新喻水泥厂	江西	新建	1961		1963	水泥50万吨								

1 | 2 | 3 | 4 | 5

图1：1978年全国科学大会奖状

图2：1977年太阳能科研组，也是华东院第一个科研小组

图3：瓦楞形太阳能热水器

图4：60年代三室团日活动合影

图5：60年代同窗好友在华东院露台上合影

一线、二线、三线，其中划定的三线地区为乌鞘岭以东、京广线以西、雁门关以南、韶关以北广大地区，包括川、黔、滇、陕、甘、宁、青、晋、豫、湘、粤、桂等13个省、自治区的全部及部分地区。在“要准备打仗”的特定形势下，这些省、自治区是较为理想的战略后方。

其中川、贵、云、陕、甘、宁、青俗称为大三线，一、二线的腹地俗称小三线。20世纪60年代，面对阴云密布的国际形势，毛泽东发出了“备战备荒为人民”的口号，作出了加快三线建设的紧急指示。三线建设目的就是万一一线、二线地区的重要工业设施、军事设施以及国防科研生产单位被敌方摧毁，地处我国腹地的“三线”依然能作为战略备份，不影响国家的综合实力。毛泽东说“三线建设不好，我睡不好觉”。于是，“骑着毛驴也要上三线”成为当时最具鼓动性的话语。华东院100多名干部和设计人员，奔赴“大小三线”，于云、贵、川和赣、徽、苏，在极端艰苦的环境中，建设了一批重要的工业基地。

建筑创作在这一期间也有所发展。其中，宾馆的创作从中国民居建筑中汲取美的养料，杭州西泠宾馆等作品至今仍被一再提起。

这一期间，设计师们的作品很多与人民的生活息息相关。他们设计了上海第六、第九、第十人民医院和胸科医院，还设计了正泰橡胶厂、上海自行车厂、立新造船厂……

当人们渡过自然灾害的艰苦年月，设计师们刚刚开始进入正常的工作状态时，紧接着，1964 年迎来了又一场“设计革命运动”。所有设计院都投入“群众性的设计革命运动”中去，“充分讨论，畅所欲言”。建筑师们不知所措，原先的设计流程被打乱，设计理念遭批评。

在两年后的 1966 年，“声势浩大”，荡涤一切“污泥浊水”的“史无前例的文化大革命”开始。那时候，“全国山河一片红”。一度所有的建筑外墙都有红色的标语和伟人的巨像，酷似一片“红海洋”。

在“文革”中，华东院干部、知识分子受迫害的情况严重。包括总工程师在内的 10 名院级领导干部无一幸免。被抄家 48 人，被迫上交“继承剥削财物”53 人，被冲击强行侵占住房的 38 人。高级专家被迫用绘图的手，拿起扫帚清理厕所。知识分子不能忍受将污水泼在清白的身上，两位优秀的设计人才含冤自尽……知识分子被下放到五七干校等处，“工人阶级领导一切”，设计人员“下楼出院”，建筑生产力遭到极大的破坏。从此，中国建筑和世界逐渐拉大了距离。

建筑师们一面在动乱中煎熬，一面含辛茹苦坚持在工地。

他们参加建设梅山铁矿，亦即“9424”工程的生活区；为改变“北煤南运”，他们奔赴大屯，与采煤专家一起，首创深达 150 米的沉井技术；一批保密工厂开始动工，北京工业学院和华东化工学院都在西南设立分院，设计师们被派往川南、湘西参加工程建设。

“文革”中后期，喧嚣逐渐过去。“拨乱反正”之后，设计师们又拿起了笔。他们设计了上海卫星通讯地面站，这是第一座建设在软土层而不是岩基上的地面站。他们建设了金山石化工程的腈纶厂，这是中国普通老百姓穿上化纤衣服的开始……

这一时期，也是华东院援外的高峰，华东院成立了援外设计室。1963 年，马里卷烟厂和火柴厂、加纳陶瓷厂和铅笔厂等是华东院联手轻工设计院完成的第一批任务。在马里首都巴马科市，华东院的建筑师还设计了电影院、旅馆、电台、造纸厂、皮革厂，以及加纳制绳厂和坦桑尼亚警察学校。援外 10 年余，完成了 10 个国家的 24 个设计项目。

1976 年，山摇地动，唐山发生了大地震。华东院于震后数天即接到任务奔赴唐山，其时余震不断，空气严重污染。华东院派出人员，个个奋勇向前。

1977 年 2 月下旬，华东院派员去修复开滦煤矿的机修总厂。1978 年，又奔赴唐山承担河北小区的重建工程……

这是“岁月蹉跎，光阴虚度”吗？反思中，华东院的人并不如此悲叹。

设计师们终究是有着理想的专业人士，何况华东院的人。

他们庆幸，即使在“文革”中，华东院还办了“721”大学工民建班，为同济大学毕业分配的大学生开办结构专业培训班。“文革”中办班体制不健全，可是毕竟学到了东西。1975年，华东院从农场抽调出三四十人，分两个班进行培训。1976年18个人从部队转业来到华东院，为他们办了水电专业培训班，在华东院的发展史上也起了重要的作用。

他们庆幸，很多需要提前做的事情，已经有专家想到了，形势一有松动，他们就开始努力。现在业内领先的计算机设计，就是于“文革”后期开始进行的。1974年，华东院就有了“图强”系统。

他们庆幸，即使在那个年月，只要鸭嘴笔还在手中，他们依旧在坚持职业操守，这是忠诚的建筑业者的本能。

1976年粉碎“四人帮”和1978年的解放思想，是建筑师们久盼的甘霖，心灵因之获得荡涤。

于下一个10年初期完成的不少优秀作品，也在此时启动。

左、右图：华东院7.21大学土建班结业全体师生留影

在遵义的群山中

1966年遵义大三线王凤（后右）、张兰香（前右）、徐翠珍（后左）、杨梦柳（前左）

当时的设计工作者从学校毕业，都曾经表过决心："祖国的需要是我的职业。""哪里需要我，哪里就是我的家。"

1965年，当国家号召全国的大小三线支援建设工作时，华东院全院上下，干部、群众纷纷报名。华东院当时主要是在遵义进行相关的建设工作，先后分两批人员前往。首先是在1965年的3月份到4月份期间的第一批。华东院宋华带队，同周礼庠、汪敏勇、严钦汉、陈寿华等技术人员，赴以遵义为中心的黔西山区，为设计061工程踏勘、选址。同年4月，先遣人员回院并组织部分人员赴京，听取第七机械工业部和上海机电二局等筹建单位项目要求，并搜集大量工程资料后，回到遵义开始工作。

1965年下半年，华东院以第一设计室为主的一百多人组成的设计队伍赶赴贵州遵义，分别在061工程下各施工现场工作，工程代号有1#，2#（531工程）、3#（532工程）、40#（405工程）、5#（535工程）、12#、28#等工程。行政和技术管理部门设在原遵义地区党校内。

与此同时，直属建工部的中南建筑设计院及新成立的第七机械工业部第七设计院，汇同华东院派出一个设计室规模人员共同组建建工部第二综合设计院。另外，还有部分人员是从建工部下属的建筑科学研究院、标准设计所、专业设计室等单位借调至遵义，共同加入第二综合设计院。新成立的建工部第二综合设计院，彼时已有300人规模的编制。

来自于华东院的第二综合设计院的领导班子成员有院长宋华、总工程师周礼庠、汪敏勇，由原华东院调往西南院的田聘耕担任第二综合设计院的总建筑师，刘柄斗、严钦汉、陈寿华、陈杰夫、张明甫等人分别担任各设计分队及机关中层职务。

项祖荃（原总经理）：

当时像我这样的单身小青年倒也真没什么，背个包随时就可以出发。有些女同事，家里有年幼的小孩，或者还有年迈的长辈要照顾。但是，大家为着相同的信念，怀着相同的坚持。

季康（原华东院结构专业主任工程师）：

支援大三线，一个所的规模，连关系都转过去了，当时就没打算回来。有的员工有两个孩子的，也去了。宋华、周礼庠、汪敏勇等老领导、老总也都去了。在贵州，他们是最早的院级主持专业工作的领导。

由于大三线"山散隐"的战略要求，华东院的相关人员都前往贵州遵义投入大三线的战略战备设计工作中。当时参加的援建工程主要是一些绝密的军工项目。也是出于安全方面的考虑，项目都分得比较散，吃住都在山里。基本是在野外工作，条件比在上海的时候确实艰苦不少。住的是大草棚，而且出于安全考虑，当时的项目定位和基地等都是由数字来作代号，比如"1号点"，"2号点"。

当时野外山里还会有土匪出没，所以当地政府派了民兵护卫带队保证设计人员的安全。

周礼庠（原副总工程师）：

我们十多人接到的任务是在贵州做一个有关航天工业方面的保密厂，后来加了一个分厂。

那次是最艰苦的。那时候我记得宋华、我，还有一位军官和一位厂长，几个人去选住的地方。宋华曾经在部队里当过团长，带过兵，所以很有经验。他选中了一处，这个地方有泉水，但是住的条件比较差，是一个旧的牛棚，牛棚底下是木头的楼盖。上面有二层，有屋顶，但是没有窗子，就这么住下来了。晚上要画图和讨论，没有电，只有油灯。吃东西也差，连喝的水，也只是把稻田沟里面的水烧开。

后来，建工部成立第二综合设计院，主要由华东院、中南设计院、北京设计院三家的技术力量组成，地点就在遵义。这个消息对于很多同志来说都很突然，原来以为是暂时调派的，这下子却有可能要久留了。

华东院由宋华带队先行，第二次去了 100 个人，由华东院抽调三位食堂师傅来烧南方菜。

周礼庠：

有一次100多个人在里面打山洞，一个老师傅一听声音不对，就下命令全部撤出。人刚刚走出来，山洞就塌下来了。一个人都没有受伤。如果没有那个老师傅可就不得了。但开洞造成的残疾还是不少的，现在想来心里都觉得酸楚。

人工山洞打好以后，我们再在里面盖房子。技术人员住的地方也不行，院部在党校那个地方还可以，老房子，二层楼的，但是工地就不行了，都是工棚，草顶草墙。我下工地去的时候，冬天都在草棚外面廊子里洗脸。晚上上厕所，在山沟的对面，很麻烦，女同志“那个”有问题。宋华好心，买了一个木头的马桶给女同志。后来就有人批判他“资产阶级思想”，斗得不得了。

刚去的时候，那个地方还有野兽，小豹子跑来，把羊叼走了。我还记得，第二天老乡把小牛、小羊身上都涂了毒药，把豹子毒死了。

王凤（原主任建筑师）：

我们需要亲自去测量地形地势，由于上海几乎没有山地，所以大家基本没有山地工作的经验。

有一位老工程师，他经常自己背了测量工具亲自攀爬测量。有一天，他在山上进行测量工作的时候突然下起了很大的雨，从山上下来的时候整个人都湿透了，但是他顾不上休息便继续工作了。这是那个年代的老工程师、老技术员所特有的奉献精神。

遵义在当时比较落后，对比当时我们在上海的工作条件，遵义确实要困难不少。但是和当地的农民百姓比比，我们的生活条件还是相对优越一些。

当时正值国家三年自然灾害之后不久，生活条件艰苦。我记得特别清楚，1壶水1分钱，1个鸡蛋5分钱，1只鸡是1元钱。不过全国提倡艰苦朴素杜绝浪费，所以如果被发现吃鸡、吃鸭是要受批评和处分的。

项祖荃：

这些事情在那时倒没感觉到有什么特别，如今想起才感觉到一种很深的感动。那个年代的人深沉而厚重的情怀，若放在当下，大家可能无法理解，但在当时就是处在那样的大环境下，大家都把这作为一件义不容辞的事，一份莫大的荣誉。

遵义一行也是年轻人居多，工作之余大家也展开一些娱乐活动，客观条件的困难也抛之脑后了。

如此这般，一待便是3年。之后开始了“文化大革命”，国际环境也发生了变化，国家的工作重心开始转移。

大三线建设不久，就接到上级命令，要扎根遵义。宋华考虑到遵义条件太差，就在重庆买好了地，而且添置了单人床、双人床等简单家具，要把第二综合设计院安排在重庆。

“文革”开始，领导班子受冲击，061工程建设近收尾阶段，第二综合设计院收到建工部撤销指令，组成人员各自回原单位，并明确后续工作由华东院负责。70年代末，华东院将大三线建设的工程档案全部清理移交筹建方后，最终完成建工部第二综合设计院的历史使命。

长江边上

——回忆“9424”工程和倪天增

梅山，是一个由上海管理，却又是在上海版图之外的地方。

南京梅山炼铁厂生活区（1969—1971 年），当时被称为“9424”生活区。那时很多设计军工国防或者是重要的工业项目都是采用代号来命名的。项目面积约为 30 万平方米，安置居民 2 万人。工地位于一片水稻田内。

梅山的建设，是珍宝岛事件之后与“苏修”抗衡之需。这是上海钢铁的后方基地，是上海 10 个钢厂的原料生铁的来源地，因水运价廉而选址在长江边上。

梅山的高炉由上海冶金院设计；焦化由上海医工设计院设计；烧结由马鞍山设计院设计；铁路由铁道设计院设计；华东院负责二机动区和生活区。其中，二机动区由王茂松担任设总；生活区设总为倪天增（第一任）、潘玉琨（第二任）、管式勤（第三任）。基地建成后该厂成立设计院。

生活区设计内容主要包括：三种不同类型的住宅、幼托所、小学、中学等教育设施，还有商场、1 770 座电影院、500 床医院，以及厂区的 10 个食堂。

梅山的建设，依然高举大庆精神的旗帜，采取“大会战”形式，时间短，任务重。

在总平面布局方面，所有的挖土和施工机械均布置在高炉、焦化、烧结厂区。生活区除设自行车行走坡道动用土方外，皆按自然地形和水稻田的地貌，布置住宅单位的间距和单元组合之长短相宜，高低错落，集中紧凑。

潘玉琨（原主任建筑师）：

在设计“9424”工程之前，倪天增组织了工种齐全的一个班子，赴上海、南京、马鞍山的工矿企业作为期一个月的深入调查研究，确立了设计标准要兼顾沪宁两地和考虑工人三班制生活特点的原则。为保证工人的充分休息和户与户之间互不干扰，决定借助炼铁厂有煤气的有利条件，户型设计有小面积的独用厨房，以及两户合用的厕所。同时，我们走访厂内高炉、烧结、焦化各区，征询工人群众意见。

分析调研结果数据并核定标准。当时称之为"上海标单"和"南京标单"。"上海标单"，即3户人家合住1个单元，起居、卧室单独设立，厨房、厕

南京梅山炼铁厂生活区

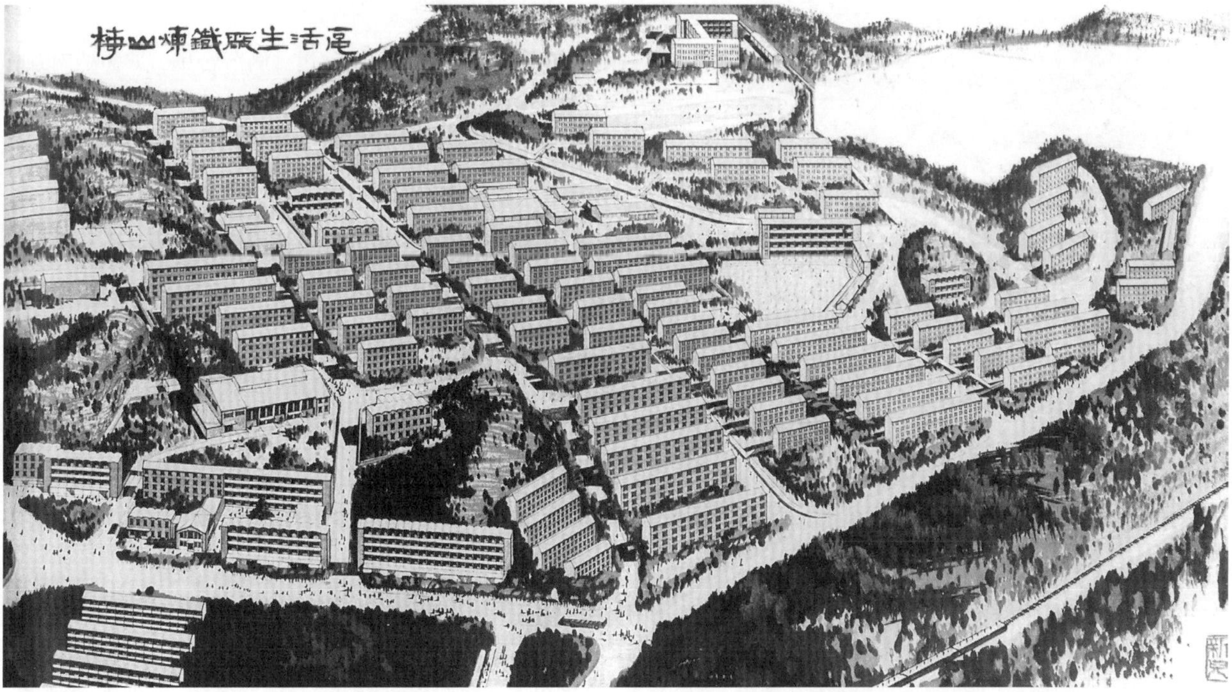

梅山炼鉄厂生活区规划設計

上海工业建筑設計院梅山炼铁厂生活区設計组

一、总 体 规 划

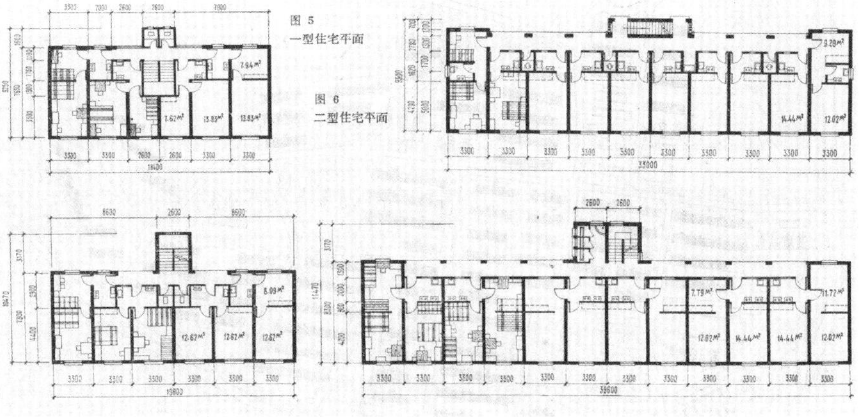

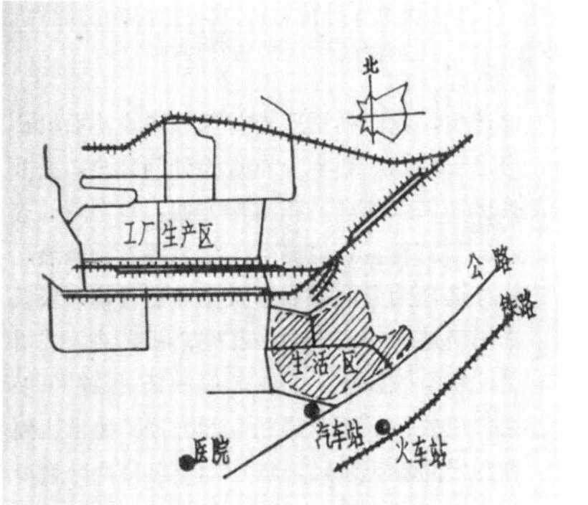

图1：梅山炼铁厂生活区规划设计文章

图2：生活区住宅平面图

图3：生活区与生产区关系图

所则为公共合用。

南京和马鞍山的情况则有不同。厨房独用，厕所合用，即为“南京标单”。倪天增选择“南京标单”，即每户独用厨房，二三家合用厕所。在住宅平面设计上选择了单元短外廊和长外廊的形式。住宅层数则以四层为主，五层其次，少数六层的组合方式。进深采用 7~8 米。

进行这样的选择需要冒风险，这是因为，梅山生活区所遵循的原则就是“标准低，造价低”。在那个年代，艰苦朴素是一个原则，勤俭节约是最光荣的，而生活舒适方面的考虑则是有资产阶级倾向。

倪天增决定舍“上海标单”而选择规格稍高的“南京标单”，显然已经违背了所谓艰苦朴素的精神。在那个年月，随便被套上一顶帽子，都可能是大批判的导火索。

潘玉琨：

他考虑再三，最后坚定地对我们说：“就是独用，不能再退了。以后如果有问题我来负责。”

为少占良田，他提出在保证合理的通风、日照的前提下努力提高居住密度，提高层数，建造以四五层为主的住宅。同时在幼托、中小学、电影院、医院、食堂和商业等公共服务设施上适当降低密度，腾出合理的绿化和活动场地。在总体设计中，他要求在这个全区有 25 米高差的高低起伏的丘陵地带中尽量少占良田、少挖土方，但主干道的坡度要方便自行车的行驶。

为了降低成本，砖材取自附近的江陵砖瓦厂。100 号标准砖每块价格仅 2 分 5 厘。学校包括幼托所、小学、中学以及商场、医院等公建全部采用实墙加预应力空心楼板加江陵砖瓦厂的独特产品——带钩的拱壳砖所构建的屋面。 厂房饭堂采用砖墙，柱子采用附壁砖柱，并配合钢筋混凝土三绞拱屋架（套国家标准图）上弦钢筋混凝土，下弦是螺纹钢筋拉杆，上铺“⊥”形预制钢筋混凝土檩条，上铺红色机平瓦，最大跨度 18 米。电影院跨度 27 米，采用钢筋混凝土门架，上铺 6 米大型屋面板。幼托所则确实贯彻了“干打垒”的精神，用二层的砖框架，并采用干打垒填充墙。工程师们在造价上动足脑筋，折合下来约为每平方米 42~45 元。

潘玉琨：

1970年初，中央派来一个大规模的代表团，对“9424”工程掀起一次全面的“反浪费运动”，并要求生活区用干打垒建造住宅。

这样，倪天增再一次从外地被召回工地现场。数百名员工和骨干从南京移师上海，进行了多次会议。在最后一次总结大会中途，当时主事的造反派头头王洪文、陈阿大等人突然到场。坐在我后面的倪天增代表生活区起立发言时先是停顿良久，后来我感到他把双手搭在我的肩上，用力地捏着我的两边锁骨。我焦虑地回头看他，发现他在极力地调整情绪，然后镇定地将我们实事求是的分析和结论表达出来。

终于“过关”了……

仅用两年时间就建成一个完整的生活区，在低造价的前提下保证设施齐全，较好地满足了工人的生产生活之需。设计和建设一气呵成，有完整宜人的整体形象。

潘玉琨：

生活区投入使用后，获得好评。当时有一本介绍中国建筑成就的装帧豪华的书籍，其中详细介绍了梅山炼铁厂生活区，虽然照片都是黑白的，

梅山炼铁厂生活区

不过所用的照片在数量上仅次于人民大会堂。南工的摄影师曾经来生活区拍照，其后出版的关于生活区的图片集中，此项目占据了不小的篇幅。

华东院的设计师们当年坚持的"南京标单"，今天看起来还是非常简陋的。其实，那时候的设计师，特别是青年设计师，自己的住房环境也并不好。

张明甫（原科研所所长）：

华东院先后经历了几次公房的设计和建设。先是1958年的衡山路"干打垒"的老工房。用现在的眼光来看，房子地段虽好，但是隔声和质量都很差，每平方米造价仅为人民币48元。分隔墙采用竹编外抹水泥的方法，楼板只有4公分厚，层高仅有2.6米。一个标准单元的住宅被三户人家分隔使用，三户人家中面积大的可分得13个平方的房间，小的只有8~9平方。每个房间住一户人家，夫妻加两个小孩是很常见的家庭模式。

1965—1976年，华东院在肇嘉浜路也设计了职工住宅。当时我们设计有阳台，但是后来图纸送施工审批时，因为当时的住房户型标准没有阳台，他们觉得我们"超标准"了，没有批复，故建设时把阳台的设计取消了……

"9424"生活区的第一任设总倪天增后来成为上海市副市长。1992年6月7日突发心肌梗塞去世，终年54岁。

同济大学校长戴复东、吴庐生撰写挽联：

天下大事，国家大事，上海大小事，事事时时严守己任；

真诚爱心，赤胆忠心，无私无畏心，心心念念奉献人民。

虽然岁月流逝，但倪天增的形象在众人心中仍栩栩如生。如今走进华东院三楼大厅，就能见到一尊倪天增的塑像。在华东院乃至建筑界，建筑师倪天增和副市长倪天增的故事一直在流传着。

规划上海

黄富厢（原上海规划院总工程师）：

1983年，倪天增任上海规划局局长助理期间，认真调查研究，综合各方意见，完整地形成了由虹桥机场到外滩、陆家嘴的城市建筑轴向发展战略。当年天增同志率团出访美国与香港期间，与汪定曾总建筑师探讨了上海以及内地开展城市设计的必要性和重要性。

他担任副市长后，东西轴建筑发展战略付诸实施，产生了明显的、持久的效果。1986年在横滨国际学术会议上，这个符合现代规划开发理论的战略阐述引起了广泛的反响。

1990年，在大阪水都会议上，他还提出了“上海与水”这篇富于哲理的城市设计论文。他非常关心外滩、陆家嘴中心、人民广场、新客站、徐汇广场的城市设计。他还向我谈到要建立一个城市设计小组，协助研究重要建筑的决策问题。

陈植：

浦东开发关系到上海未来成为太平洋西岸最大金融贸易中心之一，以及整个长江流域发展的光辉前程，为全世界所瞩目。天增同志为此广集资料，召开会议，遍访专家，频繁地到现场考察，出国访问时亦随处留心国外实践经验。

出差在京时还曾在清华大学作浦东总体规划的专题报告。他于谢世前一星期曾专程拜访吴良镛教授，为浦东总体规划的若干问题当面请教。开发浦东是金瓯卜同志早在1984年5月评议上海市城市总体规划专家座谈会上首先提出的。天增同志忆及此事，想在京时便约金瓯卜同志对此深入阐述，共同商讨，惜遽然去世未能如愿。

80年代的倪天增

不忘自己是建筑师

方鉴泉（原总建筑师）：

倪天增同志做的设计都很实在，讲究功能实用，造型简洁，透视表现图也画得很好。工作中展示了他扎实的建筑专业基本功，设计思路也很敏捷，是一位非常有前途的建筑师。在他主持设计的工程中，确实发挥了他的才华。

倪天增同志调离我院后，我们的见面机会就少了，但有时在工程方案讨论会上我们会碰到。在这种场合中，天增同志总是以建筑师的身份发表他的观点，再三声明不要把他个人的意见误作“领导意图”。他对设计方案的评论分析实事求是，畅谈自己的见解，毫无偏见。有时我们在一起开完会后，天增同志往往招呼我搭乘他的汽车回家，询问院里的情况，关心“娘家”。

陈传玉：

上海的住宅建设由于过去欠债太多，一直在低水平上徘徊，要提高和改善上海人民的居住条件，必须拿出更多、更好地适合各方面需求的住宅设计图纸。身为高级建筑师的倪副市长十分重视这项工作。

有一次，我将各设计单位选送的住宅设计方案图给倪副市长审核时，他说，我们上海的住宅建筑设计水平尚没有充分发挥，年年在搞，但变化不大，尤其是立面处理，还有平面布置、总体设计上都有许多文章可做。上海的建筑设计人员要为上海的住宅建设、住宅设计水平的突破作出贡献。他还

倪天增在汇报工作

非常感慨地说，能否将一些得奖方案拿出一部分进行试点，造出来让广大市民去参观、评议，这对提高上海的住宅建设水平会有很大帮助。

陈翠芬（原主任建筑师）：

他在繁重工作的间隙，仍不忘记自己的专业。他是上海市建筑学会的顾问，经常鼓励学会组织老、中、青建筑师对上海市的规划和新建筑进行座谈讨论，对老一辈的建筑师非常尊敬，对年轻一代又非常爱护。学会组织的各项学术活动，他几乎每一次都在百忙之中挤时间参加，有时有很要紧的事不能参加，也总是要打电话请假。有一次评论几个得奖工程，他在评论之前，要求设计者要有宽大胸怀，好话坏话都要听，要有“宰相肚里能撑船”的气魄。他又勉励青年同志大胆发言，谈自己看法，会议开得很活跃，很成功。

公仆本色

潘玉琨（原主任建筑师）：

一个夜晚，我如约到了他位于南市区简朴的家。他向我详述即将上任上海市副市长，语气平淡一如往常，并说正在花一个月时间，熟悉工作做上任前的准备。

我环顾房间，发现添了一对浅黄色的人造革简易沙发，他说是花了40多元钱特意买来的，以便日后好接待工作上的来访者。这处住所无煤卫，饭要到里弄内小便槽如厕。任副市长数年后，他仍然住在那里。

直到20世纪80年代中期的一天，他又约我和曾在华东院工作过的两位同事，一起到武康路刚搬入不久的新家。这处新工房样式的住所确实比以前好多了，但实际上还是没有厅。他高兴地带我们观看每一个房间，我发现新添家具不多，但是窗明几净。我不禁打趣说，这一定是他夫人郑礼贞的功劳。礼贞解释说，清洁工作是由天增负责的。天增就说，清洁劳动也是对头脑很好的调剂。

上图：“9424”工程调研南京住宅标准的建筑师，左起潘玉琨、倪天增、管式勳，在南京中山陵前合影

下图：倪天增等人在青岛外贸公司冷库设计工地合影

1 | 2 | 3 | 4 | 5 |

图1：华东院四十年回顾展

图2：倪天增、项祖荃、蔡镇钰、管式勤等在讨论工程设计方案

图3,4,5：倪天增工作照片

陈植：

对于民间疾苦，倪天增无时不在调查、关心，设法改善，特别对危房及人均居住面积不到2平方米的居民，凡他力所能及的，事必躬亲，尽可能予以解决。身为副市长，一家四口住在南市16平方米无煤卫的平房里达数年之久，通道狭窄，汽车亦进不去，他本人处之泰然，但对周围居民的困境，他长期耿耿于怀，全力以赴，设法改善。

在他就任副市长初期，蓬莱路303弄正开始对旧里弄进行改建。蓬莱路创先以后，南市区、卢湾区随之而动，最使天增同志兴奋的是老式石库门由两层改建成三层，房屋总高度不变，独门独户，煤卫俱全，对此他倍加赞赏。

曹金龙：

1983年12月30日，倪副市长来到南干线，提出要下到暗渠里看看。他从浦东运河东侧一公里处的施工井下去，在暗渠里边走边检查工程质量。他不时停下来察看管壁，以询问的口气提出问题，耐心地听我们的汇报。在走了很长一段后，他高兴地说："南干线工程确实不简单，外光内实。"中午，倪副市长就在我们的临时工棚里吃了午饭，简单的一荤一素。我们抱歉地打招呼："条件差。"他回答说："简单点好"。

沪嘉高速公路入城段祁连山路工程是人所共知的最困难、条件最差的

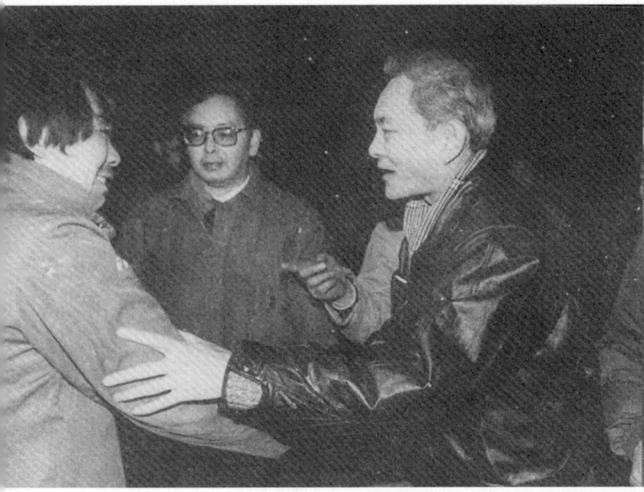
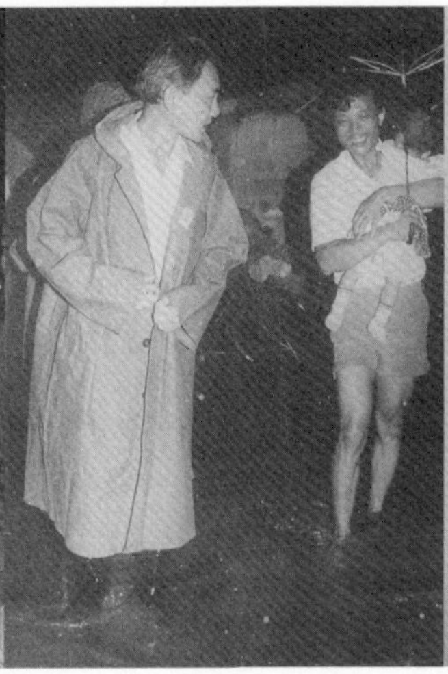

危险点。周围的桃浦地区是全市有名的化工地区，原来的市政工程不配套，地下管道紊乱，工业废水含毒量高，开挖沟槽溢出的污水臭气熏人，催人泪下，令人作呕。倪副市长在我们承接这项任务后，三下工地，鼓舞士气，勉励大家：“工程有难度，大家的干劲很足，相信你们能够完成任务。”同时，他又十分关心建设工人的生活和工作。

1991年2月20日，上海罕见的零下7℃，而倪副市长在这样的气温下，在野外工作了整整一天。他来到浦东，实地踏看浦东交通情况，为规划中的杨高路线路走向选型。从陆家嘴隧道口到浦建路，一条路一条路看交通流量，一个村庄一个村庄问居住情况。

他平时不戴帽子，那一天，他破例戴了一顶帽子。

华东院是倪天增的“娘家”，设计师们熟悉他、了解他。从建筑师倪天增到副市长倪天增，他就是这样的人。

苦乐在大屯

大屯煤矿是20世纪70年代上海在外地开发的最大的煤炭基地，上海市调集各方精兵良将赴苏北进行大会战，总指挥是老干部张文涛。

大屯煤矿位于江苏徐州市沛县，临近微山湖。大屯煤矿包括大屯（后名徐庄）、姚桥和孔庄等若干矿区，每个矿区包括竖井、地下巷道、地面工业场地及生活设施。大屯矿区表土层厚度在200米以上，煤层在300米左右，开采难度很大。

宗有嘉（原副院长）：

1970年7月，我随第一批赴现场设计的人员，带着行李铺盖踏上征程。

现场住宿是在一个“大剧场”内。其实“大剧场”仅是一个空壳而已，场内空无一物，地是泥土的，墙是土坯的，我们睡的是帆布床，洗澡用的是井水，条件非常艰苦，但当时的设计人员都习以为常，因为过去的现场设计都是这样的。为了增加对煤矿的感性认识，我们在炽热的天气里到淮北煤矿参观调研。

矿里张贴着一幅豪迈的标语：“身在井下300米，胸怀世界30亿。”

首先是下井体验矿工艰苦的工作条件，我们穿着矿工服，头戴矿灯，乘坐罐笼下到地下深处的巷道，大家心情都特别激动，因为我们终于亲眼看到了这一地下的神秘世界。矿工们拍手欢迎我们，带领我们参观采掘煤炭的工作面，在这里我们真正体会到煤矿工人的艰苦工作条件和他们的伟大精神。煤层有多厚，他们的工作面也就有多厚，他们就是在这样的环境下，冒着生命危险为国家和人民挖出一块块“黑金”。我们顺着已开采过的工作面努力爬行，当时最令我感动的是张亦煊同志，这位体弱纤瘦的老工程师坚持和大家一起爬行，在最艰难的地区，她靠着同伴前拉后推地匍匐前进，深受我们这些同行的年轻人和矿工们的赞许。

华东院主要承担地面工业场地的设计，主要包括井塔、煤仓、皮带运输廊及机修总厂等。该项目设计周期几乎横跨整个70年代。

华东院承担的项目是以结构工种为主，因此前后参加该工程设计的结构人员很多，主要有江欢成、杨僧来、赵良圃、顾范亮、杜炳文、沈恭、胡庆恩、陈效忠、俞陆根等，建筑设计人员主要有张亦煊、刘秋霞、常海龙、王文琳、张乾源、张家俊、袁伦杨等。

参加该工程设计的同志通过大量调查研究和科学实验，在许多设计项目中大胆创新，采用最新的工艺技术，使原来传统的构筑物变成了建筑物，得到了较好的评价。大屯煤矿地面工程设计在1981年荣获上海市70年代优秀设计三等奖，这也是华东院少有的以结构工种为主的获奖项目。

如今，物换星移，大屯煤矿已建矿40周年。包括华东院设计师在内的创业者被矿上的后人一直怀念。他们著文称颂煤矿的建设年代：苦乐年华在艰苦奋斗中走过，在百炼成钢中唱响。微山湖畔立钻井，芦苇荡边搭工棚，勘探乌金，建设矿山，含辛茹苦志气大，日夜劳作开先河。

老一辈创业者栉风沐雨，战天斗地，奠定了百年大屯的基业，创业艰难百战多，一路风雨一路歌，开天辟地建设了厂矿，穷乡僻壤改变了模样……

援外点滴

20 世纪 50 年代，由于时代背景和历史条件所限，我们只能关起门来搞建设，比较封闭，对外面的世界知之甚少。

1964 年初，华东院成立援外工程设计室，即第三设计室。那时候的代表作品有马里卷烟厂、火柴厂、皮革厂、绳子厂、专家宿舍、电影院，加纳铅笔厂，坦桑尼亚警察学校，刚果渔业基地和几内亚大使馆。

1963—1965 年，魏志达，盖文全，魏志达，胡其昌等组成的专家小组。小组到马里、几内亚、加纳、埃及等国考察并承担设计项目。

20 世纪 70 年代起我国援外工程进入高潮，华东院多次派遣专家赴外援建。其中与北京钢铁学院合作设计了阿尔巴尼亚冶金联合企业，在越南设计了碾米厂，在非洲设计了贝宁体育中心、赞比亚党部大楼和科摩罗大会堂等。

在越南

赵祖源（原总工程师赵忠邃之子）：

20世纪60年代，我国国家主席刘少奇访问越南，访问期间越南国家主席胡志明向刘少奇主席提出，越南的巴亭会堂的设备工程有技术问题，但一直解决不了，请求中国政府能派专家前往指导。刘少奇回国后交代了这项任务，由建筑工程部执行。建工部将这任务下达给华东工业建筑设计院。

1964年11月，华东工业建筑设计院派我父亲赵忠邃总工程师和另一位设备工程师一同前往越南，执行国家科委委任的这项对外科学技术协作——越南河内巴亭会堂设备工程指导任务。在越南首都河内工作达两月之久。任务圆满完成，获越南民主共和国政府授予在越南工作的中国专家友谊徽章。

右图1：援建越南河内巴亭会堂，授予赵忠邃中国专家友谊徽章

右图2：赵忠邃作为越南工作专家被越南民主共和国政府授予友谊徽章证书

右图3：加纳制绳厂

右图4：加纳铅笔厂

右图5：马里6413工程

在加纳和马里

周礼庠（原副总工程师）：

20世纪60年代，华东院承接了援助加纳铅笔厂和援助马里卷烟厂的设计任务，设有援外设计室（第三设计室）。我院第一次派人出团是去马里，援外工程专家有盖文全、魏志达、胡其昌。援助的加纳铅笔厂在正式立项前，当时的轻工业部组织了援加铅笔厂专家赴加纳进行建厂的可行性调查工作。专家组主要有：轻工业部一位处长任组长、上海铅笔厂生产和管理方面专家，华东院派专家参加承担有关土建、选厂址及建厂规模、投资等方面的调研工作（含建筑、结构和设备等专业的调研工作，连同搜集所需的当地有关各专业资料）。

当时加纳共和国独立不久，学校和办公用铅笔从国外进口，我国援建铅笔厂为扶持该国的本土工业，建成后可以不再进口铅笔，这对该国意义重大。

在加纳的调查工作历时11个月，考虑周到后拟写成“建设铅笔厂可行性调查报告”，分工艺与土建两大部分。我国驻加纳大使黄华同志亲自审阅了报告，提出意见，专家组加以修改后送交加纳政府，获批准后，正式立项。

回国后，我院承担土建、设备专业的部分设计工作。该可行性报告中附有援建铅笔厂的总平面图，包括厂区的生活区设计，后续设计工作按此进行。

在坦桑尼亚

方鉴泉（原总建筑师）：

1964年秋，我参加了援坦桑尼亚警察学校工程，一起参加设计的有倪天增。

从国内起程乘飞机去坦桑尼亚，中途要换乘4个航班，累计飞行时间20多个小时。天增同志是晕机的，飞机起降和上空颠簸，他就头晕呕吐，

越南民主共和
獨立－自由－幸福
越南民主共和國政府
授予趙忠遙同志
在越南工作的中國專家
友誼徽章
感謝您在越南民主共和國社會主義建設事業中給予我們兄弟般的熱情幫助
政府總理
1965年1月16日
河內　1965年1月16日

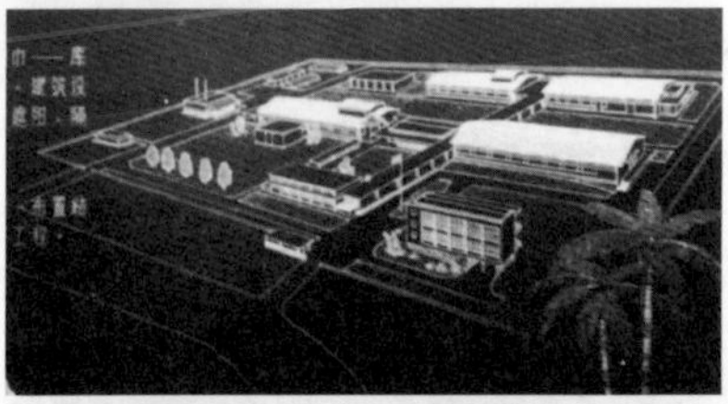

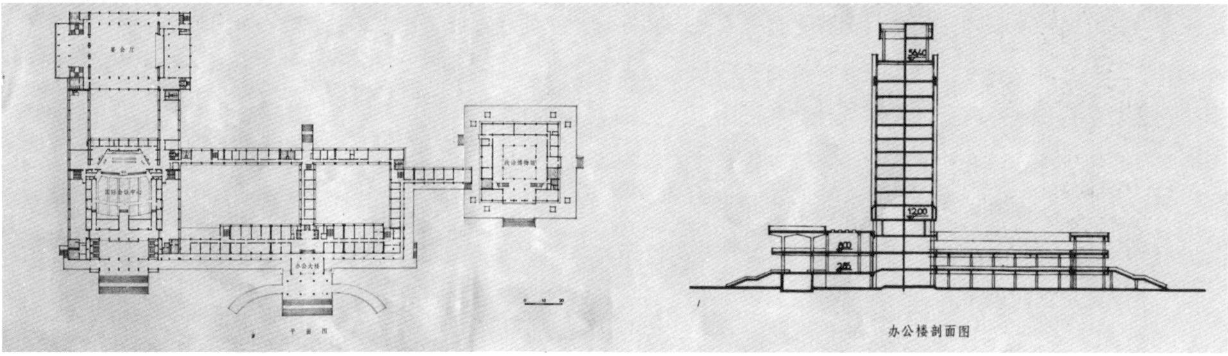

滴水不进。如此连续航行，到达终点时，他面色苍白，像生过一场大病。可他强忍着难受，不愿多给别人添麻烦，坚持和大家一起行动。

在国外现场，我们一起搞设计方案、地形测量、与对方谈判。我们同住、同吃、同工作前后约有5个月。

在毛里塔尼亚

蔡镇钰（原总建筑师，现代集团资深总建筑师）：

我参加了毛里塔尼亚伊斯兰共和国成衣厂的设计。

成衣厂位于毛国首都努瓦克肖特市区内，建筑布局采用外封闭内开敞之院落形式，这是适应当地气候，有利于通风隔热以及减少风沙侵入。建筑造型按当地特色，采用小窗，以防止风沙侵入及减少室外高温热辐射的影响。屋顶设置折线形隔热板以减少阳光暴晒，富有热带建筑特色。

建筑平面设计，在考虑厂房具有良好通风条件下紧凑布置，以缩短厂内工艺流程，减少建筑面积及节约用地。该厂于1979年建成。

后来，还参加建设了毛里塔尼亚伊斯兰共和国国家体育场。

该体育场位于首都努瓦克肖特北部近郊。一期主体建筑为10 000观众席的运动场及100个床位的运动员招待所，建筑面积21 000平方米。

体育场布置在场地西侧，西南两面均临干道，以方便集散。室外练习场地布置在场地北侧，靠近体育场，以方便使用。运动员招待所布置在场地西北部，与练习场地联系方便，临西侧干道设有单独出入口，有利于平时兼作城市旅馆用。

体育场平面看台为直线形，分设在跑道东西两侧，南北两侧为二层呈弧线形辅助建筑，直线形看台与南北二层弧线形辅助建筑相接，形成具有特色的体育场形式。

图1：赞比亚党部大楼

图2：党部大楼平剖面

图3：1986年赴赞比亚现场设计部分人员合影

图4,5,6：非洲贝宁科托努体育中心

毛里塔尼亚体育场

造型结合气候，为外封闭内开敞形式，东西向正立面均为外露钢筋混凝土骨架，观众休息厅为半敞开式，均配以竖向遮阳及有当地特色的贝壳饰面之遮阳墙。外墙为白色，与毛国深蓝色的天空及黄色沙土形成鲜明对比，明朗端庄，雄伟而又活泼，富有其国家的民族特点。

该体育场于1982年建成。

在刚果（布）

秦壅（原住宅所所长，主任建筑师）：

1972年，我被选派赴非洲刚果（布）担任项目设计。该项目组由上海市粮食局、商业部及我院三个单位共8人组成。

我们在刚果选址、考察、做方案5个多月。刚果大使馆工程的设计初稿我自认为做得还可以，但总建筑师赵深在我图板上左看右看，为我改图。

刚果大使馆工程总平面中，从室外游泳池的位置至使馆办公楼垂直遮阳板的数量多少，赵老都一一改过。他还提意见说游泳池正对宴会厅不妥，宴会厅前应是一块完整草坪，使用宴会厅时，室内外空间要流通，同时使用，气氛更好，特别是热带非洲。办公楼垂直遮阳板，仅设在开间轴线处，开间中间垂直遮阳板拟取消，我均按赵老意见修改。

使馆建成后，我参加使馆落成典礼，仔细观察，赵老意见确实高明，宴会厅实际使用情况和赵老的修改完全吻合。这天刚果官员和各界朋友来了300余人，举杯穿行于室内外空间之间，内外空间关系非常好，对于新建大使馆，刚果官员也很称赞，说：“这是布拉柴维尔的骄傲。”

在尼泊尔

1992年，华东院承担了中国赠送给尼泊尔的肿瘤医院工程项目的设计，派员赴尼泊尔考察，拟确定院址和设计方案。

尼方政府十分重视，成立了包括医生在内的10人委员会，他们陪同设计师到尼泊尔一些主要城市和乡村，白天考察参观，晚上讨论方案。

经过一个月的调研、考察和讨论，确定了院址并完成了方案。整个建筑布局十分活泼，也不强调对称，形体错落。在医院设计中采撷了一些尼泊尔元素，达到了预想的效果。屋盖、出檐、窗形、窗棂等细部和色彩，都力图体现尼泊尔民族特色。

方案完成后，设计师向尼泊尔首相柯依拉拉汇报，得到了首相的首肯。

此项目竣工完成后，当地居民反应热烈，影响很大。

几内亚渔业冷库

难忘的1972
——上海国际卫星通讯地面站和金山石化

一些年份在历史上有着特别的意义。一些建筑，正好见证了历史。

1972年是“文革”中特别的一年。继前一年中国进入联合国之后，这一年中美开始关系正常化。邓小平复出，预示着国内政治格局开始发生变化，也必然会影响到经济的发展。

华东院正好有两项建筑设计始于1972年，见证了这不平凡的年份。

上海国际卫星通讯地面站

1972年2月21日，美国总统尼克松来华访问，并且得到毛泽东主席的会见。周恩来总理同尼克松讨论两国关系正常化以及双方关心的其他问

上海国际卫星通信地面站

上海国际卫星通信地面站

题。2 月 28 日，中美双方在上海发表了联合公报，标志着两国结束了 20 多年的对抗局面，其间关系开始走向正常化。

卫星通讯地面站是设在地面上用于向卫星发射和从通讯卫星接收无线电波的建筑物和构筑物。1965 年国际通讯卫星 1 号发射并投入使用时，世界上仅有美国的安多弗、加拿大的米尔维来齐等 6 个卫星通讯地面站。

据上海地方志记载，当年因美国总统尼克松访华，特意从美国关岛引进 10 米直径天线的卫星移动站，设于“虹桥机场附近”。访华的图像，也随之传到了遥远的美国。

1972 年 6 月，邮电部决定在上海建设天线直径达 30 米的 A 型标准太平洋卫星地面站。并于 8 月，在当时的上海莘庄征地 28 亩。

上海国际卫星通讯地面站，其达 30 米的抛物面天线是尼克松于 1972 年 2 月访华时，确认从美国引进的先进通讯设备。这不仅是一项先进技术层面的交流，更是中美两国政府的首个合作项目，其政治上、技术上的意义不言而喻。

天线所对准的目标为一距离地面 4 万公里，直径大小仅为 2 米左右的

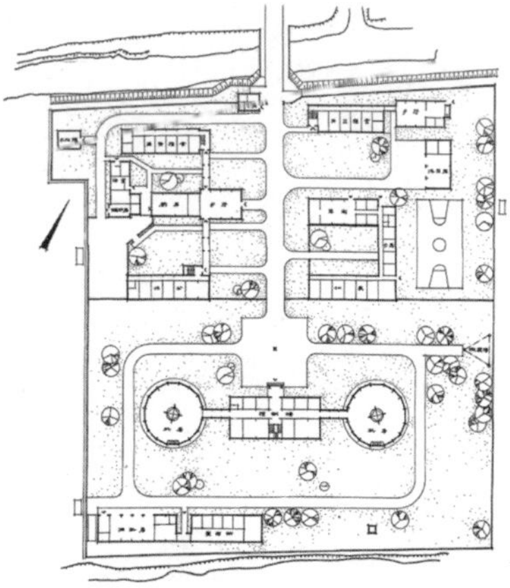

上海国际卫星通信地面站布置图

人造卫星。若天线的基础略有偏离，那么天线所发出的电磁波就会大大远离目标。因为每一度的偏角都会造成 690 公里的误差。

原定天线的基础和站房由美方负责设计，设计费用达 2 万美元。

但是，当中方把勘察报告寄给美方后，美方认为在上海这种软土地基上不能建造天线基础，且强烈要求移至有岩石或至少在浅层有砂土的地基上。同时提出，地基基础的沉降差不得大于 0.25 毫米，变形不得超过千分之一等一系列的高精度指标要求。

按照美方的这个标准来看，当时上海不具备建造卫星通讯地面站的条件。这促使中方不得不改变委托美方设计天线基础和站房的原协议。

美方提出了增加 3 倍设计费，则原有协议可继续进行的要求，这被中方拒绝了。10 月，有关方面决定委托华东院设计。但是时间紧迫，地面站将于同月开工。

设计人员坚持一切从实际出发的原则，深入调查研究，分析国外的经验资料。经过反复推敲，终于找到了解决天线基础设计中的关键问题的措施。拟定了箱式基础下部用长桩，在箱式基础外侧回填级配砂石，箱式基础内部设置辐射形横墙，并且横墙伸出外壁形成放射式短翼板。用这种综合方法来增加基础各个方向的刚度，减少基础的瞬时变形，增大基础各个方向的固有频率，特别是扭转频率，以满足使用上提出的各项要求。

之后，华东院和同济大学等单位合作，进行了单桩、组合桩的水平垂直荷载试验和动力测试等。通过这些试验，取得了桩埋深、刚度、承载力、变形值等必要的数据资料，为桩基的正确设计提供了必要的科学依据。

在设计过程中，设计人员结合地面站的功能需求，在总体布局上首先考虑相邻建筑物不受 30 米直径天线产生的高频辐射对人体健康的影响，故而将天线机房及控制楼布置在场地后部中央地带，与前部辅助用房和生活用房进行分区布置。辅助用房和生活用房分别布置在场地的两侧，组成具有我国传统建筑特点的院落布局。

分隔院落采用镂空花墙及实墙洞门等具有中国传统建筑意味的细部，

增加意境。

地面站内均为低层建筑，因此总体布局上在考虑各建筑物间距的同时也关注各建筑体量和尺度的推敲，意在使空间疏密相间，较有趣味。同时，吸取了我国园林的布局手法，意图小中见大，用前部布局紧凑的生活用房及测试用房的小院落，衬托出后部天线机房和控制楼前广场的开阔。

1973 年 8 月 23 日，上海国际卫星通讯地面站通讯设备进行试运转，之后正式投入使用。

1974 年 8 月下旬，国际卫星通讯地面站运转使用 1 年，畅通率稳定达到 99.98% 的国际技术标准，证明了我们的设计是科学的、成功的。美方也不得不承认"中国第一次设计地面站就已抓到了关键，其设计是成功的"。

上海卫星地面站几经扩建，至 1998 年，拥有国际卫星天线 5 副。

上海人坐在家中，能够见到全中国乃至世界各地的电视节目，这个地面站功不可没。

大量的上海信息也通过地面站传输出去。据记载，2010 年上海世博会精彩纷呈，云集了大量海内外新闻机构。开幕前 10 天，仅央视 CCTV 就已通过 34 路标清、22 路高清累计传送业务 164 档、14 300 分钟电视节目。开幕式以及开园第一天，都调用了莘庄卫星地面站的卫星传输功能。

上海金山石化

上海金山石化工程

"一片蓝色的海洋，男人们都穿着毛式的服装……每一个人几乎都是相似的。"

这是美国记者对"文革"期间中国人着衣打扮的描述。站在上海南京路第一百货公司的九楼望下来，马路上都是一色的装扮，一色的人群，似黑白电影中的场景。

1972 年，国家开始恢复生产和工业化建设，最大的项目选在上海金山的石化总厂。

"让中国的百姓有衣穿，生活更加多彩。"被"文革"中断的中国现代

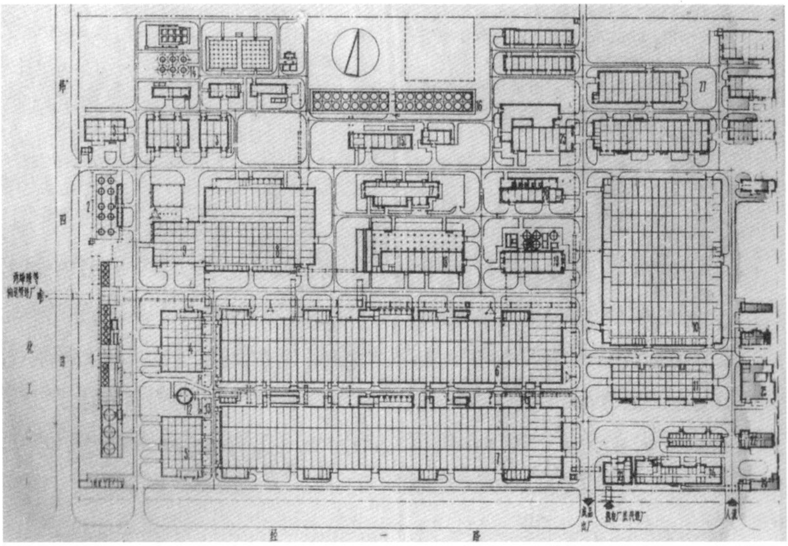

左图：金山腈纶厂

右图：金山腈纶厂平面图

工业与科技开始恢复。

这是从国外引进的 8 套石化成套设备之一的重点工程。因此又是打破长期以来闭关自守状态、开放学习交流的新开端。

如果用四个词来形容金山石化工程，那么应该是宏大、气势、现代、复杂。

石化是一个集生产、工作、学习、生活为一体的全新的城市，它代表了现代化的工作与生活。

上海石化总厂腈纶厂是全厂中唯一一个全部由自己设计建设的“争气厂”。其工艺设备原本是打算从日本引进的，但因谈判不合导致合作关系破裂。中央和上海决定组织全国、全市大协作，争取自力更生，进行工艺设备的设计制造。

1972 年 3 月上旬，华东院承担了上海石化总厂第一期工程的部分项目——腈纶厂、化工一厂油罐区、陈山码头油罐区等工程项目的设计。华东院承担其中的土建和公用设施设计，这也是华东院第一次承担这样特大型的化工建筑工程设计项目。

腈纶厂是一个非常巨大的建筑，建筑面积约 17 万平方米，占地达四五十公顷。全厂用电量相当于当时上海市照明用电量的三分之一。全厂用气量约每小时 300 吨，占金山热电厂供气的三分之一。冷冻站的制冷量相当于10个万吨冷库。主车间废气排风总风道大到可以通行两辆汽车，排风塔高达100米。全厂每小时排出400多吨高毒的含腈废水，通过专用管道进行环保处理。车间内外、地上地下，50多种管线纵横交错……

因为之前同日方的协商等事宜耽搁了近一年时间，所以上级部门要求在一年左右的时间内完成建厂任务。经过全体设计人员的努力，攻克技术难关，先后完成丙烯腈废水处理、“1211”自动灭火装置、万吨油罐基础等试验研究任务。

一期工程于1974年打桩，1976年9月底建成投入生产，建设了以生产乙烯、涤纶、维纶、腈纶、塑料为主的18套生产装置。该工程的建设对促进我国掌握石化化纤新技术，自主生产石化产品，加速发展合成纤维工业具有重要意义。

腈纶厂在正式投入生产后，均顺利达到各项指标。厂区总体布置紧凑合理，原料利用汽车运输、管道进入厂区，将原料贮罐区和化工原料区安置在厂区西部。根据生产工艺流程聚合车间、纺丝车间、毛条车间、回收车间以及腈纶成品库，恰到好处。管架多层、间距紧凑，厂区整齐美观，绿化好、环境好、设施好又节约能源，是同类型厂房中用地最少、效果最好的。这充分显示了全部设计工作正确合理。

该工程被评为上海市优秀设计一等奖，并获得国家优秀设计银奖。

上海石化的建成，恰好和文革结束的日期重叠

合成纤维大规模进入市场，恰巧配合了思想解放。人民的穿衣终于发生了巨变。

不久艺术家注意到了这一现象，电影《街上流行红裙子》正是用服饰的变化来反映那个变革的时代。

这一变化的开始，就在1972年。

在山摇地动的时刻

——援建唐山的回忆

唐山地震前后对比

1976 年 7 月 28 日，北京时间凌晨 3 时 42 分 53.8 秒。

唐山市丰南一带发生里氏 7.8 级大地震。23 秒钟后，唐山变成了废墟，682 267 间民用建筑中有 656 136 间倒塌或受到严重破坏，242 769 人死亡，164 851 人重伤，直接经济损失达 30 亿元人民币以上。地震罹难场面惨烈到极点，为世界罕见。惊天动地的地震将一座城市瞬间夷为平地……

强烈的地震使交通中断，通讯瘫痪，城市停水、停电，抢修通讯、供水、供电、恢复交通等生命线工程是唐山救灾的最紧迫的任务之一。

中央据此迅速布置了各专业系统对口包干支援任务。邮电、铁道、交通、电力、市政建设等部门立即行动，保证上述系统工程恢复和重建顺利进行。震后的工作刻不容缓。地震将唐山的大部房屋震塌了，"抢救—设计—建造"。国务院发动全国各省市紧急支援重建唐山，华东院于震后数天内就组织部分设计人员前往唐山市。

这是一种社会的责任，这是一种人性共通的自然感召。

多少年来，建筑师一直在探讨建筑和自然之间的关系。地震将这种关系直接呈现在人们面前，而建筑师唯一的选择是和人民一起，重新建设可以抗击高震级地震的房屋。重建城市建筑，也是重建家庭，重建社会的基础。

在余震不断，空气污染等恶劣条件下，第一批专家于震后数天即到达唐山。

王振雄（资深总工程师）：

当时由建工部发起，直属的北京院、华东院、东北院、西南院、西北院、中南院 6个院共同参与重建。华东院与北京院是最早参与的。当时去唐山，坐火车要24小时，大部分人员都是乘硬座的。1976年末，在现场开挖的时候也会发现尸体，先装好，然后集中处理。当时唐山每两周用飞机洒药水，整个城市都是药味。1977年2月下旬，华东院派员修复开滦煤矿的机修总厂。

杨莲成（原主任工程师）：

当主任来动员时，我说义不容辞、责无旁贷，当即报了名。在开滦厂，宿舍房屋是茅竹芦席棚，很轻，很安全。住宿和办公合一，每人一张双层铁皮床，上层行李，下层睡人，办公桌紧挨床前。当时余震不断，有上下震，有左右晃动的水平摇。

当时还没有新的抗震规范和构造。我们调查了当时的灾情，房屋的损毁程度和结构的薄弱环节等以确定重建工程的设计原则。

经过地震，当地盛传“空心板”是“要命板”，“现浇围梁”是“救命围梁”。我们就在设计中坚决废止预制空心板，圈梁一定要现浇。同时加强了构造柱的设置，还要合理确定抗震缝位置、宽度等等。

同时，唐山市河南小区规划和住宅建筑设计进行了全国竞赛。2个月后，华东院又做了设计方案，由赵深副院长带队到唐山参加竞赛评选，最后经全国专家认真讨论评定，华东院获得第一名。根据建设部分工，华东院承担河北小区重建工程，独立完成从小区规划到单体的设计工作。

与此同时，由华东院宋华、赵深等同志领导，以陈翠芬、王振雄、陆苗元、王茂松、袁德清等同志为主的华东院支援队伍上下齐心，积极配合兄弟设计单位，想方设法缩短设计周期，为尽快恢复唐山，重建唐山作出了卓越的贡献。

华东院承担市区、老区中56.2万平方米的住宅建筑，20万平方米的工业建筑，3万平方米的公用建筑，15万平方米的仓库，共94.2万平方米。

唐山的重建工作正式开始后，主要包括河北小区（1—5号小区）以及

唐山地震援建纪念章

配套的中学、小学、幼儿园、体育场等服务设施建筑，其中1、2、3号小区总建筑面积约为50万平方米，包括300多栋住宅；4、5号小区包括了医院、电影院等公共设施。

王振雄：

河北小区的建设工作前后3次派遣人员进行现场设计，每次是16~18个人，总共去了90人次，包括建筑、结构以及水电动力等设备人员。

当时采取边设计边施工的方式，往往在现场一待就是一个月。1、2、3号小区以五六层的多层住宅为主。住宅设计用的是标准图——内浇外挂，在当地要有保温、抗震、防水的功能要求。

现场只有一把算盘，计算尺、图板等工具都是由设计人员自己带去的。居住环境也很艰苦，刚去的时候，住在抗震棚里，后来再住到加固后的旧楼房内。双层铁床、褥子、被子、锅、米面等生活必需品全都是自己带去的，设计人员轮流烧饭。刚去的时候还带生的大蒜头增加抵抗力。做设计的时候往往是坐在床上，时间紧迫，经常早晨五六点开始工作直到晚上十一点。1978年初当地开始有了食堂，当时工资低，还要换全国粮票，当地只有大白菜、菠菜。有了锅炉房后才开始发票洗澡。通讯极为不便，一去就和家里没了联系，每次打电话要跑到房管局。冬天的时候室外气温零下好几度，出差都要向院里借棉大衣。下雪的时候，从现场出来分不清方向。

华东院的动力工程师于唐山第一次承担20万平方米住宅区的采暖热水锅炉房、总体热网和城市小区煤气供应等设计任务。资料不全，经验缺乏、时间紧迫又远离上海，困难极大。他们从实地调查热、气耗指标入手，经多方面比选，选用当地产8台蒸汽锅炉改装为热水锅炉，成为当时“超大”型热水锅炉房，然后多次组织到现场参加调试，终于完成艰巨任务。

即使在这样艰苦的情况下，设计和施工的进度仍然非常快。1979年开始，河北小区逐步有当地居民搬入。全部建设工作于1980年初基本完成。地震后，恢复建设规划中的唐山市是当时中国最现代化的城市。

当年，有一篇文章这样分析。

1978年，国家领导人视察唐山，希望唐山重建能够先进一点，能体现20世纪70年代建筑的先进水平。于是规划开始修改。原国家建委召集了吴良镛、戴念慈等全国各地的建筑大师，为唐山规划进行现代化修改出谋划策。修改方案雄心勃勃，要规划出一个先进的唐山。

地震前，唐山具备所有重工业城市的弊病：污染重、工厂与住宅交错混杂、城市基础设施落后，而这场毁灭性的灾难让它率先尝试了现代城市规划的成果。它的改变，有些地方甚至超过了当时的北京和上海。当时北京、上海都还没有污水处理厂，重建后的唐山就有了自己的污水处理厂，可以不像以前那样直接将污水排入河里了。

唐山的改变还是全面的，从城市功能分区、完善配套的生活区域，到市政公用设施、城市绿化系统，都力求改变传统重工业城市的混乱局面。

1981年，唐山人住进了新建的小区。小区就像一座“小城”。有百货商店、粮店，有幼儿园、小学、副食店，三五个“小城”形成一个“大城”，有电影院、医院、浴室……

住房里有独用的厕所和厨房。厨房里有煤气，厕所里有自来水。那个时候，上海人都住在石库门里，每天还要倒马桶……

感谢摄影师为我们留下了珍贵的照片。我们在这张摄于震后唐山的照片中，见到了地震废墟，我们可敬的前辈正站在废墟之上，他们为建设新唐山付出了艰辛的劳动。

照片中，我们见到了赵深。1976年震后不久赵老就去了唐山，那时候他已经78岁了。在他生命的最后两年里，多次到工地视察，并到唐山、北京出差，研讨设计河北小区的项目……

当年前辈在紧急时刻救援灾区的身影，一直被后人铭记。

2008年汶川大地震，华东院70余人参加援建都江堰8个项目的设计。2010年青海玉树地震，共青团员们组成21人的团队援建称多县尕朵乡中心寄校的设计方案……

相隔20年，爱心一脉相传。

左图：唐山震后的废墟前合影

前排从右起：朱亚新、刘秋霞、赵深、张乾源

后排从右起：陈艾先、邢同和

右图：唐山震后的废墟前合影

从左起为庄承良、陆苗元、鹿晋威、王茂松、张秀林

1980—1989

· “过关”记
· 海陆空三座门
——上海铁路新客站、虹桥机场和十六铺码头
· 超越——龙柏饭店
· 宾馆新风
· 高层新景
· 新村叙事
· 你好，星空
——佘山天文台天文望远镜观察室
· 上海世贸商城

1980－1989年

20世纪80年代是让人久久怀念的年代。

这是国门初开的年代，这是思想解放的年代，这也是中国学界在各领域开拓文化深度和广度研究的年代。

惊回首，一叶障目、闭关自守的日子一去不复返了；抬眼望，外面的世界真精彩。比较和反思使得人们终于知道，中国建筑在原地盘桓了多少年，落后了多少年。

1978年中共十一届三中全会后，全面实行改革开放政策，上海勘察设计行业进入高速发展时期。

勘察设计单位的管理和经营体制发生了很大变化，逐步由事业单位向现代企业过渡。到1984年，各勘察设计单位都试行技术经济责任制，政府停拨事业费，打破行业界线，开放勘察设计市场，任务按招投标形式来争取。为加强勘察设计市场管理，提高设计质量和水平，上海市建设委员会先后设置了市场管理办公室、标准化办公室、质量监督站、招投标办公室。

1985年，上海市勘察设计协会成立，协助政府加强行业管理，开展双向服务。

1987年起，上海勘察设计单位分批推行全面质量管理（简称TQC），在此后的8年中，组织了8次大规模设计复查或勘察设计质量检查，在巩固深化TQC的基础上，开始宣传贯彻ISO9000系列标准……

改革开放初期，上海基本建设速度加快，除继续设计兴建大型工业项目外，又设计了一批市政交通、居民新村、星级宾馆和大型办公楼，这些项目开始扭转城市基础设施长期落后的局面，改善了投资环境。

极左年月，每一个经历者心中都是伤痕累累，等到员工重新聚合于华东院，他们已经不再年轻。华东院的建院元老张庆云，在北京被打成右派，

下放劳动十几年，女友坚持等他，直到平反后才完婚。等到他重回华东院，已经年过半百，却要从头再来。时不我待，那时候的名言是“莫让年华似水流”。“向前看”成为华东院恢复传统，重新铸造团队精神的动力。

1982 年，恰逢华东院成立 30 周年，于是《30 周年建筑选录》等一批回顾和总结书籍问世，对以前作品的总结，也是为了奋蹄远行，跟上世界先进步伐。

谁觉醒得早，谁就能走得更远。这时候博采世界先进建筑的新气象成为最重要的事情，一切优秀艺术作品的诞生都是有背景的，华东院的设计

建工部部长杨春茂一行来沪与华东院各级领导合影

上图：第一届中德总承包学术研讨会

下图：上海电视一厂设计联络组人员合影

师们立足于本土的传统，直面开放的世界，是对建筑设计规律的重新体验，是对建筑美学的重新领悟。这是一场不折不扣关于建筑的新启蒙运动。

那些日子，他们在跑步前进。

“文革”接近尾声，情报室下的翻译组应运而生。翻译室有英文、日文、法文、德文、俄文翻译，任务是信息搜集，翻译外文专业文献和资料，口译、笔译海外项目。翻译组一共翻译了45份共52万字的国外先进建筑资料，举办和建筑相关的展览多达12次。1988年，出版了《世界综合办公楼图集》。作为6个部属设计院之一，华东院负责翻译国外《建筑师手册》的相关章节，这部三册一套的经典译作，至今还在很多专家的案头。

学习是始于建院的传统。这时候，包括高级专家在内的全院员工，都投入到紧张的学习之中。在1986至1988年的一份报告中，可以看到华东院密集而丰富多彩的教育活动。

1986年上半年，代办高级英语班。1986年10月起，组织院内部分初、中级技术人员参加代办的专业技术人员英语电视授课班，学制为三个学期，业余进修英语208人次，日语5名，德语、俄语3名，出国外语进修4名。此外，院结构和建筑专业组织了英语翻译业余小组。参加各类业余大学学习54人，学习成绩优良得奖学金的有61人次。

请专家来院讲课和组织院内技术骨干技术交流讲座，合计38次，参加人员2 545人次，其中1987年举办的“华东院之春”繁荣建筑创作交流会，参加者100人次。作为科技人员去国外进修学习，共146人次。还有不定期举行开拓思路的专业讲座。讲座请的大多是国内名家，同济大学的罗小未先生就曾经来院讲过外国建筑历史和理论。根据工程设计的需要，建筑师们去了澳门和香港，这是他们走出内地的开端。以后他们越走越远，足迹遍及欧美、日本等建筑大国和强国。甚至，学习之风还遍及行政干部、司机、厨师……

学习的传统重现并发扬光大，绵延不绝，这才使华东院走向现代化的步伐更加扎实有力。

他们一面实践，一面参与全国性的研究和讨论。《建筑学报》、《世界建筑》、《时代建筑》和《建筑结构》、《结构工程师》、《热能动力工程》、《节能技术》、《中国给水排水》、《建设监理杂志》等重要专业学术杂志上，经常有他们的文章。1988年初，《建筑》杂志还专门出版了华东院特辑。在各方组织的专题学术讨论中，不断有华东院设计师的声音。

中国青年建筑师创作小组应运而生，该小组对引进国际建筑理论，推介相关书刊，繁荣我国建筑理论和创作实践作出了贡献。华东院的才俊积极投入小组活动，发挥了重要的作用。

改革开放，大量海外著名设计单位进入中国，华东院有机会与国际著名建筑公司合作，这既是上海本土经验提炼后的贡献，更是对世界先进理念的吸收和消化。著名建筑师丹下健三，贝聿铭和波特曼的设计团队等，都曾经因合作来华东院访问。上海商城、华亭宾馆和花园饭店的成功建设，使他们在实践中获益匪浅。

他们是勘察设计协会的理事长单位，为勘察设计行业的技术发展发挥了积极的作用。华东六省一市标准设计办公室、技术联络办公室就在华东院。他们于此起步，牵头建立华东六省一市建筑设计情报网，进一步成立华东建筑技术发展中心，促成了“全国建筑设计情报网”的建立。各院的信息，获得了开放式的交流，而设计院之间，也因此加深了配合和友谊。

早在1974年，华东院已打开了信息化的大门。他们编出了平面框架软件，复旦大学数学系的教授和华东院的专家合作，解决了结构计算的第一步。我国高层建筑设计中应用薄壁杆件单元理论开发结构的计算软件基础就此奠定。

1985年，华东院建立了APOLLO工作站，并且成为上海建委计算机辅助设计CAD中心。1986年，先后派出技术人才到澳大利亚、比利时和日本学习计算机动画制作技术。这为日后华东院在建筑设计中全面使用计算机作出铺垫。

结构工程师们学习和发展了预应力技术，并组建了预应力研究室，设计了预应力绕丝半地下钢筋混凝土油罐。打破了钢板油罐的传统观念，并且在全国范围内编制了混凝土绕丝油罐的标准图。在上海色织四厂阔幅织机车间解决了大跨度多层厂房的设计问题，沉重的机器终于上了楼。

在上海佘山天文台工程中，解决了地基沉降控制的技术难题，使得大型望远镜可以纹丝不动地瞭望星空。对当时国内最大的电子加速器调试室设计的成功经验，也使放射性核辐射不再成为建设的拦路虎。

华东院的暖通专业也有了长足的发展。以前的项目中极少运用集中供暖、供冷系统，改革开放后，华东院有机会接触大量涉外旅游酒店、高级办公楼等项目，如华亭宾馆、虹桥宾馆、银河宾馆以及上海第一栋玻璃幕墙高层办公建筑——联谊大厦。这些项目的技术积累使得华东院的暖通专业始终走在国内设计领域最前沿。

得益于华东院早期做过大量的工业项目，工业建筑的电气设计要求一般要高于民用建筑。院主营业务转成民用建筑设计后，电气专业依然在技术上有着基础优势。智能建筑也是在80年代末由华东院最先开始关注和研究的。

新中国成立后，给排水专业的技术一直沿用的是苏联技术模式，通过工程实践，华东院设计师们将适合苏联的技术标准转化为适合我国国情的设计标准。工程设计人员对给排水专业的设计手册、规范进行了修正与完善，使建筑给排水技术满足国民生产需要。对于环境污染问题，华东院也是行业中的表率。

华东院于1956年11月1日成立动力管道组，成为工业建筑设计中不可或缺的重要专业。随着改革开放建设事业发展，引进项目日益增多，动力专业不断适应新的形势，通过工程实践积累先进技术。

一切优秀的建筑艺术都是与科学技术的支撑分不开的。华东院的工程师们在技术上的一次又一次的突破，不仅是科学认识的飞跃，更是为建筑师们的创作提供了底气，为他们的灵感拓宽了空间。中国建筑学会及时提出鼓励原创的举措，华东院的建筑师们获得了鼓舞和信心。

其时，华东院已经开始将重点转移到民用建筑上来。全院开始体制改革，采用事业性质、企业管理的制度。实行取费制、合同制、奖励制，按照客观经济规律办事。1984 年，推行设计室技术经济责任制为核心的改革方案。大锅饭终于被打破，创作的羁绊不再存在，建筑设计的生产力就此被激发。

建设部发文，实行以设计为龙头的工程建设总承包，这无疑传达了一个信息，建筑始于创作，基于管理，就是交钥匙工程。华东院是最初的实践者之一，他们第一个本地实践项目是申丰巧克力厂，第一个跨省市的总承包项目是福州国贸广场，都获得了成功。

虽然，那个时代的建筑，小小的纪念铭牌上，往往只有建造公司的名称。但外人并不知道，一个建筑最重要的创意和建筑思想源于设计单位。不得不提及的是，那个年代很多改变上海天际线的优秀作品，大多出自华东院建筑师和工程师之手。

海——十六铺客运码头，陆——别具一格的上海铁路新客站，空——虹桥国际机场，上海三大门户，纷纷升级换代。初具现代气派的交通设施获得了人们的赞赏，很快就被冠以"城市名片"的美誉。上海新客站"高架候车、南北开口"的设计方案，后来被很多铁路站参考。

龙柏饭店成为当时让人耳目一新的佳作，因其超越时代的设计思想，受到各方称赞。此后推出的一系列宾馆设计获得各方的好评。华东院成为旅游宾馆的指导性设计院。

高层建筑一再突破，华东院创造了很多建筑上的上海之最，第一栋高层建筑——大名饭店，第一栋筒中筒结构的建筑——上海电信大楼，第一栋玻璃幕墙和有智能特征的百米高层——联谊大楼……

他们设计的曲阳新村、仙霞新村、华侨新村、梅园新村、虹桥绿谷别墅等等，都是有开创性的作品，并在住宅设计竞赛中屡屡获奖。

他们以崭新的思维，投入到闵行、漕河泾和虹桥开发区的建设。华东院不仅为开发区贡献了智慧，还为各开发区派出专家，并被委任为开发区

与波特曼、贝聿铭、丹下健三的交流互访

的管理者。齐铭生到上海漕河泾经济技术开发区任总经理，章公孚到上海闵行经济技术开发区任副总经理，孔庆忠到上海虹桥经济技术开发区任总经理。

位于开发区内的施贵宝制药有限公司、耀华皮尔金顿玻璃厂、上海无线电二十厂、上海电视一厂、上海灯泡厂显像管车间、上海唱片厂组装车间等一系列工业建筑，已经跳出了传统单纯工业建筑的窠臼。这些工厂的产品，如金施尔康、上海强生的医护产品、申丰巧克力和斯格兰冰露等畅

虹桥涉外贸易中心规划总平面图

销于市场，影响了人们的消费观念，有的至今长盛不衰。还有以电子工厂生产的线路板、显像管等原件组装出风行一时的“四喇叭”，黑白之后是彩色的电视机，唱片厂生产流行歌曲唱片和磁带，促成了“卡拉OK”等流行，这些都改变了人们的生活习俗，推动了那个年代特有的文化氛围的形成。

虹桥开发区内的上海世贸商城，是一个非常典型的会展和办公中心。它和银河宾馆、虹桥宾馆以及虹桥展览馆、虹桥友谊商城等，以不同的功能形成了这一综合性区域的显著地标群。这也可以看成新时期上海城市功能向第三产业转变的先声。

华东院的室内设计也于此时获得了飞跃。到1982年，室内专业设计师已有47人，以后成立了室内设计研究所。他们从家具设计开始，主编了一系列公共建筑家具图集。此后上海龙柏饭店、虹桥宾馆等著名宾馆的餐厅、高级套房和室内整套家具都由他们设计。他们的作品还出现在地铁一号线和浦东机场。沿用至今的上海地铁的标志设计也出自他们之手。

华东院的设计师们，依旧在海外有着不俗的建树。这是在开放的环境下，大跨越大创造的十年，建筑创作硕果累累。设计师们唤醒了埋于心中的建筑美学，确信建筑是艺术行为，建筑的目的不仅在于实用，而且在于打动人心。

他们重新认识上海，特别是改革开放中上海城市功能的转变。他们重新体会新时代新建筑的出现会怎样超越空间意义，深入城市的结构和文化嬗变之中。

这也是憧憬未来，积蓄力量的十年。那时候最充满希望的歌曲是《二十年后再相会》。设计师们志向高远，永远向前看，因此他们在创作的同时，继续在积聚着、准备着……

“过关”记

改革开放，百废待兴，面对世界建筑业突飞猛进的新技术、新材料、新工艺，华东院设计师们面临着一个又一个有待攻克的技术难关。

华东院如今在计算机信息化方面于业内领先之基础，源于长期的积累。

硬件和软件

宗有嘉（原副院长，计算机站主任）：

早在20世纪70年代初，华东院即购买了国产的TQ（图强）-16电子计算机，设置了计算机机房。经过半年的安装、调试，于1976年1月正式使用。与此同时，成立了仅五人的计算机组。最初人员有刘建民、朱民声、

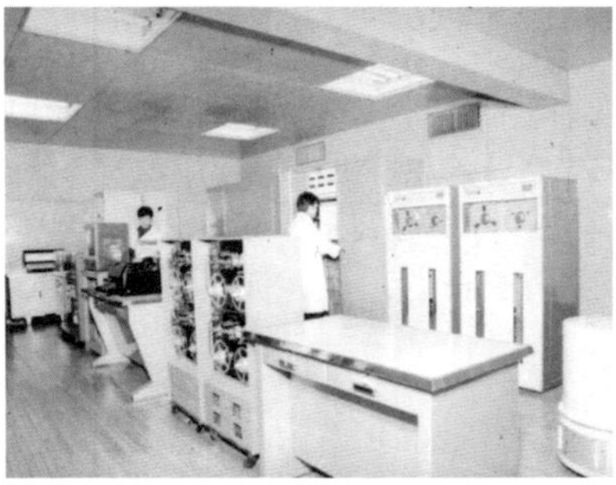

上图：华东院院最早的计算机机房

右图：江泽民、吴邦国、曾庆红等领导视察华东院计算机工作

洪肖秋、盛佐人、钱立奇。以后陆续从院内及外单位调拨人员，以及调入大学毕业生、复员军人发展队伍，直至1983年4月成立计算机站前已是一支20多人的队伍。

当时在计算机硬、软件的基础上与复旦大学数学系计算数学专业教授一起合作，先后开发了框架、排架、网架、高层框剪协同、筒中筒结构、地基梁、板等结构方面的计算软件，率先解决了各类复杂的结构计算问题。随后，又开发了除结构以外的其他专业软件，例如：施工概预算、暖通、电气照明、上下水及地基基础、建筑ABS和职工工资以及财务等十几个常用程序，并在院内设计人员中开展计算机知识及应用推广普及工作，从而基本上满足了土建设计工作的需要。

华东院是国内最早自主开发“高层建筑空间薄壁杆系结构计算程序”的单位，在全国第一个使用TQ-16计算机来解决高层建筑结构计算问题，完成的第一个项目就是高达100米的上海电信大楼。之后，上海联谊大厦、华亭宾馆、东方明珠等项目都应用此软件进行结构分析计算。曾为上海及全国大部分省市（除西藏和台湾外）的大量高层建筑的结构分析和计算作出贡献。华东院计算站当时对外服务收费不高，但仅此一项也几乎把华东院计算机硬、软件的投入成本全部回收。

1978—1988年期间，朱民声是计算机站的主任工程师，他在高层建筑结构的计算分析中，参阅大量国际科技文献，率先引入薄壁杆件理论，为我国高层建筑结构设计应用薄壁杆件“双弯矩理论”开发高层建筑结构计算软件奠定了基础。周纯铮、洪肖秋等具有良好的结构设计理论和设计经验，对该软件的开发起到重要的作用。为此，鉴于周纯铮作出的重要贡献，他曾被华东院推荐并评选为1978年度上海市先进生产者，后来周纯铮定居香港，由王国俭继续对该软件进行深一步的开发。由于TQ-16计算机容量小，速度慢，有些大型复杂工程无法进行计算分析，为了适应在大型计算机上计算，王国俭参考当时国外先进的通用分析软件SAP5的模块式编程方法，开始采用FORTRAN语言进行改版。为了开发该软件，我亲眼目睹王国俭的刻苦钻研和废寝忘食的精神。我在参加的结构分析计算过程中，也目睹了周礼庠总工程师认真地与设计人员一起逐个分析杆件内力，变形及振幅等。该软件在不断使用过程中逐渐完善和成熟，其中包含了周总、陈鼎木工程师及许多设计人员的心血和努力。

我自1983年4月至1989年12月底一直在计算机室工作，最初沈恭任华东院副总工程师兼计算机站主任，后来沈恭任上海规划局领导，我任室主任。如果说20世纪70年代华东院打开了信息化技术的大门，80年代则是华东院在开发和应用计算机技术方面蓬勃发展和打下坚实基础的阶段，90年代更是华东院在运用计算机技术和信息化管理方面全面开花结果阶段，可以说是全面进入信息化时代，走在了国内同行业的前列。

王国俭（原副总工程师）：

20世纪70年代，TQ-16计算机的输入都用纸带穿孔，不久就落后了，好多大型复杂工程项目TQ-16计算机已经无法胜任。当时从北京国家兵器工业部计算中心引进了一台大型西门子计算机，这台大型机可以满足运行大容量项目的计算需求。由于在大型机运行的软件编译程序与TQ-16计算机不同，为此，针对“高层建筑空间薄壁杆系结构计算程序”，我用FORTRAN语言及模块化结构编程方法重新开发了该软件，并在大型西门子计算机上用大量考题进行了测试，完成了该软件能适应大型计算机运行的开发工作。为华东院80年代中期引进VAX11-780做好了技术准备。

以后，华东院在计算机结构设计方面迈出了更大的步伐。在科研标准室计算机组、计算机站、计算所都曾工作过的陈鼎木工程师，在20余年的设计工作期间，用“高层建筑空间薄壁杆系结构计算程序”为全国20多个省市计算分析了近千幢高层建筑，为华东院的高层建筑结构设计水平在全国保持领先作出了很大贡献。

汪大绥（资深总工程师）：

华东院在20世纪70年代计算机应用方面是非常先进的。计算机进入设计行业首先是从结构进入的。“文革”还没有结束的时候，我们这些人就开始学软件。那时候，华东院在计算机软件应用方面非常先进，其他很多单位还没有计算机，我们的计算站软件组对外承接了很多任务。当时我们还没有很好的商业化软件，都是自己院里开发的软件，我觉得也很成功。

70 年代中后期，当时建设部立项“建筑工程结构标准程序库”研发课题。该“库”是由建设部设计局牵头组织研发，参加单位有北京院、中南院、广州院、华东院等设计院，华东院为“库”长单位。

每次开会，设计局都专门派专家参加。该“库”曾制定了鉴审定软件的工作条例，审议软件的发展规划，鉴审定了大量的结构应用程序和它们的升级版本，对结构应用程序的开发和推广起到了非常积极的作用。

80 年代初，比较大型的设计院才用计算机做结构分析，一些大型复杂的结构也能计算。华亭宾馆就是使用“建筑工程结构标准程序库”的程序进行计算分析的，东方明珠的结构设计也得益于“库”中的程序。整个现场只有两台计算机，都给结构计算分析用了。不过那时候还没有 CAD，东方明珠的大圆弧都是手工画的。在不断完善自行开发的结构计算程序同时，开发和不断完善其他各专业的应用程序，如概预算、暖通、电气、上下水及地基基础、建筑 ABS 和财务软件等。另外，还对国外先进的软件进行二次开发，如 ETABS、ANSYS、ORACLE 等。

华东院曾两次引进国外先进计算机硬件系统。1985 年 5 月引进了 VAX-11/850 小型机系统，广大设计人员和计算机技术人员对计算机有了新的认识。计算机终端的概念从此深入人心，系统管理、软件编制、上机

领导视察

算题都可以在终端上解决。

1987 年引进了 9 台 APOLLO 和 TEK 工作站，GDS、DOGS、CALMA 三套 CAD 软件系统。为此，院领导专门从全院各专业抽调年轻有为的专业技术人员组建了 CAD 工作开发小组，为今后全院广泛开展 CAD 工作打下了坚实的技术和人员的基础。其中 CALMA 软件是非常先进的前瞻性应用程序，它已拥有数据库在同一平台共享和设计的概念，如可以进行管道碰撞检验。

同时，两次对软件改版。第一次是在引进 VAX-11/780 时，由于先进机型功能的扩大，原来 ALGOL 语言已不适应大型程序开发的需要，模块式编程的新理念提高了编程的效率。因此，用 FORTRAN 语言替代 ALGOL 语言势在必行。第二次是 80 年代末开始推广微机，这也是形势所逼，但是华东院与时俱进，及时把小型机上的软件改编成微机版的应用程序，短时间内完成了改版任务，同时也为从小型机向微机的转化做好了充分的准备。

上图：1995年华东院CAD知识竞赛

下图：机房一角

计算机生成城市景观动画

1985 年，上海院引进了美国 DEC 公司的 VAX-11/750 小型机，继而华东院又引进了 VAX-11/780 系统。此后便更加重视信息化方面的工作。

1987 年，华东院引进了 9 套 APOLLO 与 TEK 图形显示器，随即建立了 APOLLO 工作站，并且成为上海市建委系统计算机辅助设计 CAD 中心。

1986 年，院里开始进行计算机生成城市景观动画制作相关方面的工作，先后把技术人员派往美国、澳大利亚、日本、比利时等国学习交流。

1986 年，建设部设计局张钦楠局长带领华东院总工程师周礼庠、王国俭等人，同日本大阪大学建筑与环境学科进行中日“计算机生成城市景观动画片”的合作项目。

周礼庠（原副总工程师，计算机辅助设计负责人）：

计算机生成城市景观动画任务下到我们华东院，跟日本大阪大学的建筑环境系一起合作来做。我们讲合作，其实主要是学习。开始谈这个事情的时候，张钦楠带队，我跟王国俭参加了，技术上主要是王国俭，领导主要是张钦楠。1986年1月，我们到日本去，以张钦楠为主进行交流，他英文很好，交流都是用英文。

张钦楠有美国麻省理工学院留学的背景，大阪大学笹田刚史教授也是留美的，他们两个一拍即合。笹田这个时候在工学系专门做计算机建筑动画，采用三维线框模型，用电影胶卷拍摄，再以每秒24幅的格式进行后期制作。

大阪大学的建筑环境系搞动画片的人员很精干，只有笹田一位教授和两三位讲师及几个研究生。他们很热心，对于设备、动画片制作原理、具体操作以及最终成果样片，都为中方一一介绍。之后由中方张钦楠主持，签订了合作协议。合作的协议分三个阶段，分别为上海外滩及南京路、上海火车站和杭州西湖，每年做一个项目。

笹田刚史教授对上海的历史很感兴趣，提出是不是能够用计算机手段再现上海外滩，用计算机动画展现出来。从日本回国以后我们就落实这个事情。华东院的人员用了10个月，把外滩、南京路和人民广场的动画做出来。又到历史档案馆去拿了很多外滩及南京路的建筑资料，用三维技术把每一点的X、Y、Z坐标都算出来，将数据输入计算机中。

王国俭：

1986年10月，我们把资料带到日本，并由中日双方把数据录入计算机，然后用摄影机进行三维图像的拍摄，做成胶卷。我记得这次去日本两个礼拜，做好以后日本NHK电视台还进行了专题采访。我们跟笹田刚史的合作完全是技术合作，他在日本筹措制作费用。大家在一起工作都很刻苦，在日本合作的两个礼拜，每天晚上都不睡觉，在计算机显示屏上用胶卷不间断地摄制。一秒钟24幅，10分钟的动画，要多少幅三维图像摄制啊！

这三年的合作，共同把这些片子完成了。制作的动画片在国内有较大的影响，笹田教授还带到美国去展示了。这是一次难得的、很成功的国际间的科研合作。笹田刚史英年早逝，大家都为之惋惜。

CAD

手工画图费时间。随着电脑时代的到来，计算机辅助设计即通常所说的CAD被提到了议事日程上。20世纪90年代初全国勘察设计行业应用CAD技术“甩图板”。“甩图板”对于我国的建筑设计行业来说，算得上是一场轰轰烈烈的技术革命，从此信息技术在建筑业很多方面大显身手，取得了不少成绩。华东院也非常重视，购入很多PC硬件，举办培训班，选比较复杂的工程用CAD画施工图，逐步在全院推广应用CAD技术。

苏信伟（原计算机技术研究所所长）：

计算机三维建模

建设部设计局张钦楠局长抓得很紧，CAD的应用请美、日、英等国专家到北京开培训班，各大设计院都派人参加，还举办国内专家交流讲座。

王国俭：

在建筑工程设计CAD的开发应用中，建筑设计与结构设计两专业CAD的开发和应用一直是最活跃的领域。事实上，这两个专业的设计在整个建筑工程设计中所需要完成的工作量要占到70%左右。实现这两个专业设计的CAD应用普及是提高设计企业生产效率的关键。从20世纪90年代初，建设部举办过三次全国工程设计优秀软件评选活动，获得优秀奖的软件372项。其中，华东院获奖项目近10项，而且“高层建筑空间薄壁杆系结构计算程序”获得国家工程设计计算机优秀软件二等奖。

展望

宗有嘉：

华东院的信息化全面发展是与历任主要领导的高度重视、全力支持分不开的。华东院党委审时度势，决定组建计算站，这是一个正确的决定。在引进计算机系统过程中，在与日本合作开发动画片的过程中，在引进人才和组建CAD工作小组的过程中，在编制和推广应用MIS过程中等等，都是与当时主要领导的重视和支持分不开的。所以我们不能忘记这些领导的名字，他们是蔡詠榴、蔡明道、计育根、孔庆忠、叶锦芳、项祖荃等。我只是许多工作的执行和参与者，上传下达者而已。

华东院计算机信息方面的积累是从那个年月开始，一步一步走过来的。华东院的服务器里，所有的资源信息都在，应该说是全国一流的。与20世纪80年代相比，现在华东院在计算机方面又取得了长足的进步。

2000年以来，华东院又引进了不少计算机方面人才，有一些还是博士、硕士毕业生。院部计算站现在已经是技术中心了，应用软件的水平也有显著提高，高难度项目的研究正在继续深入。

与前辈的艰苦摸索相比，今天计算机建筑设计技术已经突飞猛进。平台的建设、二维和三维软件客户化的开发、尝试用三维设计给建筑设计带来革命性的变化，是可以预见的良好前景。

机电系统——建筑的心脏和血脉

一座建筑，如要正常运行，离不开机电系统的支撑，如果说建筑是表皮，结构是骨骼，那么，机电就好比心脏和血脉。

至今，华东院的暖通专业已有了长足的发展。

胡仰耆（院资深总工程师）：

我是1978年进入华东院的，经历了中国的改革开放和上海的浦东开发。90年代初，在良好的社会形势下，华东院才有机会接触上海大量涉外旅游酒店、高级办公楼等项目，如华亭宾馆、虹桥宾馆、银河宾馆以及上海第一栋玻璃幕墙高层办公建筑——联谊大厦，这些项目给予暖通专业更多的锻炼机会。以前的项目中很少运用集中供暖、供冷系统，如今成了设计不可或缺的内容。现在大多暖通工程师都能熟练地驾驭整个设计过程。

马伟骏（副总工程师）：

80年代初我刚进院的时候，只见过国际饭店与和平饭店的暖气设计，这就是我们暖通专业最早知道的项目案例。改革开放后，我们院承担的设计项目从工业转型民用，从十大宾馆中的华亭宾馆到超高层建筑，再到交通枢纽等项目，到处有着华东院的足迹。华东院设计了一大批在同行业中具有广泛影响力的建筑，暖通专业始终走在国内设计领域最前沿。我们实现了“产学研”一体化，在技术研究领域攻克各项难关，比如变风量空调系统、空调蓄能系统、实验室空调通风系统、江水源和地源热泵系统、分布式功能及大型能源中心及超高层建筑空调设计等，业务水平不断得到提升。

暖通专业工程师们更加关注国际技术发展动态，积极参加国际和国内学术交流，在《暖通空调》等核心期刊上发表了论文百余篇，及时转化最新技术。他们连续翻译三版世界权威的《美国医疗保健设施设计与建设指南》，翻译并出版了《数据中心空调》丛书，编著并出版了《变风量空调系统设计》及《酒店空调设计》一书。暖通专业工程师们还主编或参编了大量国家及地方设计规范、标准、规程，参与国家级、地方的标准设计图集、设计手册、技术措施等。得益于我院早期做过大量的工业项目，工业建筑的电气设计要求一般要高于民用建筑。我院转成民用建筑设计后，电气专业依然在技术上有着基础优势。

邵民杰（副总工程师）：

我院从35kV变电站、大功率电动机组到地下及组合式变电站的设计应用措施；从1993年在全国设计行业率先成立了智能建筑研究团队到1995年主编的上海智能建筑设计标准，再到2000年、2006年的标准改版；从出版智能建筑设计技术的专著到主编国家行业规范，到每年在全国专业期刊中发表的论文平均有20余篇。我们在运行和设计中，不断研究电气新技术的发展。至今，供配电、照明、智能化等专项研究都有着不同程度的成就。

我院早期电气专业的领头人有田志轩、屠涵海、李克昌、游俊壁等，到现任院电气专业资深总工程师温伯银、顾问总工程师李国宾等。可以说，他们是电气专业的开拓者和实践者。

温伯银（资深总工程师）：

智能建筑是华东院最先发起的。1992年下半年，我院成立智能建筑课题组来开始研究智能建筑，并广泛借鉴国外经验。1993年，全国建筑师昆明会议上，我院的智能建筑研究报告引起了业界专家的广泛重视。会后编制了《智能建筑技术措施》一书，用于指导院工程技术人员辅助设计。1994年6月，上海市建委主任陆海平得知我院有这个技术措施，提出要提供给全市推广应用，因此上海市的智能设计“95版”标准应运而生。1996年，150万字的《智能建筑设计技术》一书出版，前后只用了半年时间。

李国宾（原副总经理）：

1974年华东院承担援外体育建筑工程时，国内在光源、灯具、计时记分牌等技术均为空白，国家下达了研发任务，我院参与其中。2000年后，华东院参加了国家规范《建筑照明设计标准》、《体育场馆照明设计及检测标准》的编制工作，并由华东院负责交通建筑电气设计规范的编写。

新中国成立后，给排水专业技术一直沿用的是苏联技术模式，通过工程实践，我院工程师们将适合苏联的技术标准转化为适合我国国情的设计标准。工程设计人员对给排水专业的设计手册、规范进行了修正与完善，使建筑给排水技术满足国民生产需要。华东院主编及参编了国家和地方规范、标准图集。在给排水专业的12本手册中，第4册工业用水就是由华东院主编的。

冯旭东（资深总工程师）：

我进院的时候还叫工业院，进院后接触到的大部分项目是工业项目，如电子管厂、屠宰厂和皮革厂等。当时技术资料匮乏，我们不仅非常重视吸收和消化国外引进项目的技术资料，同时也非常重视实验和研究。当时国家开始注重环境污染问题，我院也是行业中的表率。记得我在黄桥肉联厂做了一个月的水样采集，从小试到中试再到调试、运转，那时候项目时间长，人也相当认真。之后随着改革开放，我们院开始做民用项目，从最开始的涉外酒店项目到90年代末的众多超高层项目等。

新中国成立之初，大规模工业建设急需动力专业人才。1955年，建筑工程部设计总局为适应我国第一个五年计划，决定由部直属设计院抽调人员到第一机械工业部有苏联专家的第一设计院动力科学习。1956年11月1日，院成立动力管道组，任命潘钧为组长，林在豪为副组长。组员有陆仁德、毛金贤、郑福英、马元濬、杨心鑫等人。朱松山、陈芳森于1957年1月参加第二批赴一机部一院动力科学习，1958年学成回院参加动力管道组工作，当时共计9人。

1958年3月3日，动力管道组更名为动力组。任命林在豪为组长，朱松山为副组长，下设三个小组：锅炉组（朱松山、杨心鑫、于辉、苏景来、葛荷生、杨成科），三气组（陈芳森、张敏章、汪惠良、孙淑英、陈银莲），煤气组（林在豪、祝毓琮、陆仁德、毛金贤、孙清文、刘景琛），共计17人。

全院动力专业也于此时合并成一个动力大组，此后又调整为综合室。随着改革开放建设事业发展，引进项目日益增多，动力专业不断适应新的形势，通过出国考察等积累先进技术。

上海显像管玻壳厂引进美国康宁公司生产线，属于动力专业的包括锅炉房蒸汽系统、不同压力空压站及供气系统、真空泵站及真空吸引系统、液化石油气贮存及混气站供气系统、重油系统、液氧贮存及供应系统、煤气脱硫及增压系统等。动力站设计通过远近结合、有利发展的合理布局、获得了高度肯定。设计人员参加了现场施工调试全过程。

上海耀华皮尔金顿浮法玻璃生产线工程，引进英国生产技术。动力专业承担了重油、氢氧站、煤气增压站、氮气站、压缩空气站等设计工作。工艺要求压缩空气系统和高纯度氢、氮混合保护气系统在工艺生产周期（4~5年）过程中保证提供不间断气源。为了实现苛刻的不间断供气技术条件，采用空压系统压力讯号控制由动力专业主导完成的非标准柴油机直接拖动空压机，以及保护气体压力控制液氧自动气化供应技术，并第一次采用全国产设备和装置实现不间断供气要求，取得成功。

交钥匙工程

随着建筑技术的发展，建筑工程项目的管理运行模式的探索也逐步被提到了议事日程上。

1987年，城乡建设部发文，为适应国外投资的项目，使工程建设的模式与国际接轨，以及更有效地控制工程造价，试行以设计为龙头的工程建设项目总承包制。这无疑传达了一个信息，建筑始于创作，基于管理，即所谓的"交钥匙工程"。华东院是最初的实践者之一。

邬志忠（原华东院副院长）：

我院及时响应，成立了华东院工程建设总承包部，开拓的第一项任务是闵行开发区的上海申丰巧克力厂（内资）；第二项任务为闵行开发区的上海施格兰酿酒厂（港沪合资）；第三项任务是闵行开发区的上海国成塑料制品厂（合资）。以上三个以设计为龙头的工程建设总承包项目均显示了从设计开始就成功地控制工程总造价、确保工程建设进度和工程质量的优点。

曹嘉明（原华东院副院长，现代集团副总经理）：

早在20世纪80年代，我院就开始涉足工程建设总承包业务，为推动国内工程建设体制与国际接轨进行了成功探索，开创并改变了原先"只有一次教训，没有两次经验"的传统管理模式，在市场上已具有一定的认知度。如早期的被誉为"福州第一高楼"的福州国贸中心，到后来的昆山迪卡侬、世博行政中心、世博沪上生态家等项目，均通过总承包管理，有效地控制了工期、质量和投资等目标，业主给予了较为满意的评价。通过20多年来的总承包实践，华东院也积累了一定的总承包项目的实施经验和教训，同时也与相关的合作方建立了一定的长期合作关系，为今后总承包业务的全面开展奠定了基础。

华东院的管理者和设计师们在技术上寻求的一次又一次地被突破，攻克了一个又一个的难关。徐树樟、张耀庭等创办的地基基础研究所，华东院的地基基础研究始终处于行业的领先地位。大跨度预应力多层工业厂房的科研成果使机床上楼成为现实。这不仅是科学认识的飞跃，更是为项目的设计提供了强大的技术支撑，在设计实践中获得了可喜的成果，为华东院拓展了更大的发展空间。

海陆空三座门

——上海铁路新客站、虹桥机场和十六铺码头

上图：80年代新客站

下图：2000年新客站改扩建

那个年代，改革开放促使进出上海的人流剧增。上海的火车站、机场和码头已经不堪重负，因此开始规划建设新的交通设施。

登机落机，上下车和上下船，等于跨进跨出上海的三个大“门”。

因此，这三个建筑修成，便被称为造了“海陆空三座门”。这个时期，在上海地区只有十六铺码头、虹桥机场和火车站拥有独一无二的“上海”标志，因此另一种流行的说法是，这三个建筑俨然是三张“上海的名片”，给旅客以城市的第一印象。

上海铁路新客站

一份难得的报道，将我们带回建设新客站的日子。

上海铁路新客站，作为上海的陆上新大门，是当时国内建造的规模最大、设计理念最超前、设施最现代化的大型铁路客运枢纽站，也是上海解放 30 多年来最大的一项市政改造工程。

原先一直在使用的北火车站，建造于 1907 年，历经 80 个春秋，日益不胜负担。早在 20 世纪五六十年代，上海就曾酝酿过建造新的大型客站，但限于当时的条件，未能如愿以偿。

1984 年 4 月，国家批准上海铁路新客站工程，同年 9 月正式破土动工。

新客站的特点是高架候车，南北开口，即候车室在铁路线及站台的上面，旅客从进站到上车的路线既不重复又比较短，南北都有入口和出口，极大方便了旅客。14 000 平方米的高架候车室装有空调，四季如春，专用的残疾人电梯、母子候车室的热奶装置都体现了人性化的设计。紧靠站前的南北两个广场，占地 80 000 平方米，比老北站的广场大十几倍，还有配套的公交、地铁车站、邮电大楼、商场、旅社、宾馆等建筑。如此规模

宏大的工程，经初步预测，需要 61 个月才能完成。

筹建工程指挥部提出目标：39 个月完成，1987 年底开通。

为此，时任上海市市长的江泽民决定亲自担任上海铁路新客站及环线工程领导小组的组长。他说："市长兼工程领导小组组长，我就只兼这一个，因为新客站是一个系统工程。" 倪天增副市长为副组长。

1987 年 11 月，新客站如期顺利完工，获得多项殊荣，成为上海市民投票评选的新中国成立以来上海工程建设 "十大建筑" 之首。

新客站的设总是魏志达。魏志达是华东院建院的元老，建树甚多。他是既懂得结构又精通建筑的设计大师之一。学贯建筑和结构两大专业，使他在设计生涯中不仅注重建筑的个性，而且考虑到结构的可行性。不过，他和上海新客站的情缘始于 1973 年，那时候，他刚满 50 岁。

那年春节，铁路部门特地组织了一大批专家在全国各地考察火车站，经过一个多月的努力，最后专家们拿出了 23 个富有特色的上海新客站的建筑方案。经过多轮辩论、论证，选出了 8 个方案作为候选方案，最后确定第 7 个方案为最佳方案，也就是华东院的方案。8 年后的 1981 年 8 月，以 7 号方案为基础，华东院又提出了几个不同的候车和旅客集散方式的设计方案，其中就包括新构思的 "高架候车、南北开口" 的全新的设计方案。

上海市组织各方专家进行了三轮讨论论证，最后确定了 "高架候车、南北开口" 的设计方案为实施方案。1982 年 6 月 26 日，上海市人民政府下文正式批准了设计方案。

"高架候车、南北开口" 的设计方案，打破了我国传统惯用的 "线侧式" 站屋布局，在铁路客站的建设史上是一项突破性的创举。"高架候车" 即站屋的候车室设在站场、站台之上，既节约了用地，又使旅客进出站流线

上图1：80年代新客站外景

上图2,3：80年代新客站室内

上图4：2000年代新客站改扩建后的外立面

上图：新客站奠基

中图：魏志达、钦关淦、张乾源等设计师讨论新客站方案

下图：上海新客站工程国家验收（左起：魏志达、项祖荃、倪天增）

短捷通顺、疏集迅速。"南北开口"则为城市从站南、站北方向建设、发展创造了良好条件。

1982年，魏志达年近60，能够主持一个团队，设计一个里程碑式的建筑，是人生难得的机遇。与魏志达一同参加新客站设计的还有阴士良、王时、王振雄、夏教根、项弸中、梁文耀、史林德、孙传芬等。在新客站建设的日日夜夜，魏志达将自己全身心地奉献给了这个项目。魏志达和整个团队当时的工作手册，大部分篇幅都是工程协调会的记录、设计讨论的纪要、灵光闪现的设计灵感、设计出图进度的安排。为了新客站的建设，他忘记了自己的年龄，忘记了逐渐退步的健康。

"高架候车、南北开口"的车站设计理念被铁道部作为新建特大型客站的一种模式，在以后新建的天津站、沈阳站、汉口站的建设中应用。

如今上海新客站已经有20多年的历史。2000年的上海站南立面改造是客运站颇为及时的工程，提升了形象。2008年6月，作为上海世博会配套工程的铁路上海站北广场综合交通枢纽工程开工建设，一改以往上海站"重南轻北"的布局，实现南北广场的交相辉映。

尽管后来上海又建设了上海南站和虹桥交通枢纽，但上海铁路新客站依然是上海不可或缺的北大门，出色地迎接年复一年的"春运"民工潮和长假旅游热的考验。

在魏志达的建筑人生中，还有一段鲜为人知的故事。20世纪50年代，为方便毛泽东主席到全国各地巡视，各省市开始兴建接待毛泽东主席及中央领导同志的场所。由于当时历史的特殊情况，该批项目均被列为保密工程。

魏志达领命先后负责了福州温泉路省委大院16幢小楼及鼓山别墅、杭州"5901"工程（杭州西湖国宾馆）、上海"414"工程（西郊宾馆）、长沙"201"工程、梅园宾馆、韶山滴水洞工程等项目设计。不论是对同事还是家人，魏志达一直守口如瓶。在他晚年接受记者采访时，他也很少谈及这一话题。2006年10月因病去世之后，人们整理遗物时，发现一份剪报，来自1989年某日的《报刊文摘》，文章题目是《毛泽东与滴水洞》，介绍了滴水洞宾馆的情况。在剪报上方，魏志达用钢笔写了几行字："滴水洞在距毛泽东同志故居韶山冲约20公里的一处别墅，三面环山，有泉水从悬岩的山顶上滴下，终年不绝，形成亩地大小水潭，溢流成溪，环境幽美，十分清静，别墅进门面对悬岩滴水，因名滴水洞。”也许，这就是魏志达关于他这段神秘的设计经历所留下的唯一痕迹了。

1976年9月9日，毛泽东主席去世。9月12日，魏志达受上海市委派，去北京参加毛主席纪念堂选址和方案设计。1978年，再次赴京，代表上海参加中国革命历史纪念馆的规划、选址及方案设计。

他一直以这段经历为荣。

虹桥机场

1984年9月14日，解放日报以《上海国际窗口呈献新貌——虹桥机场扩建工程国庆前竣工》头版标题刊登了报道：“上海的国际窗口——虹桥机场扩建工程即将全面竣工，用镜面玻璃和轻质材料装饰一新的新候机楼显得气度非凡。汪道涵市长和市府其他领导同志在视察时认为，这一工程是显示‘上海速度’的代表作。”

1964年竣工的上海虹桥机场候机楼又叫“61号”工程，是华东院首次独立完成的现代民用机场设计项目。

新中国成立前的虹桥机场仅用于军事和商用等有限功能，真正的民用机场始于1964年建成的新候机楼。新候机楼外立面风格简约现代，室内空间灵活流动，开放式的候机楼大厅，夹层为餐厅和商业功能，空间极具流动性。当时我国的建筑风格比较流行中国古典元素，虹桥机场的设计无疑像一股迎面扑来的清新空气，沁人心脾。

60年代，赵深任华东院的副总经理，是主管技术的负责领导，他还是当时华东工业设计院“61号”工程的院级领导负责人之一。项目设计总负责人是陈翠芬，建筑专业负责人则是杨伯良，参与方案设计的还有当年一批大学刚刚毕业进院的管式勤、凌本立、王凤、倪天增等人，这批技术人员后来都成为华东院的骨干力量。

管式勤（资深总建筑师）：

机场大空间设计，夹层作为等候大厅里的餐厅，这种设计手法是国内机场设计的首创，因其充分利用空间，使空间更加灵活流动。后来的杭州

04. 1963

8月7日，周总理亲临上海视察并为虹桥机场扩建用地选址。11月2日，国务院批准虹桥机场为国际航线的民用机场。

05. 1964

4月29日，虹桥机场开通上海解放后第一条国际航线——上海至巴基斯坦达卡，虹桥机场正式投入使用。

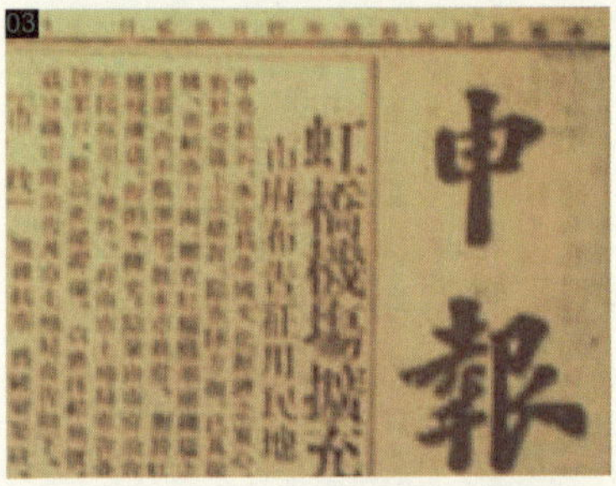
申報
虹橋機場擴充
由府布告征用民地

03. 1934

4月12日，上海市政府发布公告决定征地800亩，将原虹桥机场酌予扩充。

02. 1929

7月8日完成首航。1929年8月26日，第一架载客班机飞抵南京，往返乘客仅4人。

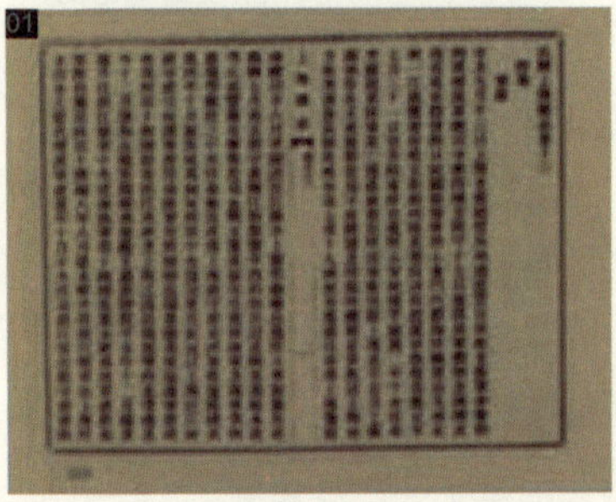

01. 1921

3月10日，虹桥机场正式兴建，民国十年上海县志登载了虹桥机场辟建的相关信息。

上组图：华东院虹桥机场五十年

下组图：虹桥机场历史照片

• 1931年，欧亚航空参加容克飞机在上海试飞人员

• 1972年，尼克松和夫人与中方机组人员在虹桥机场，尼克松对周恩来说“飞得很好！服务也好！”

• 1973年2月21日，埃塞俄比亚的亚的斯亚贝巴和上海通航

1988.07

12月30日，上海虹桥机场候机楼第二次扩建工程开工，于1991年12月26日完工。

1995.08

6月，虹桥机场国内候机楼第二次扩建工程动工。

2002.09

10月27日，国际航班全部移至浦东。原虹桥机场候机楼国内区改称A楼，国际区改称B楼。

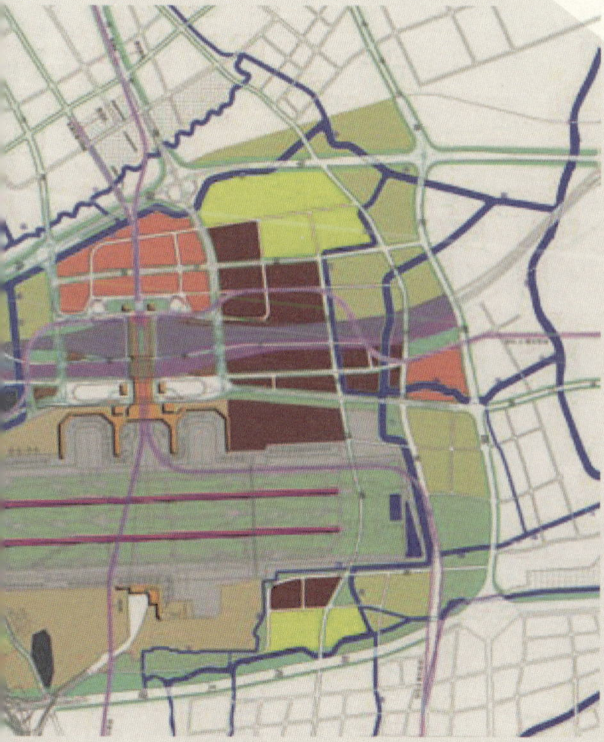

2007.10

9月，虹桥综合交通枢纽签约动工，为虹桥机场的发展掀开了新的一页。

2010.11

2月10日，虹桥综合交通枢纽东交通中心通过竣工验收。

2010.12

3月16日，虹桥机场2号航站楼正式启用，虹桥机场实现一次性圆满转场。

1991年，虹桥机场国际新候机楼举行落成典礼

• 2010年，虹桥综合交通枢纽东交通中心通过竣工验收

• 2010年，AOC、TOC等OC运作平台为虹桥机场高效运行提供支持

上图：虹桥机场空侧

中图：虹桥机场入口高架

下图：虹桥综合交通枢纽2号航站楼鸟瞰图

笕桥机场、福州机场乃至乌鲁木齐机场，因开通定期国际航班的建设需要，都参考了虹桥机场的室内流动空间布局和外立面现代主义简洁、大方、适用的风格。

1982年，宋华和陈翠芬参加虹桥机场二期方案讨论

黄华（原三室建筑组组长）：

1964年的一期国际候机楼面积约1.1万平方米，华东院从60年代初就开始着手设计。1964年到1984年之间，华东院一直不间断地为民航局设计机场配套项目，飞机库、机场宾馆、海关大楼、卫生检疫站和调度指挥塔等，有些涉及极度保密的工程，如进近台、二次雷达等要由保密室的专门设计人员设计。

王凤（原主任建筑师）：

当时是现场设计，在现场的草棚中连续奋斗了大半年，真是脚踏青草，头顶青天。全体同志在艰苦的条件下持续奋斗直至完成任务。期间设计小组成员还坐小飞机去北京向总理汇报方案。二位总经理向总理汇报，我和凌本立立即将总理意见反映在图纸上，当时情景真是令人难以忘怀啊！

温伯银：

当年，赵深主管这个项目，他从来不把人家的方案都推翻，而是经常在方案上锦上添花。1964年，虹桥机场平顶室内装修是王凤的方案，以前高的桌子上是大的图板，用布盖起来的，赵老在王凤的图板上改图，王凤回来一看就知道是赵老来过了。

杨莲成（原主任工程师）：

虹桥设计现场一片空旷，办公室是一个特大草棚，工种之间交流确实便捷。可惜窗户太少，以致白天也得挑灯而战。连五一节设计师们照样吃睡在工地，继续灯火通明地奋斗着。

我们住的是建筑公司搭的草棚，睡的是竹片双层床，年轻人争着睡在上铺。晚上蚊子当道，最喜欢叮住脚脖子不松口，于是有人就把双脚伸进旅行袋，令蚊子们无可奈何。

现场地质条件差，桩自沉要6米。俞有炜和我站在打桩锤边，实测桩的最后十击的贯入度，用来最终核实桩的承载力。

现场施工进度急，候机楼又不能像工业厂房一样设牛腿来支撑联检楼内框架的大梁，我们想出了预制柱上做裸筋缺口的节点，既符合高级民用建筑的要求，又保证了施工进度。

继当年虹桥机场完成初建、开通上海到巴基斯坦首航之后，虹桥机场便成为我国的三大门户机场之一。随着旅客量飞速发展，候机楼不断改建和扩建。1984 年，华东院与日本大林组（株）合作，对老候机楼进行全面的改扩建设计。1988 年，华东院又与荷兰机场集团 NACO 公司全过程合作，设计新的虹桥机场国际候机楼。1994 年，华东院第四次承担虹桥机场的国内候机楼扩建设计，在这一历时 30 多年的建设设计过程中，管式勤连续担任设计总负责人主持设计，从未间断。

管式勤：

20世纪60年代初，华东院首次承接为开通我国第一条国际定航航线而建的虹桥机场候机楼设计任务，从而开创了华东院设计机场的先河。正是因为良好的服务和几代人的不懈努力，才有了华东院与机场集团之后40多年的长期合作。

1984 年，虹桥机场在运行了 20 年后进行第一次全面改造和扩建，华东院第二次承接虹桥机场的设计任务。这一次是华东院方案与日本大林组（株）的设计概念很接近，于是双方携手合作。通过改扩建设计，使老候机楼不仅扩大建筑规模，很好地解决旅客量增长的矛盾，并使候机楼的功能布局、旅客进出港流程更加合理，而且候机楼环境更加舒适。

虹桥机场扩建工程从 1984 年 3 月 20 日打下第一根桩，到国庆前新建的候机楼投入使用，只用了半年时间，与国际上同类工程的施工速度相比，工期提前了一半时间，而且工程质量达到优等。

1985 年，虹桥候机楼实际高峰小时旅客量已经超过 1 400 人次，致使候机楼内十分拥挤。华东院再一次接受了此项繁重的设计任务，一年内完成了方案论证和扩初设计。为了确保国际候机楼更具国际先进水平，民航总局邀请荷兰 NACO 公司与华东院合作设计。

虹桥机场新国际候机楼于 1988 年底正式破土动工。1991 年 12 月 23 日，上海虹桥国际机场国际候机楼建成交付。建筑面积 3.5 万平方米，共三层，预计可满足年 700 万人次客流量的需求。设计在原候机楼南侧新增了国际候机楼和 8 个国际近机位。此外，还增加了出发层的高架桥设计，这一设计在国内可算是一个创新。高架桥直达二层出发大厅，使出发和到达人流严格分流，这一设计手法在后来的浦东机场、虹桥综合枢纽等大型机场设计中都有应用和拓展。

管式勤：

1994年，改革开放后由于航空运输爆发性的增长，造成原国内候机楼不堪重负，为了改善原候机楼的候机条件和扩大旅客容量，华东院第四次承接了虹桥机场候机楼的改扩建设计任务，对1964年、1984年、1988年的三次候机楼改扩建全面整合，使之成为一座功能分区明确，平面布局合理，旅客流程便捷、顺畅的现代化国际、国内候机楼。

1995年，郭建祥在其“虹桥机场国内候机楼改扩建在即”的文章中写道：“改建的候机楼既要充分利用原有建筑、设施及1991年建成的高架车道，又要保证工艺流程的合理及旅客的便利，为此将改建成一座标准二层式流程，与原候机楼有机结合。扩建的建筑面积约2.6万平方米。”

2007 年，虹桥综合交通枢纽工程的破土动工，标志着虹桥机场历史上质的飞跃，枢纽建设两翼齐飞的新格局，虹桥机场再次焕发出勃勃生机。

40 年来，对于虹桥机场的建设，华东院从初次自主设计到合作设计，再到重新自主设计，走过了一段否定之否定的螺旋上升道路。

十六铺海港客运站

1982 年开始，华东院曾经为十六铺海港客运站做过一个作品，设总是现院资深总建筑师田文之，参加设计主要人员有陈雪莉建筑师等。

当年，陆路拥挤，海路通畅。上海人溯长江西上，北去大连、青岛，南下浙江、福建、广东诸港，都从这里出发。客运站每天发送旅客达到 1.2 万人，平均年发送量 435 万人次，最高聚集容纳量 6 000 人。

上图：上海港十六铺客运站方案

下图：上海港十六铺客运站

客运站总体上采用“横式”布置法。站屋为扁长形，让候船室最大限度地贴近泊位，站前腾出更多的地方做广场。出港流线在右，进港流线在左，社会车辆停靠在广场右侧，出租车辆停置在左侧，靠近进口行李房。进与出，车流与人流有条不紊。

候船站舍在合理组织流线的前提下，使各部分之间均有合理的组合。其独特的造型，以及良好的采光、通风，创造了舒适的候船环境，方便旅客使用，也成为此地的标志性建筑。

站房采用“一”字形二层建筑形式，底层做行李与货物仓库，二层做候船室，供近海二、三、四等舱旅客使用。广厅首次设自动扶梯供旅客上楼候船，旅客进入广厅即能看见各个候船室，寻找容易，路线短捷，服务设施集中于门厅，使用管理均很方便。底层候船室供长江短途及近海五等舱使用，一步跨出就是码头，避免旅客上楼候船又要下楼登船的弊病。

十六铺客运站沿街立面，入口中部采用玻璃幕墙，明确地表现广厅的高大空间，两侧为外露柱列间加实体“遮阳墙”，以减少玻璃面积，从而降低造价，并能更好地解决内部候船室的西晒问题。同时，中部的玻璃虚面和两侧的实体墙面可以形成虚实对比，丰富立面造型。

在群体空间中，为了使客运大楼与塔楼、小件寄存、售票处等统一协调，采用了悬挑雨篷拉通的手法，使之成为有机的统一体。建筑群体有高有低，挺拔舒坦。客运大楼虽然不高，但体量较大，扁平而长，仍不失为建筑群的主体。建筑色质朴素淡雅，表现了交通建筑的明朗风格。

上海港十六铺客运站设计探讨

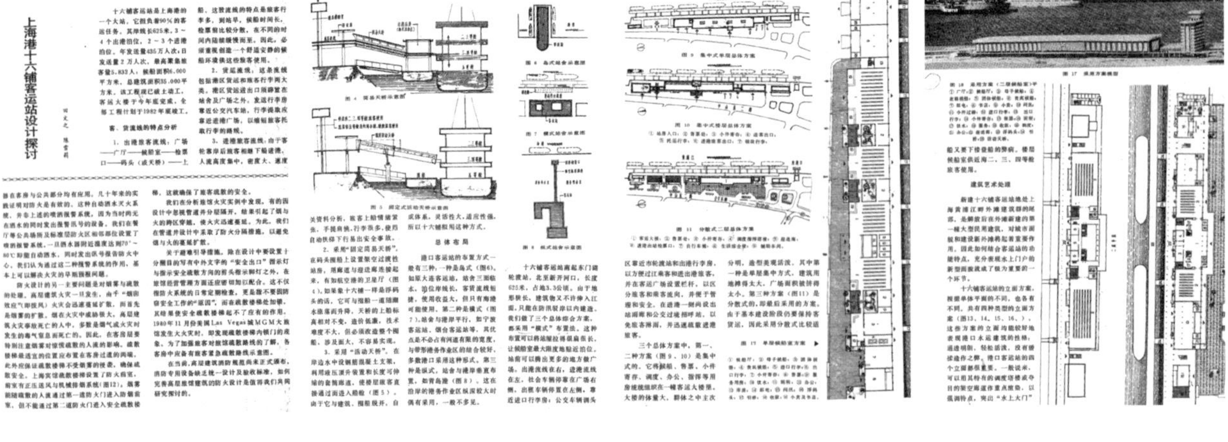

上海港十六铺客运站

曾有这样的记载："因为配备了同时代先进的配套设施，包括自动扶梯、摄像监控头等，这些在当时看来很'时髦'的物件，一时间吸引了成千上万参观者，也由此开启了十六铺客运码头最辉煌的一段历史。"

1989年，十六铺码头旅客发送量达到689万人次，创下历史最高纪录。新世纪到来，随着黄浦江综合开发的布局出台，这个码头逐渐走进了历史。

2004年12月2日，报纸刊出了新闻："今天凌晨1时03分，一道亮光划过十六铺，一阵雷管引爆的轰鸣声响彻浦江，位于中山东二路531号的十六铺客运码头及旁边的申客饭店自南向北瞬间呈阶梯状轰然坍塌。整个过程用了不到3秒钟的时间，该地区水上和地面交通在10分钟内便恢复正常。"

浓重的尘雾和残败的瓦砾，留给了目击现场的爆破工作人员们，十六铺码头完成了历史使命。留下的是周遭对于这个具有140多年历史的上海客运码头繁盛一时的永久回忆。

随着黄浦江两岸综合开发和布局调整，这个码头的客运业务已于2003年9月搬迁到吴淞客运中心，2004年11月，原十六铺码头建筑的拆迁工程启动。

……

5年后，在原址上建起了水上旅游中心。

超越

——龙柏饭店

这里满眼都是龙柏

龙柏饭店的项目开始于1979年，恰逢改革开放之初，国门洞开，国外来宾与日俱增，而上海的接待能力不足，只有新中国成立前建成的锦江、和平、国际、上海和华侨等几处宾馆。

张乾源（原副总建筑师）：

旅游旺季来上海旅游的外国客人，白天在外滩、城隍庙、南京路又吃又玩非常尽兴。可是晚上，只能在导游的催促下，登上大巴士，摸黑赶到宝山、金山，甚至赶到苏州、太仓的宾馆饭店去过夜。

这种“摆渡”式的旅游使接待部门大伤脑筋，也使许多国家来的旅游者非常遗憾。当时，我曾向钟民同志（原上海总工会主席，后为上海市委

左图：龙柏饭店总平面

右图：龙柏饭店外景

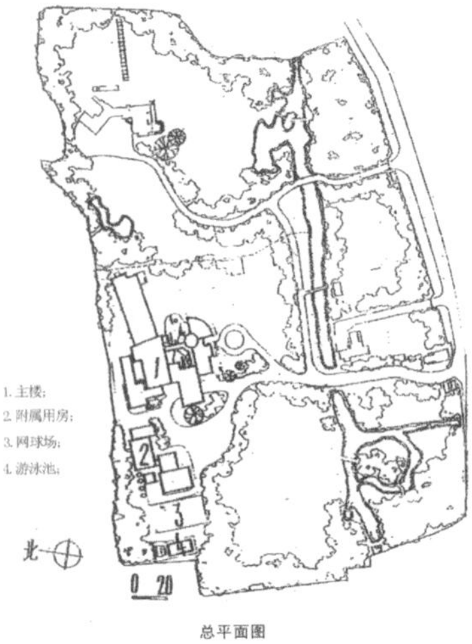

总平面图

龙柏饭店手绘图

书记）建议尽快建一处现代化的旅馆。虹桥路上有一处原用于种养盆景的花园，从城市规划的角度来讲，基地毗邻虹桥机场，交通方便，我就建议将饭店安排在这里。

市政府经过考察同意了我的建议，这就是以后的龙柏饭店。

龙柏饭店的改建应运而生。其所在地原为沙逊别墅，解放后作为一处可以接待贵宾的俱乐部。园中有小河池塘，亭阁和小桥点缀各处。园内芳草如茵，绿树成荫，有多种名贵树种，其中以龙柏和雪松的数量尤为可观。

汪道涵市长曾说："这里满眼都是龙柏，我看就叫龙柏饭店吧。"

张耀曾（原华东院副总建筑师，该项目设总）：

龙柏饭店处于上海虹桥机场和西郊公园之间，其所在基地占地约9公顷，分为东、中、西园。英国乡村别墅式建筑风格的沙逊别墅位于东园，中、西园的面积相对较大。由于西园已设有泳池、网球场等配套设备，经过研究决定，新建龙柏饭店的基地就安排在园内中部原为花棚苗圃的空地上，这样既不破坏原有的绿化树木，又能充分利用现有的优美环境，发挥原有设施的作用。

在具体设计时考虑让开这些原有的树木，以保住绿化，因此大部分树木都没有遭到破坏。唯一遗憾的是有棵银杏树，后来建造时被移栽到别处了。

在现场考察、调研的基础上，我们听取了来自各方的建议，并在时任四室室主任工程师倪天增的带领下，从1979年底至1980年初，对虹桥俱乐部基地做了很长一段时间的可行性研究。从项目的研究、方案设计到施工图阶段，一直由倪天增抓管。后来倪天增调到上海市建委，就由张乾源负责龙柏工程的组织管理工作，因此龙柏饭店有两个项目主持人。

看氛围，旅馆好像从花园中生出来

快 30 年了，龙柏饭店依然保持着当年的原貌。

饭店坐落于园子西北部，黄色面砖墙，红色小瓦顶，形式色彩与周围环境十分协调，可谓藏而不露，新而不争。穿过门房，沿着林荫道进去就是龙柏饭店主入口。主入口不设在楼的正面，而是安排在西侧的一个骑楼下面。这种安排很巧妙：客人一进入饭店，无法一眼窥见饭店全貌，因而进入饭店后就能不断有新的发现，产生新的视觉冲击。走到入口处，迎面是大面积的微波感应自动门。门的茶色玻璃给人以幽暗朦胧的感觉，进入门厅自然会豁然开朗，展现在面前的是一个进厅和一个层次丰富、生机盎然的水庭，粼粼水光，远处是屋角起翘的竹亭。池边有假山叠石，颇具江南韵味。这里借鉴了中国园林设计中先抑后扬和西方近代建筑中室内外空间一体化的处理手法。分散体量、化整为零，在形式与色彩上求同存异。

戴复东（中国工程院院士，同济大学教授）这样评价：

这一戏剧性的处理手法在整个建筑物活动序列中产生了一鸣惊人的效果，使入口与进厅成为整个建筑物精华之所在，在设计上是一个突出的成就。（引自戴复东“从言树桃李此木岂无荫”，建筑学报，1982年第9期）

凌本立（资深总建筑师）：

建设目的是让新建筑、原有建筑及绿化环境组成一个有机整体，保持并发展原有环境幽美典雅的气氛。因此在规划中，饭店主楼尽量紧靠基地北面，这样可以在南面留出大面积的草坪景观，使建筑物正面视野开阔。

我们一开始提供了两个方向：分散式的园林建筑和集中式旅馆。这两个可行性方案各有侧重。对于前一个方案，我们考量较重的是那里的环境。龙柏有大片草坪，树木葱郁，如果在其间点缀少许楼台亭阁，用廊子连接，其效果肯定不言而喻。相比集中式的独栋建筑，分散式的旅馆与当地的环境协调性更好，院里也一致看好这个方案。因此，我们将它看作可行性最高的方案，做了比较深入的细化。

龙柏的可行性方案二就采用了园中园的方式，空间围绕内院展开，并通过过街楼、连接廊等形成空间层次的变化。考虑到原虹桥俱乐部的东门及中门，故宾馆的布局为主入口朝东，内院朝西，与目前的布局相反。

此外，由于车辆较多，所以在入口处设计了一个很大的雨篷。随着院领导对此项目愈加重视，在此机缘下增加了第三方案。恰逢张耀曾先生刚从同济调入我院，他在龙柏饭店前期研究和方案设计的基础上做了折衷、

龙柏饭店局部

深化和进一步创新。

张耀曾：

我是从方案中期进入的，正式立项之后要华东院提供三个方案，室主任就让我和倪天增他们一起做方案。我事先没有框框，来现场后被虹桥俱乐部（龙柏前身）的绿化环境和英国式半木构建筑所形成的优雅和谐的气氛振奋。我马上联想到，莱特是搞有机建筑的，还有贝聿铭的气象中心，他们的建筑和周围环境密切融合，但又有自己的风格。我在这个地方也该吸取他们对待环境和新建筑的经验。

在高楼林立的大上海，难得还保留住这么个地方，如果为了突出自己的作品而导致原有环境质量的削弱和破坏，那就是犯罪。我的设计绝不可破坏原有的坏境，无论三度空间的布局、形体和细部处理，还是材料和色彩选用部应恪守这条原则——着眼于环境气氛的整体效果而不拘泥于细节的模仿。

这里我还要提到冯纪忠。1972年，北京钓鱼台国宾馆的设计，冯先生认为建筑的景象和朝向问题应充分一致，我吸收了这个观点。因此，做龙柏饭店项目时我分析了基地、主建筑的位置关系、本身的体形关系、朝向和景象关系这几个因素，集合在一起，这就是龙柏饭店现在的折线形的主体。

龙柏的主楼分为南北两部分，其间以走廊联系，形成了建筑庭院，丰富了空间层次。南部二层高的裙房，北部为一般客房及附属用房，分区关系明确。建筑整体造型着眼于大的体块组合，采用了和沙逊别墅接近的外装颜色和材质。考虑到宾馆有161个客房，加上各功能部分合在一起是不小的体量，处理不当就会把沙逊别墅压垮，所以把部分公共空间前置在客房楼之前，这个体量与别墅比较接近。最靠近别墅的部分，造型上处理成往后往上倾斜的1/4的截头圆锥体，视觉上强调仿佛是由地上长出来的那样。裙房的第二层外墙和主楼檐部用大屋面的处理手法。双重的手法进一步削弱了对别墅的压迫感，犹如龙柏伸出了自己的身躯去接近百年前的沙逊。

首先，结合功能布局，将主入口定在建筑物西侧，以便留出南面和东南面的大片绿地，不破坏其整体感，创造一个宁静、舒适、景观优美的环境。同时使新楼前的草坪与原有的草坪互相呼应，使两部分绿化空间构成一种互补关系。第二，在六层客房前布置两层高的贵宾用房，使之与原有建筑物较低矮的体量取得协调，既满足了功能分区要求，又起到体量分散、层次丰富、空间由低到高的衔接过渡作用。第三，把贵宾休息厅处理成向上倾斜的1/4圆台体，并用波形瓦作饰面，强调陡直屋面的形象，这不仅在尺度上与原有英国式木构架别墅建筑取得协调，同时也加强了与前面大片绿地及整个基地的有机联系。

龙柏的特色来自理性的分析，也融合了我个人的风格和审美趋向。

凌本立：

主楼墙身所用的浅赭黄色面砖，其表面有龟裂纹，透过浅色表层还能看到深色内部，质感和色调均好。原是上海泰山面砖厂的名牌产品，但该面砖已停产数十年，我们专门邀请了一位经验丰富的老师傅烧制。退休许久，老师傅难免记忆模糊、手法生疏，但经由他的反复试制，并补上了烧砖的最后一道撒盐工序，面砖才得以显现出完美的肌理和深浅效果。我对他的坚毅和严谨记忆犹新。

此外，屋脊、屋檐转角处的装饰瓦都是我们临时设计，并在工地上用水泥做出来的，也曾风行一时。

走进去，新颖的中国气派

环绕水庭的是公共活动中心。

右侧是团体旅客休息厅。厅内墙面、天花、地面均为蓝色材料装饰，使人感到宁静清幽。厅内的西墙面整个覆以蓝色壁毯，上面以水生动物作装饰，构成一幅奇特的立体图画。左侧是门厅，门厅的柱子和墙面选用了两种色彩和谐的大理石，显得雍容华贵。南面是古铜色铝合金茶色玻璃落地窗，透过玻璃可看到室外的水庭及大片草坪，使门厅与进厅空间相互贯通。门厅内设总服务台、银行等，旅客可在这里办理住宿手续和兑换外币。总服务台右旁的迎面墙上，装饰了一幅 7 公尺多宽的陶瓷板壁画，上面为上海豫园风景。厅的东侧是商店“一条街”，两侧用玻璃橱窗和玻璃隔成各种“店家”，还有一家理发店，店内的设备完全是现代化的。“街”的尽头是咖啡厅和酒吧，是中外来宾喜爱的休憩、交谈场所。总服务台的左侧有两台自动扶梯，正对总服务台的是楼梯。

田文之（资深总建筑师）：

龙柏饭店每个厅堂空间的设计都各有特点。扇形接待厅（即木厅）是我的设计。木厅，顾名思义，木材是其主题。整个厅不大，顶棚、墙面、地板都是柚木制成并露出木料的原色，给人以亲切、温馨的感受。

在墙面的设计处理上，我本想采用干枯发黄的龙柏树芽来表达森林元素，并切合环境主题。但业主们从防火、防霉等角度考虑，认为这样的设计手法在技术上有实现难度，所以后来选用装饰国画并贴在墙面上来暗合这种设计意图。照明的处理手法是避免白炽灯顶棚直射，降低光照度，这就让整个厅堂显得柔和。

在二楼，除了客房，还设有各种餐厅，最大的餐厅在骑楼上，可容150~200客人同时用餐。餐厅迎面壁上是一幅宽达13公尺、由彩色釉面陶瓷板组成的大型壁画——丝绸之路，所以大餐厅又叫“丝路花雨厅”。壁画的形象与色调博得中外宾客的好评。餐厅的南北两面是通长的大面积玻璃窗，坐在餐厅中就餐，还可饱览园中景色。

王凤：

宴会厅里“丝路花雨”主题的确定，也历经几轮讨论。一开始，我想尝试的是带有民间韵味的凤凰图案，遭到否定后才提出选用历史故事作为设计概念，于是就有了“丝路花雨”的题材。

大厅用的材料只有镜面玻璃和木材等，但配合了重复的手法，仍能获得理想的效果。平顶处理神似藻井，结合了灯具，其中对图案的处理类似于四方连续。大厅中不光是民族风貌显而易见，同时也表现出富丽堂皇的装饰美感。厅的南、北、东三面内墙全部饰以镜面玻璃，这样在视觉上让人感到西墙是实墙。整体设计配合了“丝路”题材的烤瓷壁画，而另外三个面由于门窗和镜中影像，成为三个开敞通透的面，从而开阔了空间感，更显气派。

大餐厅前面是贵宾餐厅，进得厅来，仿佛置身于南方的竹楼酒肆。餐厅面积不大，设计的主题是我国特色植物——竹。墙面钉满挺直的广西漓江竹，既是装饰又是灯具的六角形竹笠置于顶棚，显得十分别致，从这里可以领略到我国传统建筑中天花藻井的韵味。

龙柏饭店内景

龙柏饭店室内

罗新扬（原主任建筑师）：

我主要负责竹厅的设计，当时室内装潢设计在国内还未得到大力的发展，材料的本国化问题比较薄弱，可选择的范围小。之所以选择竹子是由于我个人对其有着偏好，当我把想法和张耀曾他们一提就得到了支持。我为此勾画了设计草图，同样得到了认可。从概念产生到方案的生成都很顺利。然而，要实现竹厅的设想需考虑施工的可能性。耀曾和我曾专程出差到浙江嵊州，我们一路颠簸，换了几部车。在那里找到了厂家，并请他们做好样子。竹编畚箕就被用作平顶灯罩，既有传统风味又具现代新意。挂落也用竹子做，大体效果还是不错的。富有浓厚的乡土气息和江南韵味，同时带给人新颖感。相比盲目追求昂贵奢华的材料，我更倾向于用创意的手法，让最简朴的材质焕发光彩。

出了贵宾餐厅，就是室内庭园，规模不大，但作为贵宾楼的建筑组合中心，由此可以进入供贵宾歇息的豪华套房及会客厅。这些套房是专门接待国宾的。卧室的装修华而不俗，卧室外是会客室，这里有红木竹刻扶手沙发，绛色织花厚地毯，周围墙面是湖绿底色修竹画面的贴墙布。会客厅采用的是扇形平面，厅的正面是大玻璃窗，为的是能有一个向外展开的面，可诱人观赏园景。贵宾楼前设有专用车道，使贵宾的出入可与公众分开。

龙柏饭店的客房，其标准模式至今仍然被沿用。客房大部分是双床房间，也有少量套间房。陈设简洁大方，部分家具是仿明式的。

进厅、客厅的空调设备是和吸顶灯具组合的，这样既能保持墙面的整体性，又使吸顶灯显得与众不同。客房内的设备(包括电视机、收音机等)的开关都集中安装在床头柜上，使用方便。

乘电梯到六楼东部的屋顶平台，俯瞰园景，是成片的草坪和高大的龙柏、苍劲的雪松以及其他林木。东园一块空旷的草地中央，沙逊别墅静静地躺在那里，它现在已经成了新楼的点缀。

整个宾馆就像一座庄园，拥有绿化面积两百多亩，看上去充满了大自然的生机，又有着文雅的现代化气息。

后来有人评价：

作者并没有把自己的新作品摆在压倒一切的位置上，而是采取一种谦虚、避让的正确态度。龙柏饭店就是建筑师在创作中尊重环境而让自己的作品甘当配角并获得成功之作。

“有些新意，不错”

龙柏饭店的设计，一方面是一种传承；另外一方面又是开放思想的激励，形成了大步的跨越。

改革开放之初，建筑界还处于开放前因循陈规的巨大惯性中，鲜有超前冒新的作品。龙柏饭店建成后，在设计界引起了很大的轰动。以此为分界岭，此后设计的旅馆就不是狭义的招待所，而是赋予“旅游”新型概念，无论是对环境的考虑还是对建筑物造型的考量。

饭店建成不久，在建工部的全国勘察设计会上，部领导特别表彰华东院最新落成的龙柏饭店在设计上的突破，号召要学习这种敢于创新的精神。

陈植先生曾经这样评价：

龙柏饭店在设计上有很多优点，首先在空间处理方面，外部绿化空间延伸至内院园景，相互呼应，颇为理想，内部公共休息场所不是一览无遗，而是分隔为进厅与侧厅，曲折而有变化。进厅虽浅但有内院对景，加深了视距。正由于进厅浅由左转身，步入侧厅，才显得侧厅之深，先抑后纵，成功地运用了我国传统的手法。

中国建筑学会和建筑学报社第一次在龙柏为一个单项建筑召开设计座谈会并全文刊印到学报上，旨在扩大影响，鼓励创新。

英国 Butter Worths 出版社 1987 年发行的《弗莱彻建筑史》(*Sir Banister Fletcher's A History of Architecture*) 第 19 版中，增补了新中国成立之后的中国当代著名建筑 43 幢，龙柏饭店、人民英雄纪念碑、人民大会堂、毛泽东纪念堂一起出现在这本记载世界建筑设计成就的书中。

1990 年，韩国《设计杂志》(*Design Journal*) 介绍中国建筑师的文章中也刊登了龙柏饭店的资料。

1983 年春节期间，邓小平同志来到上海。他一直关心上海的旅游事业，曾提出要看一个饭店，而且要看一个我们自己设计建造的新饭店，市领导研究后推荐了龙柏饭店。

在汪道涵等几位市领导的陪同下，他参观了龙柏饭店。那时他已年近 80，但身体很健实，从一楼到二楼，先后看了大小餐厅、总统套房、标准客房，欣赏了好几处景致，又参观了卖品部、理发室、咖啡厅……走了很长的路，小平同志却一直兴致勃勃，毫无倦意。最后，他评价说：“我看这个饭店，跟其他宾馆不同，有些新意，不错。”他又对旅游方面的同志说：“旅游事业要发展，这个饭店你们要很好经营啊。”

宾馆新风

华东院接触宾馆项目并不是始于 20 世纪 80 年代。

华东院元老赵深在新中国成立前曾经设计过西泠宾馆。1962 年，西泠宾馆开始了新的建设，时任副总经理的赵深带队，杨伯良、张乾源、刘秋霞是主要设计者。建设内容主要是西泠宾馆六层主楼和三栋别墅，其中一栋别墅是西哈努克亲王在中国的住所，其装修设计极为精致，配套有电梯等先进设施，可以说是当时中国最高级别的设计。因为宾馆是在山上，因此建筑师还考虑了上山公路的布局，特意将最高一栋公寓移下一层，高度降低 4 米，客人进入玻璃大厅就可以乘电梯直上各层楼面。

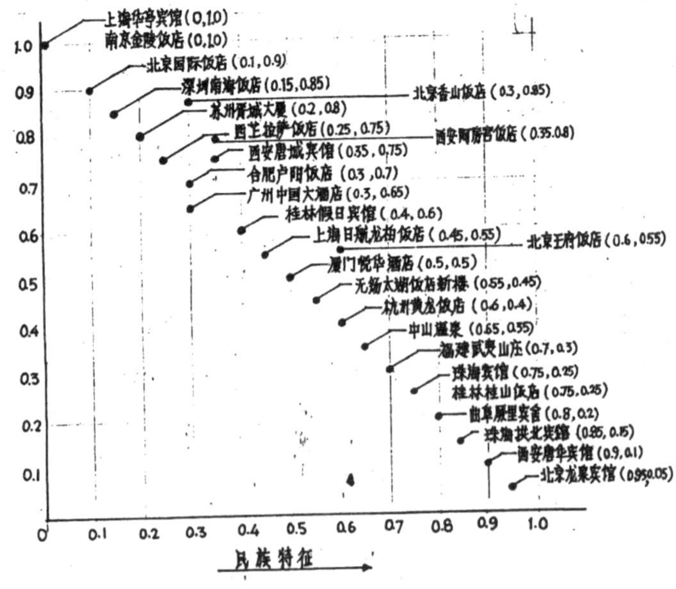

八十年代中国旅馆造型的多元化分析图

西泠宾馆几经变迁，如今成为著名的香格里拉杭州大酒店。不过华东院的作品依旧保留着，还在接待游客。

《上海地方志》记载：20世纪80年代起，“……上海市中心区陆续动工兴建了百余幢高层宾馆、办公楼、公寓，建筑风格突破了呆板沉闷的单调格局。1986年6月落成的呈‘S’形平面的华亭宾馆主楼，高雅的贵妃红立面呈现的流畅水平线，以及北端3层跌落的阶梯式造型，构成了新颖别致的建筑形象。……此后，新锦江饭店的‘圆’，花园饭店的‘板式’，太平洋饭店的‘弧形’，扬子江酒家的‘几何斜面’，虹桥和银河宾馆的‘三角斜面’，锦沧文华的‘骨牌’，风采各异，奠定上海新建筑风格基础。”

20世纪80年代，中国旅馆造型趋多元化，而上海的宾馆建筑在全国宾馆建筑中走向西方现代化风格的步子迈得更快一些。这也是“东西融合”的开始。在改革开放之后华东院独立和参与设计的宾馆则彰显了时代的特色。

西泠饭店内外景

西郊宾馆改建

西郊宾馆的几个建筑，都体现了中国民族风格。

20世纪80年代初，魏志达又一次来到“414”工程，这时候，已经开始有“西郊宾馆”这一称呼了。这一次，他要对一个部队营房及食堂进行改建。这是一栋建于20年前的11开间、木屋架坡顶机平瓦的二层简易营房，该营房建成后很少使用，年久失修，同时又靠近主楼，宾馆曾考虑拆除，后又因故决定改建。

当时正是我国大力发展旅游事业之际，而新中国成立以来我国从北京到各省市很多单位都建造了一些密度小、容积率低的低层和多层招待所，所占地点风景优美，湖山叠翠。因此各地对这些项目在已有条件中进行环

西郊宾馆内外景

境整顿治理，精心设计，翻旧如新，使这些建筑同时具备传统建筑艺术和现代设施。

在改建设计中，魏志达根据我国传统建筑中因地制宜、因势利导、“境”“意”结合、格式随意的处理原则，妥善安排了整体与局部的关系以及局部之间的关系，在建筑形象上取意江南传统民居建筑风格，青瓦粉墙，局部墙面采用花岗岩虎皮石，泰山面砖饰面，朴素大方，明朗简洁。

该项目自 1982 年 4 月开工建设，8 月全部完成。自 1982 年 10 月开始营业，客房一直供不应求，短短 4 个月就收回了全部投资。

改建后的营房定名为“怡情小筑”，当时一位党和国家领导人在视察该楼时曾说：“你们用旧房改建作为旅游宾馆的办法好！……这座房子改得好，很有特色，我回北京后给你们作宣传。”

1983 年，宾馆决定对原部队食堂进行改建，将其改建为外宾餐厅，作为“怡情小筑”的配套项目，并命名为“翠园厅”。

有了“怡情小筑”的成功经验，魏志达对这次的改建设计可算是胸有成竹。他在改建设计中吸取了江南民居山地和平地上的传统处理方法，在屋面起伏、墙面分隔和色彩用料方面，力求造型新颖又具传统艺术特色。在内部布局上掌握空间的流动性、连续性和多样性，以构成相互更替，变化多端的综合效果，并注意与“怡情小筑”的统一协调，取得土中有洋、洋为中用的内涵意境。

“翠园厅”改建完成后，第一次使用就是上海市政府宴请日本大阪姐妹城市友好访问团，受到日方人士的高度赞赏。

因为“怡情小筑”内没有高档客房，且“怡情小筑”与“翠园厅”两座楼相距100余米，雨雪天旅客往返需用汽车代步，不太方便。于是1984年宾馆方面决定在“怡情小筑”之北，“翠园厅”之南的基地上扩建一幢联系这两座楼的综合楼。

这就是日后大名鼎鼎的“睦如居”。

魏志达在“睦如居”的总体布局设计中，利用一个和几个院落作为建筑组成部分，以方或圆的院落及不同形体的建筑相配合，构成不同气氛的独立空间。同时利用自然地形结合改造环境，开河引水，堆山叠石，形成天然之趣，使建筑与庭院相结合，居室空间与自然空间相结合；气势贯通、变化多端又多样统一。

建成后有人提议找一位书法家题字，魏志达随口答道，“不如我来试试”。这一试，便都说好，至今那几个字还在那里。

1986年10月，英国女王伊丽莎白访问上海，上海市政府提供多处宾馆供中英双方外交部选择，最后确定“睦如居”的总统房及宴会厅作为女王的下榻及宴请之处，其余客房和“怡情小筑”及“翠园厅”作为部长们和随从人员居住、活动之用。1989年5月，苏联领导人戈尔巴乔夫途经上海时，双方政府也选择“睦如居”作为举行会谈、宴请等各项活动之处。

西郊宾馆睦如居牌匾

华亭宾馆

华亭宾馆是20世纪70年代末国家批准建造的六大宾馆之一，为上海第一家引进国际著名酒店管理系统的宾馆。香港王董建筑师事务所提供概念设计方案，华东院完成结构设计及扩初、施工图的设计。

宾馆主楼平面由两段相反方向弯曲的圆弧中间夹一段直线组成。其东北端呈阶梯状由下向上逐步收缩，形成7个平台。中间有一个突出的垂直交通井盖，内设6部高速客梯和2部观光电梯。当观光电梯上下升降时，外观增加了动感。井筒与主楼之间以短廊相连。大楼裙房底层中部为大堂，是旅客主要出入口。

田文之（资深总建筑师）：

设计方案经上海、北京专家几次研究讨论，多次修改，已趋成熟。1982年，我们特别拜访了王董建筑师事务所，对华亭“S”形设计方案作了专题交流。方案最大的优点是与周边环境的融合：曲面造型呼应了对面的八万人体育馆，退台实现了旁边居住区到华亭宾馆制高点的过渡，并形成了良好的天际线。特色是水的运用，有水则灵。门前的水池、将水引入大堂等等，都活跃了地块的气氛，与人更加亲近。

左图：华亭宾馆内景

右图：华亭宾馆外景

我们还在徐汇中学进行了现场设计。当时，最困难的是艰苦的手绘，我们自己制作了2米长的圆规来画图稿。华东院先后投入了60多位设计人员，在边设计、边施工、边引进的情况下，前后完成设计图纸近7 000张。

施工中最有代表性的是大堂使用了14米高的玻璃幕墙，它是上海全玻璃幕墙生产制作的首次尝试。当时还没有这么高的玻璃生产工艺，最终采用了6米加8米的分段，中间以圈梁连接，达到了视线通透的效果。

这个项目在清晰的消防路线、合理的人车流线组织、开阔的入口中庭等方面取得设计革新，代表了以后酒店设计的发展趋势。

沈久忍（技术中心副主任）：

立面采用整体的横线条，与观光电梯的竖线条有着良好的对比协调关系。时任设总的李永宝将外墙定为枣红色，使其具有非常鲜明的个性。

公建部分引入了更多的娱乐休闲空间，如保龄球、迪斯科舞厅、土耳其浴室、游泳池等。这些在现在看来很平常，但在改革开放之初，却是第一次引入酒店设计中。

通过这个项目，华东院在酒店设计的理念与技术方面有了进一步的提升，对此后的项目设计有推动和借鉴作用。

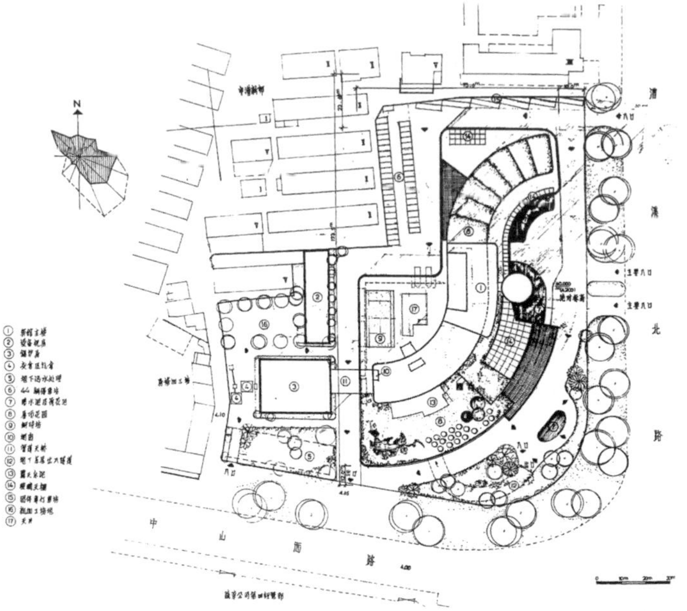

总平面

银河宾馆

汪大绥：

主楼采用剪力墙为主的框架—剪力墙结构体系。横向（径向）每隔22.5°设置一道剪力墙，纵向（圆弧方向）设置两道剪力墙。纵向外侧设计两榀框架。主楼下部5层为公用部分和技术层，它要求纵向外框架有一半左右的柱子不能落到基础，因此在技术层设置了转换梁来进行荷载传递。在地震作用时，“S”形平面两端的相位差会加强扭转效应，为此设置了两道抗震线，将结构分为3段，使每段的两向刚度较为接近，减少扭转的影响。

由于主体建筑为曲线“S”形，故室内设计也采用了曲线的主题。家具、线脚、灯具等基本呈现曲线形和圆形。门上线条、平顶角线、床头板造型等等，都为曲线形或圆形。公共部分的装修，如咖啡室、大堂内以及外墙柱子，不论是木料，还是花岗石、大理石，都采用圆形、圆角和曲线，内外墙角、转角玻璃呈圆形，外墙面也采取曲线。其他花岗石台面、总服务台面、旋转梯等都有曲线的存在。曲线统一了建筑装修设计，使整个建筑空间活泼流畅。

在漕溪北路中山西路一带结合城市绿化种植低矮常绿灌木，并在3楼设屋顶花园，配置小桥流水、亭台假山、奇花异草，形成具有江南特色的庭园景色供旅客休息之用。

华亭宾馆1982年开工，1985年基本建成，1986年正式营业，并加入喜来登酒店管理集团。这是中国宾馆的“第一试验”，它的意义在于带领酒店产业走向国际化。宾馆取名“华亭”，缘由“华亭”是上海最早地名。上海曾是春秋战国时期楚春申君的封地，三国时东吴名将陆逊被封为“华亭侯”，到了唐天宝十年（751年）建县，名“华亭”。

“华亭宾馆”四个字是胡耀邦的题词。可惜等到它开业的时候，胡耀邦已经去世了。

虹桥宾馆和银河宾馆

虹桥和银河宾馆为姊妹楼，互相呼应。作为上海三个国家级开发区之一的虹桥经济技术开发区的门户建筑，迎接四方宾客。虹桥宾馆和银河宾馆的地块位置在虹桥开发区十分重要，处于咽喉部位。当时在全院范围征集方案，最后实施的是旋转三角形风车形平面方案。华东院独立完成设计方案、扩初、施工及结构设计。

虹桥宾馆主楼平面为风车三角形。一楼是门厅、咖啡厅，二楼是商店与餐厅，三楼是多功能厅，四楼以上是客房、技术层。

林俊煌（原主任建筑师）：

基地平面呈梯形，根据规划将建两座宾馆。我们在做方案的时候，尝试过多种不同的体形，三角形、Y形、六角形、方形、弧形板式。宾馆建筑体形还是要生动活泼一些。屏风式体形虽舒展，却与周围道路不协调；六角形试图引用中国传统建筑“塔”的形式，但客房和塔楼高度在比例上欠协调；弧形也与基地环境不协调；Y形则被选用太多，没有突破。

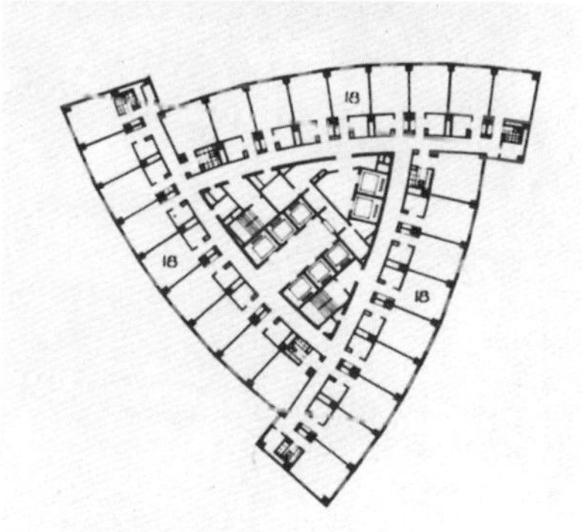

上图：林俊煌等讨论虹桥宾馆、银河宾馆

中图：虹桥宾馆

下图：虹桥宾馆平面图

经过多种方案以及三角形用地环境的分析，我们以三角形为母体，发展了两个方案，一个是三角形平面，一个是三角风车形。经过审查、汇总，又确定继续发展三角风车形。最终，我们采用了现在的形式，三片曲面分别以不同高度螺旋上升，白色和茶色两种色彩的对比，使体形显得更为明快、简洁、挺拔。银河宾馆的主楼平面，亦为风车三角形。

郁正荃（原所总建筑师）：

为避免与虹桥宾馆主楼雷同，我们将其高低错落的方向相反设置，使两个主楼相互依赖、互相平衡，成为一个群体中的一对姐妹主塔楼，位于

左图：花园饭店

右图1：花园饭店设计咨询团队合影

右图2：设计方参加工程施工合同签字仪式

右图3,4：花园饭店开、竣工典礼

右图5：花园饭店工作会议

各主要干道的视点交汇处。两个主塔楼相距80米，我们在平面上适当错开，使客房的视线互不干扰，朝向良好。

塔楼采用银白色的铝合金窗框及净白片玻璃，用白色面砖与之相协调而融为一体，三个弧形体的端部用白色面砖实墙体，使104.5米高的塔楼更趋于挺拔高耸。

与虹桥宾馆相同的是，银河宾馆每层也是27间标准客房，但客房总数要比虹桥宾馆多127间。为此，我们采取将主楼与裙房脱离开，主楼客房直到二层，并将主楼曲面三角形元素的应用延伸到裙房建筑中，多功能厅、商场为大三角形，迪斯科等为小三角形。主楼与裙房则在底层、二层、三层以连廊相通。

花园饭店

花园饭店位于原锦江俱乐部旧址，锦江俱乐部是法式古典风貌建筑。

这一改建项目由日本野村集团投资，日本大林组建筑株式会社总承包，香港和合集团和华东院为设计顾问，华东院负责协助该项目的技术咨询和施工咨询。

花园饭店一个比较难解决的问题是如何改建原法国总会旧址。这也涉及保护上海历史建筑的问题。在保留旧建筑的历史韵味的同时，功能空间的重新整合是最大的问题。最终保留了法国总会原大门作为进入花园饭店的大门，大堂两旁则尽量保持原有空间作为接待室。法国总会的二层为3个大会议厅，利用原舞厅作为多功能厅，并可以作为大型宴会厅和大型会议厅。这样既保持原有建筑特色，又与新酒店完全融合。

张乾源：

时任锦江集团总经理的任百尊，他要求设计单位对当时花园饭店无法解决的汽车库问题提出方案， 我们采用将汽车库脱离酒店大厦的设计方法，利用酒店外网球场的场地建造一座多层汽车库，再在车库顶上建造两个网球场，较好地解决了这个设计难题。

花园饭店外墙原采用花岗石，新建大楼无法沿用此工艺，主要是用工量太大，最终采用的是最新的实验成果——人造花岗石喷粉料外粉刷。这样既节省了大量投资，又大大加快了建设进度。

上海商城

张乾源（原副总建筑师）：

1980年10月，我和倪天增正在工地上，突然接到当时上海市市长汪道涵的通知。我们赶紧骑车从虹桥郊区赶往市中心，中途还遇到大雨，两个人淋得像落汤鸡一样。原来是要研究讨论关于波特曼投资上海一事。

上海商城位于上海市静安区中心，坐落于南京西路上。

整个建筑内有472间豪华服务公寓，顶层公寓均带有宽敞的屋顶花园。包括3万平方米的甲级写字楼，一个城市超市，三层高档商场，上海商城剧院，贸易展览中心和一个五星级的酒店——波特曼丽嘉酒店。上海商城于1990年4月开业，整个建筑由三幢塔楼和一组裙楼组成。

上海商城是上海展览中心与外资合办的一座商业贸易大楼。大楼由美国建筑大师约翰·波特曼设计，故也被人称为“波特曼”。其高度为当时上海之冠，面积居当时上海之首。

华东院是这一建筑设计的咨询单位。建设时期，华东院的老领导宋华担任上海商城总经理一职，忙碌奔走各处协调建设事宜，非常辛苦。一次

在美国亚特兰大波特曼住宅屋顶花园
右起前排：张乾源、张绍梁、汪定曾、倪天增、约翰·波特曼

出差返沪，刚刚抵达机场，宋华走在最后一个，突然跌倒，后不幸去世。

波特曼大楼的特点是追求空间含蓄，体现中西交融。

大楼入口处似城堡般高大雄伟。上下为广阔庭院，上楼为露天楼梯，所见之处通透明亮。庭院四周设置一组组商店和中西并蓄的餐厅。从庭院登上自动扶梯或楼梯，可直达宽敞的大厅。展厅占地 5 500 平方米，各种展览在这里举办，根据需要优化组合展厅。 在中央裙房第 4 层处设有多功能中厅，中厅南面有一剧场，建筑华丽，设有 1 000 个座位。在这里观摩演出，无比舒适。

地面以上建筑有 48 层，旅馆大楼为主楼，8 层以下设银行、邮电、私人俱乐部，还有 7 座中、日、欧特色的餐厅、酒吧及康乐设施。32 层为公寓，拥有 500 套出租套间。地下室辟有停车场，可容 300 辆轿车。楼顶有花园，还有直升机停机坪。

作为沪上独一无二的新型商住两用区，上海商城是集一流场地和各种设施于一体的综合性大楼，更是名副其实的“城中之城”。其中包括高档的酒店式公寓、五星级的上海波特曼丽嘉酒店、甲级办公楼和高档零售广场，从广场还能俯瞰到气派热闹的汽车旅馆和世界级水准的上海商城剧院。在此能体验到独具上海商城风格的村落式生活。

上海商城，是波特曼“共享空间”理论又一次在实践上的突破。共享空间是一种西方现代建筑的设计手段，中国建筑讲究小中见大，曲径通幽，大尺度当然是不行的。现在应用到商城的共享空间，已是共享空间的新阶段。这里与一般的共享空间不一样，尺度缩小，形体变化，是中国化的共享空间。

空间处理相当有序，就像一部大型的交响乐，每个乐章都有高潮，令人激动。空间的内外交融，令人充满遐想。剧场外面的休息厅是玻璃天棚，透过天棚可以看到天空中漂浮的云彩。

内景处理层次分明，中西交融，既有亭中有园、园中有景、移步换景的中国园林文化，又有西方的气派和现代感。

上海商城

高层新景

改革开放之前，上海被称为“高层建筑”的大楼少之又少。不足百米的国际饭店一直保持着高楼之最。

上海的现代高层建筑，最初酝酿于20世纪70年代末，第一批建成于80年代初期。其时，上海的大发展还刚刚开始，因此高层的数量不多。其中华东院设计最早的高层有大名饭店、电信大楼和联谊大楼。

上海高层的初创期，很多作品大多体现了建筑师在那个时代超前的思考，往往具有探路的意义，为后来很多建筑所模仿。

每一栋大楼刚刚建成，都是当时引人注目的新闻，报纸、电台和电视台竞相报道。还有很多人，坐了很远的车，只是为了一睹新楼新貌。不久，高楼渐渐多起来，“上海高度”基本上两三年就刷新一次。当年这些鹤立鸡群的建筑，如今已经淹没在都市森林之中。

上海电信大楼

上海电信大楼酝酿的时间很长，设总蔡镇钰回忆，当时电信方面租用和平饭店顶楼办公，急需扩大办公面积。70年代初期，曾经有把海关大楼改造成电信大楼的说法。蔡镇钰极力反对，因为四川路地段太窄，无法铺设大量电缆。业主方面最后决定说“要饭也要建”。因为设计成民族风格，当时不懂技术的“市革会”领导认为设计“走封资修路线”，在审批会上要求把“帽子”（屋顶）、“裙子”（裙房）去掉，还将有特色的空心立体图案墙板的窗间墙设计改为平的。

当然，最后设计和建筑的全面完成是在“四人帮”粉碎之后。

大楼位于人民广场西南角，建设在一片三角形的土地上，地上23层，地下2层，高度114.6米。

左图：上海电信大楼

右图：上海电信大楼局部

这是中国早期点状筒中筒结构的高层建筑之一。远眺近视均有景观要求。它不仅突出了市政府大楼的地位，而且外窗面积少，导热系数小，能够节约能源。54 米长、34 米宽的外筒轴线，内部为 12 米跨度的灵活空间，塔式建筑敷设电缆距离最短，满足通信工艺的布置。

电信大楼造型构思是我国传统建筑风格与现代建筑风格的有机融合，追求新的地域风格。四周辅房风格粗壮，主楼由三面辅房烘托而出，密柱外露垂直线条有力向上，顶部冠于塔楼以示我国传统建筑精神，主楼主体端部架空并外露微波天线，不但构成了与塔楼之间的过渡且具有通信建筑特点。其地下层采用地下连续墙及逆作法施工亦为首创。

在设计中，蔡镇钰颇有心得。

蔡镇钰（原总建筑师，现代集团资深总建筑师）：

我主张“放眼世界，回归中国”。求学时，我从杨廷宝老师的讲述中第一次听到“中国民居”，不少同学都是上海来的，他们能津津乐道地谈论国际饭店、跑马厅之类的知名建筑，而我知道的却很少。但是我家住的书厅、小院，其间的假山、桂花树、天竺和那通风良好的小天井和支摘窗……对我来说却特别亲切。把中国民居与建筑设计联系起来，这是第一次也是最重要的一次启发。

我在北京市建筑设计院工作期间，有幸参加十大建筑方案设计工作。晚上开会的时候，梁思成先生两次提到比例和尺度的问题。因此，在电信大楼设计中，更加注重大楼尺度。电信大楼层高5.2米，如果处理不好，总高度的感觉就会打折扣，故我们对层高5.2米作了精心处理，层高和总高度的比例关系就非常合理了。

在征求意见过程中，戴念慈总建筑师还亲笔修改过一张总体草图。

参与该项目的工程技术人员有蔡镇钰、许庸楚、胡精发、喻松斗、虞茂祥、王长山、祝毓宗、袁敦麟等。该项目荣获 1989 年上海市优秀勘察设计（含规划）一等奖，1989 年建设部科学技术进步一等奖。

上海联谊大厦

1985 年 5 月，上海第一幢涉外高级写字楼——联谊大厦落成，这幢上海首个全玻璃幕墙建筑成为当年上海滩的标志性建筑。许多外资公司、机构纷纷入驻。

大厦使用现代玻璃幕墙造型，楼内的地面和墙面为大理石装饰。建筑共 30 层，总高达 107 米，为当时上海高层办公建筑之首。

邓小平当年曾经提出，上海在 1985 年前要像深圳一样建成两幢现代化高层大楼，上海市政府挑选上海联谊大厦为其中一幢。

1983 年，香港新鸿基集团决定来上海投资房地产，华东院参加了谈判。新鸿基集团拟在上海建造一幢“现代化智慧化”的办公大楼，专门供给香港和外商企业以及外国领事馆作为办公用房。位置选在延安东路外滩附近一块基地上，以“联营”、“友谊”之意命名为“联谊”。

张乾源：

联谊大厦的大厅采取了灵活空间的设计。3万平方米的大厦总共只用了14根内柱，简洁、大气。后来陆续建成的办公大楼中，也纷纷采用大空间的设计。

建筑师在设计初期就把联谊大厦放在整个上海的城市规划中来考虑，认为联谊大厦是整个外滩建筑群背景的一部分，不应跟其他建筑争夺视线。所以，联谊大厦的玻璃幕墙特别选用了可以融入周围其他的建筑之中的暖褐色，共同陪衬外滩的建筑群。

由于华东设计院的设计创新和上海建工局的施工革新，创造了三天一层的“上海速度”，提前 6 个月建成了这栋大厦。

在上海联谊大厦开幕当天，香港政府代表和 200 多位国内外贵宾出席了开幕典礼，欧美、东南亚国家与香港、澳门等地区各报刊纷纷报道，中国自己设计，自己施工，仅花了 14 个月建成了“现代化智慧化”高层办公大楼。在施工速度、高度、难度和施工安全等方面，都为上海市的建筑史册揭开了新的一页。

上图：上海联谊大厦

下左图：上海联谊大厦餐厅

下右图：上海联谊大厦进厅大堂

新村叙事

漫长的序曲

“只见一轮落日照红了半个天空，把房屋后边的一排柳树也映得发紫了。和他们房屋平行的，是一排排两层楼的新房，中间是一条宽阔的走道，对面玻璃窗前也和他们房屋一样，种着一排柳树。”

这是周而复小说《上海的早晨》中对新村充满诗意的描述。它所描写的应该是建于 1952 年新中国第一个工人住宅群——曹杨新村首期工程。

用现在的眼光来看，这样的新村似乎起点不高，过于简陋，但是在经历过那个百废待兴、艰难起步的年代的人看来，这已是了不起的成就。

李莲霞（原主任建筑师）：

华东院建院之前，上海市有一个市营建筑公司，它负责曹杨新村的项目，当时汪定曾是设总。华东院成立之时，市营建筑公司被一并归入。虽然汪定曾没有进华东院，但其他参与曹杨新村的设计人员中却有不少来到

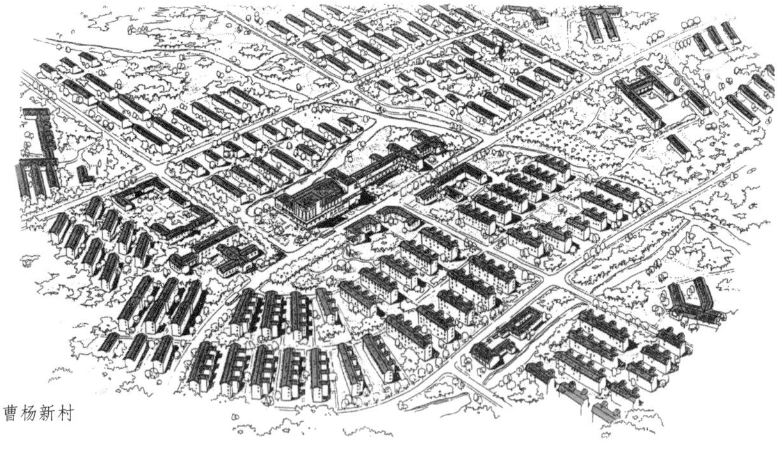

曹杨新村

了华东院。

我印象最深的就是黄锡桓画了一张住宅区商业部分的效果图，小卖部招牌上写着“酱油到了”。20世纪60年代初至“文革”时期，基建规模压缩，新村住宅建设速度减慢。新建少量新村住房，一般造价标准低，层高降低，采光面积缩小，无阳台，灶间合用，无抽水马桶，用倒便器或沟式厕所。部分房屋采用无隔声性能的槽形实心楼板，由于建造粗糙、设备简陋使用不便，住户之间经常发生矛盾。

方菊丽（原主任建筑师）：

住宅建设是与社会经济水平相挂钩的，最能体现时代特征，反映城市经济水平。20世纪50年代的住宅建设以改善工人恶劣的居住环境为目的，彰显时代进步。60—70年代的“合理设计不合理使用”阶段，让原本一户使用的住宅分给两三户人家，当时期望很快就能实现独家独户，但现在依旧有几家分住一个单元的情况。从70年代末开始，进入了以提高居民生活水平为住宅建设目标的发展较快的时期。

心中的愿望

华东院的建筑师们已经注意到新村住宅应该是围绕人进行思考，注重功能配套和环境质量。这是居住区建设的发展趋势，也是城市建设日臻完善的必然要求。用春秋时期齐相管仲的话来点破，就是“以人为本”。

只不过以前华东院的前辈建筑师想做而客观上没有条件做到。直到 80 年代，建筑师才等到了实现心中愿望的时候。

蔡镇钰：

真正的建筑设计不是停留在形式层面上，它应该凝聚着民族文化、地域特色和人文关怀。在对待民居建筑时，不是从形式出发去研究，而是能从地域特点、构成因素、环境特性、人文关怀等诸多内涵中来考虑。

1988年，华东院完成了新沪住5型住宅通用图的设计。

方菊丽：

70年代，在赵深先生的带领下，我们做过一个关于上海20世纪30年代老公寓调研的课题，其中受到的最大启发就是卧室不一定要向南，但是起居室是一定需要向南的。在被我称为衡山路“黑三角”的那栋住宅里，这个观念被很好地运用了。

李莲霞：

上海住宅中使用最多的是沪住2型，沪太新村中使用最多的是沪住5型。新村住宅以六层为主，间以少量四至五层住宅，高层约占16%。这个时期的住房项目都是政府投资的，所以在资金及面积标准上都有严格的限制，很难有个人发挥的余地。但是作为设计师又总是想要求变的，所以我们是力求标准化的多样化：定型单元少、构配件类型少，组合形体多、户型变化多。当时住宅还要考虑室内的空间，如要努力做出一个“厅”，让居住者至少能够放一张饭桌。又如预留吊顶壁橱等，我们尽可能地想细想全，在很小的面积里实现使用功能最大化。

邵坚贞（建筑所副所长、党支部书记）：

1985年，华东院率先成立了“住宅设计研究所”。

1 | 2 3 | 4 5

图1：药水弄改建后的长寿新村

图2,3：倪天增主持药水弄改建工作会议

图4,5：药水弄住宅改建工程开工典礼

乐队为华东院技术人员组建:张耀庭(指挥)、腾阿二(沙锤)、陈启华(鼓手)、张雪(电子琴)

1985年中旬，我进入华东院工作时，就住宅设计及研究方面的工作有两点清晰的印象。其一，在上海，居住区（当时多称为“新村”）设计方面，华东院是有绝对话语权的。那时，市里几个最具影响力的重大示范性小区如曲阳新村、沪太新村等均由华东院担任设计。蔡镇钰总师、李莲霞和方菊丽主任建筑师等早已是市里著名的住宅设计专家，一系列住宅设计的规范与标准都有我院专家主导或参与编制。其二，当时我院正进入对住宅设计更为重视及加大投入的新阶段，为此刚成立了“住宅设计研究所”，同时将有关专家相对集中，并为其优选配齐相关的专业，从而集中进行住宅及相关内容的设计与研究工作。记得当年，把所有建筑专业毕业生集中参与由张耀曾副总建筑师负责的“中央军委办公楼”项目方案时，我由于是同济大学建筑系风景规划与园林建筑专业毕业，而早早地被无条件分配到“住宅设计研究所”。可见我院住宅设计中对景观设计的重视。

院里也相当重视住宅及居住区等设计研究工作，先后组织过“七五”住宅、小康住宅、农村住宅等不同类别的设计竞赛。所里每年有不止一个相关课题在进行，即使是承接住宅的设计项目亦都带着“研究”探索进行。这些工作均由院所行政领导直接关心，而院总师与所主任建筑师更是亲自组织或作为总负责人开展实施。那时像“七五”住宅竞赛那样取得重大及多奖项时，院里是在门厅大堂张贴红榜宣传的。

曲阳出现了

人们说：建筑是无声的音乐，
建筑师设计的是无声的纪念碑。
建筑是石头的时空，
它们默默地展现着历史。
然而，我却还要拨动我的心弦，
让它尽情地抒发我的心声……我的歌，
和嘹亮地献上我生命的篇章！

这是蔡镇钰的一首诗，其时，蔡先生正全心投入曲阳新村的设计中。当改革年代到来的时候，机遇也到来了，建筑师的激情得以焕发。

设计的人和居住的人，有着心和心的交汇。因此这一次的设计，有着巨大的飞跃。

它或许是居住在这里的人一直享受到的“无声的音乐”，也是住宅建

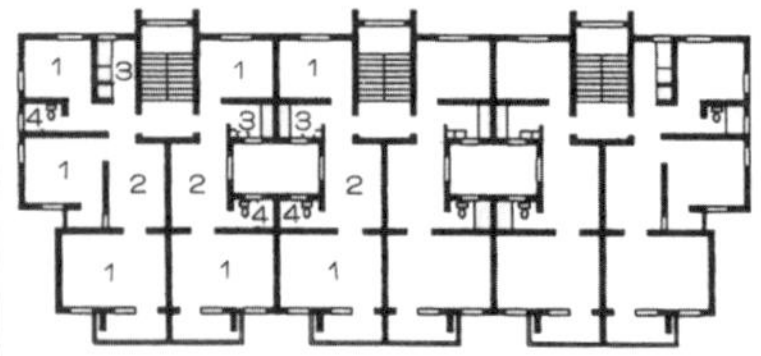

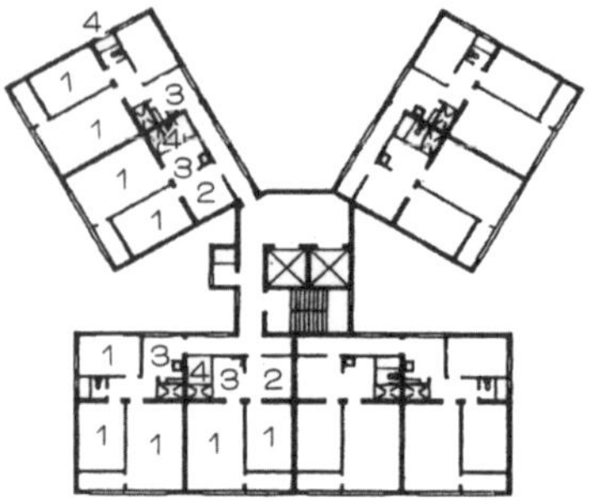

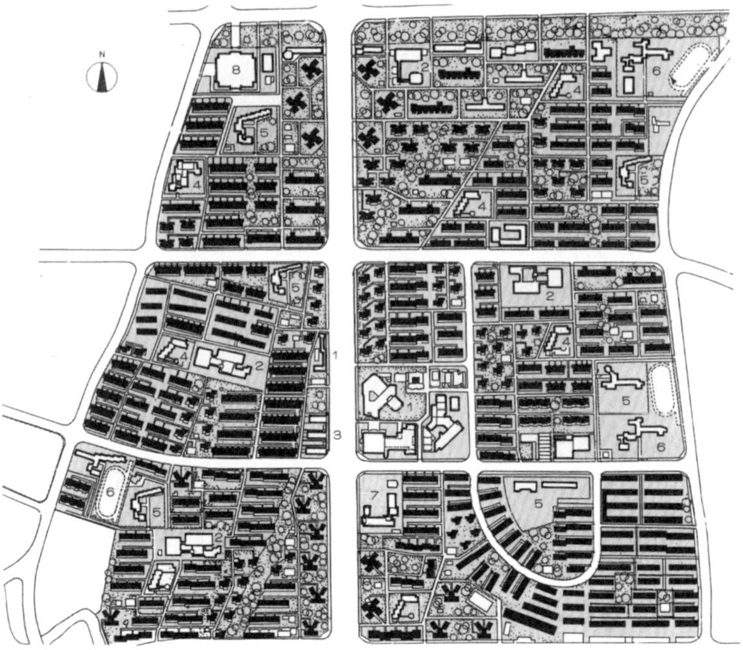

左上图：曲阳新村大开间、大进深多层住宅平面图

左下图：曲阳新村 K型高层住宅平面图

右图：曲阳新村总平面图

筑史上“无声的纪念碑”。曲阳新村曾经是上海最大的一个居住区。全区占地约 73 万平方米，住宅建筑面积约 76 万平方米，公共建筑面积为 9 万多平方米，容纳居住者 7 万余人，是按照科学的理念建设成的现代化的居住小区。

全区自 1979 年年初开始全面规划，1985 年基本全部建成。居住区内设有为全区 6 个小区共享的商业文化行政服务中心。其中，包括有大型商场 1.5 平方米，餐馆、文化馆（包括 800 座的影剧院）2 400 平方米，3 000 座体育馆 6 000 平方米，旅馆 1.1 万平方米，餐饮业 2 000 平方米，行政办公 4 000 平方米，同时配备银行、邮电所、日用品修配站、中心菜场及街道办事处、派出所、工商管理所、粮管所及煤气营业所等。总面积约 3 万平方米，服务半径为 400 米。

当时上海还没有居住区的概念。从这个项目起，街坊向小区概念转型，以 10 公顷以上为单位规模。曲阳新村运用了“居住区—小区—组团”概念，将新式居住区理念引入设计中，为建设新型居住区提供典范。

蔡镇钰：

曲阳新村改变了过去以规模较小的街坊为单位，而以较大规模的居住小区为单位进行规划设计。总体划分成东南、西南、东北、西北、赤北东区、赤北西区6个街坊小区。居住建筑结合地形，采用高层和多层、点式和条形有机结合，以多层为主，在居住区的南端和北端各集中布置一组高层住宅群，使位于中轴线的曲阳路沿线建筑高低错落，虚实对比。公建采用居住区、居住小区和居住组团三级配套规划，打破了长期沿用的将大型公建布置在干道交叉路口的格局。

每个小区占地约10万~14万平方米，容纳居民1.2万~1.5万人。因为这样的规模，恰好配套一套较为完备的公建服务设施，比如涵盖商店、菜场、饮食的商业中心，以便居民日常生活所需。还有一所幼儿园，一所小学校以及一所可供两个小区共用的中学。居民的日常生活需求得到满足，同时也保证小孩及小学生上学不需要穿越城市道路，在一定程度上保证了安全，是比较人性化的考虑。

小区商业中心的设计，改进了以前街坊内沿用小而分散的商店设计，采用了集中、组合式的商业中心建筑。商业中心布置在小区中央地带或者小区周边邻近道路出入口，以方便居民。商业中心四周也预留出空地，以便人流集散和货物出入。

小区商业中心由三部分组成：菜场、百货商场、餐厅小吃。三者之间

曲阳新村

图1：曲阳新村行政管理中心建筑壁画（同济大学刘克敏、阴佳创作）
图2：曲阳新村 体育馆
图3：曲阳新村 实验全托托儿所全景
图4：曲阳新村 居住及中心商场
图5：曲阳新村 文化馆

以廊相连，组成了半开敞式的庭院建筑，此举不仅便于绿化设置，而且也能减少小区商业中心的噪声对居民的干扰。且此三部分也视不同小区的地形情况灵活组合。

菜场分两层，底层设置蔬菜、蛋、鱼、肉等柜台，二层设置蔬菜、水产、豆制品销售以及办公用房，建筑面积约为1 700平方米。百货商场为三层，底层为烟糖、日用百货、油粮、理发；二层为家电、五金、布匹、衣服、鞋帽等，三层为小区加工厂，有直接对外的垂直交通，适应居民发展加工工业的需求。餐厅小吃为两层，底层为小吃兼卖熟食；二层为餐厅。

曲阳新村每个里委为4 000~5 000人，每个居住小区内分设3个里委中心，服务半径为100米左右。

里委中心设置熟食店、烟杂店、里委服务店、青少年活动室及里委办公室。里委中心的设置借鉴了上海原有里弄建筑在弄堂口均设置烟糖小百货店的传统特点而配套设计，意在方便居民、就近服务。

设计以人文关怀作为出发点。在居住区规划中打破了千篇一律的空间布局，以高层、多层、点状、条状住宅相结合的组合布局，并与服务型公建在空间上融为一体，形成疏密相间、错落有致、生动活泼的居住环境。曲阳新村是上海第一个有跃层住宅楼的小区，每个单元均有朝南房间。跃层设计还考虑卧室设在楼上和楼下两种布局，楼下卧室户型便于老人居住，楼上卧室户型便于年轻人及认同传统布局的居民。公建服务设施按照居住区、居住小区、住宅组团三级配置，为全区居民服务。

蔡镇钰：

曲阳居住区的平面设计，其高层住宅楼按“七五”标准，有蝴蝶形、曲尺形、塔式、宝带式等，住宅平面有矩形、Y形、T形、十字形、风车形，立面造型丰富。户型一般为独门独户，有封闭式厨房、卫生间，设厅。多层住宅按“六五”标准，有6种类型，早期建设的有沪住2型、沪住1975型、宝钢1型点状，后期又增加了沪住4型、5型大进深住宅，标准有沪住6型、8型，平面呈点式和条式住宅。在建筑造型方面，突破了以往“兵营式”、“平顶式”的组合，丰富了居住区的建筑空间。

曲阳新村户型除了用标准设计外，还尝试了4.5米大开间大进深的住宅类型。高层住宅塔式板式结合配置，有12层的K字形，24层的风车形，13层外廊式和富有新意的18层跃层板式高层住宅，这是上海第一栋跃层式住宅。18层跃层式高层住宅中每隔三层设一条公共通道，比常规板式高层住宅节省两条走道面积和大片玻璃窗面积。

居住区内道路两旁及屋前屋后，绿树环抱，草地如茵，还点缀了各种造型的建筑小品。沿马路西墙上镶嵌着上海最大且独特的彩色瓷砖壁画《和平、希望、幸福》，环境十分优美。设计中还结合基地自西南至东北贯穿的农田灌溉河浜，填没后设计成带形专用绿地。西南块以老人活动为主，采用中国传统园林设计，布置老年人休息室、书画室及亭院等。东北块以儿童活动为主，采用西式园林设计，布置有特色的少儿活动场地和大片草坪。

作为上海最早、最完整的居住区设计，1985年，时任上海市长的朱镕

上左图：沪太新村 高层住宅平面图

上右图：沪太新村总平面图

下图：沪太新村 高层住宅

基曾亲临现场参加验收，邓小平后来也视察过这里。

1989 年，上海曲阳新村居住区获 1949—1989 年上海十佳建筑奖。

那个时代的呼唤

曲阳新村不是一个孤立的样板，而是设计师们对时代呼唤的集体回应。

华东院当时完成了一批富有激情的住宅作品。

沪太新村于 1982 年开始征地、动迁，1983 年开工建设，1994 年底全面建成。

李莲霞：

沪太新村算是我们的一个新尝试。之前，我们的住宅建设都是学习苏联模式，住宅楼沿马路布置，整个小区道路四通八达，人车未分流，没有一种家的感觉。而走进上海传统住宅弄堂却有一种强烈的归属氛围，我们希望家的氛围在这个项目上能有所体现。最终沪太新村的总平面设计结合自然地形，布置稍带曲折的道路。中心是造型丰富、活泼的公共建筑及绿地、小品，住宅沿河流和道路自然布置，采用了对景、截景、遮挡等手法，高低层搭配，长短形结合，增加层次和变化，使外部空间富有节奏感。整个新村用矮围墙与外部空间既分又合。

在沪太新村的道路设计上，纵横穿过的两条城市道路和新增的两条新村道路，将居住区划分为五个小区。我们也试图打破呆板的住宅逐条摆放形式，按“居住组团”进行规划设计，取一个里委为住宅组团的规模，围以适当围护，有前后大门，前门设值班室（兼公用电话、牛奶分发站等），后门可于夜间关闭。靠近前门口的住宅底层布置里委办公和卫生站，下面做半地下自行车库。每个组团都有中心绿地，用绿化和建筑小品分隔为不同空间，分别成为成年人、老人休息、活动、社交和少年儿童游戏场地，组团间用绿带、透空的大小围墙隔离，使住宅犹如坐落在花园里。

仙霞居住区规划分为12个街坊，在居住区的中心部位即水城路和茅台路南侧，建有三个高层群，其中24幢为22~26层的点式高层，2幢为14~16层板式高层，其余街坊以多层为主。

上图：沪太新村“新上海影都”

下图：沪太新村 沿街商店

管式勤：

苏联模式是沿道路设置住宅，最终环绕形成一个中心，这种形式比较适合高纬度地区使用，不用过多地考虑日照、朝向问题。但上海的天气是夏天湿热，冬天阴冷，所以必须得考虑住宅间的间距，保证冬至日日照满窗不低于一个小时，所以最终只能采用南北向的行列这种类似兵营的排列方式。

那时候的住宅区并不是封闭式的，我们在规划之初就尽量避免水平或垂直向的道路规划，而将道路规划得有一些弯曲，这样就可以尽量减少过境车辆的进入。同时，我们在排列房屋的时候刻意地进行了条状和点状的穿插，空间形态非常丰富。在考虑高层和低层日照差距的前提下，我们特别将高层住宅集中到一个区域，建筑呈环状格局，为中央区预留了比较大面积的中心绿地，看上去就很开敞、明快。

对于住户来说，容积率直接涉及居住的舒适度，绿化率也是如此。但由于受开发资金的限制，并不是所有项目都能做得到。仙霞新村还算是较舒适的。

方菊丽：

这里还需提及我院做的另外几个很有特色的住宅环境设计。

一个是民星一村（1986—1990年）。该村以建设具有自然保健效果的植物生态群落为环境设计的主题，布置了五处配置不同植物的中心绿地（药用植物、银杏、松柏、香花、枇杷），使生态保健功能各有侧重。

另外一个是甘泉新村（北块）（1987—1989年）。它的绿化内容比较丰富，如甘泉苑分五个区——春景区、夏景区、秋景区、冬景区及香花区。街坊中心绿地以“泉”立意点明地区特色，保留原有水体，并在源头加一“山泉”，泉水从石缝渗出，汇入池塘，穿林而过，流向远方。由于利用地形和乔木进行分隔，令人有起伏重叠之感，达到小中见大的效果。绿地中还设计了有屋顶绿化的半地下自行车库，力图营造出一个有层次、有变化的绿化环境。

共同的追求

蔡镇钰：

我们提倡以营造一个生态小区为主导思想进行各个层次的空间环境设计。居住园区的环境设计具体来说是体现在选址、总体设计、交通组织、住宅排列、公建配置、绿化系统、智能化设施及管理系统等方面的设计。要搞好上述八个环节的设计就必须对居住园区用地的周边环境，以及地上地下的各种条件予以充分的了解和掌握。这就需要我们具备较全面的知识结构，充分认识人与自然共生和再生关系，在设计中运用现代科技，引入生态学的原则与方法，正视自然条件自身给我们带来的信息和灵感。

作为一名中国建筑师，在我灵动、朦胧的感觉中，我更向往学习和发扬我国传统哲学理念、朴素的生态观和优秀的建筑文化，结合先进的科学技术，放眼世界、回归中国，去探索和成为一名具有中国特色生态建筑观的中华建筑师。“路漫漫其修远兮，吾将上下而求索……”

邵坚贞：

华东院还曾在同行中率先尝试过相关的景观设计。上海市住宅办委托华东院做居住区集中绿地的专项景观设计（这些设计后来均由市里拨专款完成建造）。例如1985年10月的沪太新村东Ⅰ区A、B、C三块，1986年4月的曲阳新村东北小区两块，以及1986年10月沪太新村东区地块，这些项目都开辟了住宅小区景观设计试点。华东院首当其冲，承担景观试点项目，对我也是极其难得的锻炼机会。

我们的景观设计尝试是：针对当时十分有限的投资及政府与居民迫切

希望提升环境品质的要求，确立的指导思想是“以绿为主”，将强化总体效果，改善周围环境气氛作为设计的重点，选择适宜的自由式规划布局；实施一定尺度的空间分隔，并努力使各空间既有鲜明个性又相辅而成为整体；室外小品严格界定为仅作点缀；突破常规植物配置概念，借建筑的知识发掘植物的多功能性，使植物既作造景主体又衍生为分隔、围合、组织空间的生动构件；设计选用的所有材料与植物均为低价及本地生。建成后的集中绿地力争美学上有装饰作用，成为居住区室外环境的“点睛之笔”。功能上有复合作用，最大限度地满足居民的使用要求及成为居住区重要的公共交往与活动空间。

华东院的实践是有成效的。仅第一批沪太新村东I区A、B、C三块绿地建成后，上海市绿化办便找上门，邀请撰写论文，论文形成后，收录于上海市绿化委员会1987年度论文集。曲阳新村的景观设计则为院赢得了杨浦区政府颁发的荣誉证书。这是华东院设计师的共同追求，在不同设计师的手中，住宅的风格不同，但是以人为本的生态小区，始终是他们的追求。20世纪80年代末建设的虹桥绿谷别墅，依据不同规模和标准，在绿荫之中，设计成传统西洋、欧美地方、中国江南、现代式等多种不同风格的独立和联排式建筑。这一作品基于上海发展的历史文化背景，诠释了城市人在多种文化元素融合的环境中生活的现代观念。建设于90年代末、新世纪初的“中远两湾城”，是上海市第一个被列入市“重大工程”的住宅项

仙霞新村实景图

目。这一项目由沈迪、黄秋平等主持规划设计。

黄秋平（副总建筑师，项目设计总负责人）：

中远两湾城位于上海普陀区潘家湾、潭子湾、王家宅地区，占地49.5公顷，总规划建筑面积165万平方米。该地区由于历史及地域位置的原因，长期以来成为上海市中心地区人口密度高、人员构成复杂、用地性质混杂、环境及治安状况差的典型地区。1998年，上海市政府决定将其列为“365棚户区改造”的重大项目。

中远两湾城原名“两湾一宅”。投标的时候，我们给它取了一个好听的名字“21世纪家园”。因为我们认为我们的投标方案从空间、绿化系统到道路布局系统、公建配套设施等各个方面都满足了我们对未来美好家园的想象。

沈迪（原总经理，现代集团副总经理、总建筑师）：

这个项目是当时华东院承接的最大规模的建筑项目以及最大单项合同额项目。当然项目本身也充满挑战，即如何在高容积率条件下，最大限度地满足人们现代居住生活的要求，需要创新和突破。我们提出了集约化设计概念，即将住宅、商业公共服务设施、公共基础设施作适当集成，在满足人们社会交往、现代生活各种需求的同时，有效减小建筑密度，让环境成为居住空间的真正主题。

黄秋平：

根据这样的思路，我们分析了基地的条件，充分利用基地周边条件和边界形态，构建特点鲜明、构图完整、环境优美的都市居住建筑形象，提出“一线三点”的绿化及空间布局。

一线为南面沿苏州河有1.8公里的曲折岸线，环境优势得天独厚。依据

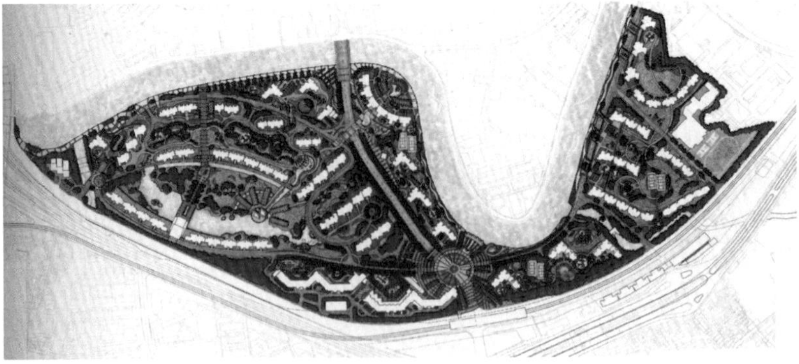

两湾两头大、中间细的地块自然形态，自然形成东西两大组团，另在南北、东西主干道路中间插入第三个绿化点，结合苏州河亲水平台形成社区的活动、休闲中心。其中东区留出近2万平方米绿化面积，我们称之为中央公园，中央公园的设计使我们的投标方案脱颖而出，这可能也是当时中标的一个原因吧。

中远两湾城住宅分四期，每期住宅我们都根据环境、景观、日照条件设计出不同的房型，总计有50多种组合布局，以最大限度地满足市场不同需求，因为生活是多样的。

底层架空设计我认为也很有特点，值得一提的是，这个想法是我们在新加坡考察时受启发提出来的。底层架空建筑上称为"灰空间"，既适应上海气候特点，也为社区活动、邻里交往提供了宽敞的场地，更重要的是，完全符合建筑师设想的建筑与环境的渗透融合。不过今天回过去看两湾城建设，也有不少遗憾，如沿苏州河的建筑高度没有按原方案规划的有层次的退台设计实施，建筑高度也没有按规划的南低北高有层次感。

沈迪：

现在来看当时的两湾城设计，我觉得还是成功的。当然，对板式高层住宅的尺度问题，业界有些不同看法，但我认为不能脱离旧城改造高容积率的历史条件。北侧的大尺度板式建筑，还有效阻挡了轻轨、高架、铁路的噪声。

黄秋平：

中远两湾城从1998年到2006年，经历"八年抗战"。两湾城的建设，伴随着上海的房地产从起步到发展的过程。每当我看着苏州河边、树荫下、长椅上有下棋的安静长者，有蹬着滑板车从身边飞驰而过的欢笑孩子，我感到很欣慰和满足。

建设"中远两湾城"，一举拆除了上海潘家湾、潭子湾一带的旧区危房简屋。高居住密度、高建筑容积率的开发是上海旧城改造中一个不容回避的现实，两湾城的设计者们却把这个现实的难点转化为规划设计本身的优势。通过分析，他们得出人类居住活动的集成化是未来住宅建设的发展方向的结论。因此他们将住宅、停车、社区内生活服务设施作适当地集成，在满足人们社会交往、现代生活各种高标准需求的同时，有效减小建筑密度，让绿化环境成为居住空间的真正主题。

这一项目，获得 2000 年上海最佳住宅特别奖。

左图：中远二湾城规划

右图：中远二湾城

你好，星空

——佘山天文台天文望远镜观察室

1986 年末，著名的哈雷彗星来到地球观测最佳的位置。这个机会 76 年才有一次。

其时，中国已自主研制成首个大型光学望远镜，直径有 1.56 米。这是中科院联合实验室光学、天文学中的各种设备的“英雄”。它还在制造工厂里时，便试验观测了哈雷彗星的回归。

1.56米望远镜观测室外景

这一巨型望远镜便被安排落户于上海佘山的中科院上海天文台。

时任上海天文台台长的是中国一代天文女杰叶叔华院士，她因领导上海天文台科研人员创建中国独立自主的世界时系统而为新中国立下功勋，她还创立了天文地球动力学这一新兴交叉学科。

此刻，她正在为建立上海天文台三大新型观测设备而努力，直径1.56米光学天文望远镜正是其中之一。

华东院设计了这个望远镜的天文观测室。这是一个难度相当高的项目，关键是这个项目的精度要求非常高，在整个观测过程中，要求沉重的望远镜在各种控制设备运动下始终跟踪观察的天体，不能有丝毫误差。

苏信伟（原技术部主任，院副总工程师）：

1.56米天体测量望远镜观测室建于上海市郊松江县佘山教堂的西侧，距现在的上海天文台佘山工作站200米左右。

整个观测过程中，圆顶、风帘与望远镜同步运行，对观测目标进行跟踪、测量、照相。在这个工程中，望远镜、圆顶的窗口与星象始终保持相对静止的状态。这些动作在现代化圆顶建筑中多半是用专用电子计算机控制的。在观测前或观测后，天窗的开闭也是由电气控制的。由于观测目标与望远镜之间相距千万公里，因此在整个观测过程中都要求这些自控跟踪运动处于平稳而无振动状态。否则，近处偏之丝毫，远处将差之千里。

为了达到这一目的，圆顶建筑在土建和机械驱动设计上都必须动不少脑筋。土建和机械的设计、施工和制造过程中，都不断地反映出两个不同行业所提出的不同的技术要求和精度要求之间的矛盾。

同时，一个良好的圆顶建筑还必须具有一个良好的绝热指标。天文观测一般在晚上进行。晚间观测时为了获得良好的观测精度，工艺要求圆顶建筑，包括所有的观测仪器尽可能地同外界的气温保持一致，而且要求圆顶观测室周围的空气是宁静的，气温平稳。这时，一个大口径望远镜所观测到的星象颗粒才是清晰的，摄得星象照片也是细腻的。任何微弱的气流均能使星象出现闪耀和抖动，摄得的星象照片也会模糊不清。

这是一个带有半球屋盖的圆筒建筑。设计这样一个合理而紧凑的建筑，往往会涉及许多因素。其中屋盖设计以及热工设计是整个设计成败的关键。圆顶建筑总高30.111米，屋盖是一个内径17.6米的、可旋转的钢结构半球，球顶上开了一个4.3米宽，张角为100°的天窗。天窗扇是俯仰开启的多节窗扇，天窗内侧设有履带式铝合金风帘。球顶内装有一台起重量为10吨的专用桁车，供望远镜安装、维修及镜面涂膜时装卸镜面、支架等用。整个圆顶重约150吨。从基础开始，12根柱子与每层的钢筋混凝土环形圈梁组成现浇框架结构，柱间填以双层保温墙，外层还设有反射隔热用的金属罩壳。

杨梦柳（高级建筑师，专业负责人）：

当时，院里有10人参加了这个项目的设计工作。这个作品虽然不大，可是工作量一点都不小。这个项目最困难的是结构和暖通。

过去中国从来没有做过这样大的光学望远镜。佘山台原先的那个望远镜直径只有40厘米，南京紫金山的那个也不大。我们没有现成的经验可以参考，因此设计不得不自己研究，并与钢构厂的专家一起研究钢梁的圆弧以及开合需要的轨道。

一般的天文台观测室是一下子全部打开的。而这个天文台的窗口里面像卷帘一样，是一块一块地组合的。可以打开一块，也可以打开多块。这样有利于控制温差，保持恒温。

其时，上海天文台还在建设25米射电望远镜。两个望远镜建成之际，时任中国科学院院长理的周光召特意发来贺信。

贺信中说："1.56米天体测量望远镜和25米射电望远镜是我国科技人员自行设计，我国工人自己建造的大型天文仪器。在叶台长的领导下，经过多年的努力，发扬自力更生、艰苦创业的精神，攻克许多技术难关，达到了国际同类仪器的水平，在我国天体测量的发展和甚长基线网的建设方面迈出了新的一步。"

在表示感谢的名单中，华东院赫然在列。设计该项目的建筑师、工程师有苏信伟、杨梦柳、陈宗祥、袁兴方、杨其江、黄成良、陈继传、方育智等人，项目主要负责同志都收到过周光召的贺信。这一工程荣获 1987 年上海市优秀设计一等奖、建设部及上海市科技进步二等奖。

1	2
3	4
5	6

图1，图2：周培源、叶叔华、倪天增等参加揭幕仪式

图3：中国科学院上海天文台1.56米天体测量望远镜揭幕仪式

图4：倪天增、苏信伟在佘山天文台

图5：1.56米天体测量望远镜

图6：天文台施工现场

上海世贸商城

虹桥开发区是上海改革开放重要的窗口。1979 年开发区开始规划，1982 年决定辟建，1983 年动工兴建，1986 年被批准为国家级开发区。虹桥开发区规划土地面积 0.65 平方公里，建筑容量达 150 万平方米，高层建筑 20 多幢。同时，虹桥开发区是以外贸中心为特征的中国第一批国家级开发区。开发区是集外贸主管机关、外贸促进中心、外贸公司和大型展馆及高层办公楼为一体的新型商贸区。 开发区内建有展览场所 3 个、宾馆 4 个、办公楼 9 幢、商住楼 7 幢等配套设施。其中上海世贸商城、友谊商城和虹桥展览馆均为华东院参与的设计项目。

80 年代初，虹桥开发区建设如火如荼。上海世界贸易商城项目酝酿始于 80 年代中期，它是虹桥经济开发区（占地、规模与投资）最大的一个

上海世贸商城

与美商合作的项目。世贸商城建筑面积 28.2 万平方米，设有常年展示场馆 17 万平方米，共 2 500 间，多种类型会议室 20 间，大型无柱空间多功能厅 2 100 平方米，短期展览场馆 3 万平方米，高级办公楼 8 万平方米。世贸商城成为目前建成的亚洲最大的商贸桥梁，并服务全国。

孔庆忠（原总经理，时任虹桥开发区董事长）：

上海世贸商城并不是华东院在虹桥开发区的第一个项目。华东院承接虹桥开发区的第一个项目是虹桥展览馆，由华东院的凌本立总建筑师亲自设计，周礼庠和尤祥贞两位结构老法师作为结构设计总负责人。这个项目难点体现在钢结构、空调系统和复杂的设备要求，且工期短，边设计边施工。华东院承接虹桥开发区的第二个项目才是上海世贸商城，第三个项目是友谊商城。上海世贸商城是张耀曾副总建筑师主持设计的，可以说代表了华东院最高实力。

张桦（项目设计总负责人，现代集团党委副书记、总经理）：

80年代末的一场风波导致美商驻足、撤离。通过中间渠道，项目转让给新加坡开发商陶先生，但是发展商贸展销建筑（Mart)的设想没变，而且吸收了美商的不少想法和建议。陶先生专长于开发大型的Mart，有丰富的开发经验，对中国的市场十分看好，他做了大量的市场分析和可行性研究。Mart集中在美中部几个州的首府，规模宏大，可招揽为数众多来自全美以至世界各地的参展商常驻，实行商品陈列展示、销售批发、进出口报关等一条龙服务，大大促进了商品交易和商贸的发展，并由参展和采购批发商的云集，刺激带动了第三产业促进城市和地区的跃进。在美国及其他发达国家，包括中国台湾地区和新加坡，由于其促进经贸带动市场发展的巨大作用，都有此类建筑，有人称之为带动经贸的“发动机”。当时在我国尚属首次引进，也被上海市和开发区看好。

90年代初改革开放后，上海急需一个大型的商贸集市中心，一个一年四季都对外开放的“交易会”。外商可以将国外产品介绍到中国来，国内厂商也可以将国内产品推向世界，起到双向交流作用。

陶先生对中国十分友好，此前已在南京投巨资建造首个五星级饭店获得了成功，他设想在大型批发商场能够看样品、谈价钱、还能得到银行资助这样一条龙服务。他对上海的投资环境和设计、施工安装技术能力也有信心。陶先生的设想得到当时的上海市市长黄菊的支持，我们在这样的背景下接受了设计委托。

设计团队合影

张耀曾（集团资深总建筑师、项目设计总负责人，后期为设计顾问）：

1992年设计启动。业主凭其丰富的开发经验、海外的同行和各专业技术专家的协助与咨询，当然也包括我们的积极服务。设计特点反映在建筑的浑然大气和包容。它不是一个追求标新立异的作品，但必然符合业主各项要求，投资规模、使用功能和便于经济运行、管理等。设备先进可靠，形象端庄而自成时代特色。

工程曾有过两次大的变动：建设原定28万平方米分三期陆续建成，首期11万平方米，设备容量和管道按28万平方米一次考虑，可分期扩容。设计中期业主征询贝聿铭大师，他建议从经营和经济角度考虑不要分期，一次建成为上策。业主采纳了他的意见，我们作了重大调整。第二次是由于市中心至虹桥机场的高架道路要在世贸商城前通过，将严重影响建筑的主要入口和形象。业主通过渠道向有关方面争取将高架路向外移动，同时我们亦试图改变地面入口适应这一不利的变化。最终市政府考虑世贸项目的重要性破例让市政改线，同意外移80米，从而改善了项目外围的不利环境。

优势团队

孔庆忠：

说起这个项目，当时上海地区有两家竞争这个项目。两家分别提供了参与项目设计的成员架构，比实力，看谁的整体技术实力强就给谁做。我虽然是华东院调来虹桥开发区做负责领导，但是这件事情上不敢有私心。在请示领导后，华东院因为有张耀曾、张桦、王振雄等一批优秀的工程设计团队，最终项目由华东院承接，我心里还是很高兴的。

王振雄（资深总工程师）：

当时各个专业报上去的名单大概有9个人左右，详细到每个人的年龄、资历、主要负责的项目等等，可以说，这个项目里包含了华东院最强的实力团队。

张耀曾：

我们在设计过程中逐步领会了业主的心意，业主也在不违背他的既定方针下，放手让设计人员充分发挥才智。这个项目设计是完全由华东院原创的设计项目。

张桦：

这个项目的业主给予我们更多的信任和帮助。项目设计不仅有专门的室内设计，还有标识设计、灯光设计等。灯光设计顾问是业主请来的国际上知名的灯光设计专家，以小时计费的，同时还有专门的泛光照明设计公司配合设计，这些都是当时国内项目里没有的。

邵坚贞（副所长、党支部书记、后期项目设计总负责人）：

当时一大批青年骨干被组织进入项目团队，他们不畏艰难，在全过程的设计与施工配合中成为中坚力量，同时亦由此锻炼而快速成为院所乃至集团的技术与行政领导。另外这个项目在人尽其才及各专业相互帮助、密切配合方面，亦留下不少“佳话”。

马伟骏（副总工程师）：

在这个项目之前我院没有撰写过设备招标的技术标书，业主的机电顾问从新加坡方拿来像“砖头”一样厚的境外技术标书给我们作参考，我们慢慢了解了境外事务所的体制与管理。可以说上海世贸商城是上海设计单位第一家自行撰写标书的项目设计团队，由此也为上海浦东国际机场项目管理团队撰写标书奠定了基础。

章文英（项目专业负责人）：

一方面，这个项目对老同志也是挑战，之前的项目图纸都是用手一笔笔画出来的，院里给这个项目的团队最先配置计算机，最终我们这个项目的计算机出图率达到70%以上。另一方面，当时还没有ISO9000质量管理体系出台，但是这个项目中的往返文件已经通过电子传输并文档管理，且英文文件都是自己翻译的。从这个项目开始，华东院就已经开创了正规的质量管理先河。

挑战无刻不在

邵坚贞：

这个项目的设计难度在于其规模大、超体量、人流集中、交通复杂及满足特殊的功能要求。造型设计中，为了避免超大体量的建筑对城市道路产生压抑感，采取体量分割，大块面统一完整，局部小块面重点变化，面砖和花岗石细部刻画，造型简约明快生动，和谐地融入开发区已有的空间及建筑环境，并且别具个性，建成后具有地区的标志性。

建筑功能设计，成功处理好三大功能之间大量车流、人流、货流进出及2 000平方米的装卸货区等各种功能关系，且路线简捷高效，便于使用和管理。建筑单体较好地满足了各种大量人流集散和紧急疏散要求，空间简洁明了，各类导向和疏散标志明确。

设计创造有特征的空间，如30米×70米的无柱展览空间，可作为展览、时装表演和会议空间等多功能，面积达2 100平方米，最高处达17米的宏大中庭。整个“商城”边施工边设计，原计划三期分阶段实施完成，后经历两次重大调整，并一次完成施工，形成一幢建筑物的整体形象，避免原设想三期实施的痕迹。为了1997年召开第一届华交会，世贸商城边设计、边施工、边使用，这给设计的进度控制及与土建施工、设备安装、专项分包单位的配合协调造成了相当大的困难。

王振雄：

世贸商城东西总长229米，南北宽108米，整个工程分为A、B、C三块，二层以上四周外挑3.5米，柱网10米×10米，屋面高度为32米和47.5米。A、B块为179米×108米，由3层、7层、11层的展览厅和商贸用房组成。C块为50米×61.2米，屋面高度130.2米，由30层办公及商贸用房组成，屋面设直升机停机坪，高度为143.5米。

当时，结构不设抗震缝只设构造缝是该项目的一大结构特点，最大的A块分三段层高。根据当时结构荷重计算，最大的一根柱子荷重22 000千牛，最小的的柱子荷重才6 000千牛。地下室该如何平衡荷载是项艰难的挑战。我们将地下室连成整体，179米×108米地下室可以说是当时最大型的。而且地下室要设超大型的8台空调机房，2台35千伏变电站和5台锅炉及700辆停车位，并保证不开裂、不漏水且沉降均匀。更特殊的是，基地中部地下有条古河道从中穿越，地质条件很差。虹桥开发区里有几个项目沉降已达20厘米，这个项目A、B块沉降只有2厘米，C块沉降4厘米就已经稳定了。

当时业主为了节省层高，楼面结构设计经多方比较，采用模壳密肋板结构、宽扁梁高度仅为600公分。这么大的荷载，主梁高仅做到600公分，梁下管道安装平整，实属不易。结构24万平方米的混凝土使用的模板只有一种，施工速度快，用功省。可以说，结构设计给这个项目带来了亮点，也带来了前所未有的难度。

马伟骏：

当时在这个项目中暖通设计还是比较超前的。西面塔楼是我院第一次设计变风量系统，当时国内设计单位还没做过。变风量空调风系统按环型布置，末端静压测点采用双测压点定静压方式控制，按小值控制风机转速，提高系统的稳定性。现在近20年运行下来，证明设计是相当成功的。空调冷水系统采用大温差，节省了水泵的输送能耗。

给排水专业的消防设计亦具特点，设计将低区喷淋供水量总管设计成

上海世贸商城

上海世贸商城室内

环状，报警阀上楼（每层三只），大大减少了喷淋立管数量，且较安全，这在上海当时还是首次采用。冷却循环水系统设计中，用中温冷却塔，在冷冻机许可条件下，适当提高冷却水温差，从而大量减少冷却水量，做到节省冷却水系统设备投资与电耗，冷却塔与管道分层布置。

电气设计针对本工程平面面积巨大的特点，尤其是建筑物长达240米，在A、B两地块地上主体建筑内，采用垂直环网供电，每隔2层设变压器一台，使低压供电半径缩短到130米左右，从而减少能源损耗，提高了供电可靠性。

弱电设计采用商城内安装PCS个人无线通信系统、同声传译、专业灯光音响、地下车库自动收费、出入口磁卡登记、手机及BP机信号延伸、综合管理信息系统（MIS）以及MART内电表自动远程计量等较新系统。

动力专业设计特点是锅炉房集中设于地下2层。锅炉采用汽容积小、安全、爆炸危险小的立式蒸汽锅炉，5台锅炉设有2根水平总烟道及垂直砖砌烟囱，以保证不同负荷下锅炉的正常运行。可回收之蒸汽凝结水回至锅炉房重复使用，以利节能。

捷报频传

王振雄：

陶先生曾经说，结构是骨架，机电是心脏，这两样必须做得好。他请了好多顾问支持我们的设计团队，包括建筑的贝聿铭，结构的林同炎，但是他说“我请的专家是给你们出主意，最后拍板是你们。”一方面让我们感觉责任重大，另一方面也促使我们的设计更加认真细致，不敢丝毫马虎。施工速度相当快，从1993开工到1997年第一届华交会在这里召开，直至1999年10月项目全部竣工，可以说该项目进展还是顺利的，这为我院超大型工程设计积累了丰富的经验。

孔庆忠：

上海世界贸易商城从外形看，总体由办公的33层、144.3米高的超高层塔楼及长240米水平向延展的11层展销楼组成，建造之时为上海最大的集中式单体建筑。而今，因其所处的地理位置、巨大的体量，清新、端庄的外观及发挥的政治、经济作用已成为上海虹桥经济开发区的主体建筑和醒目的上海市标志性建筑。

张桦：

虹桥开发区对上海的改革开放起到很好的推动作用，从建筑设计和规划层面来讲，这也是一个非常成功的案例。上海世贸商城项目曾获1995年度上海市模范集体、1996年度上海市重点工程先进集体，可以说这个项目的出色完成是集体的努力和智慧。

该项目中还有众多出色的设计人员为之付出心血，如结构专业的陆道渊、王伟杰，电气专业的屠涵海、徐熊飞、张晓波，给排水专业的戴毓麟和动力专业的张钦奂、吕宁等，还有一大批设计人员也都参与到该项目中并作出了贡献。在集体的智慧下，该项目还获得2001年度上海市优秀勘查设计一等奖、上海市建筑学会建筑创作·九十年代优秀创作荣誉奖等殊荣。

1990—1999

· 大珠小珠落玉盘——东方明珠电视塔
· 陆家嘴群楼
· 大剧院之歌
· 激情12年——浦东机场T1、T2航站楼
· 创“室”记

1990－1999年

东方明珠的出现，是上海城市天际线的一次伟大改变。

如果一栋建筑物可以代表一个不平凡的年代。那么人们一定会想到东方明珠电视塔。1990 年以来，上海城市建设持续高速发展，特别是邓小平提出上海要“一年变个样，三年大变样”的号召之后。这是中国大开发、大开放的时代，这是上海崛起于太平洋西岸的时代。

如果一栋建筑物能够代表一片热土，那么还是东方明珠电视塔。虽然，在它的背后，一批具有世界水平的建筑物陆续建设起来，有的造型别致，有的高度惊人。可是，人们说起陆家嘴、浦东，乃至新上海的代表，无人不称“东方明珠”。

“东方明珠”的出现，是中国建筑师原创作品不可多得的收获。中国传统文化“大珠小珠落玉盘”的意境演绎和本土建筑理念的延伸，可以和

院领导合影

世界的建筑语汇沟通，以先进的结构技术，在现代化的环境中矗立于世界之林。

东方明珠的构思和设计过程，或许有很多处可称为偶然。由哪一些人来设计这个电视塔是偶然，而由华东院这个团队设计出来则是必然。“东方明珠”后来成为新上海的地标是偶然，然而，华东院一定会为上海，为这个时代留下杰作，则是必然。

在一系列的偶然中，必然正隐隐潜伏其中。华东院已经具备了创作上海最重要的标志性建筑的能力。他们的理念，中西建筑兼收并蓄的文化，对城市和土地的了解，以及对建筑技术不懈的探索，都是宝贵的积累和准备。

厚积薄发，终于化作创作中的灵光乍现，支持电视塔一步一步走向中国建筑前所未有的高度。

陆家嘴的开发显然需要汲取世界的智慧。这一片不算广阔的土地上，集聚了中国和世界的金融巨头，也集聚了世界著名的建筑设计机构。建筑大师们是最敏感的，预判这里将会成为全球瞩目的工地，纷纷赶来“抢滩”。

竞争和合作同时展开。华东院在陆家嘴为中国人民银行、中国国家开发银行和华能大厦等原创设计了大楼。他们还以合作设计、担任设计咨询、设计监理等方式参与了一系列大楼的创作。这里是一个工地，对于一个善于学习的团队来说，更是一个不可多得的课堂。如今，中国工商银行、建设银行、上海银行、浦东发展银行、交通银行、平安保险等一大批金融大厦均留有华东院设计师的心血。上海环球金融中心、汇丰大厦等建筑已巍然成群。正大广场这一上海当时最大、最新颖的商业综合体，也成为时尚的地标。华东院在付出努力，合作完成众多设计项目的同时，收获了国际

建设部前部长叶如棠贺词

左上四图：华东院四十周年庆

左下图1：1997年，华东院与希望工程江西考察团捐助星子县小学学生合影

左下图2：1996年第四届《建设之声》歌会

左下图3：华东院第三届运动会

最先进的建筑理念。

陆家嘴和外滩建筑群隔江相望，恰似新旧时代的对话，上海的城市年轮。外滩建筑群建于 20 世纪初，陆家嘴拥有的是面向新世纪的现代建筑。黄浦江的这一段成为上海的一本历史大书，展开在世界面前。

华东院的作品还在市中心人民广场占据了重要的位置。华东院原创设计了东面的上海城市规划展示馆，合作设计了西面的上海大剧院。一直到建成为止，华东院的专家为上海大剧院付出了四年半的艰苦努力。在大空间大跨度的结构设计，剧场声学设计等方面，都有非常独特的创造。

因为东方明珠和上海电视台大厦的设计获得成功，中央电视台、武汉广电、江苏广电等建筑设计项目接踵而来。华东院还在境外印尼雅加达电视塔的国际设计竞赛中获胜并中标。

华东院作品的生活气息越来越浓，建筑已经融合在市民的日常生活之中。豫园商场的总体规划设计、静安寺附近地区的改建设计，以及美罗城、马戏城、港汇广场、上海书城等，纷纷洋溢着平易近人的和谐气氛。而他们参与设计的浦东国际机场一期工程和原创设计的二期工程，候机大厅庞大而华丽，充满人性化。

华东院在实践的捶打中，形成了建筑、结构、给排水、暖通、电气照明、弱电智能化、动力，以及规划、室内设计、建筑声学、地基基础、概预算等专业组成的比例理想的配置形式。1993 年，国家建设部组织全国勘察

设计单位评比，华东院在全国名列前茅，居上海第一。

华东院参与编制多项建筑设计方面的国家标准和地方标准。建筑市场的核心竞争力之一是智能建筑，在建筑技术与信息技术相结合的智能建筑于我国兴起之初，华东院就确认这是建筑业发展的主流之一，并且担任了弄潮儿的角色。1992 年下半年，成立智能建筑课题组，温伯银等专家全力投入研究。1994 年，在国内建筑设计界率先出版了《智能建筑论文集》，1995 年新年前夕，建设部在华东院召开“全国智能建筑研讨大会”。华东院于当年编制了国内首部地方标准《上海市智能建筑设计标准》。1998 年起，华东院的专家在智能建筑行业中以领军人的姿态，完成了中国第一部智能建筑国家标准《智能建筑设计标准》（GB/T 50314-2000）的编制。

他们成立了华盖、华发等子公司，多种经营渐成气候。由华东院主持工作的经济实体有 12 家：海南分院、厦门分院、浦东分院、海南申华房地产开发公司、上海绿苑房地产开发公司、上海精华科技实业联合公司、华东建筑技术发展研究中心、华东设计事务所和职工技协，以及院退管会三产华发技术服务部、院工会三产华光建筑物资配套公司，华东院与香港捷星有限公司合作组建的华捷建筑工程设计有限公司（注册于菲律宾和香港）。与有关单位建立的横向联营合作关系，但由兄弟单位主管的包括：上海茂盛技术咨询顾问公司、上海对外建设公司、上海联合工程咨询公司、新兴工程总承包公司、申城工程承包公司、上海浦江工程发展总公司、上海投资咨询公司、上海预应力开发公司、上海杰汉森有限公司、华太水处理设备联营厂和上海青浦华商工程设备厂。他们取得了涉外经营权，包括劳务输出许可证，逐步在菲律宾、新加坡、香港成立了合资公司，和美国、加拿大、英国、法国、新加坡、日本、泰国等国和香港、台湾等地区的合作项目有百余项。

华东院在组织管理和质量体系上获得了飞跃。1997 年，华东院通过 ISO 和 BVQI 国际质量体系的认证。

建筑设计机构如何在市场中运行，市场机制下的建筑设计生产力如何才能释放，一直是华东院领导研究的重点。1998 年，华东院与上海建筑设计研究院联合组建现代设计（集团）有限公司。一年之后，改制为华东建筑设计研究院有限公司。

面对新世纪，挑战和机遇都已经到了面前。对于城市天际线，他们酝酿着新的改变。

右图1：1994年华东院精神文明建设动员大会

右图2：1997年华东院首届集体祝寿大会

右图3：华东院第一个大型公建项目——福州国贸广场总承包签约仪式

右图4：参加“国贸广场”结构封顶浇捣的部分人员

大珠小珠落玉盘

——东方明珠电视塔

东方明珠

“东方明珠”横空出世，一举改变了上海的城市天际线。

这是一片土地的象征。

每一本旅游书，说到上海，都会说到“东方明珠”。

每一个旅游者，到了中国，到了上海，都会为自己留下一张“东方明珠”的照片。

这又是一个时代的象征。

30 年中国改革风云激荡，上海站在最前面。上海巨变，尤以浦东为最；浦东开放，以陆家嘴为龙头。陆家嘴又以东方明珠电视塔为地标。

高耸的“东方明珠”以及陆家嘴建筑群，隔江和外滩遥望，这是建筑与建筑在进行历史性的对话。

东方明珠是文化的历史整合

1985 年，上海市广播电视局组织专家对上海广播电视塔作预可行性研究。根据“上海城市总体规划”，浦东陆家嘴地区将形成新的金融贸易中心，是上海市中心区域的延伸部分。整个浦东的规划也将关系到今后上海城市发展的方向、发展的规模，体现着城市化、现代化的程度。东方明珠建筑高度为 468 米，总建筑面积近 7 000 平方米，集广播电视发射、旅游观光、购物餐饮、历史陈列等多种功能于一体。

“东方明珠”——上海广播电视塔选址在陆家嘴呈半岛形的地块上，黄浦江环绕，和黄浦公园、外滩隔江相望。这里水面开阔、岸线悠长、视

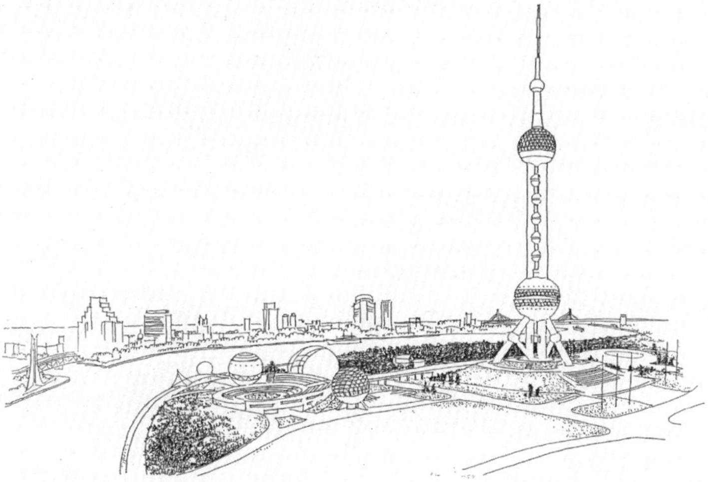

东方明珠

线集中，是上海城市景观线上的高潮景区，同时又是浦西自虹桥机场——虹桥开发区——静安寺——南京路外滩，这条城市东西向主脉线越江后的制高点，并由此转与浦东新区中轴线贯通，形成大上海的城市主脉络。

东方明珠最初选址的位置是更偏西一点的，在如今电视塔的位置，是已经完成设计并准备建造的上海导航中心。但华东院设计人员发现，这样的位置安排会遮挡主体，破坏视线的完整性。最终，因为上海市政府倪天增等领导的决策，重新选址，才有了现在的完美视野。

凌本立（资深总建筑师）：

它既出于电视塔发射功能上的需要，更主要的还是城市建设上的要求。由于我们在电视塔建设上已经在工艺方面积累了比较丰富的经验，而且随着卫星通讯技术的发展，发射功能也不再是电视塔的唯一功能，所以电视塔的建设就向多功能方向发展，借助其特别高大的塔身构成城市标志性景观和综合性的旅游点。

张秀林（原浦东分院副总建筑师）：

以电视塔为主体建筑的明珠公园，在满足电视塔独立功能要求的同时，充分体现出上海新老城市环境在时间上和空间上的延续性；以强烈的现代感建筑与外滩历史建筑形成鲜明的对比，表现在时空之中，历史与现实之间有距离的美感；以大片的滨江绿地和散落在绿地上零星的现代建筑作为浦东浦西新老城区的联系纽带；以草地绿化、石块和水体创造出一种朴素、洁净、美好、自然的人文环境，让人们暂时排除城市喧嚣和竞争负荷，身心在这里得到休闲和净化。这是符合当今人们追求诗意栖息的意识，也是上海在本土文化自身演化中向“现代”靠拢，在与外来文化接触中进行的历史整合。

在报纸空白处勾勒草图

1988 年 5 月，上海广播电视局邀请华东建筑设计院、上海市民用建筑设计院、广播电影电视部设计院进行方案竞赛。9 月，三家设计院分别提出 5 个、4 个、3 个共 12 个方案参加评选。

这是当时上海最重要的建设项目。可以说是振臂一挥，倾巢出动。华东院甚至出台奖金激励措施，希望全院的建筑师都能参加，提出构思。最终总共有 110 多个方案提出，在三楼会议室全部进行展示，由全院职工共同评阅并充分发表意见。

张秀林：

可以这么说，院里前前后后参与过这个项目的不下百人。除了方案组，由蔡镇钰、张乾源、张耀曾、凌本立这些总师各带一队人马，其他设计室的建筑师如管式勤、张俊杰、沙红等都参加过。随着方案的推进及集中，人员才慢慢地压缩。

江欢成（现代集团资深总工程师）：

一开始还是相当保密的，院里先后组织了三四十人在乌鲁木齐北路救火会附近的工房里进行方案的可行性设计，后来在夏天的时候搬到乍浦路的一个工房继续做方案设计，这个阶段已经出现三束筒和多筒方案。最后设计组搬回院里的二夹层继续进行方案的深入探讨。

经过两轮内部招投标预演之后，初定的四个方案，分别是张耀曾、费晓华的“申”字方案，张乾源、崔中芳的“白玉兰”方案，蔡镇钰、邱峰的“旋”，张俊杰的“火箭”。

这四个方案中并没有“东方明珠”。任务书要求，华东院需给出五个投标方案。在投标前一个半月的时间，又增加了一个方案——传说中求之

“东方明珠”方案模型

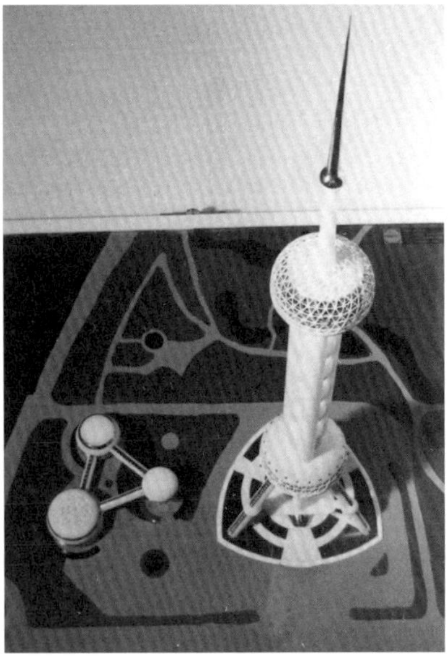

不易，得之有道的“明珠”方案，最终闪现了。

张秀林、凌本立、项祖荃（时任华东院院长）三人出差去常州。

凌本立：

出差的时候项总经理说过一句似是无心之语，“大家都立足于白玉兰造型的设计，而这其实并没有什么特别的意义。100多个方案里有球体的方案，决战选送方案里却没有了，或许我们还是再多考虑考虑球体的主题。”

张秀林：

在苏州住了一宿，第二天在返沪的火车上，我们三人面对面坐着，就一边讨论，一边在一张小报纸上，好像是《电影艺术报》的边沿空白处勾勒一些草图。当时画出一串小球的方案，还取了个名“糖葫芦”。这个方案三人都比较认可，项院长就叮嘱我和凌本立“这一构思暂时对外保密，就我们三人知道”，让凌总在家里画画，小范围进行讨论。

电视塔设计方案比选

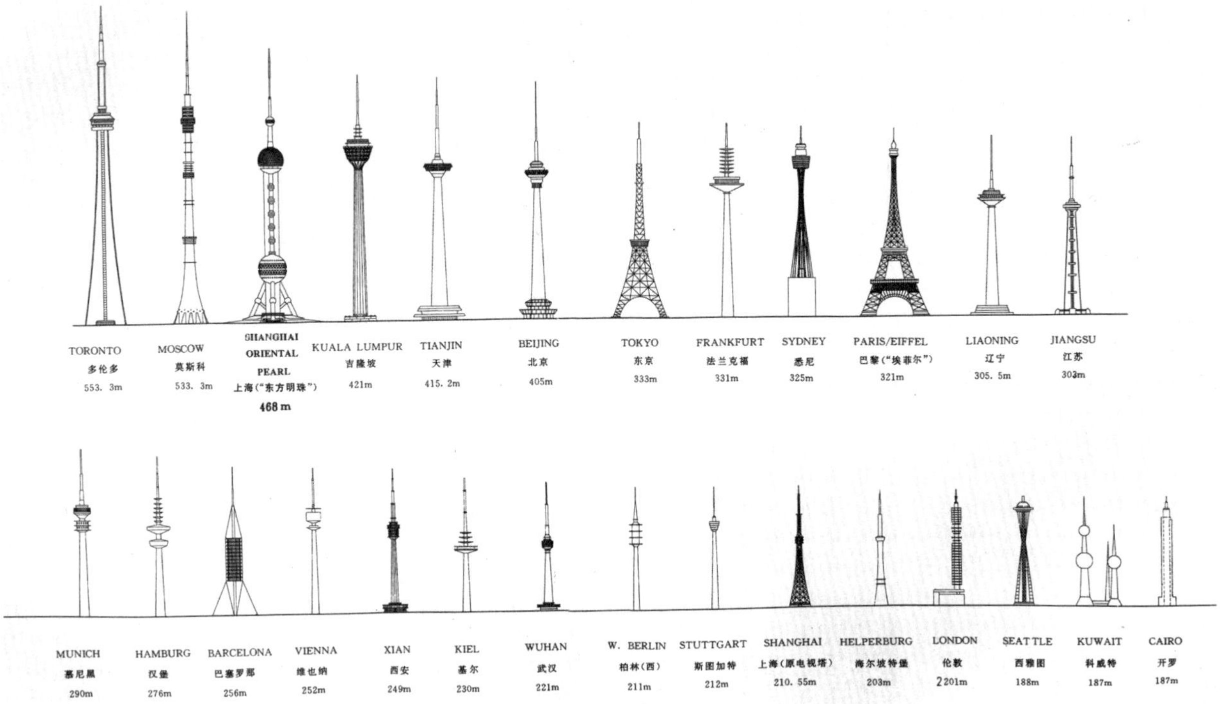

“东方明珠”广播电视塔与世界各地主要电视塔的比较

凌本立：

在定方案的前一天晚上，我觉得要在思路上改变一下方向，从新的角度去考虑。这样就由塔基部的通透感想到塔身的通透感，一个筒体变成三个筒体。

张秀林：

这个模型是在西藏南路的708所江南造船厂船模车间，由一位叫夏周林的师傅制作出来的。那时候，我几乎是天天往那里跑，反复调整造型、比例，包括总体平面（底盘）、模型材料，最终大家看到的是用有机玻璃做出的球体。一天，突然接到通知把模型送至院门口交给有关部门。后来才知道，原来是拿给邓小平去审阅的。可惜的是，最终这个模型不知去向了。

方案设计过程中，我和江欢成两人专门前去北京清华大学请教吴良镛院士。他看到模型照片后，信口朗诵出唐代大诗人白居易《琵琶行》中的名句，“嘈嘈切切错杂弹，大珠小珠落玉盘”。回来后我们特意写进设计说明中，在后来的调整方案及施工图设计中，着意强调“球”的这一构成元素，建成后的塔上共有11个球，总体的圆盘塔座和草地像一只翡翠玉盘。

“大珠小珠落玉盘”字面本身的意境具有浓烈的东方文化气息，“东方明珠”或许亦是以此东方文化气息最终中标。从此，每当介绍“东方明珠”说出这一句时都会赢得来宾一片感叹声，大家都心领神会。

1988年11月，由上海市建塔领导小组委托市建委科技委组织北京、南京、上海等地51位专家对投标方案进行评议。

1989年3月4日，经中共上海市委常委扩大会议讨论决定，以华东院设计的“东方明珠”方案作为广播电视塔的实施方案。

凌本立：

电视塔具有双重属性：既是一种功能性很强的构筑物，又是一种建筑艺术要求很高的标志性建筑。对于这样的工程，用高技派的手法来表现是较为合适的。高技派将建筑艺术与工程技术结合起来，用大手笔、大尺度反映建筑的力度，富于气势雄伟的表现力和时代性。用球体、柱体等几何图形构成的雕塑形体更可以增加方案的表现力。这种几何构成与高技派的思路有异曲同工之处，而且兼几何美学与建筑艺术特有的优势。

不用桁架作为塔身的构建，而是将塔身本身设计为一个大的桁架。这里的桁架就是三个圆筒体，而连接件可以演变成球体。同时，用夸张手法将大大小小11个球体组合在一个形体之中，产生一种强烈、明快、积极向上的氛围，标志着上海的腾飞，同时，科技性、娱乐性也较强，巨大无比的框架本身就是一种高科技形象。此外，还可以联想到火箭发射架、原子结构等等。这种氛围与上海作为一个现代化城市的形象相一致。由圆球体、圆柱体形成的空间构图较为活泼，这与电视塔将成为一个新的旅游点和游乐中心的要求也是一致的。

我们去了不少地方考察学习。柏林的电视塔、法国的埃菲尔铁塔、加拿大的多伦多塔、美国达拉斯市的团结塔等，我们都去看过。

本来电视塔设计的平面构图是中心对称的，三个圆筒体的平面投影为正三角形，其形心与圆球体的球心重合，并无偏心，但由于筒体为奇数，在某些角度就会有偏心之感。我们也尝试了偶数的筒体，但显得比较拘谨。看到美国团结塔也是三根柱子组合，顶部为球体，虽然也有偏心之

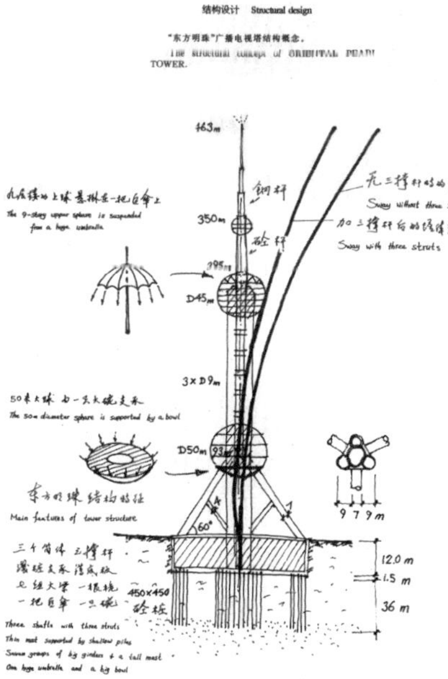

“打油诗”解析结构

感，但没有非常多的批评意见，相反其由电子计算机控制的球体柱状灯非常著名。我们也就觉得偏心问题是能够被接受的。

国内外绝大部分电视塔都是清水混凝土的，是一种材料本色调。我们上海塔在玻璃色彩及塔身色调的选用时出现了很多的声音，白色涂料、包裹铝合金、蓝色等等，最终我们还是用红色。一是电视塔端部的航空障碍标志也是红色，这样就比较统一；二是电视塔后将出现大片的高层建筑，红色能活跃在灰蓝色的背景下。

电视塔施工现场

曾经有过一首顺口溜

在东方明珠之前，我国已建成了武汉塔、北京塔、天津塔和沈阳塔等多个单筒塔。

单筒塔体形对称优美，能够较好地抵御各个方向的风荷载地震作用。但各地的单筒塔只是在塔楼的形状、塔身的线条、塔座的布置上作些小的改变，粗看起来，它们都大同小异，很难成为城市鲜明的标志。同时，作为一种静定结构，单筒塔不能提供多重抗震防线。

东方明珠广播电视塔，以三根直径 7 米与地面呈 58° 角的斜撑，支扶着三根 9 米直径的擎天立柱，连同上下三个直径分别为 14 米、45 米、50 米球体和一连串中间小球组成一个巨型空间框架结构，具有较好的稳定性和抗震性，打破了烟囱式简单的常见塔形，被人戏称为“烟囱加糖葫芦”。

江欢成：

当时经过半年有余的时间，我们搜集了大量当时全世界范围内电视高塔的资料，比较之下，有了多筒结构方案的初衷。一是为了造型，二是为了提供多重抗震防线。东方明珠电视塔从一开始就确定用钢筋混凝土塔，我们运用了带斜撑的巨型空间筒体框架结构、短桩和薄板基础、钢天线的顶升设计、悬挂结构和悬挑结构。塔体采用架空通道，充分暴露结构，以表现力度和壮美的气势。

有过一首顺口溜：三个筒体三撑杆，浅桩支承薄底板，七组大梁一根桅，一把巨伞一只碗。“三个筒体三撑杆”、“七组大梁一根桅”比较容易理解，可以直观地看到。巨型空间框架结构由三个直径为9米的钢筋混凝土筒体、三个直径为7米的钢筋混凝土斜撑和七组共21根大梁组成，它是一个多次超静定空间结构。这样其实是为了有意识地控制塑性出现的位置和顺序，增大延性，在多重地震的时候丢车保帅。

“浅桩支承薄底板”说的是上海典型的软土地基，桩基施工由上海市基础工程公司承担。工程采用长35米，500毫米×500毫米截面的钢筋混凝土预制桩，进砂层约3米，总桩数423根。桩基底板上是两层地下室的箱式基础，我们在箱基内设计了环向和径向的混凝土墙，将绝大部分桩布置在墙下，基础底板主要承受均匀分布的水土反力。

“一把巨伞一只碗”说的就是上下球。上球45米的直径，9层1万平方米，采用双重悬挂结构，单筒内埋设钢环，筒内楼板作横隔，钢环伸出12个耳朵，安装悬挑钢屋架，吊挂柱子，支承楼板。下球50米的直径，下端

电视塔施工过程

上图：斜筒上端交汇于中心筒，最后一段安装

中图：塔身下部3根与水平成60° 倾角的斜筒，下端支承于基础

下图：3根斜筒中部至最下部一组环梁之间，各设1根外径为4米、壁厚为0.25米的再分筒

东方明珠设计组获奖合影

和三个竖筒及三根斜撑相交，上端和三个竖筒及中筒相交。我们在球的底部设计了一个锥形的混凝土碗，碗底和6个筒体整浇在一起。碗边支承48根折线形柱子，支托桁架和楼板。初步设计时，它是一个截球碗壳，在大量的内力分析之后，施工图改为锥壳，只对锥壳顶面的楼板施加法向预应力就取得了很好的效果。这是在当时没有计算机运算的情况下，我们通过自己的专业知识进行的预算，并且只有一次，只准成功不准失败，还是非常厉害的。

汪大绥：

在建设过程中，除了广播电视工艺是由北京广播电视部设计院提供的技术，其他方面都是华东院承担的，在科技上创造了当时很多的中国第一。

为了结构形态的美观，7米斜撑的柱子是插在垂直的9米柱子中间的，因此，在标高68米至123米与250米至283米范围内的3根筒体之间，设置了三筒内接的中心筒。混凝土的三筒结构逐渐变成单筒结构，在标高270米以上，就将三根垂直筒体各变为半圆筒，从空间功能上增加了使用面积，从结构上就是改善组合筒与单筒之间的刚度突变问题。

直筒体施工中采用升板机整体提升钢平台，钢平台不仅作为操作平台，还挂吊全部筒体模板与多层脚手架。以12台升板机为动力，把钢平台逐次向上提升，进行下部3根筒体的浇筑。

直径50米的下球体。钢结构重达470吨，力量集中在下部。楼板由混凝土锥壳支撑，我们对三筒间的楼板施加法向预应力。球面由网壳组成，为确保节点在空间自然位置的装配精度，采用倒顺装交叉进行的总装法，在垂直轴线方向分5个自然段，进行120°球体预总装。

直径45米的上球体，钢结构重达815吨，力量集中在塔身上部。这里我们采用的结构方案可以说是非常大胆的。我们在空心筒壁内增加了很多的横梁，以钢环梁悬挂12个大桁架，大桁架与塔身环梁支座又以大销轴连接。这里的球面则采用从上至下，逐层安装的逆装法安装。球体部分，总共安装玻璃幕墙7 000余平方米，铝合金幕墙8 000余平方米。

电视塔采用清水混凝土，这样两个部件缝合的地方就会特别的清楚。我们采用中间小球的环梁为基准，得出一个模数2 280毫米，以此作为规范。你甚至可以看到螺栓都是整齐排列的。

现在看到的钢天线分为三节，下面两节分别是3.6米、1.6米的正方体，最上面是由意大利制作的0.8米的八角形。在其底部设有方形的提升平台，提升时，与天线桅杆一起上升。提升台每边装有5个穿心千斤顶，由设在钢筋混凝土筒顶面的天锚板穿下120根钢绞线（每6根为一组），像猴子爬绳般，升一段松一段，经过10天才提升到位。

当时还进行了一系列的科研实验。1∶300的全塔气动弹性模拟的风洞试验，是在中国空气动力学中心进行的。1∶50振动台实验，是在同济大学进行的。其他还有节点模型试验，钢结构的防腐蚀研究，1∶400的筒体与大梁节点三维光弹性实验模型等等。在1∶50的微粒混凝土整体模型振

下图1：孔庆忠向广电局龚学平局长汇报方案

下图2：倪天增与院领导讨论方案

动试验中，钢筋混凝土桅杆出现了开裂，这与我们最初的计算是一致的。

东方明珠工程有十大施工技术难题在国内尚无先例。华东院协助施工方解决了大面积软土地基深基础施工、350米直筒体混凝土施工、93米高斜筒体混凝土施工、350米高度一次泵送混凝土技术、超高结构垂直运输机具研究应用、离地高度141米至234米间回廊飞模施工、307米超长竖向预座力张拉施工、筒柱体垂直度测量技术、球体钢结构吊装施工技术、总重450吨钢桅杆天线整体提升技术。

那些难忘的日子

那时候，浦东与浦西还只能通过黄浦江上的渡轮相连，这也是设计师们赶往现场的唯一交通工具。“百万雄鸡过大江”说的就是每天浦东有4班船，每班2 000人，几乎人手一筐蛋、两笼鸡，浩浩荡荡挑下船，运进大上海。而设计师们则是风尘仆仆，来来往往坐船去工地。有时候晚了都没有渡轮可坐，很多人就只能在浦东通宵。

现场搭有两层楼的简易工房，薄薄的板屋顶经常漏沙，一边画图一边擦沙。东方明珠球体的直径非常大，弧线比较多，把圆规接起好几段才能够画。圆规中心点比较容易破，就用玻璃胶粘在图纸背后。

后来就买了一套曲线尺，还是唯一的一套，各部门轮换使用。

项目施工时由于工程电梯的限制，只能电梯上，楼梯下。大师们也都亲自上下监督。那个时候没有手机、寻呼机，相互间的沟通基本靠“吼”。

有时夜宿在工地，同事间相互为对方盖被子，气氛很温馨。劳累一天，同事们常常去买点小菜、喝点小酒缓解紧张的情绪。

王学良（主任工程师）：

这个项目是当时最高的用水建筑项目，345米。这也给我们专业带来比较大的问题，因为压力太大易造成管道的爆裂。加上这个项目的面积很大，也就要求这个系统要非常周密，我们设计了4级的串联系统，也经常回到院里和一些专家进行讨论。我们专业上的串联系统、消防设施系统、立管系统、减压系统等都可以说是经由此项目开始，在以后的超高层项目中，开始分享该技术。

江豫新（原主任工程师）:

在专业上，我们克服了三方面的难点：

首先是电气设计。东方明珠电视塔的用电负荷大部分属于特别重要的一级负荷，我们采用了二路35kV常用电源和一路10kV备用电源供电，另外再自设一台柴油发动机备用电源，共4路电源供电。各电视接收和发射设备还配备UPS电源，从电源的数量来看，供电应该是可靠的，但是必须把这些多电源组成一个最为可靠和合理的供配电系统，选用质量可靠的供配电设备，才能确保供电安全。一般来说重要建筑的供电电源都是2个或3个电源，构成多电源的、可靠的供配电系统是东方明珠项目的一个重点。经过17年的使用，证明了东方明珠电视塔的电气设计是良好的。

第二是防雷问题。460米的建筑高度直接受雷击的几率非常高，塔内电视广播设备是不允许受雷电的破坏和干扰的。我们遇到的问题就是，难以采用一般建筑的防雷方法减少雷击次数和降低雷击电流，350米以上的电视塔天线部分又不可随意安装防雷设施。为此，我们专程赴武汉水利学院拜访我国著名防雷专家解广润教授进行讨论，并在施工现场观察消雷器的防雷效果，最终运用到建筑上。

还有一个难点是外立面景观照明问题。东方明珠电视塔景观照明不但要美观，还不能破坏建筑表面的完整性，加上它的高度，这就给景观照明设计带来困难。我们两次邀请上海照明学会著名照明专家蔡祖泉、何明皋、杨公侠、章海聪等，会同日本大山照明公司照明专家共同研讨东方明珠电视塔外立面景观照明设计方案。为了确保景观照明的效果，我们还多次与日本大山照明公司照明专家一起在施工现场做光导纤维的亮度试验。

整个塔的主体照明系统由438套投光灯、2套转灯、2条光带、2套探照灯、576个光导点和其他辅助设备组成，是一个具有国际水平的变色投光

上图1,2：“东方明珠”广播电视塔奠基仪式

上图3：三家设计院12个送审方案评审

上图4：讨论设计方案，（左起）江欢成、凌本立、项祖荃、张秀林、汪大绥

下图1：方案阶段讨论会

下图2,3,4：华东院设计组进驻施工现场

光源照明系统。

狄玲玲（主任工程师）：

“东方明珠”电视塔分别设置了9套独立空调系统，空调系统冷、热源采用特殊的空气源冷热水机组，并配备先进的自动控制系统实施全面监控。这些巨大的排气风机是镶嵌在绿草丛中的。

暖通专业上的难点是高空风向多变且风压大，风口设在球面会给新风、排风系统造成较大困难。我们在上球体外圈做了一圈均压环，这样很好地解决了风向、风压的问题。

林海雄（副主任工程师）：

这个项目正好体现了我们这个专业师徒三代人的心血，袁敦麟是吴文芳的老师，吴文芳则又是我的师傅。这个项目的难度在于楼层高，我们需要分层设机房。通讯设计是和带宽及距离有关的，我们把它当作一个平面铺开的小区来做，上下球、太空舱都是分别作独立的系统，然后再连接起来。可以说这个项目开创了建筑电气的先河。一是它的技术难度大；二是史无先例；三是当时无设计规范。我们是“摸着石头过河”，不允许判断的失误。

走出国门的胜利

印尼雅加达塔项目位于印尼雅加达市区，该项目集广播电视发射、旅游、观光、餐饮、购物、办公于一体。该项目占地 4 公顷，总建筑面积达 31 万平方米，地下停车 3 700 余辆。塔总高 558 米，为当时世界第一高塔。

1995 年 5 月，印度尼西亚采用国际招标的方式征集设计方案，邀请六家国际著名的设计事务所竞标，其中包括美国的 SOM、Murphy Jahn、加拿大 Baldwin、日本的丹下健三、印度尼西亚万隆理工大学（ITB），还有一家就是慕名而来设计过东方明珠电视塔的华东建筑设计院。

华东院组织了以参与东方明珠项目的设计师为班底的设计班子，由江欢成承担设计总负责人，建筑师邵晶、郭畅等参加方案设计，时任副院长

的项祖荃分管方案设计。雅加达塔设计在东方明珠成功经验的基础上进一步优化，保持了三根混凝土筒的特色，但筒体直径放大至 13.2 米，以改善登塔的垂直交通和满足塔身办公楼的要求。取消东方明珠三个大斜撑，同时扩大筒体间距，筒体中心落在 38 米直径的圆周上，以保证结构的稳定和牢固，并把东方明珠的球体设计改为圆盘。这些优化措施，使雅加达塔更为挺拔有力，施工方便。

塔的造型酷似印尼著名艺术品——木偶人，因此印尼雅加达塔又被誉为亚洲巨人。设计方案得到了印尼业主与专家的一致好评，最终一举中标。这是华东院也是我国第一次在国际重大项目的设计招投标中赢得胜利，在国际上产生了很大的影响，为华东院走向国际市场迈出坚实的一步。

该项目于 1997 年开工，1998 年因国际多次金融危机的影响，暂时中断施工，至今该项目仍处于停顿状态，成为又一个马拉松式的国际工程。

浦东开发的里程碑

东方明珠酝酿建设之时，也正是中央酝酿浦东开发之时。浦东开发吹响号角，与东方明珠的定型和开工几乎同步。东方明珠可以说是浦东开发的里程碑。

开发浦东，是中央反复研究之后，于 1990 年 5 月作出的重要决策。之前，有一批中国的规划专家和学者，殚精竭虑，为浦东开发作先期谋划。

20 世纪 80 年代初，时任北京规划局副局长的金瓯卜应邀参加上海总体规划研究会议，他旗帜鲜明地提出修改上海市原来的总体规划，建议开发、开放浦东，并以规划专家的角度，列举 10 个优点。

华东院的元老金瓯卜为开发浦东呼吁，华东院则创作设计了东方明珠，之后华东院的设计师们又在陆家嘴这一片热土上激情投入，他们共同于上海发展史上这一段波澜壮阔的年月，谱写出一曲前后呼应的建筑传奇。

陆家嘴群楼

1990 年，浦东吸引了世界的关注。

北京传来响亮的声音："尽快把上海建成国际经济、金融、贸易中心，带动长江三角洲和整个长江流域地区经济新飞跃。"

陆家嘴金融贸易区的开发显然需要汲取世界的智慧，这一片不算广阔的土地上，集聚了中国和世界的金融巨头，也集聚了世界著名的建筑设计机构。人们都有预感，这一片热土上建设的大楼，将成为世界上最先进的建筑群。

竞争和合作同时展开。华东院作为本土建筑设计团队，义无反顾地立志有所作为。他们率先为陆家嘴贡献了作品，他们原创设计的中国人民银

陆家嘴楼群

华东院在陆家嘴的项目

行是陆家嘴地区矗立起来的第一栋金融大厦。此后，他们又原创设计了中国国家开发银行大厦。

作为本土设计团队，还必须将在这一片土地上多少年来积累的经验提供给海外的同行，他们以合作设计、担任设计咨询、设计监理等方式参与了一系列大楼的创作。专家已经注意到，陆家嘴高层的建筑设计和华东院有关的占到了七成，合作设计的建筑不乏佳作。

如今，陆家嘴金融建筑已经巍然成群。“东方明珠”背后这一片高楼林立的土地，早已经成为金融和商品流动的象征。造型各异，巍峨密集的大楼，共同构成陆家嘴金融商业贸易区的天际线，并成为上海最热的旅游区域之一。

上海浦东发展银行大厦

上海浦东发展银行大厦

华东院和 WZMH 建筑设计事务所合作设计的上海浦东发展银行大厦，是一幢将古典建筑形式与当今先进的工程技术结合为一体的高标准、高效能的银行大厦。它以端庄典雅的建筑形象，在浦东陆家嘴金融贸易区众多楼宇中展现出一种不为时间流逝而消退的建筑美。

高 150 米的大厦地处陆家嘴地区的门户，中轴线大道和浦东南路相交的三角形地块。

大厦形体分为底座、中部和顶端三段，立面处理吸收了外滩经典建筑的精髓，以体现银行建筑恒久、稳固的特征。设计师们对顶部的收分设计作了仔细的推敲，使其成为大厦合适的冠冕，收分以屋顶灯塔和塔尖结束，在夜空中格外引人注目。

大厦地上部分主要由银行大堂、营业大厅、银行办公、出租办公和公寓式办公、观光餐厅、会议及其他相应配套服务设施组成。地下部分有三层，由车库、金库和设备主机房组成。

上海银行大厦

华东院和丹下健三建筑设计研究所共同设计的上海银行大厦的设计方案，是从银行总部大厦所应具有的建筑性格出发，以大厦与基地环境协调共存为前提作出的建筑设计构思。

在建筑设计上，要塑造令上海银行业主和用户印象深刻、易于认同的建筑形象。因此，设计师的构思不同于以往单纯业务性办公大厦，而是采用更为宽敞、舒适的文化性空间，提出不拘于固定功能的弹性多功能大空间构想方案。同时，与周围的自然、人工环境相协调，通过将基地前方的中心绿地及西北侧的黄浦江、外滩景观特性巧妙地反映在建筑空间造型上，增强了建筑自身的存在感。

上海正大广场

华东院和美国捷得设计公司合作设计的上海正大广场，表达了变化中的大型购物中心的设计理念。

购物中心已成为城市最具有特色的组成部分，正大广场宛如一座城中城，百货公司、零售店、餐厅、美食广场、电影院、多功能厅、花店、咖啡吧、电脑广场、画廊、美容院、儿童天地、旅行社等应有尽有。它更趋平民化，与城市广场、小镇中心极为相似，也如永不落幕的庙会，使人感到亲切而乐意前来。来自不同国度、不同阶层、具有不同文化背景的人们能在一起聚会、交流、休闲、娱乐，而不仅仅是单一的购物活动。

它与其所处的小陆家嘴地区密不可分。设计师从城市设计的角度考虑，将整个区域的行人系统、道路系统、绿化系统有机地结合起来。建筑的北面、东南面有天桥与东方明珠及小陆家嘴办公区连通，地下二层留有通道与地铁相连，地下一层与人行隧道相通，西面两层平台连接滨江大道绿化带。它已成为城市中的一个枢纽环节。

正大广场的外观视觉效果特别强烈，由四条街围合起来，五个立面的设计都不同，但又互相呼应融合。每天从各处来的人群，无论你是来购物还是休息即或路过，都能感受到令人振奋且充满活力的都市生活。

开业以来，广场日常的日均人流量达 18 万人次，周末高峰期的日人流量更可达 26 万人次。

如饥似渴地学习一切先进的东西，这是华东院的传统。这一片土地成

上海正大广场

上海银行大厦

交银金融大厦

中国工商银行浦东金融大厦

为他们不可多得的课堂。无论是竞争还是合作，每一个项目都是一本学习不尽的教科书。

陆家嘴超高层建筑项目的设计，融合了当时最先进的设计理念和技术水平，在纵向上体现出超高层建筑设计理念的转变和技术手段的进步。20世纪 90 年代，正是超高层发展的快速时期。设计风格多以现代主义为主，简洁的几何形体组合，勾勒出一幢幢细长挺拔的超高层建筑，与城市环境融为一体。从大气简约的浦东发展银行大厦到轻盈流畅的环球金融中心，印证了超高层建筑设计理念的转变。而技术手段的进步是实现设计构想的根本保证，主要体现在建筑结构、使用材料的发展。早期的建筑如交银金融大厦、上海银行大厦等大多采用框架筒体结构，而随着科技的进步，结构类型愈加多样。2008 年建成的上海环球金融中心采用了由巨型柱（主要的结构柱）、巨型斜撑（主要的斜撑）和带状桁架构成的"外周巨型结构体系 + 钢筋混凝土核心筒 + 伸臂桁架"的三重抗侧力体系，不但大大提高了抗侧力体系的效率，同时使建筑结构更加透明。

汪大绥：

陆家嘴的开发起步于20世纪90年代，经过20年的建设，现在已经成为享誉世界的国际金融中心，是上海经济腾飞的象征，也是世界上超高层建筑最集中的地区之一。

当陆家嘴初具规模之后不久，华东院爆发式地完成了一系列超高层建筑项目。在陆家嘴建成的数十栋、总面积达数百万平方米的超高层建筑中，超过一半出自华东院设计人员之手。这些工程不仅建筑形式千姿百态，结构形式也丰富多样。当今世界超高层建筑结构的主要类型在这里都可以找到，其设计与施工技术也反映了当今世界超高层建筑结构技术发展的方向。有部分项目已成为设计技术上的经典，很多技术成果丰富了我国设计与施工规范。在建设陆家嘴的过程中，华东院的设计人员担当了重任，得到了锻炼，积累了经验，也培养了人才，使我院在超高层结构设计方面居于国内领先地位。

有一件事一直令我印象深刻，我们与德国ABB建筑事务所共同参与交通银行项目的设计。在合作期间，一面学习，一面扮演好设计者的角色。在最初ABB事务所的方案中，为营造出丰富的中庭空间，中间幕墙是相互贯通的。但华东院结构专家经过严密论证，认为此方案结构刚度太差，并提供了解决问题的措施。业主与ABB事务所最终采用了我们建议的三道桁架连接的处理手法此手法联系双塔楼，这种新颖的结构形成不仅使建筑在地震和风力作用下非常稳固，满足设计规范的要求，而且创造出“一线天光”的视觉效果。

建筑评论家认为，华东院在付出的同时，在这一片土地上最大的收获是超高层技术的快速积累。目前在国内超高结构设计方面，除了几家境外公司之外，华东院也获得了业界的认可。伴随着各种第一高楼的记录不断被刷新，超高层业绩也在往更高的高度挺进，天津高银117金融大厦、大连绿地中心、绿地长江中心等超过500米，甚至600米的项目也陆续出现在华东院的超高层成绩单上。

如今华东院在国内超高层建筑设计领域中仍处于领先地位。

大剧院之歌

早在 20 世纪 50 年代，周恩来总理就提出要在上海建造国家歌剧院。

周总理的这一愿望直到 40 年后才实现，这就是上海大剧院。

1993 年 12 月底，上海决定建造上海大剧院。时任市委副书记的陈至立、副市长龚学平主持选址工作，确定大剧院建在市中心人民广场西北角。

上海大剧院向全世界征集方案，法国夏邦杰建筑师事务所的 07 方案中标。评委认为，法国建筑师夏邦杰的设计概念清新，建筑平面与空间布局合理，对大剧院的各项功能考虑得较为周全，建筑造型新颖，屋顶飘逸，具有文化内涵。

大剧院的主体部分大剧场，观众厅座位数约为 1 800 个，其中池座 1 100 座，二楼和包厢 300 座，三楼 400 座。座位设计合理，分布均匀，全场观众均能在不同的角度舒适地欣赏表演。

大剧院总平面图

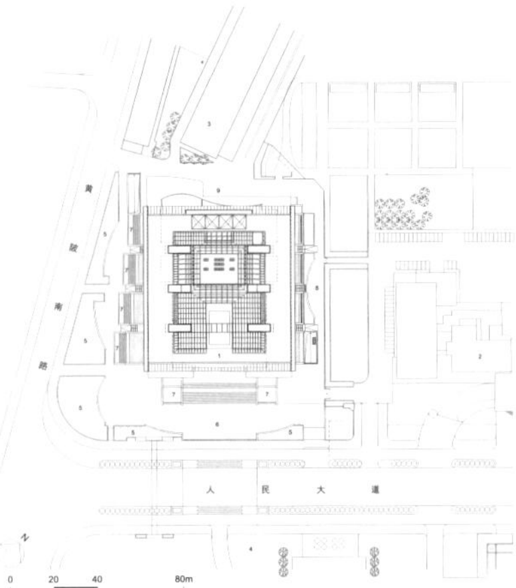

除主剧场外，大剧院还有约 600 座的中剧场和 200 座左右的小剧场各一个，适合演出室内音乐剧、话剧等。屋顶有 1 600 平方米的多功能大厅，可用作各类文艺演出，也可作为招待餐厅。近 2 000 平方米的大堂金碧辉煌，6 片排箫形灯架组合成的大型吊灯更为之平添了几分高贵气息。在底层有 2 500 平方米的文化商场，400 平方米的贵宾接见厅和 400 平方米的咖啡厅。地下二层有泊位约为 170 余个，地下一层有 12 个大小不同的排演厅、练声房、练功房和各类制景室、化妆室，能容纳国际上人数最多、档次最高的歌剧团、交响乐团等进行排练演出。

华东院负责工程的扩初和施工图设计，这是一次重大的挑战。

曹嘉明（原副院长，现代集团副总经理）：

说起这个项目，有许多值得回忆的经历。早在浦东开发之时，夏邦杰事务所就希望能在上海有项目合作的机会，但是浦东开放十年间，夏邦杰都没有能够接到上海的项目。一次，正逢大剧院项目前夕，夏邦杰来华东院，我建议他参加大剧院投标。也就有了夏邦杰事务所后来中标的事实，使得夏邦杰事务所在中国有了第一个项目的良好开端。

这里面还有个有趣的故事，当年大剧院的业主管理及工程负责人乐胜利与夏邦杰签约前，将夏邦杰提出的14%设计费压到4%，由于夏邦杰事务所的设计师要到中国现场参与设计，项目进展到初步设计阶段，费用耗尽。由此，华东院从夏邦杰事务所顾问的角色转为项目合同的主承担方，从此开启了华东院与大剧院的不解之缘。

这座当时国内没有、国际上也只有少数发达国家才有的大剧院，在建筑、声学等处理都有很高的难度，很多问题都是当时国内从来没有遇到过的。

上图：大剧院签约

下图：大剧院工地合影（吴至贤、乔伟、王鸣、邵晶、凌本立、曹嘉明、土英、贺平方，1997年3月）

巨大的屋盖——振奋人心的凯歌

大剧院地下两层，地上六层，顶部为一月牙形反拱钢屋盖，内有二层，局部三层，总面积约 2.2 万平方米。建造和安装，都是世界级的难题。

陈宗梁、吴至贤等结构专家，为了达到建筑与结构的完美统一，采用了巨型框架这一新型结构体系。它具有侧向刚度较大，为建筑提供大跨度和大空间室内效果，能满足建筑多功能要求等特点。六个钢筋混凝土电梯筒体作为主框架柱，承担着上部结构全部的竖向荷载、风载及地震荷载；两榀纵向主桁架及十二榀横向月牙形桁架形成主框架梁，承担着全部钢屋盖的竖向荷载，并将受力传至电梯筒体；钢屋盖内部三层楼面结构组成巨型结构的次框架部分。

屋盖四周均有较大尺寸的悬挑，屋盖内有四层楼板供不同用途使用。支承点受力不仅大而且复杂，因此，先后用半年时间，结合工程开展了理

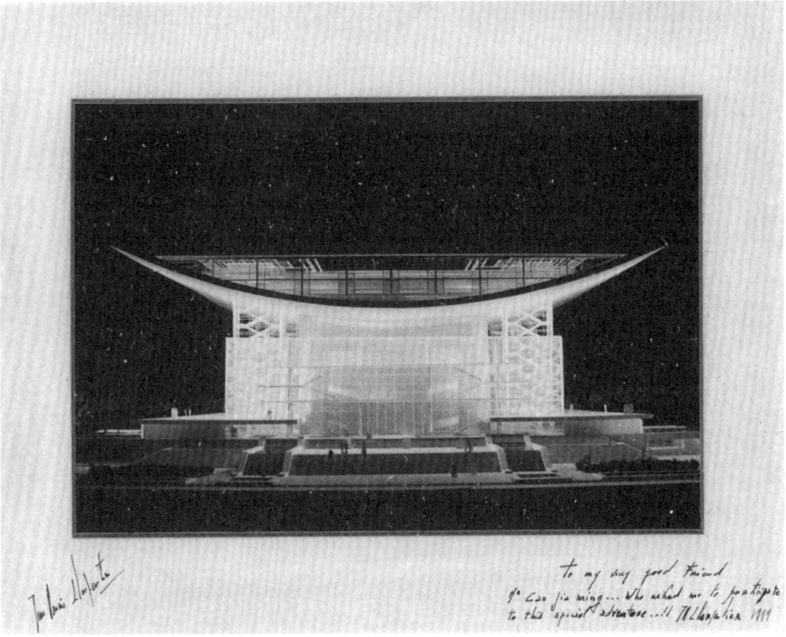

上海大剧院夏邦杰致文曹嘉明

大剧院内景

论和试验研究。结构方面进行了整体模型抗震分析和振动台试验研究，以及两向正交空间钢桁架的节点及支座的理论分析和试验研究。此外，还进行了整体模型的风洞试验。

采用了先平面后空间，由粗到精的设计思想，将钢屋盖划分为三个主要平面系统（即月牙形桁架、主桁架、混凝土电梯筒体），分别对单个平面系统进行结构体型优化，然后再组合起来进行整体结构计算。

经过上百次的计算分析、优化，使钢屋盖结构总用钢量显著降低。

上海大剧院的屋盖使用"分段制造、地面组装、整体提升"的独特方案，仅焊条就用去180余吨。

1996年7月1日，用44只液压千斤顶拉着792根钢丝绳，历时20小时58分钟便成功地将总重量为6 075吨的钢结构屋顶整体提升至38.83米高的6个电梯井上，创造了我国当时建筑钢结构提升重量最大，提升和安装就位速度最快的崭新纪录。

这是大剧院建设的一曲凯歌。

《红色娘子军》——透明的歌声

为了将流水般的音符逼真地传递给观众，大剧院在声学设计上强调建声为主、电声为辅、原汁原味的自然声，通过屋顶天穹、舞台墙板等建筑声学的有效处理，使具高质量的建声混响、扩散。在此基础上再辅以电声设备和扬声器系统，来弥补声音响度的不足和放送效果声。

辽阔深邃的舞台、放射形的台口、波浪形的吊顶天花，宛如一个巨大的号筒，将台上的演唱演奏声反射并导向观众。用作区分坐席分区的隔断实际上是特别设计的声反射栏板，相当于缩小了观众厅的实际宽度，观众厅两侧板采用锯齿形状，挑出的三个阳台式包厢也都对均匀声场起到了重要作用。

设计人员在建声设计中糅合可变混响技术，根据不同演出功能、观众厅不同吸声与反射状况，用1 800立方米的壳状乐队挡板和可收起的吸音构件来调节。吸音构件由垂幕组成，这种最先进的内藏式吸声帘幕约300平方米，它们可以在侧墙上滑动，当演出歌剧时，垂幕徐徐降落以吸收声能，令歌声层次清晰，并拥有极佳的透明度。而当演出交响乐时则收起垂幕，加设音乐反射罩，以保证交响乐气势浑厚、丰满而有力度。

建筑声学人员在主舞台上精心设计了一个大型音乐反射罩，在交响音乐会中有效避免声能量在舞台空间的逸散和吸收，使音色更加自然逼真。

章奎生（现代集团资深总工程师）：

我在华东院时做得比较典型的建筑声学作品就是上海大剧院。

这也是我们第一次搞大规模现代化的剧院工程。剧院做得再漂亮，造型再新颖，如果声学不好，也是失败的。大剧院的声学设计，没有任何外方参与。我们凭着多年技术积累的经验和能力，全部独立完成。

我在现场工作了4年半，一直到1997年8月27日，第一场正式演出《红色娘子军》结束调试以后，我们才撤离。

我以为，中国现代的演艺建筑应该从上海大剧院开始，大剧院翻开了我们中国演艺建筑或剧院建筑史上崭新的一页。

在以后的15年中，中国演艺建筑大发展，建筑声学也越来越受到重视。

华东院大量的演艺作品中，声学设计始终是不可或缺的重要角色。中国音乐学院的音乐厅、特立尼多巴哥国家的艺术剧院、无锡的灵山梵宫、北京的中央电视台以及上海世博中心、世博文化中心等项目中，都有一流的声学设计。

大剧院室内

2000年，现代集团正式挂牌成立“章奎生声学设计研究所”。2010年，出版了章奎生撰写的《101个工程项目》。

《雪绒花》——献身者的挽歌

承担该项目的暖通和动力专业的主要设计人张钦奂，在采暖及生活热水供应和燃气供应设计过程中，遇到燃气锅炉房设置在室内弓形穹顶狭小部位，隔声等特殊要求难度大等困难。张钦奂为此绞尽脑汁，终因工作过度劳累而病故。

一年之后，祝秀荣建筑师又在工作岗位上离开了人世。

大剧院建设总指挥乐胜利在回顾大剧院的建设过程的文章中，写下了对华东院两位设计师的悼念：

我们已经失去了两位精英：一年多前张钦奂主任工程师因突发脑溢血，倒在堆满图纸的书案上，今天厄运又降临在祝秀荣您的身上，仅仅两周时间，凶顽的癌症就吞噬了您的生命。什么言语都没有留下，只有设计桌上那一大堆的图纸。

祝工，您走好！祝秀荣，一个普普通通的高级建筑师，在大剧院的重要设计岗位上奋斗了几近四个春夏秋冬，靠的就是一笔一个脚印，一笔一滴汗水的严谨和勤奋。

还没来得及倾听大剧院诞生的庆典乐章，还没来得及观看翩翩起舞的天鹅之美，还没来得及完成您一横一竖勾勒的中、小剧场的图纸，您就匆匆走完了人生。

令人难以忘怀的是去年冬天，指挥部提出了大剧院的每一个立面都应是一个艺术造型的要求，我们对建筑的第五立面进行了研究。那天清晨天气格外的阴冷，朔风凛冽，祝工却已经带着陈缨、乔伟、张欣波几个年轻的建筑师爬上建筑的顶端，细细揣摩。我看着她几乎冻僵的面庞，气喘吁吁、一步一瘸地向上攀登的身影，感动之情溢于言表。没有几天，一套完整的方案已经出现在我的办公桌上。

还有一次，为了计算观众厅的座位遮挡率，她和我们一起冒着酷暑，一会儿弯腰，一会儿挺背做着马步姿势，一个座位一个座位地分析视线，两个多小时下来，大家已经大汗涔涔，累不堪言，但她却兴奋地对我说："座位的视线实测和电脑分析基本一致，座位设计的难题解决了。"真希望能够有机会在大剧院演出的时候，让她听一听她喜欢的《雪绒花》……

1998 年上海大剧院建成，至今已与世界众多著名剧院有过成功合作，共同制作了许多经典演出，其中有意大利佛罗伦萨歌剧院、英国皇家歌剧院、德国莱茵杜塞尔多夫歌剧院、悉尼歌剧院和法国巴黎国家歌剧院。

而世界上最优秀的乐团，也以在上海大剧院演出为荣。

激情12年
——浦东国际机场T1、T2航站楼

浦东机场这对振翅欲飞的双子航站楼，是上海的城市印象和视觉记忆的重要组成部分。其选址位于上海市浦东新区机场镇及南汇区祝桥乡的滨海地带，面向东海，地势平坦，空域条件良好，对外有高速道路网及轨道交通，联系十分方便。机场用地一半是海滩发育而成，一半是围海促淤而得。

浦东机场T1航站楼的设计是在1996年版总体规划的指导下开展的，其特征是法国机场公司（ADP）所提出的单元式航站楼模式，包括四个独立的航站楼和陆侧交通系统。2004年修订版的上海浦东机场总体规划在美国L&B公司中选概念规划方案基础上，立足于航空枢纽港建设的总体目标对原有规划的较大调整，采用相对集中的航站区布局加卫星指廊的模式，先在航站区东面与现有T1航站楼相对应建一座T2航站楼，远期再在中轴线上建设T3航站楼及S1、S2卫星指廊，三座航站楼形成紧凑的"U"字形布局。

从浦东机场一期设计开始，在长达12年的航站楼设计和建设的磨砺中，一支机场专项化设计团队从雏形走向成熟，华东院逐步奠定了在航空港航站楼设计这一高度专业化领域的行业领先地位。

1996—1999年，浦东机场T1航站楼

1996年经国务院批准，浦东机场T1航站楼正式立项并立即开展设计工作。

1996年初，机场建设指挥部通过国际招标确定以法国机场公司（ADP）和索德尚金融公司为中标单位，由ADP提交的航站区规划和T1航站楼方案为实施方案基础，华东院以指挥部的技术顾问和中方设计单位的双重身

浦东机场T1、T2航站楼鸟瞰图

份与ADP进行合作设计。由华东院与ADP合作完成方案设计和初步设计，以华东院单独完成调整初步设计和施工图设计。

一期工程于1997年10月15日正式动工，仅用两年的建设时间，于1999年10月竣工并投入试运行，并于2000年正式启用。上海成为我国第一个拥有两座机场的城市。

设计特点

浦东机场一期航站区建有一座28.8万平方米的航站楼，13万平方米的停车楼和多种配套设置。T1航站楼以满足2 000万人次/年的客流量要求，随着旅客量的增长，按规划再建T2、T3最后是T4航站楼，以满足终期8 000万/年的需求。航站楼主楼长402米、进深128米，候机长廊长1 370米，进深37米，设置28座登机桥，站坪机位采用前列式布置，使飞机进出滑行距离较短。

汪大绥（资深总工程师）：

建筑大师保罗·安德鲁先生领衔的团队无疑做了一个让国人耳目一新的

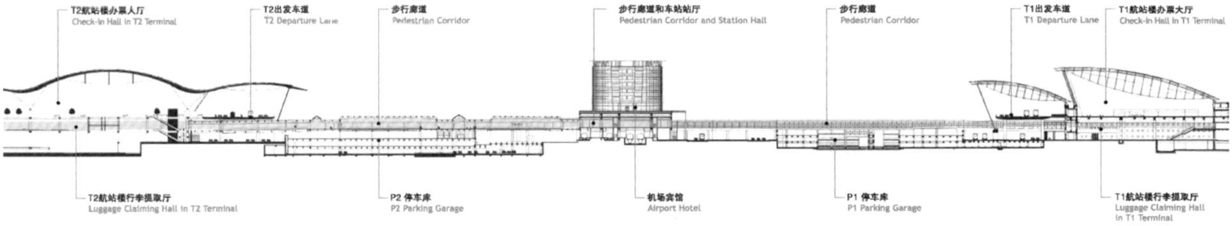

浦东飞机场东西中轴线剖面

航站楼设计。它是诗意的、浪漫的、优雅的，同时也有两个最大的争议。

第一，面积超得很厉害，而安德鲁先生坚持不改方案，这样一来相关规划管理部门的审查将无法通过。在不影响功能，不降低服务品质的前提下，华东院将ADP原设计的三层指廊改为两层。

第二，安检流程不符合中国规定。我们会同民航局的负责同志在现场开会改图协调，重排安检流程，最终达到了相关规定的要求。

在多方的共同努力下，才能完成这一举世瞩目的、现代化的大型机场项目，实属不易。

管式勤（资深总建筑师，项目设计总负责人）：

T1航站楼的设计理念是“人·建筑·环境”。

航站楼是对功能要求极高的建筑。因此合理的平面布局，明确的功能分区以及便捷流畅的旅客流程是项目设计的核心。平面布局以方便旅客为出发点，流线安排直接便捷，并使步行距离尽量地缩短。注意创造优美的候机环境，从进场道路两侧的50米宽绿化带到400米见方的景观水池，主楼与候机长廊之间设置大面积的景观绿地，无不为创造舒适环境而精心布置。航站楼是城市的门户，其形象往往代表一个城市，造型设计是航站楼设计的灵魂。浦东机场T1航站楼采用四片大小不同、高低错落的弧形金属屋面，它们覆盖四个不同使用功能的大小空间，很自然地形成大鹏振翅的生动形象，寓意上海的经济腾飞，也很自然地形成了上海市的门户标志。

郭建祥（副总建筑师、副总经理）：

简捷流畅的旅客流程是T1航站楼的设计核心，国际和国内各自完整的运行体系，互不干扰，旅客流程采用进港与出港完全分层的模式，确保出、进港旅客的互不交叉，且流线直接便捷，无迂回曲折，从而缩短了旅客在各个环节的停留时间和行走路线，减少了旅客的误乘和航班延误的机率，从而更有效地提高航站楼的运转效率。

浦东机场一期开工典礼

汪大绥：

T1航站楼的结构设计中，最大的特点是它的屋盖设计。12米以上部分均为大空间，全部采用钢结构，屋盖跨越结构采用预应力张弦梁。航站楼共有四种跨度的张弦梁，覆盖车道边、办票厅、商场和登机廊四大空间，形成特殊的韵律。这在我国是首例，设计中也无规范可遵循。四个不同跨度的弧形屋面似海鸥展翅，寓意浦东的腾飞。

为了保证这种新型结构的安全性和经济性，我们组织了1:1的荷载试验。整榀张弦梁构件长达80多米，加载量达数百吨。试验在江南造船厂的万吨船台上进行，设计人员冒酷暑坚守在试验现场，取得了完整的科学数据，验证了其安全性，也为进一步优化设计提供了依据。机场屋盖的抗风也是一个难题，经过风洞试验得到了弧形屋面风压分布的准确资料，设计人员创造性地采用了增加抗风索和适度配重等措施解决了风吸力大于屋盖自重的难题，以较低的造价保证了屋盖的整体安全。在机场一期下部结构的设计中，设计人员还解决了长达1 376米的地下室不设变形缝等难题，使浦东机场一期在结构设计技术方面取得了大丰收。

杨梦柳（原高级建筑师）：

做浦东机场T1航站楼的时候我已经退休了，能有机会参与这样的大项目是我梦寐以求的事。当时，国外的合作设计师带图纸来到上海要我们提意见，我们再三琢磨，做了认真的回复。德国人说，他们的项目遍及世界各地，独独华东院给他们提出那么多意见。屋面、吊顶和幕墙工程设计为我们学习西方、克服技术难题提供了发挥的平台。

张建华（原主任建筑师，项目经理）：

感谢项目的契机，我们得到向大师学习的机会。我们曾经为了项目在法国工作过一段时间，期间参观了世界最繁忙机场之一的巴黎戴高乐机场。在ADP总部参与初步设计，工作期间领会到法国人设计的精细之处，这些设计上的特色被我们消化吸收，受益匪浅。

左鑫（副主任工程师）：

1996年刚接触到T1航站楼的建筑方案时，立刻被它梦幻一般的造型所折服。当年全国如此现代化的航站楼仅此一家。几乎在全部的设计过程中，各个机电专业都是在一个全新的舞台上发挥着专业想象力，来配合建筑完成这一激情之作。高大空间温度控制、大空间泛光照明、大空间高保真广播、大规模的虹吸雨水系统、长距离的管线输送等。听似枯燥无味的机电概念，在当时都是建筑设计的难题，那些日子里被我们机电专业的人整日挂在嘴边，想在心头。随后，无数个日夜辗转在工地，从挥汗如雨到滴水成冰，从一片荒芜到机器林立，真可以说踏破铁鞋无数。我们倾注全部的精力和热情，只为那惊世骇俗般的方案造型不打折扣，只为那鲲鹏展翅般的航站楼可以一飞冲天。虽然已经过了很多年，T1航站楼依然那么璀璨动人，旅客及游人无数的赞誉未必会想到我们机电专业，但给人最大的欣慰是，我们知道是机电系统赋予了它热力四溢的智慧、血脉和活力。

上图：杨梦柳等工程师们在浦东机场二期的直立锁边屋面上巡视

下图：浦东机场能源中心热电冷三联供系统

管式勤：

虽然我院早在20世纪80年代在虹桥机场的设计中与日本大林组和荷兰NACO集团合作，并积累了相当经验，但像浦东机场T1航站楼这样巨大规模建筑的合作设计还是第一次。我们的收获匪浅，特别是应对超大型航空港设计中各种复杂的功能需求时体现出的综合处理能力，对于我院建立机场专业化团队打下坚实的基础，为专业化设计积聚了丰厚的财富。

项目管理

郭建祥：

浦东机场一期项目的项目经理是我院时任总经理、党委副书记成红文，成总对整个项目投入相当多的心血。大到协助业主、施工方进行项目管理、沟通协调，小到设计人员力量配备、班车调配，就连机电专业的图纸都要亲自审阅。管理和技术把关全方位投入，为项目的顺利推进起到了十分关键的作用。

工棚里

郭建祥：

浦东机场一期现场工作地点很远，交通不便。每天早上班车7时45分发车，16时30分头班车返回。如果有加班，20时、22时还有两趟。记得后期现场出图，配合工程边施工边设计，当时图纸绘制量大，绘图的人加班加点赶工设计，熬通宵是经常有的事情。

当时驻扎现场还是工地的简易工棚，适逢下雨，室内外一样泥泞不堪。每天中午，项目组一人端一个搪瓷大碗在食堂和工人一起吃饭。

这一段艰苦而充实的岁月至今还让我们记忆犹新。

2003—2008 年，浦东机场 T2 航站楼

2002 年上海机场集团按照航空枢纽建设的总体目标，对浦东机场总体规划进行了修编并通过了民航总局与上海市的联合审查。

2003 年 9 月 30 日，浦东机场二期建设指挥部展开了二期工程航站区总体规划和航站楼建筑方案设计的国际招标。共邀请了 5 家在机场设计方面具有丰富经验的国外设计公司或联合体参加方案征集，最终确定美国 L&B 公司提交的规划方案为中选方案。此时，华东院并非投标单位，但作为业主方上海机场集团的咨询方，在前期技术服务和设计咨询方面做了大量的工作。

郭建祥（院副总建筑师、副总经理，项目设计总负责人）：

业主选中了英国罗杰斯及其合伙人事务所和美国L&B两家做建筑方案深化设计，并要求华东院做一些比选方案。华东院凭借对项目的理解和在机场设计上的专业经验，为业主提出了建设性的方案和构想。

当时正值广州新机场航站楼竣工，业主方领导专程率队前往考察。在全面考察了项目工程情况后，他们深有感触的是：一方面， 国外原创、国内深化合作设计的已有模式并非唯一选择；另一方面，并不见得中国设计企业、中国建筑师和工程师的设计就与生俱来地比外国的差。

广州之行过程中，业主已经明确由华东院来原创设计浦东机场T2航站楼，最终业主决定让华东院重新做原创设计，并负责浦东T2项目的设计总承包。这表明业主对华东院机场设计团队充满信心，加之可贵的信任。

高文艳（原所副总建筑师，项目航站楼子项专业负责人）：

还记得郭总当时说过的一句话：“也许，与外国人合作更稳妥些，我们可以少承担些风险和压力，但中国的设计院、中国的建筑师就会失去一次不可多得的机会。”经过无数外界的质疑，我们最终完成了这个令业主满意、令社会满意、令业内认可的作品。这是改革开放以来第一个由中国人自己设计的超大型综合交通枢纽建筑。

枢纽特点

浦东机场二期建设总目标是建设一个枢纽航空港，满足2015年4 000万年旅客量的需求。二期工程分为两个阶段，第一阶段先建设T2航站楼、交通中心、总体道路及相关的配套设施，其中航站楼主楼可处理旅客流量

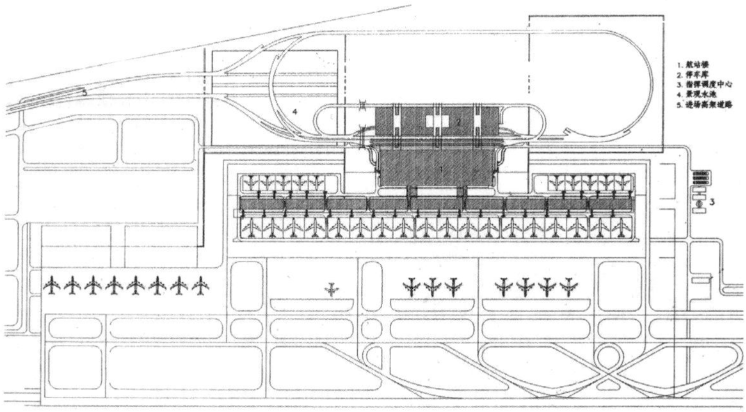

左图：全景鸟瞰

右图：上海浦东国际机场航站楼站区一期工程总平面

年 4 000 万人次，长廊部分 2 200 万人次；第二阶段是在 T2 航站楼东面建一个卫星厅，其设计容量是年旅客量 1 800 万人次，与 T2 航站楼主楼相匹配。T2 航站楼与卫星厅之间采用旅客捷运系统相连接，第一阶段工程已于 2007 年底竣工。

郭建祥：

在“一体化航站区”的总体规划基础上，为了实践便捷的交通换乘衔接，构筑了“一体化公共交通中心”，在真正意义上实现一体化的理念。因此，三座航站楼主楼环绕交通中心布局，形成一个集中的陆侧区域，以轨道交通车站（现有磁悬浮车站）为核心，结合东西侧的停车楼，通过6米高的步行系统，有效衔接航站楼、停车楼和轨道交通车站，实现以人为本、人车分流的一体化公共交通中心。公共交通中心人行系统的完善，商业功能的延伸，通过轨道交通车站上部建设酒店进行商业功能的补充，更增强了浦东机场具有多种功能复合发展的潜力。

高文艳：

T2航站楼最基本的就是枢纽功能，这就体现在枢纽港要最大限度地满足航空公司及其联盟中枢运营的需要，最大限度地方便旅客及其迎送者对航站楼的使用，方便旅客中转要求。T2航站楼目前能够保证国际旅客45分钟、国内旅客30分钟的中转时间要求，并尽量减少转机时间。为了满足这

浦东机场二期

浦东机场二期

种枢纽运作的要求，设计师在候机长廊中创造性地设计了三层式的候机模式，以及多至26个可转换机位。国际与国内采取上下安排，即国际出发安排在+13.600米标高层，国际到达安排在+8.400米标高层，国内出发与到达采取混流的形式，安排在+4.200米标高层。国际出发与到达分层设置，国际转国际的旅客可以方便地在+8.400米标高中央位置经过通道检查后到达+13.600米标高国际出发层。这种三层式航站楼结构是因地制宜地为适应上海空港特点要求而设计的，适应浦东T2的功能特点。T2航站楼在国内流程上还采用集中与分散相结合的安检模式，从而达到出发与到达旅客在同一层面的目的。

夏崴（副主任建筑师，项目交通中心子项专业负责人）：

浦东机场二期机场建设指挥部的总工程师刘武君曾说，“路侧设计是浦东机场二期项目成败的关键”。当时全国的机场还没有交通中心的概念，浦东T2的交通中心是在T1、T2之间为双楼服务的。我们在交通中心的设计中提出并实践了以人为本，公交优先，人车分流和重视路侧商业的理念。这些概念现在看来很平常，但在当时却是超前的，可以说浦东机场在这方面引领风气之先。

航站楼造型设计是兼顾大量复杂设计要求的综合解决方案，对于多数领导和公众，与造型、功能、流程和航站区业务相比，航站楼的形象应该

航站楼出发办票大厅

是比较直观的，更容易被记识和评论。

郭建祥：

对于T2，业主希望在形象上与T1有相同的DNA，但有所区别。我们在造型方面满足视觉和象征性的要求，在技术和功能等方面提出了很多创新点。

浦东机场T2航站楼的巨型屋顶呈连续的波浪形，以连续大跨度的曲线钢屋架为主要造型元素，构成了T2航站楼的主旋律，由众多巨型“Y”字形钢柱支撑，四周墙面多为巨幅落地玻璃。它以航站楼对称布局为出发点，通过曲线形的屋面构成了与一期航站楼协调呼应的关系，共同组成了浦东机场的门户形象。如果说T1航站楼四片弧形屋面组成了海鸥展翅的独特形象，其室内大屋面蓝色的吊顶和张弦梁白色的腹杆带给人强烈的视觉感受，那么T2航站楼则是大鹏展翅翱翔于蓝天之上，温暖的自然木色作为顶棚设计，其自然气息与T1形成对比，给旅客以新鲜体验。如果说T1航站楼阳刚而充满力度，T2航站楼则更加柔和灵动，二者协调统一。

特殊的机场大空间结构设计无疑成为机场声名显赫的理由，同时独特的室内空间和结构设计也是航站楼设计的另一道风景线。

T1的室内吊顶是深蓝色的，而天窗却很明亮，人们看屋顶时会感受到强烈的明暗对比，而T2的吊顶采用的是温暖的木色，天窗下设置白色膜

材料遮挡天光，创造了较为理想的漫反射室内光环境。这样颜色上一冷一暖、对比上一强一弱，两者色彩上的反差非常鲜明，分别营造了空间感受殊异的室内环境。

从车道边到办票大厅，直至联检区，整个室内空间由一个总长217米的波形屋面覆盖，连续完整，一气呵成。独具特色的Y形分叉柱既是支撑屋面结构的唯一竖向构件，又成为室内独特的景观。候机长廊上同样覆盖着规模较小的波形屋面，与主楼形成既统一又富有变化的整体。

汪大绥（资深总工程师）：

T2航站楼主体结构13米以上大空间采用18米开间树状钢立柱，支撑9米间距的曲线钢梁，承担屋面荷载。连续梁使整个建筑空间成为一个整体，为屋盖下旅客活动提供了通透、宽敞的使用空间。连续梁在波谷处闭合，波峰处张开，波峰段仍采用刚柔结合的张弦体系，波谷段采用刚性的箱型实腹梁，开合有致。利用梁在波峰段的自然张开，与腹杆和上部的檩条形成三角形稳定体系，大大减少了腹杆数量，使整个建筑空间更为干净简洁。

周健（副总工程师，项目专业负责人）：

将结构受力要求与建筑外观效果的需求紧密结合，表现结构的逻辑美，这是T2航站楼设计的一大特点。所有外露构件、节点的形式与尺度都

集团及院领导与现场设计团队讨论工作

经过了反复推敲和精细计算分析，关键处还专门进行了足尺试验研究。还创造性地将机械零件“向心关节轴承”用在柱顶万向铰接节点的设计上，发展了“钢结构杆端万向铰接节点装置”专利技术，拓宽了建筑行业铰接节点的设计思路，被后续的大量重要工程借鉴。登机桥的设计也是一个亮点，通过TMD减振技术的巧妙应用，解决了大跨度轻巧结构的振动问题。

陆燕（所副总工程师，项目专业负责人）：

T2航站楼在设计模式、组织结构、技术创新等方面对机电专业来说是一个创新与提升，在该项目中首次实现了机电的整合，设立了机电负责人的岗位。在项目总包的模式下，进行了设计标书编制、分包技术控制、以科研带动设计等一系列的创新模式，为后续项目实现设计总包积累了很好的机电管理与技术的经验。

T2航站楼是一个原创的项目，业主提出了需吸取T1航站楼的经验和教训，建成后的T2航站楼达到国际领先、国内一流水平的目标，这对机电专业提出了很大的挑战。在机场指挥部和现代设计集团的领导下，开展了节能课题的研究，从能源规划、节能研究、大空间照明、大空间气流组织、全年能耗分析、航站楼各机电设备的管理与节能等方面均需进行深入的研究，并将研究成果落实到设计工作中去，使科研和工程实际紧密结合。节能课题在2007年获得了上海市科学进步三等奖。除课题研究外，在设计过程中进行了大量的调研工作，使机电系统的设计合理、高效、经济，便于运行管理。

T2航站楼建成后，调试与验收一次通过，从2008年运行到现在，机电系统运行良好，自然通风、大空间照明控制、BA系统运行等均达到了课题研究的预期。与T1航站楼相比，节能率达到10%~12%，为今后类似航站楼的设计积累了宝贵的经验。

专业化

2003—2008 年间，华东院不仅收获了一个超大型航站楼项目的精品设计，也组建了一支强健的队伍。院里向来对机场设计高度重视，浦东 T2 项目组人数最多的时候有 140 人，集全院的优秀资源来完成。

集团总裁张桦说："三所的机场团队是华东院的铁军。"

郭建祥：

在专业化团队建设方面，把原来的机场航站楼设计团队固化组成专业的设计和科研团队，目前的专业化团队主要依托院建筑三所，成员集合了全院在交通建筑设计领域的骨干，涉及机场、铁路客运站、轨道交通车站及相关设计领域。

2009年制定了交通建筑专业化发展三年规划，充分利用以往在专项领域工程实践中的经验，有目标、有组织、有计划、有效率地开展专项化研究和实践，进一步掌握核心技术，确立在此专业领域中的地位与优势，树立品牌、突破发展瓶颈，增强华东院品牌的核心。

机场专业化科研建设得益于浦东T2航站楼设计的这一重要契机。从2006年开始，我院把包括机场在内的交通建筑与超高层、酒店和医卫建筑一起作为四个专业化发展的重点方向，在院里技委会下设交通建筑专项研究分会，工作重点是对交通建筑设计展开专项研究，统筹交通专项化的研发、咨询、策划以及人才培养和知识管理。科研核心课题与工程项目同步展开，结合项目已经完成并获得各种奖项的成果，有航站楼标识系统研究、航站区电梯技术参数的研究与确定、枢纽建筑内外部交通换乘研究、超大空间消防设计研究、全年能耗预测分析、大空间气流组织CFD模拟、围护结构热工分析与自然通风研究等几十项，为华东院机场建筑专业化未来发展提供了核心技术支撑，也是华东院不断开拓国内外交通建筑领域的坚实基础。

王敏刚（原华东院建筑三所所长，项目经理）：

从一期航站楼设计的分包单位，一跃成为T2航站楼的设计总包单位，华东院开创了国内超大型公共建筑原创设计和项目设计总包之先河，由此实现了一次巨大的角色转变和历史性的跨越。

阮哲明（策划与设计项目管理部主任，项目副经理）：

作为本项目的设计总承包管理单位，华东院逐步探索并建立了一套完整的设计项目管理体系，并取得了良好的实施效果。近30个专项设计，二十多家中外设计机构，由华东院来统一协调和管理，制定各个子项目细致的技术标准，控制品质，把控进度等都是一个相当大的挑战，使得我们的技术水平和管理协调能力有了一个质的提升。

在浦东T2航站楼设计接近尾声的时候，虹桥综合交通枢纽项目上马了。团队投入到面积更大、换乘方式更多、综合性更强、设计合作面更广的枢纽项目中去。

时至今日，机场团队还为杭州萧山机场、江苏苏中机场、烟台潮水机场、温州综合交通枢纽奉献精品。机场团队已进入自己的全盛时代。

而浦东机场这首伟大的交响曲也还远远没有到落幕的时候。华东院正在主持T1航站楼改扩建工程，老航站楼将更加焕发活力。浦东机场未来还将建设T3航站楼，S1、S2卫星厅等设施，毋庸置疑，留给华东院的会是更大的机遇和挑战。

创“室”记

我院从建院初期至今，始终致力于室内设计的研究与发展，60 年来走过了一条不断探索和创新的道路。我院室内设计专业几十年的发展在一定程度上见证了中国室内设计的发展历程，同时也是反映中国的室内设计专业从无到有、从小到大并逐步走向成熟的一个侧面。

“我有一个想法，作为抛砖”

曾坚（1925—2011），中国室内设计行业的开创者和奠基人之一，中国建筑学会室内设计分会会长。1947 年 6 月从圣约翰大学毕业后，进入建筑系德国教授 Richard Paulick 的事务所，开始亲历并见证中国室内设计行业逐渐发展壮大的蹒跚历程。

1952 年至 1960 年，曾坚在华东院从事家具设计。在此期间，他主持完成了一系列重大项目。例如，1958 年为中共中央八届七中全会用的上海锦江饭店小礼堂家具设计；1958 年至 1960 年毛主席杭州、刘庄及北京中南海住宅的家具设计；1960 年上海虹桥机场室内及家具设计等等。曾

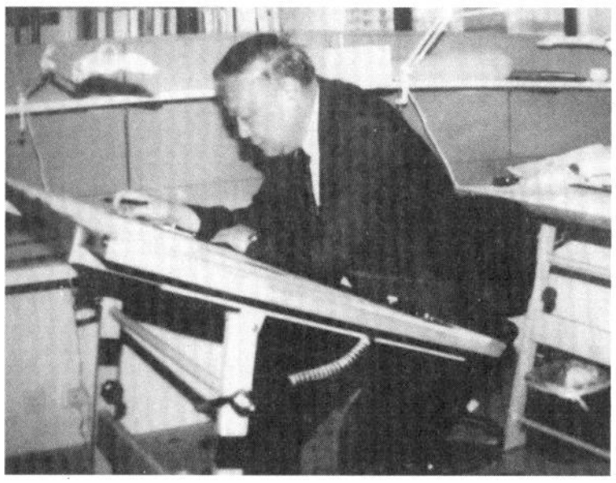

坚很早就提出了根据人体工程学原理探索坐姿舒适的曲线等理论研究，他所取得的成绩和经验都为日后该领域的发展作出了积累。

1960年，曾坚奉调北京，帮助北京工业建筑设计院建立了室内设计组。后来又在香港创建了中国在港第一个设计单位——华森公司（1979年－1985年），这是1985年与加拿大华人创建第一个中外合作的建筑设计事务所。1989年，曾坚被选为中国建筑学会室内设计分会会长。曾坚常将自己的想法比喻成一块“砖”，鼓励设计人开动脑筋，不断勇攀高峰。

路漫漫其修远兮：家具组的求索

从北京中央工艺美术学院建筑装饰系毕业后，王世慰于1962年被分配到华东院。

当时被称为“小王”的王世慰如今已是上海现代建筑装饰环境设计研究所有限公司资深顾问总建筑师，上海市装饰装修行业学会设计专业委员会理事长。

（从左至右）
图1：工作中的曾坚
图2～图5：曾坚设计的椅子
图6：虹桥机场国际候机厅
图7：虹桥机场国内候机厅

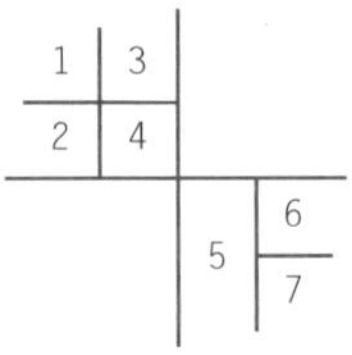

图1：苏州饭店新楼餐厅

图2：上海老饭店

图3：西泠饭店室内

图4：中苏友好大厦小礼堂

图5：吴明光设计的明式概念家具

图6：和平饭店室内改建方案，钢笔淡彩

图7：南通文峰饭店改建方案

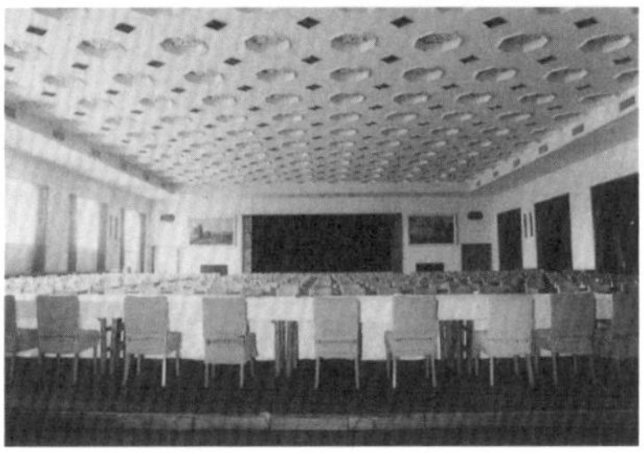

王世慰进院后被编入第三设计室二组，与施薏倩一同承担建筑装饰与家具设计的任务，如虹桥机场的家具设计等。这时家具组还未正式成立，道路是漫长的，等待也是漫长的，王世慰展开了砺志研究、孜孜探索的家具设计之路。十几年如一日，他逐渐由初出茅庐的毕业生成长为一名有着丰富经验的设计者和管理者。

事实证明，机遇总是会留给善于把握机遇的人。1978 年以后，从上海工艺美术职业学校陆续分来的艾小春、袁鸣、惠建中等以及从同济大学美术师训班分来的吴明光，人员逐渐壮大，家具小组也变成了家具组。在此期间，大家设计了大量的家具，其中很多作品都转化成了产品。还从事了很多理论研究并取得一定的成就，其中包括著作《应用家具设计图集》、《公共建筑家具设计图集——旅馆家具》等，这些宝贵的资料为中国家具设计的继承与弘扬打下了坚实的基础，至今仍对行业发展有着重大指导意义。

是建筑师，也是室内设计师

华东院很多经典的室内设计都是由建筑师完成的，与此相对应，很多建筑师都是优秀的室内设计师。一直到后来，随着建筑体量越来越庞大，结构功能越来越复杂，大量的设计任务使建筑师无暇顾及建筑内部空间的详细设计，室内设计才从建筑设计系统中分离出来。

“苏州饭店（新楼）从1977年开始，在赵深的具体指导下进行设计，很多成功之处都能体会到他独具的匠心，可惜工程还未全部建成，赵老已与世长辞。”方鉴泉、罗新扬、张兰香等人想起当年那段经历，不胜缅怀。

很多先进的建筑师都在各自的工程中积极探索着室内设计的实践，取得了较好的成效。如中苏友好大厦、上海总工会屏风山疗养院、西泠宾馆、上海老饭店、上海大名饭店、苏州饭店等，这些项目都是我院室内设计早期实践的典范，堪称“于平凡中见功力，为后学者树楷模”。

千呼万唤“室”出来

严格意义上说，室内设计作为一种专业设计或学科，登上建设的舞台，

开始于改革开放之初，以及随之而来的建设热潮，自南至北，席卷全国大地。随着经济社会的飞速发展和建筑领域分支的不断细化，这时的室内设计已不再是简单的装修，在使用功能、艺术、技术上都有了更高的要求，因此必须要有专职人员来承担。于是，在建筑设计之下，室内设计诞生了。专业的人员——室内设计师以崭新的面孔和身份闪亮登场。

在这个大环境中，华东院室内设计室自 1982 年成立，室组长王世慰。室内设计室的成立，从建制上保证了专职人员在以往取得的成绩与经验基础上，进一步加强对室内设计的研究并配合建筑设计。在人力资源方面，也从多渠道引进人才，吸纳了来自中央工艺美院、中国美院、同济大学、华山美校等不同教育背景下的设计师和毕业生们，参加并承担建筑设计中的室内设计任务，在创作中发挥了各自的特点，博采众长，体现了室内设计室的综合实力。

趣闻轶事，至今难忘

室内设计室的成员构成中，以年轻人数量居多，年轻人个性时尚，过硬的美术功底就是他们的共性。郭传铭告诉我们，艾小春就能写一手漂亮的“仿宋字”。

郭传铭，1981 年分配入院，1989 年调到室内设计室。文革后进华东院的第一个建筑系研究生，也是第一个由建筑师转行的室内设计师。

在郭传铭眼里，“低调、严谨”始终是华东院的精神。他认为有些室内设计师的效果图虽然画得很好，但一画到施工详图就不够细致。因此，在刚到室内设计室的那段时间里，审核图纸并指引这批年轻人画详图，遵守规范是他最大的责任。

“工程忙起来，大家都有顾不上吃饭的时候，这时就有两个年轻人去‘大壶春’排队买生煎为大家加餐。”在创作中心的会议室里，郭传铭始终含笑回忆着过去的温馨点滴。

改企转制，在水到渠成时

90 年代是国民经济大提升的时代，人们不再满足于低标准的建筑和简单的装修，这种形势为室内设计的飞速发展创造了机遇。在建筑设计与室内设计的密切合作下，室内设计室屡屡完成一系列省市重要工程并获得众多奖项。在此期间比较重要的项目有上海海虹宾馆、新苑宾馆、上海影城、青松城、浦东国际机场、磁悬浮车站等。业务不断延伸与队伍不断壮大，室内设计室也在不断拓展。

1994—1996 年间室内设计所成立。王传顺，地铁标志的设计者，1985 年入华东院，1997 年任室内设计所副所长。浦东国际机场航站楼以及磁悬浮轨道交通车站等室内设计都是他的得意之作。

如果说，浦东机场航站楼向世人展示了吊顶设计的丰富内涵，那么，磁悬浮列车轨道交通浦东机场车站就是与机场的延续与结合。

90 年代后期，在国内外装饰设计市场的愈演愈烈的竞争中，1997 年我院分别完成了华设、华辰和华董的筹备组建工作，并正式挂牌营业。由室内设计所改制后的华董公司，全称"上海华董建筑装饰工程有限公司"，是属于华东院的下属子公司。在这种既适应市场客观实际，又符合自身特点的机制下，华董凭借着雄厚的实力、优异的质量、规范的操作、良好的信誉，以及有绝对性说服力的业绩，深得业主信任，完成了大批优秀的工程，取得令人瞩目的成效。

1999 年，华董建筑装饰工程有限公司和上海院的民利装饰公司组建"环

1 | 2

3 | 4 | 5 | 6

图1，图2：浦东国际机场出发大厅

图3~图6：上海磁悬浮一二层室内

境与建筑装饰设计研究院有限公司”。公司成立后，办公地点搬到石门二路 258 号 3 楼。

七年铸就“梦之队”

千禧年后，随着院部的企业化管理，新的大型项目接踵而至，市场反响强烈。但随之而来的问题是高水准的室内设计环节脱落，很多重要项目难以形成完整的一体化设计。

时任华东院院长的沈迪看到了这个问题，特委派龙革副院长拟再重新组建一支室内设计队伍，且结合当时大量景观设计的需求，最终命名为——室内及景观设计部（简称“室内部”）。

部门主任由原华东院经营部骨干、刚从国外进修 MBA 回来的胡平出任。室内部创始初期，除胡平和汤雷是本院人员外，孙建是第一个从装饰公司引进的专业人才。孙建后任室内部副主任，倾力协助组建了整个部门，此后又从各地引进大量人才。

1 | 2 | 3
4 | 5 | 6

图1：从左至右：潘玉琨、邢同和、王凤、王世慰在毛主席纪念堂方案展前合影

图2：室内设计所成员合影

图3：北京人民大会堂上海厅合影

图4：2011年原室内设计所合影

图5：2011年原室内设计所部分成员

图6：华东院室内及景观设计部5周年庆

室内部自2000年组建，至2007年并入集团的七年时间里，其设计范围涵盖了办公空间、交通建筑、公共空间、酒店、会所等各个领域。在汪大绶、汪孝安、徐维平等总建筑师以及各技术部门的引导和协助下，完成了近三百项大型的室内设计项目。有多个中央部委大楼项目，如中组部、中联部、商务部、中宣部、电力部、发改委等。还有如上海市政府、市政大厦、市政协、人民大会堂上海厅、浦东机场T2航站楼、央视大厦、上海SMG新闻中心、铁路上海南站、磁悬浮龙阳路站、青岛望海轩酒店、无锡灵山梵宫等公共类、文化类室内设计项目，其间还有众多大型景观项目，如松江区行政中心广场、松江大学城学前区、紫竹科技园沿江景观带和威海幸福公园等。有些项目曾获得国家和各省市的重要奖项。

胡平将这些成就归功于集体的智慧和团队的力量。他将室内部团队称为“梦之队”，“梦之队”朝气蓬勃，执著成就卓越。胡平诠释道：“有了梦想就有了追求，有了追求就有了灵感，有了灵感就需要把它变成现实。”

是结语，也是开端

回顾我院室内设计60年来的发展历程，可以清晰地看到，这段历史是一部室内设计专业根据国家需要而不断探索的历史，是其根据客观条件、根据社会发展不断坚持、开拓进取的历史。

其实，我院不仅一直有意识地通过有影响力的重大工程以及多个项目的创作实践来引领室内设计的风格与走向，试图为我国室内设计的发展做出示范。并通过海纳百川、培养人才，来普及我院的成功经验和创作理念，室内设计的先驱曾坚先生就是从我院调入北京工业建筑设计院，并组建了新中国第一个室内设计所，许多知名的装潢、装饰公司里都活跃着我院室内设计室的成员。可以说，我院对开拓中国室内设计事业和输送室内设计人才资源都做出了一定的历史性贡献。今天，中国室内设计已成为装饰产业的龙头，人数也已过百万之众。老一辈设计工作者的心血和汗水，浇灌出今天的繁花硕果，当我们分享今天的成果时，更有必要对这些前辈们致以崇高的敬意。

21世纪

- 城中城——上海虹桥综合交通枢纽
- 世博会来了
- 漫步长安街
- 佛光梵宫
- “看”与“被看”——深圳紫荆山庄
- 超高层，一个梦想——武汉中心
- “创”为先
- “中国创造”之海外篇
- 上海滩的新故事——南外滩项目
- 幸运的四叶草——中国博览会会展综合体

21世纪

新世纪，中国加入了世界贸易组织，成为第 143 个成员国。

这意味着这个有着 5 000 年文明的古国，从此面向世界开放。媒体评论，“中国入世十年：改变自己，影响世界”。在融入世界经济的进程中，中国已成为全球最开放的市场之一，成为全球经济复苏和发展的重要引擎。这种变革，同样深刻地影响到了建筑设计行业。目前华东院等中国建筑设计行业的中坚已经习惯了市场经济的游戏规则，通过激烈的竞争，在改革创新中得以不断自我提升，如今已经具备了与国际优秀设计师同台竞技的能力和底气。

华东院五十周年院庆，院所部分新老领导合影

第五排：计育根、盖文全、沈承基、程大正、林俊煌、胡其昌

第四排：李克昌、任家明、齐国钟、唐德璋、舒家骧、李永宝、邬志忠、任潮军

第三排：孔庆忠、项祖荃、李杏英、郭蓉、陶淑群、陈翠芬、李莲霞、靳正先、刘秋霞

第二排：尤祥祯、蔡明道、金瓯卜、曾坚、张钦楠、方义弼

前排起：张俊杰、沈迪、汪大绥、张桦、曹嘉明

1999 年 7 月，华东院改制并更名为华东建筑设计研究院有限公司。在新世纪头十年的发展过程中，公司先后制订并实施了两轮五年战略发展规划。以国内领先，国际先进为目标，以市场为导向，进一步加大经营力度，签订院所生产责任书，通过责、权、利的授权，调动设计所积极性。同时，通过调整经营策略，巩固上海市场，大力发展外地市场，争取境外市场。随着我国经济发展水平的提升，建筑行业的市场环境已发生了极大的变化。一方面由于政府的公共建筑和地产开发客户旺盛的高端需求，国内高端设计市场的国际需求及设计竞争更加剧烈；另一方面在中低端市场，国内设计公司间的价格竞争日益激烈。延续 50 多年传统综合所的生产组织模式，受专业设计师资源的封闭式、承包式的生产经营模式制约，瓶颈效应日益显现，难以适应华东院继续保持领先优势和吸引高端客户、应对国际竞争及达到更高赢利水平的进一步发展需求。

为了实现成为国际先进设计企业和大而强的国内领军设计企业的目标，具备更高赢利水平、更高的管理水平和更强的品牌与人才竞争力，2007 年，全院实施由综合所的生产组织模式向以建筑、结构、机电专业所为单位，以项目管理为基础的矩阵式生产组织模式变革，通过调整经营部职能，传统简单拼抢项目的销售方式转为构建建筑设计领域科学的市场营销管理体系，进一步发挥了市场优势，提升了市场营销对体现院战略的导向作用和营销管理的前瞻性、系统性、针对性及有效性，提升了在细分市场的专业品牌价值和客户美誉度、忠诚度，提高了院资源投入产出的战略价值和品牌价值。内部生产管理由传统粗放型管理方式，向以精细化项目管理和精益化、集成化运营管理方式转变。人才结构由单一化向懂技术、会经营、擅管理的跨领域复合型、年轻化转变。

华东院着眼行业前沿，坚持锁定高端市场、高端项目与客户，持续提升设计价值链中最具价值和最为稀缺的核心能力，加强项目策划与管理，成立了创作、城市设计、结构、地基基础、绿色、机电等关键技术研究中心，推进重点主营业务产品研究工作站建设，“产学研用”结合，加快各专业核心技术能力的建设，加快重点主营业务规模化发展。

以“创意彰显价值、品质构筑未来”理念引领全院的质量文化，通过不断完善大中心总师团队机制，着力建设院重点主营业务自主品牌工程，凸显了高端人才团队的影响力和精品设计所带来的附加值，华东院的作品展现出了崭新的面貌，获得了客户、同行的认同，赢得了社会的好评，华东院高端市场占有率及品牌影响力稳步提升。原创品牌工程建设，进一步提升了华东院自主品牌的国内、国际竞争力和市场要价能力，进一步推进由“中国制造”向“中国创造”的发展转型。

华东院积极开拓全国重点市场，一次又一次远行，范围遍布全国。他

上图：2010年上海世博会世博轴鸟瞰图
下图：上海虹桥综合交通枢纽鸟瞰图

们相继在苏州、大连、重庆设立了3个分公司，在北京、天津、成都、青岛、武汉、南京、南宁、广州、杭州等地设立了7个办事处，逐步形成了全国化经营网络。相对于有限公司成立之初绝大多数项目在上海及周边地区，现在的华东院外地市场的经营收入已经稳占全院营业收入的70%以上。华东院努力适应发展需求，拓展业务领域，通过项目经验的不断积累，逐步形成了交通、酒店、超高层商业综合体、办公、会展、观演、广电、医疗等专项化的服务特色。从城市战略发展的新兴园区建筑到全国各地的地标建筑，铸就了建筑的时代经典。

华东院张俊杰董事长在“迎世博 奋战百日”大会上讲话

在首都北京，华东院设计了国家电力调度中心这一带有北京本土风格和强烈现代气息的作品，这俨然成了一块敲门砖。此后，华东院在北京设立了办事处，顺利承接了中组部、中联部、统战部、商务部、中央党校、中直工委、京西宾馆改扩建、全国青少年培训中心、北京市委接待中心等一系列中央部委和北京市的重大项目，并与外方合作设计了华能总部大楼、华茂中心办公楼华茂中心、丽思卡尔顿酒店和JW万豪酒店等项目，形成了独特的“华贸建筑集群”，成为城市最繁华的新中心。如今，漫步在华灯初上的长安街，华东院的员工，会有别样的荣耀。

华东院在北京经历最激烈的竞争是争夺中央电视台大楼的标书。共有10家国际、国内最优秀的设计单位投标，其中有7家国外明星设计公司。华东院方案在众多设计单位中脱颖而出，与大都会（OMA）建筑事务所、伊东丰雄建筑事务所共同入围。总部位于荷兰鹿特丹的大都会建筑事务所库哈斯的方案极具革命性，吸引众多目光，而华东院的方案更加注重地域特色的融合，注重空间的营造和技术的整合，同样深受瞩目。在一番权衡之后，OMA主动提出与华东院合作，联手进行央视大楼的设计。华东院对这个项目异常重视，派出资深专家，投入了相当于一个所的力量，为完成这一地标性的新建筑付出了十年的努力。

由于央视大楼等超高层项目的技术积累，华东院的结构技术因此获得更多的肯定，顺利承接了338米的天津津门津塔、428米的武汉中心等超高层地标项目。其中天津津门津塔成为世界上最高的钢板剪力墙建筑。

城市化的进程，诞生了“垂直城市”的概念。截至2011年底，华东院领先于国内同行设计了天津、重庆、南京、大连、济南、福州、成都、苏州、无锡、昆明、珠海、绍兴等全国诸多经济发达城市的第一高度地标建筑。设计了国内104栋200米以上超高层建筑，其中以438米高的武汉中心为代表的原创设计达 37 栋。

全球变暖，使得环保成为紧迫的使命。华东院设计了一系列的绿色建筑，其中位于北京西城区复兴门内大街 6 号的华能大厦是中国最早获得环保 LEED 金奖的项目。其“生态中庭”冬可以蓄热，夏可以自然通风，生态节能，有效减少了碳排放，堪称“会呼吸的建筑”。上海世博中心是中国第一批绿色三星认证的建筑，也是第一个大型公共建筑，并获得世博会历史上的第一个 LEED 金奖。

在酒店建设的热潮中，华东院也有许多别具一格的成功案例。深圳紫荆山庄，从室内眺望，美景如画，远观建筑，又和山水环境融为一体。武汉光谷希尔顿酒店建于半岛之上，设计思路突出了人对空间、对景观、对服务、对意境的综合性体验之“味”。

建筑师在无锡灵山梵宫的设计中，有着不同一般的思考，因此这一举行世界佛教大会的殿堂，成为游客和信众深深留恋之处。三亚南山海上观音同样广受关注而对于“上海滩”的起源之地十六铺的重新规划设计，则因融入世界城市滨水地区复兴的新概念，而广受重视……

在国内市场取得良好业绩的基础上，华东院不断拓展海外市场，原创设计了科威特亚奥理事会总部大楼、印度古吉拉特国际金融科技城、特立尼达及多巴哥国家表演艺术中心、斯里兰卡 Havelock City 等一系列在当地有影响力的境外地标项目。

在这样转型的基础上，“创意彰显价值、品质构筑未来”的理念成为共识，设计人员心目中铸就时代经典的建筑梦想已唾手可及。

世博会是荟萃人类文明的盛会，对于建筑设计界，历来是一场难得的世界级的竞技。影响时代的建筑风潮，往往在世博会初露端倪。世博会的许多建筑作品，载入了世界建筑的史册。因此，任何建筑设计单位，如果能够在世博会上拥有一件建筑作品，就是极大的殊荣。

中国 2010 年举办了上海世博会，为中国设计师提供了一个挥洒创意和展现能力的舞台。方圆 5.28 平方公里，一座不折不扣的“地球城”。这一场考试，涉及城市规划设计、建筑设计、建筑技术、建筑材料等关系到未来建筑方向的诸多重要课题。

在以世博文化中心、世博中心、世博轴、虹桥综合枢纽工程为代表的 18 个世博项目的设计竞标中，华东院经过多轮激烈角逐，在众多国际知名设计企业参与的全球招标中脱颖而出，向世界展示了“中国创造”的综合实力。并在“一轴四馆”5个项目设计竞争中赢得了3个项目，形成沿黄浦江新的城市轮廓。

150多名员工，连续奋战了2 000个日夜，世博轴、世博文化中心、世博中心、宝钢大舞台、沪上生态家、世博洲际酒店等一批“中国创造”的世博项目，在设计理念、设计水平、技术含量和建筑品质等方面都达到了国际水平，创造了多项“世界之最”和“国内第一”，将神话变成了现实。

世博会的永久建筑，将这一昔日的工业区变成了上海未来的又一个崭新的城市中心。如果建筑是凝固的音乐，那么华东院的世博永久性作品，经历了184天的洗礼，如今在黄浦江南岸一字排开，演绎一曲永远回荡的现代交响乐。

最东面的世博洲际酒店，是温馨的序曲。

世博文化中心以其微微张开的贝壳，引导人们进入乐曲的主体部分。开幕式在此举行，全世界的观众，都惊艳于这座不凡的建筑。屋顶上的星宿在夜晚闪亮，银白的灯光将贝壳装点成外星人降落地球的飞碟。可变动的座位和多功能的设施，使得世界顶尖的表演团体都希望在此一展身手，做一次贝壳中美丽的“珍珠”。只有亲身经历设计和建设的人才知道，在短短两年时间里将它建设起来，需要克服的困难有多少。

庆典广场波平如镜，世博轴的阳光谷在此倒影，又可远眺中国馆。乐曲在此徐徐展开，这里有别于陆家嘴和外滩，或是人民广场和繁华街市，这里是上海的另外一张面孔，一张面向未来的面孔。灯光闪闪，照耀喷泉，一切都让人遐想。

世博中心是含蓄的高潮，它的激情需要细细品味，它的辉煌是因为世博会许多重要的国家馆日都在这里上演，世博会高峰论坛、世界博物馆大会都在这里举行。世博会后，它已经成为上海名副其实的“城市客厅”，上海的两会就在此举行。它的节奏跳跃在内部以“红蓝绿金银”为特色的60多个为会议设置的厅堂中，集会议、观演、展览和招待宴会之大成。

这一交响曲的尾声是西边的宝钢大舞台。很显然，这一保持钢铁工业场地记忆的改建建筑，是特殊而深刻的示范，也是关于城市历史余音袅袅的回忆。

林林总总、美不胜收的世博建筑，表现了设计师背后企业管理的软实力和科学研究的硬实力。华东院地基基础与地下工程设计研究所的“深层地下结构开发关键技术”、“主体工程与支护结构相结合的深基坑工程理论、

中央电视台址建设工程奠基仪式暨开工典礼

设计与施工新技术研究”、“软土地基中灌注桩和地下墙的新技术开发及应用研究”，为世博会黄浦江两岸的多项工程提供了可靠的技术依据。世博500千伏地下变电站工程为国内首座、世界第二座大容量全地下变电站，地下建筑直径为130米，地下四层，埋置深度约34米。以此项目为载体的科研成果获上海市科技进步一等奖。

新世纪，华东院在交通建筑上建树颇丰，相继完成了上海南站铁路站站屋、上海长途客运南站、龙阳路磁悬浮车站、浦东国际机场T2航站楼和虹桥交通枢纽等交通建筑。相较其他建筑类型，交通建筑在建筑内部功能布局、流线设计、建筑造型设计、结构体系选用等方面有更高的要求。华东院在这些方面都形成了突破，达到国内领先水平。

虹桥交通枢纽是一个囊括航空港、高速、城际铁路、磁浮、城市轨道交通、公交车和出租车等多种交通方式，轨、路、空三位一体的，旅客每天110万人次的超大型、世界级交通枢纽中心。华东院设计的虹桥枢纽将“地尽其用”的构思发挥到了极致。水平方向，枢纽综合体由东至西分别是虹桥机场西航站楼、东交通广场、磁浮、高铁、西交通广场。垂直方向，枢纽综合体地下两层，地上三层，共有五层。“枢纽”的功能在各层徐徐展开。地铁、高铁、磁浮、公交、长途汽车分别位于不同的层面。各种轨道、车道、人行通道，密集而有条不紊，交汇而畅通无阻。这样巨大的车、人流量，依然没有让人感到拥挤和压抑。

虹桥交通枢纽已经超越了一般交通建筑的范畴，从开发综合度上来说，俨然是一个具备各种机能的城市功能综合体，衣食住行、办公、会议、旅游观光、文化娱乐等一应俱全。它将成为世界上最大的交通枢纽，其工程复杂度入选美国Discovery世界工程巡礼栏目。华东院在设计中扮演了“总体设计院”的新角色，对整个项目群进行控制，协调范围涵盖了全部11个单体，而且在总共100万平方米的开发总量中，负责全过程设计的超过85万平方米。

经过十年的发展，在高强度的国际、国内竞争中，华东院由区域性的建筑设计企业，发展为立足上海、辐射全国的建筑设计行业领军企业。

作为一家与新中国几近同龄的国有企业，华东院始终肩负高度的社会责任感，以己之长、服务社会。坚持每年"爱心西部行"活动，援助西部困难学校。2008 年 5 月 12 日，四川汶川发生里氏 8.0 级特大地震。华东院的新一代和他们的前辈一样，积极行动起来。5 月 16 日，召开紧急会议，确定赈灾工作领导小组和第一批 5 名赴川抗震救灾支援团名单。23 日，首批志愿者即赴灾区工作。

2008 年下半年正式启动对都江堰援建项目的设计工作，共确立包括上海援建指挥部办公楼、聚源职业中学、精神卫生中心等 8 个项目的设计工作。全院 9 个设计部门 70 多名设计人员共同参与。2010 年 1 月，所有 8 个援建项目竣工并交付使用。

2010 年 4 月 14 日，青海玉树藏族自治州发生地震。随后，华东院收到灾区来函，希望援助设计坐落在海拔 4 500 米高原的称多县扎朵镇中心小学校舍。这支由横跨 8 个部门 5 个专业 25 人组成的团队，就此展开工作直至工程完工。

新世纪，世界经济风云变幻，未来的道路必然充满竞争和挑战。今天的华东院正处于加快企业变革、加快转型发展的重要战略机遇期，站在高起点的华东院仍在不断思索当代设计企业发展之路，在不断探究持续提升技术实力和创造能力之道。围绕"五年内建立国际管理模式和机制，奠定国际竞争实力及赢利水平的基础"制订 2012—2016 年的战略发展规划，并向"十年内具备国际先进公司的竞争实力和赢利水平"的目标不懈努力。通过"设计时代精品，引领美好生活"，使华东院成为国际、国内最有价值、最受尊敬并最具竞争力的中国建筑设计与咨询品牌之一，使员工能愉快工作并实现各自价值，是所有华东人肩负的神圣使命，也是他们的共同理想。

城中城

——上海虹桥综合交通枢纽

2005 年 5 月，上海市和铁道部确定“由部市共同推进虹桥站建设，努力将其建成高速铁路、城际和城市轨道交通、公共汽车、出租车及航空港紧密衔接的现代化客运中心”。

为实现虹桥、浦东两个国际机场快捷联系，并满足 2010 年上海世博会期间大型客流集散的需要，上海市发改委于 2006 年初提出了市域磁悬浮从龙阳路向西延伸，经世博园站、上海南站至虹桥枢纽站的项目建议书。时隔不久，沪杭磁悬浮交通线规划出炉，该线上海接驳即是虹桥枢纽站。

以大容量公共交通和高密度综合功能开发为特征的城市枢纽综合体的开发建设，符合现代城市规划中“精明增长”的理论，为新一轮城市规划带来新的思维方式和规划指导。在城市改造的过程中，以枢纽为核心来组织城市或区域定位思路必定会成为主导。

在此基础上，上海市政府决定将三大项目从分散走向集中，建设虹桥综合交通枢纽。

2010 年 3 月 16 日凌晨，从上海市中心方向开来的地铁 2 号线首班地铁列车缓缓停靠在虹桥 2 号航站楼站台边，标志着上海虹桥综合交通枢纽正式开通。

虹桥综合交通枢纽显然不是第一个枢纽概念的城市综合体。奥运会之前，北京就建成了 8 个交通枢纽，而在国外大城市这个概念更是普及。不过，虹桥综合交通枢纽是迄今世界上最大的空陆一体化交通大枢纽。它的建成有着划时代的意义。

郭建祥（院副总建筑师、副总经理，项目设计总负责人）：

虹桥综合交通枢纽工程以其规模之大、难度之高在中国工程史乃至世界工程史上都留下了不可磨灭的一笔，若说它是里程碑，我更愿意把这段

上图：虹桥机场总平面图

下图：虹桥综合交通枢纽鸟瞰图

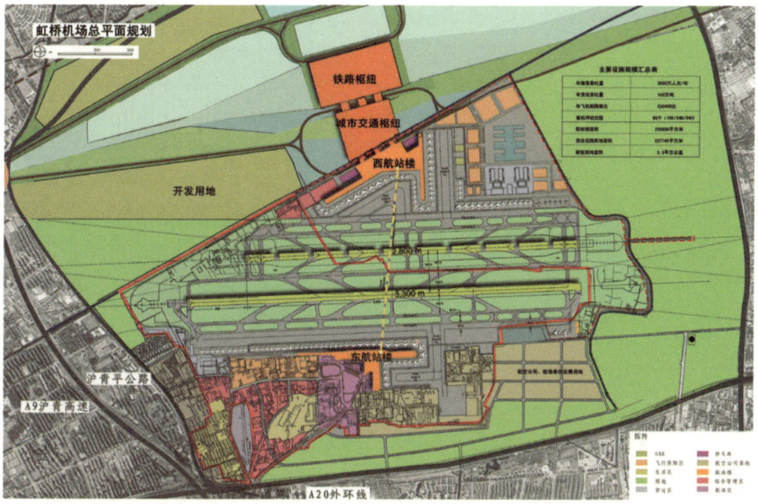

左图：虹桥综合交通枢纽总平面图
右图：虹桥综合交通枢纽空中指廊

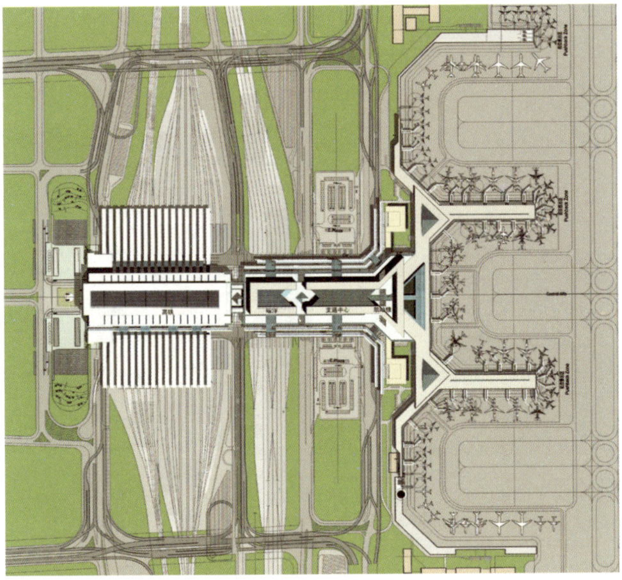

里程追溯到浦东T2航站楼综合交通枢纽建设。中国有三个拥有国际级枢纽空港的城市：北京、上海、广州。我们能够在中国最重要的国际空港设计中原创完成浦东机场二期工程，并担当设计总承包，这个业绩在国内建筑设计企业中目前未有出其右者。凭借着这个优势，我们马不停蹄地在2006年再次获得了虹桥枢纽的设计权，同样是原创加设计总包，从而巩固了我院在机场设计市场的优势并继而发展成企业的核心竞争力之一。所以在我看来，虹桥这块里程碑上至少镌刻着两样东西：一个地理尺度的巨大建筑作品和一个有着丰富机场设计经验的团队及其具备的竞争力。

从 2007 年 4 月 28 日开工，到主体结构封顶，全面进入室内装饰、设备安装至正式运营，仅用了不到三年的时间。这只能用两个字来形容——奇迹！

整体规划

郭建祥：

虹桥综合交通枢纽占地26.26平方公里，包括航空港、高铁、城际铁路、磁悬浮、城市轨道交通、公交车、出租车等近十种多种交通方式，全部建成后，旅客日吞吐量110万人次。它的建成和使用将串联起上海、南京、杭州三大都市圈，以及沿线苏州、无锡、常州等经济较发达地区，大大促进沿江和长三角地区人员的流动和集散。轨道、高铁交通站点与城市中心节点的重叠，形成了城市中心交通枢纽的概念。便捷的交通以及巨大的客流进而形成了城市复合功能综合体，虹桥从“城市的大门”演变为“城市的中心”，对周边的建设具有强力的带动和辐射作用。枢纽成为城市发展的推动力，成为功能和结构调整的着力点，成为带动区域经济发展的引擎。

郭炜（重庆分院常务副院长）：

多种交通方式的整合与联动、交通设施枢纽化与综合化是当代发展的大趋势，也正在深刻地改变着人们的出行方式，促进区域经济发展。我们可以打个比方：没有虹桥枢纽的时代，一个商务人士从国外返沪办事，飞抵浦东国际机场，他再要去长三角的某一个经济城市就必须到市内辗转买票坐动车或乘火车，倘若转机内地城市很可能要留宿市内，费时费力。有虹桥的时代，他从浦东一下飞机就可以坐上地铁到虹桥枢纽乘坐高铁、换乘国内航班，还可干脆住在虹桥的配套酒店里，将合作伙伴请到写字楼里来。虹桥枢纽交通设施的一体化对时空的利用效率仅此一例就可见一斑。

枢纽创作

华东院承担了许多国家重点工程和有重大经济、社会影响力的项目，这些项目本身就不能指望匹夫之勇，也不能迷恋明星效应，恰恰是要求一个个具备高度凝聚力的团队协同作战，大院的建筑师只有充分理解这一点

虹桥综合交通枢纽机场室内大厅

才能够真正胜任他的工作。华东院的机场设计团队在这个项目中付出了巨大的努力。

郭建祥：

交通枢纽综合体建筑超越了一般的建筑类型，功能更综合，形式更多样，空间关系更复杂，而且涉及的学科也更加多元。枢纽内的铁路站房、磁悬浮站、机场航站楼虽然汇集了不同的建筑单体，但各单体建筑都以功能布局为出发点，相互联系，紧密衔接，使整个枢纽建筑融为一体。旅客流线顺畅、便捷、合理、高效。

高文艳（原所副总建筑师，项目航站楼子项设计总负责人）：

对于商家而言，虹桥枢纽俨然就是一个巨大的市场。在深入分析枢纽的优势与定位，研究国际上类似的开发实例之后，设计师们首次进行了交通上盖的综合开发设计和物业类型的策划。

换乘人流的物质需求呈现出多元化和复合化的特征，如餐饮购物、休闲娱乐、旅游观光、休息住宿等，因此商业开发同样做到了功能多元，形式多样，提升了一般交通建筑的商业形象和档次。

45米高、300米宽、1 000米长的枢纽建筑从内部空间上讲，绵延四五百米的换乘通道就像城市的街道，两侧的商业及功能性设施就如同街区里的建筑，虚实映衬，相得益彰。而从开发综合度上讲，这俨然就是一个具备各种机能的城市功能复合体，自身具备新陈代谢的生命体征——衣、食、住、行、办公、会议、旅游观光、文化娱乐等等一应俱全。

室内设计也通过建筑的手法突出流畅的空间特点，在统一的基础上通过部分材质和色彩的变化区分和突出各种功能。通过精心设计的指示标识来提高场所的可识别性，起到良好的导向作用。

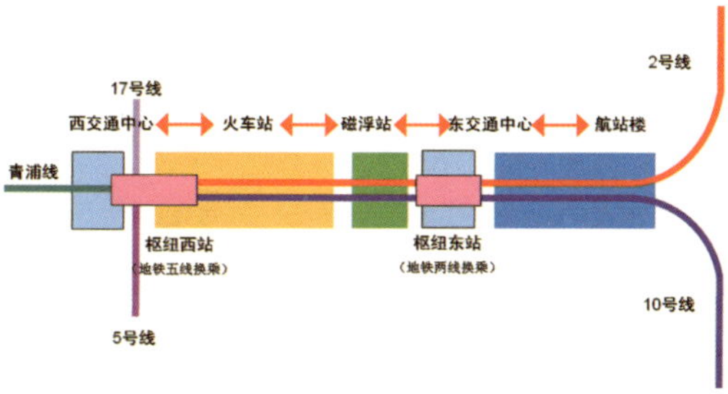

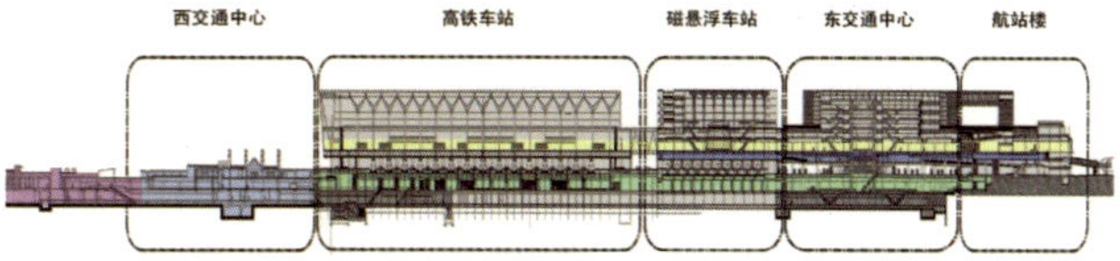

左图：上海虹桥枢纽建筑单元关系图

右图：水平方向枢纽综合体的五大功能

以人为本的人性化设计，回归了“形式追随功能”的现代建筑基本原则，堪称是一个新动向。

呈现在公众面前的枢纽形象似乎是“理所当然”的，其实，设计原则和造型特征是在不断的试错和求证中发现和发展出来的。

付小飞（项目专业负责人）：

虹桥综合交通枢纽项目在2006年初进入规划方案国际征集阶段。英国阿特金斯、美国茂盛、中规院等国内外设计单位是我们的竞争对手。

我们方案提出了“旅行、生活、工作、娱乐，尽在其中”的理念和口号，强调不只是让人在此通过，而是充分利用枢纽人流大、功能齐全的特点和通过适度的商业开发，完善其作为连通长三角重要门户的节点功能，突出枢纽的综合性特点，各功能单元共同形成的整体形象。由于我们的概念方案构思新颖，理念先进，因此脱颖而出，一举中标。从规划设计到竣工使用仅不到4年时间，“后门”是关死的。因此，我们很快便进入方案设计深化阶段。

整个枢纽核心区建筑可分为航站楼、东交通中心、磁悬浮车站与高铁虹桥站，华东院负责机场航站楼到磁悬浮车站之间一段，而高铁虹桥站由现代集团华建与铁三院负责。我们完成的是枢纽的核心区，三个子系统的造型更作为枢纽核心协调统一，并最终完成整体枢纽建筑造型。

方案最突出的问题是高铁车站的设计由铁道部确定，而且已有单位中标。是使枢纽形象统一完整，还是加强对比体现各自不同，成为项目团队面临的重要选择。通过反复推敲和模型比较，最终确定从整体设计演化为整体协调，高铁车站和航站楼中间以磁浮车站为过渡的设计原则，为以后的方案，也就是现在人们看到的虹桥枢纽最终效果打下了坚实的理论基础。

最终提交给业主“穹、翼、城”三个方案。这三个方案都各有特点：“穹”的方案造型以流畅的曲面、简洁的外形及内部宏大的共享空间给人留下深刻的印象；“翼”的方案棱角分明，屋内由玻璃和金属拼接而成，造型新奇；“城”的方案重点考虑如何将商业开发部分的体量与交通设施部分的大空间有机结合起来，各得其所。

经过多次激烈讨论，最终认为虹桥枢纽形象应符合以下几个原则：虹桥交通枢纽的标志性在于它的功能，应摒弃过度夸张的造型；虹桥枢纽中各建筑主体形态应该既统一又相互独立，机场、磁浮段与高铁“方正、平直、厚重”的要求应有所协调；建筑设计经济合理，空间尺度人性化；一方面减少空调能耗，一方面加强使用者对公共空间的亲切体验；机场、磁浮段的设计思路与风格应该与浦东机场有所差别；工期短，要求高，宜采用较成熟的设计和施工工艺来完成主体设计。

最终，“城”的方案被认为最符合枢纽的特点。

冯昕（项目专业负责人）：

虹桥交通枢纽归结起来大概有如下三大造型特点。

首先，是运用三角形的造型母题。虹桥空侧是由很多短指廊构成的，在它们相交接的地方放大作为商业空间自然形成了45°的造型特征。路侧车道边入口大厅也呈45°，既使南北进场高架路线形更加顺畅，也有利于增加车道边的有效长度。这个母题还在磁浮东交衔接段等地方重复使用，成为统一枢纽形象的一大特点。

其次是突出桥作为造型的亮点。虹桥会让很多人联想起桥和彩虹，我们的设计中结合功能需要设计了形态各异的桥，有出发大厅里的梭型桥，到达大厅里的无行李通道的斜拉桥，东交圆形中庭里的斜拉悬空桥，空侧VIP区的单柱桥等，以及东交和西航顶部长约70米的空中连桥。

最后，枢纽造型设计还更多地考虑了综合运用各种绿色策略。比如，在枢纽中我们在建筑体量上挖了很多孔——“天井”、“门洞”，这些贯通上下的采光天井，给枢纽带来充足的光线，大大减少了人工采光时数。

关于材料的选择，方案之初就考虑在航站楼朝西的立面上采用大面积清水混凝土墙，摒弃多余装饰，与出发大厅形成强烈的虚实对比，更重要的是防止西晒，从而起到绿色节能的作用。

龚丹云（建筑师）：

“城”的方案是团队智慧和艰苦求索的共同结晶。值得欣慰的是当初这个大胆并严守理性原则的想法能在今天以极高的完成度实现，和我们一开始的愿景相差不大。

西航站楼

虹桥枢纽西航站楼是一个主要为国内服务的航站楼，在造价和用地限制、功能空间布置、多业主的背景下，所谓“地标”效果不是最重要的，流程组织、交通关系、人性化设计、无障碍设计、商业综合开发、标识系统的清晰明了才是关键。

高文艳：

我们设计团队的侧重点不是昭彰外部形象，而是妥善安排一条条流线、做好一个个细部节点，把握好各个功能空间的区别和联系。在我们看来，使用功能的创造性协调、整合和解决也是一种标志性，或许是更深刻的标志性。

内外交通流线的识别性从某种意义上看也是一种标志性，比如虹桥T2航站楼的标志色是一种有灰度的树绿色，这就同磁浮的红色以及高铁的蓝色区分开了。在内部大空间中标志性效果也很突出，航站楼是一个有梁桥飞过的大空间，交通中心有一个巨大的圆形中庭，这给人一种很强的场所感和方位感。考虑到旅客赶时间，在−9米的地铁2号线的站厅层有一部直达12米层的自动扶梯，可迅速走到航站楼办票大厅和高铁候车大厅，非常方便。此外还有一个近乎浪漫的设计，在航站楼的顶盖上加了一个可以尽览空侧的景观餐厅和观景平台，目送亲人在安检口消失的人们，可以到这里用餐并看飞机起飞。中国人“送君千里，终须一别”的离愁还可以找到一种更美好的延伸。

在竣工验收的时候，市残联的残疾人朋友也来参加，他们体验了每一个无障碍设计节点，比如专门的安检无障碍通道、通向登机桥的无障碍通道等，对此都给予了很高评价。

黎岩（项目专业负责人）：

由于近年来国人出行方式的改变，无托运行李的旅客越来越多，于是我们设计了飞架到达大厅上空的廊桥作为无托运旅客的快速通道。受美国国内机场实用主义的启发，不求浦东机场航站楼那样壮丽的殿堂效果而着重追求使用效率。使用前列式办票柜台，设置了大量自助值机，无托运旅客可以直接凭借身份证、电子客票换取登机牌并自己选定座位。

本期虹桥T2的机位数在39~45个之间（39个包括11个E型机位，45个包括11个E型机位），在国内第一次实现再组合机位设计，布置调度灵活，适应长期发展和变化。根据国家相关行业规范，机场近机位数量要求不小于70%，而虹桥T2做到了85%。在不考虑航空公司运营成本的情况下，本期可以做到100%。

指廊步行距离也比较理想，控制在300米以内，旅客不会觉得辛苦。第四指廊肘部放大端有利于布置机位，提供良好的开放视野，使人们可以看到更多的室外空间，有助于平抑等待的焦虑情绪。

东交通中心

赵伟樑（副所长，东交通中心子项设计总负责人）：

东交通中心有64种换乘方式，非常复杂，它将给人全新的体验。

虹桥枢纽的功能综合性极强，我们突破了传统空港体系中陆侧的基本模式，将交通中心和航站楼放在了一个屋檐下，颠覆了以往航站楼俨然以殿堂形象示人的传统，代之以真正意义上与其整合在一起的交通中心、地铁、磁浮、高铁车站，成为一个高效联动的交通枢纽。

纪晨（建筑师）：

交通中心是完全绿色的，你找不到无法自然采光和通风的地方。

阳光从屋顶引入到内部，当你白天抵达地铁2号线站台的时候，你发现这里居然有柔和的自然光，光线从40多米高的天窗上引入−16米的地铁站台层。车库设计占据交通中心面积的1/3，我们采用下沉式设计，让处于地下部分的车库可以得到自然采光，这样就极大地节省了造价和运营照明费用。天井、底层架空层和半室外换乘夹层共同构成室内外自然通风的对流风道，在上海过渡季节开启立面的通风窗可减少空调的热负荷。

夏崴（东交通中心子项设计总负责人）：

随着枢纽规模的扩大和商业内容的增加，立体网络的空间组织形式越来越多地应用在大型枢纽商业建筑中。商业穿插其间，非但不影响交通的顺畅，反而最大限度地方便了旅客。

商业的开发定位除了受枢纽所在城市和区位的影响，更由旅客消费特点决定。枢纽商业的潜在消费者按其消费特点可归纳为三种：以交通换乘为目的、停留时间较短的消费者；出行目的较单一如出行、购物和通勤且停留时间充裕、品位较高的消费者；以长时间停留为目的（如宾馆住宿、商务会议）、富裕阶层的消费者。

根据分析得出的消费模型，将消费结构依据从高到低分为三个层次。高、中、低搭配组成了针对不同客户群的整套商业定位体系。

枢纽商业布局的原则是根据旅客需求在相应的流线上布置与之相匹配的商业业态。如在西航站楼、东交通广场、磁浮车站相应布置零售商业、集中商业和写字楼等。商业开发对项目投资的回收，运行成本的平衡与收益均是非常重要的。

磁悬浮车站

陈雷（所总建筑师，磁悬浮子项设计总负责人）：

2010年4月虹桥枢纽投入运营时，由于外部线路原因，磁浮站非常遗

机场大厅

憾未能同时投入运营。实际上当时车站建安工程已基本完成，磁浮地下及高架站厅的装修也已完成，换乘大通道已使用；磁浮站范围内的商业设施装修已完成并部分开业，车站上盖开发的商务办公楼已投入使用；仅余磁浮轨道梁未制作安装，站厅与站台联系的自动扶梯未安装，站台层未装修，车站标识系统未实施。

2006年8月二所开始负责磁浮虹桥站的原创设计。项目是虹桥枢纽的重要组成部分，连接了虹桥机场2号航站楼和高铁车站，成为整个枢纽的重要换乘节点。作为首个具备城际功能的大型磁浮车站（当时设计定位为始发终到高速站，以满足上海机场联络线及沪杭城际线的运营要求，并预留了北方延伸线的运营能力），国内外均没有成熟的经验可以借鉴。我们在充分比较各种轨道交通运营乘降模式的基础上，进行多方案的研究，并积极与业主沟通，最终形成较为理想的实施方案：区别于铁路大容量长时间候车的运营模式，弱化候车功能，加强通过性，地下地上各进出站层面均由自动扶梯直接联系各站台，流程简洁直接；区别于地铁进站无需行李安检、进出站混流的模式，地下站厅采取中部进站，两端出站方式使进出站旅客相对分离；高架进站厅和出站夹层的设置使进出站旅客分流互不干扰。车站功能布局合理、清晰、通畅，尽可能减少旅客的楼层转换并缩短步行距离，充分适应磁浮高效快速的作业要求。

同时，我们将科研与设计结合起来，开展了自然通风、围护结构热工分析等一系列研究工作，达到较高的设计水准；成立了“虹桥综合交通枢纽磁浮站屋结构一体化设计研究”、“虹桥综合交通枢纽防灾综合研究”等课题组，将科研成果运用于工程设计之中。

刘晴云（副总工程师，结构所长，结构专业负责人）：

为方便车站使用、减少施工难度、降低建造成本，磁浮轨道梁直接安装在地面层的建筑结构框架梁上。与目前上海磁浮列车支承结构与车站结构各自分开的作用形式不同的是，磁浮虹桥站内磁浮列车荷载先作用于车站混合框架结构，然后通过基础传入地基。磁浮虹桥站建筑结构成为磁浮列车与地铁列车支承、导向以及牵引和制动的轨道基础，即上部混合框架

虹桥综合交通枢纽磁悬浮虹桥站内大厅

结构、磁浮支承结构、地铁支承结构三者合一。

通过课题比较采用建筑结构、磁浮支承结构、地铁支承结构各自独立的设计，找出三合一结构存在的问题及解决的方法。三合一结构美化了磁浮车站建筑，保证磁浮列车和地铁列车正常的运行，保证车站结构正常的使用，为磁浮站实现其预定功能和结构安全提供有力依据，方便了旅客出行，展示了上海作为现代化大都市的良好形象，并且节省了材料用量，方便了施工，缩短了建设时间，减少了建设投资。

虹桥综合交通枢纽磁浮虹桥站地上二层的框架柱的数量比地上一层减少了2/5。为了保证二层的受力及变形性能不会较一层发生突变，需要在地上二层柱间设置支撑。如果选用普通钢支撑，为满足结构的刚度和支撑本身的稳定性要求，截面要做得很大，进而引起地上二层的刚度过大。非屈曲支撑由外包钢管及附着物约束内核钢支撑，在拉力和压力作用下均可达到充分的受力，却不会发生失稳压溃等失效状况。选用非屈曲约束支撑，其截面相对于普通钢支撑减小，整个结构的刚度适中，提高了整体结构的抗震性能，造价成本也低于普通支撑。

虹桥枢纽机场空侧

工程篇

虹桥枢纽的建筑面积高达150万平方米，建设时间自2006年开始，以2010年上海世博会为最后期限，只有4年的时间来完成这个项目。

陆燕（所总工程师，项目专业负责人）：

虹桥枢纽机电专业的设计包含了T2航站楼、交通中心、磁浮车站和能源中心四个子项。在成功设计浦东T2航站楼的基础上，将浦东的成功经验总结为水蓄冷技术、自然通风技术、全年能耗分析等。这些技术经验在虹桥枢纽设计中再次得以应用，并进行优化与提高，同时对节能进行了进一步的研究。

在空调冷水系统的设计中，取消了板交系统，采用了三次泵直供系统，并通过课题研究，对该系统的设计、自动控制、设备选型、调试进行了全面的分析，采用动态水利模拟，使水系统的设计更加精准，打消了业主对系统风险的忧虑，也为今后机场类大型水系统的设计提供了样板和成功案例。采用直供系统后，比板交系统减少运行能耗约624 494 千瓦·时/年，系统综合节能率达到3.1%。2010年初该系统调试一次成功，被业主评价为虹桥枢纽设计中最亮的设计亮点之一。目前系统已经过了两个夏季的运行，由于自控系统开通一次成功，目前系统运行与控制良好，达到了预期课题研究的效果和目的。

通过上海两大机场的设计，最深的体会就是以项目带动科研、以科研指导设计的方法保证了我们取得精细化设计和科研成果双丰收，同时机场专项化设计团队的建立为我们在该设计领域中提高设计效率与质量提供了坚实的基础。

徐扬（副总工程师，项目设备专业总负责人）：

我们在虹桥枢纽的设计上吸取了浦东机场工程的设计特点并取其精华。根据机场类建筑超大空间、超大体量的特点，合理地进行了系统规划。例如在卫生间使用同层排水技术，以方便物业维护；在卫生器具的选用上，力求使旅客使用感到方便、舒适，也充分考虑了不同旅客的需求。在雨水系统的设计中，针对航站楼的特点采用了虹吸式雨水系统，同时根据目前灾害性天气较多的情况，合理地选取了雨水排水设计重现期。在节能方面，除了利用市政压力直接供水以节约能耗和避免生活给水二次污染外，还利用航站楼平屋面设置太阳能热水系统以供VIP等区域的生活热水。

吕宁（主任工程师，虹桥能源中心机电经理及动力专业负责人）：

由于航站楼建筑造型独特、面积庞大，航站楼内难以处理冷却塔和烟囱的位置设置以及单台锅炉容量受限的问题，故在航站楼外建设能源中心成为许多机场航站区规划的首选方案。能源中心作为耗能大户，如何采取有效的节能方法和降低运行费用，是机场诸多节能措施中一个非常重要的环节。为此从浦东T2到虹桥枢纽，我们在能源中心设计时，积极探索各种节能技术应用的可能性，努力降低能耗和营运成本。

通过科学论证和技术经济分析，成功地将超大型水蓄冷空调技术应用于浦东机场。水蓄冷系统带给业主一定的经济效益后，虹桥国际机场扩建时，继续采用水蓄冷技术。但虹桥能源中心的水蓄冷系统有其自身特点，由能源中心直接供冷至航站楼用户侧，形成了上海市乃至全国单罐蓄冷量最大的水蓄冷工程。经过技术经济分析，在虹桥能源中心采用了比浦东能源中心蒸汽供热系统更节能的热水供热系统，从虹桥两个供热季节实际运行数据中看出，热水供热系统除节能效果提高之外，经济效能也极为突出。通过两个机场能源中心的设计，我们对超大型供能系统的节能技术、系统特点、运行模式有了深刻理解，为我们今后类似项目的设计提供了很好的经验。

周健（院副总工程师，项目西航站楼子项专业负责人）：

虹桥综合枢纽工程面积庞大，地下空间复杂，内部人流量巨大，致灾因素多，是灾害易发区域；分布于各个楼层的多个大空间互相连通，防止灾害蔓延的难度大；枢纽内部和周边的交通组织复杂，灾后疏散和救援难度也较大。对于这样一个规模巨大的交通枢纽，一旦发生灾害，任何考虑不周造成的危害和损失将非常严重，而国内对此类工程的综合性防灾缺乏经验。为此，在项目设计的同时，我们专门设立防灾课题，针对地震、风灾、水灾等自然灾害和火灾、恐怖袭击等人为灾害的防御进行研究，包括灾害的辨识与评估、防灾规划策略、灾害监测与预警及防灾技术等内容。其中对防恐怖袭击研究的探索在国内具有开创性：通过智能安保监测系统的研究应用，提高枢纽发现、威慑恐怖袭击的能力；通过对结构抗爆分析技术、结构防连续倒塌分析结果的研究，确定了结构抗爆薄弱位置，并通过结构抗爆加固技术进行加强；玻璃幕墙抗爆防护技术措施的采用大大减小了爆炸情况下人员伤害的可能。

该研究的可贵之处是将工程防灾切实与各专业设计融合，从防灾的角度优化和综合各专业设计，并将多种最新技术应用于其中，最终切实提高了枢纽的综合防灾能力，也为国内类似工程建设积累重要的经验。

张建华（项目经理）：

2009年，我和我的团队带着不可多得的超大型项目后期配合经验，马不停蹄地来到这里。现场配合主要解决三大问题：图纸设计与施工技术的问题、深入不足的问题以及施工误差。此间困难很多，归结起来是少数施

虹桥枢纽机场室内大厅

工单位施工时常常贪图方便。我们的任务是眼睛紧盯，严格控制质量水准。往往，我们还需要在工地上代表设计单位与业主方、施工方和监理方博弈。我们的任务是为作品负责，为建筑师的心血负责。

那么多年的经验告诉我，在工地，要强势而且熟悉各种工艺、做法的要求。要有毅力，有大局观，在多方的工地角力中争取主动，保持话语权。防患于未然才是施工现场配合之道。

吕程（建筑师）：

后期配合千头万绪，非常琐碎，但是琐屑之事也有创造性成分，比如有的施工图中没有详尽表达的东西，尚需优化、深化的节点都需要在现场定。做完之后的东西覆水难收，我们现场人员要谋定而后动。现在的青年建筑师书斋气了些，对施工工艺流程步骤、材料性能、色彩质感都知之不多，在这方面我们需要砥砺进步。

不是匹夫之勇

郭建祥：

我的职业之路是从计划经济时代一路走来的。在计划经济时代大大小小的设计院清一色国有，实质上都是落实国家政策的技术执行者，设计竞争无从谈起。市场经济时代，建筑设计领域一下子涌入了民营、外资企业，允许充分竞争。大国企必须适时调整生存战略，而专业化发展路线是其中不可或缺的一环。而要真正拿下项目，就要让人家坚信你是所有专业者中的最优秀者。对于年轻建筑师，要做好以下三点：积极主动（affirmative）、有干劲（studious）、有悟性（smart）。

谢曦（建筑师）：

我们所做雨篷方案的设计改了无数轮，几经尝试调整，虽然常常被挫折感刺伤，但在竣工时刻，欣慰足以抚平过往的伤口。

我们珍视职业生涯中的“虹桥时期”，看见旅客们行色匆匆地走过但不时凝神惊奇地注视这个你抛洒过心血的建筑，一种只属于建筑师的成就感油然而生。虽然我在该项目中只担当一个小小的角色，但我相信从虹桥枢纽项目中历练出来的建筑师，双肩挑得起重担。

世博会来了

2000 个日日夜夜

世博会，是世界建筑师最难得的舞台，也是一个最严峻的考场。

最早走上这片万众瞩目的土地，并且坚持到最后这里建成一座美轮美奂的世界都市，只能是本土的建筑师。这是殊荣，也是责任。

黄浦江潮起潮落，那些广受赞誉的建筑或者离去、或者永留江边。那些建筑里发生的故事会像史诗一样流传。世博会史和建筑史，都会铭记是谁设计了它们。那些呕心沥血、将梦想变成现实的日子远去了，却永远留在人们的记忆中。

上海世博会在 2010 年有着不平凡的 184 天。而华东院 150 多名主要设计人员，却连续奋战了 2 000 多个日日夜夜。

自 2004 年 8 月，华东院受邀参加世博会园区规划到 2006 年年中世博会各重点项目陆续启动单项设计招标竞赛，再到 2010 年 5 月全部世博场馆投入运行，华东院的设计师们在世博园区日夜兼程。华东院共中标 18 项世博场馆及配套设施项目，其中包括世博文化中心、世博中心、宝钢大舞台、沪上生态家、世博洲际酒店等重要原创项目。此外华东院还承担了央视、SMG 等新闻媒体的现场演播厅，并合作完成了阿联酋馆、委内瑞拉馆和土库曼斯坦馆等国家馆的设计。鲜为人知的是为世博建设的 500 千伏地下变电站，世博的璀璨也源自这座能源中心。对于世博会的这一片热土，华东院投入以前所未有的热情参与其中，世博会也成了华东人共同的盛会。

张俊杰（党委书记、董事长）：

世博会是一次国际建筑设计行业同台竞技、交流合作的盛会。许多世博建筑本身就是引人关注的世博展品，足以载入世界建筑的史册。世博场馆及展示的成果，对城市规划设计、建筑设计理念、文化、风格、技术、材料等未来建筑设计发展方向产生重要的影响。

从世博会上，中国设计企业所设计的一些主要场馆来看，总体上体现了中国设计的国际水平，反映了上海的城市精神。“中国创造”和“中国集成”能力水平的不断提升，也在世博会中获得了很好的证明。

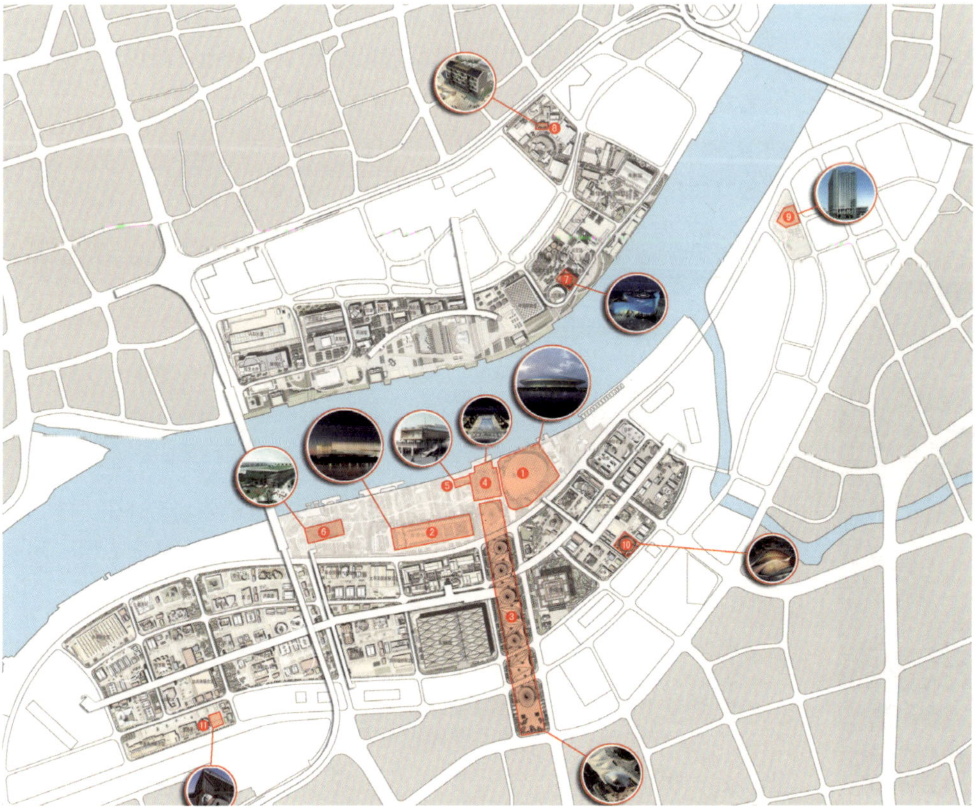

华东院世博项目

1 世博文化中心

2 世博中心

3 世博轴

4 世博庆典广场

5 和兴仓库改建

6 世博宝钢大舞台

7 世博信息通信馆

8 世博沪上生态家

9 世博村VIP生活楼

10 阿联酋国家馆

11 委内瑞拉国家馆

涂强（副总经理）：

就像2008年北京奥运会，北京的设计机构必然会是最大的赢家一样，世博在上海，我们的机会总是多一些。但当时谁也不敢有太多的奢望。北京奥运，鸟巢、水立方设计都旁落国外设计公司，世博会怎样呢？

开始，我们的目标是永久性建筑拿一二个，工业建筑改建和自建馆等创意建筑各有三至五个。现在看来所有准备的团队都上去了，一个也没有落空，而且最后的结果超出了我们的预期。

2008年，在世博重大项目基本名花有主的时候，我定制了12瓶红酒，上面共有8个时间节点，代表从2005年至2008年4月为止的每个世博项目设计合同签约的时间节点，项目总合同额达到11 691.4万元，后面还有一些项目没有被计算在内。

园区规划·偶然和必然

园区规划设计方案是世博会最重要的内容之一。

2001年，上海市规划局在对园区初步选址的基础上，组织了7家国外知名规划设计公司参加竞赛，分别是澳大利亚COX、日本RIA、法国AS、德国ASP、加拿大、西班牙以及意大利各一家公司。最终法国AS公司的方案（简称为花桥方案）被选为申博方案的底本，综合其他6个方案形成申办方案。

定制的红酒瓶，印有每个世博项目设计合同签约的时间节点

2002年12月3日，在欧洲小国摩纳哥的蒙特卡洛城，中国上海获得2010年注册类世博会申办权，世博会筹备工作正式起步。

2004年初，根据一段时间以来对园区基地的进一步研究和对人流的预测，相关部门重新确定了园区红线范围，也重新组织了世博会规划方案的征集工作。上海市规划局从近40家国内外知名设计机构中选择了10家作为参赛单位，他们是同济大学国际联合体、中国城市规划设计研究院、东南大学、英国罗杰斯与ARUP公司、美国PERINS、香港泛亚易道、德国HPP、日本RIA、法国AS、加拿大BingThom公司等。

前期的规划方案征集，华东院都没有参加。虽然也摩拳擦掌，但毕竟是建筑设计机构，规划方面算不得特长。不过，"一个很偶然也很必然的机会"，华东院开始被牵进了世博前期的规划过程中，从而才有了之后的世博大丰收。

空中俯瞰世博会场地

沈迪（原华东院总经理，现代集团副总裁、总建筑师）：

2004年8月上旬，我接到一个电话，是当时的上海市规划局副局长伍江打来的，问我世博园区规划实施方案有没有兴趣参与。我一听，精神为之一振——世博，谁不想啊！我们为之蓄势已久了！

此前的两次规划国际征集的方案各有优点，但在可实施性方面，因为要考虑众多因素,都存在一些问题，需要一个综合性的实施方案。2004年8月在上海市规划局的主持下，邀请了同济城市规划设计院、上海市城市规划设计院以及华东建筑设计院一同组成联合设计团队，对征集方案尤其是进入前四名的设计方案进行综合优化和深化，以便形成实施方案。

华东院因其建筑设计的特长在其中负责单体建筑的造型，因为决策者们希望看到规划方案中有重要建筑物的具体形象概念，同时还负责表现图和动画的制作。

杨明（现任华东院创作所所长，所总建筑师）：

2004年8月6日，当我和陈明虎几个人接到通知赶往城市规划馆的时候，世博会还只是个关于“花桥”的传说。接令后，“边干边想吧”，这就是当时抱定的主意，规划总图反复三月后基本完成。

11月5日，联合团队迎来第一次高强度会战任务——为了月底向组委会主任吴仪副总理（时任）汇报做准备。院领导及创作所、五个综合所与水晶石公司联席开会，为即将到来的无眠之夜相互鼓励。华东院负责5.28平方公里所有的立体形态设计，主攻10～15张园区效果图，同时配合模型和动画的制作。随后的日子里，院里大约10名创作人员由熊伟、陈明虎带队分别散布到水晶石和模型公司上班，邵晶总师轮番督战，我作为通信兵兼救火队员，多处传递着或欣慰、或沮丧的消息。

开始工作两周之后，当所有成果以大家无法相信的质、量堆在面前时，回想过往时日，脑中一片空白……

陈明虎（高级规划师）：

联合团队由于是不同的机构组合，所以，工作中每天都有竞争，到处充斥着PK，也是因为每一次小小的PK成功，华东院逐渐显现出竞争力，从而才有机会拿下一轴两馆。

沈迪：

2004年11月29日，这是一个具有历史意义的日子。我们的综合方案经过无数次向市领导汇报、调整之后正式向组委会汇报。在虹桥迎宾馆，吴仪出席，汇报一次性通过，把现在的整体布局、结构以及一主多辅、五大片区等原则全部确定下来，正式进入控制性详细规划编制阶段。

第一轮控规是以上海市规划院为主导的，2005年底左右完成，确定了园区的规划范围， 确定了世博村、一级道路、几大分区、地块路网等以市政为主体的工作。

华东院的工作进了一步，负责核心区也就是一轴四馆的城市设计。

杨明：

在2004年举行的园区规划国际招标中，对会议中心、表演中心、主题馆、中国馆等“四馆”有明确的要求，但对世博轴并未提及。

在组委会通过的第一版综合规划方案中，世博轴正式以无顶高架平台的形式亮相，并且在浦江南北正对呼应。一轴四馆共同构成一片相对永久性的区域，将为今后的城市开发提供新的引擎。

城市设计工作于2005年11月1日正式启动，由规划院总协调，华东院负责浦东片区，同济负责浦西片区。

陈明虎：

当时有多少个国家和组织参展，每个机构需要多大地块等条件都没有确定，城市设计完全没有办法进行。所以我们找到世博局周汉民局长，把目标274个国家、组织列在一张表上，让周局“拍脑袋”，“拍”了一天，定下了各地块的基本大小。等到建成，这才知道周局“拍”得超准。

沈迪：

在各方面条件还不具备时，我们提出进行“概念性城市设计”，为以后的设计提供了依据。

在控规的公共空间框架下，城市设计工作首先细化了广场、高架步道、绿地等各级系统的优化和分类，开展了定性与定量相结合的设计研究，将文字性要求描述与图表数字控制结合起来。在此基础上，城市设计在总体要求和系统控制的原则下，对每一地块、每个重要的公共空间进行仔细的分析和设计，提出了相关的设计图例和导则，将建筑主要元素控制要求、公共空间形态布局和空间关系组织通过图纸详细地表达出来，为下一阶段项目实施提出具体的边界要求，为控规的改版升级提供技术依据。

由于招展工作的动态进行，经常会出现展馆数量、布局方式等方面的变化，就需要重新就展馆布局、步行系统、高架步道、广场、服务设施等一系列相关系统进行调整。比如，根据招展的变化，非洲展区的布局发生了改变，规划调整则从系统平衡的角度，对非洲展区所在的C片区（包括非洲展区、美洲展区、欧洲展区）的展馆布局和广场步行系统以及高架步道的上下口进行了调整。如果是永久性建筑进行调整，规划除了考虑上述因素外，还将从后续使用的角度对其他永久性建筑（地下空间、道路系统、市政设施及其他永久性建筑的关系等方面）进行分析论证和协调优化。这一点在中国馆规模和用地的增加、世博中心地下空间建设的改变、世博轴明确为永久性建筑等方面体现得尤为明显。如基于中国馆的调整，规划调整了中国馆东侧的云台路红线以及市政管线，重新协调了高架步道通过中国馆的方式以及电瓶车在高价步道上的交通流线，同时考虑到中国馆会后作为大型展会建筑的后续功能需要，增加了大型车辆卸货的场地面积。

我本人被世博局先后任命为副总规划师和总建筑师两个职务。在前期规划过程中联合团队里没有这个概念。不过每个院加上规划局都指定了一个领头人，即吴志强、徐毅松、苏功洲和我。2005年，周禹鹏副市长在一

上图：周禹鹏副市长（时任）视察综合方案模型

中图：演艺中心方案挑灯夜战

下图：院各专业老总讨论公共活动中心

次会议上提议说是否设一个总规划师职位，最后确定吴志强为总规划师，我和上海市规划院的苏功洲为副总规划师。

2007年，从规划阶段转入建筑具体的实施阶段之后，委任我为总建筑师。从设计师转为管理者，从乙方转为甲方，身份和角色都已经转换。

一路走来，我最深的体会就是做世博项目要做“三好”学生——脑子好，身体好，心理素质好。世博园从无到有，所有参与者都在学习、理解、不断完善思路方法，我们做规划、设计更是如此。天天都要汇报，加班加点是常态，而每天的变化也常常不在受控状态，必须要有非常好的心理素质才能坚持下来。

在这种状态之下，也只有“国家队”也就是国企才能“招之即来，来则能战，不计成本，不计报酬，无怨无悔，持之以恒”地付出。无论是同济院、上海市规划院还是华东院在前期规划阶段都投入了相当大的人力、物力以及财力。不过今天一切回头来看，都是值得的。

中国馆·激情与诗意

中国馆包括中国国家馆、中国地区馆、港澳台馆三部分。

中国国家馆建筑面积为2万平方米；中国地区馆建筑面积为3万平方米；港、澳、台分别为独立馆，每展厅建筑面积1 000平方米。

中国馆的设计引起了广泛的关注，因为它几乎没有门槛。主办方公布的应征者资格是“凡有志于为中国2010年上海世博会奉献智慧的海内外华人建筑设计专业机构和业余爱好者”。而主题也非常概要，仅仅是体现“城市发展中的中华智慧”与体现中国“天人合一”的和谐世界观。

中国馆的设计，在世博会的大背景下进行，有着其他项目所不具有的特征。建筑不再仅仅是建筑师的工作，而是大众共同想象，创造与思考的领域。将赋予“中国”这个名词的建筑与代表世界各国的思考和选择的其他建筑紧密地放在一起，使之互相对话、比较。一座建筑需要承载如此多的“责任”：如建筑与城市发展的关联，建筑对文化的传承，中国建筑技术、流派、思想间的对话，中国建筑的发展方向等等。

引发如此多人的目光、评价、感悟，应征、评选、实施，进程本身就具有一定的象征意义。中国馆一共征集到344个方案。

钱健（建筑师）：

每一位参加世博中国馆方案征集活动的人应该都是幸运的，因为有了一种经历过历史的自豪感。作为建筑师，我更感受到如此多的不同年龄、地域、文化背景的华人共同思考一个用建筑语汇来表达，又远不止建筑范畴的问题是一件多么难得的事。每一个方案都有它的思考和故事。虽然，我们最后都只是1/344，也是华东院第一轮征集到的36个方案之一。

7月4日，上海世博局公布第一轮入围的8个方案，设计者分别是华南理工大学建筑设计研究院、同济大学建筑设计院、清华大学建筑设计研究院、清华大学建筑学院简盟工作室、深圳市建筑设计研究总院、综汇建筑设计有限公司、华东建筑设计研究院有限公司和北京市建筑设计研究院。

9月，上海世博会中国馆实施方案“东方之冠”初步确定，其设计理念最终确定为“东方之冠，鼎盛中华，天下粮仓，富庶百姓”。然后由华南理工大学建筑设计研究院，清华大学安地建筑设计公司和上海建筑设计院三家共同组成联合设计团队。2007年12月18日，上海世博会中国馆开工建设。华东院的建筑师们在中国馆设计上的探索，值得回忆。

中国韵、中国桥、鼓乐中华、木构、曲水流觞、流水等作品，其价值并不能从是否成功实施来评价。如果剖析参与中的思考深度，那一定有着非凡的意义。这是建筑师们对于建筑如何表现中国精神的集体尝试，也是一次用现代建筑语汇演绎中国传统文化的实验。

在华东院众多方案中，有一个被称为“中国馆他弟”。

刘海洋（建筑师）：

我们设计的中国馆，只是华东院中国馆方案海选中，早早出局的一个方案。不过，它和后来建成之后的中国馆，几乎是“孪生兄弟”。

华东院世博会中国国家馆投标方案演进图谱

Round 4 2007.07

全国评选入围方案

方案以刚柔并进的线条，描绘出优雅而不失力度的东方神韵。建筑品质既轻盈剔透又不失温润笃厚，简约大气中包容万象生机。同时独具包容性的形象特质，为建筑提供了无限的联想空间，让中国式意韵在想象中得以提升。

中国韵・花瓣
三所 汪涛 姜宁 王笑凯 沈浮 穆清 徐琦
朱洪兵 朱小平 冯浩 郭俊倩

Round 3 2007.06

集团评选入围方案

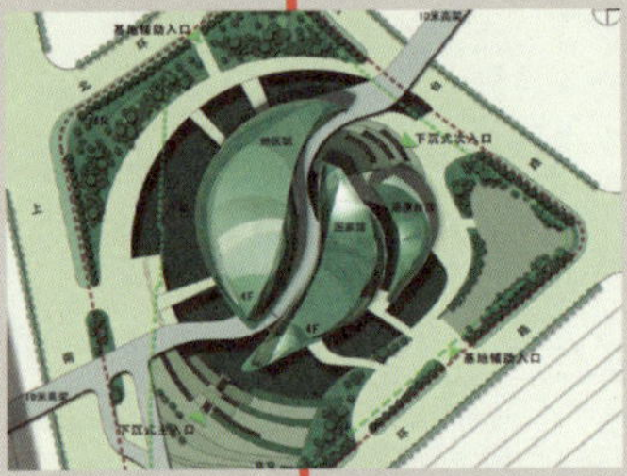

中国韵・花瓣
三所 汪涛

中国桥
二所 钱健、曲国峰、张欢

Round 2 2006.05

院内评选入围方案

和谐共生 有容乃大
创作所 韩健

斗拱
创作所 刘海洋

中国韵・花瓣
三所 汪涛

中国桥
二所 钱健、曲国峰、张欢

中国文化 未来城市
创作所 杨朝华

折扇 灯笼
一所 亢智毅

自然 村落 城市
一所 叶琪卿

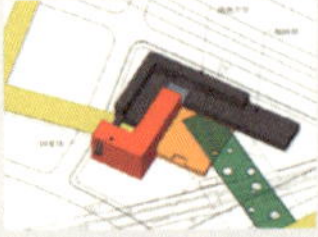

城市隼卯
二所 黄金甲

Round 1 2006.04

院内海选方案集锦

牡丹花开
创作所 韩健

和谐
创作所 向上

孔雀开屏
创作所 刘樯

和谐共生 有容乃大
创作所 韩健

容一融
创作所 俞楠

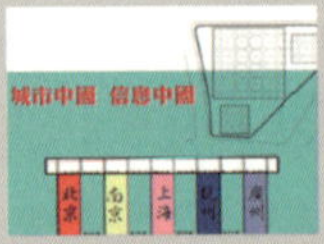

城市中国 信息中国
创作所 李大晔

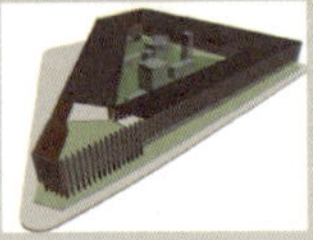

城
创作所 张文博

大生态 小城市
创作所 熊伟

创作所 杨朝华

城 院
一所

自然 村落 城市
一所 叶琪卿

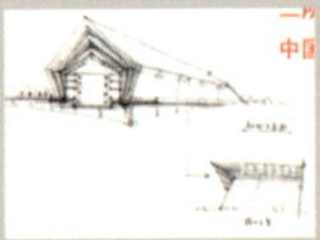

中国古建筑
二所 曲国峰

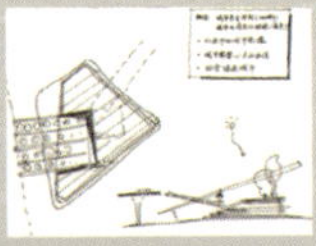

田园
二所 黄金甲

洛书
二所 钟声

二所

东方明珠 献宝
三所 王笑凯

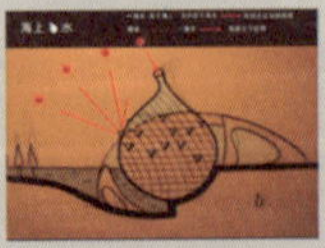

海上一水
三所 蔡艳泓

竹木筒、扇
三所 付小飞

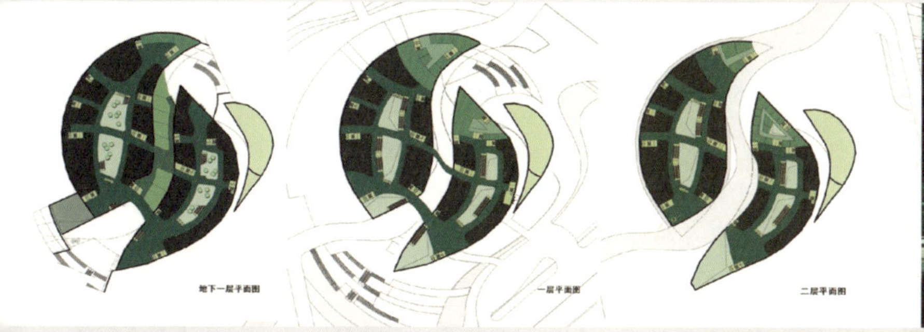

海边东方巨人的村落
四所 张汀

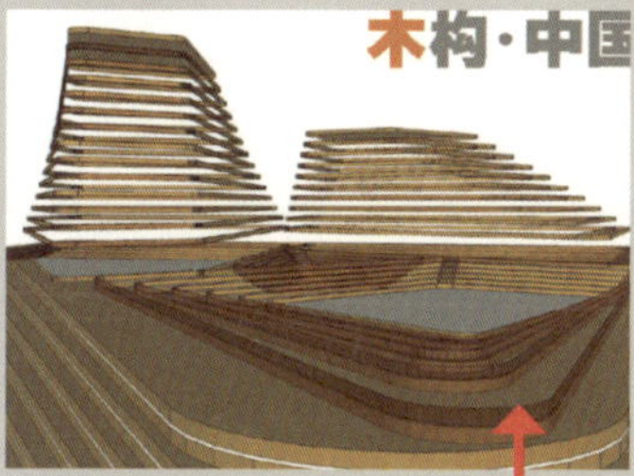

木构·中国
五所 黄巍、欧阳恬之

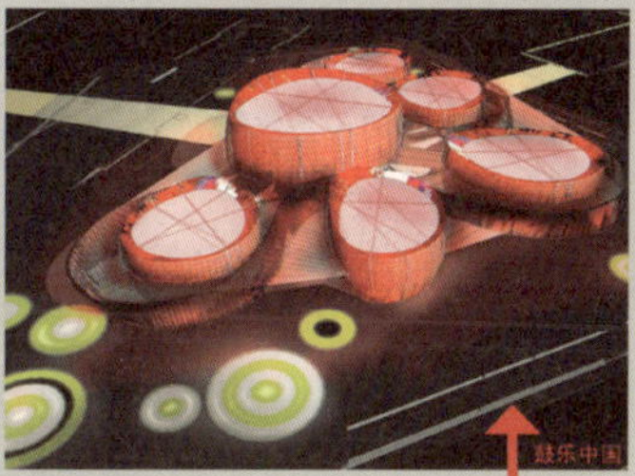

鼓乐中国
国际部 李瑶、王炜、于典

海边东方巨人的村落
四所 张汀

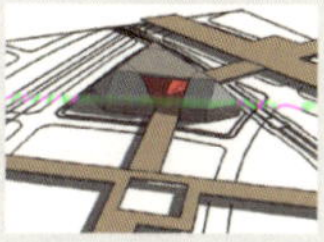

坡顶
一所 顾克利

木构·中国
五所 黄巍、欧阳恬之

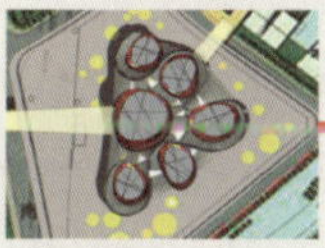

鼓乐中国
国际部 李瑶、王炜、于典

融青涵翠 千年流觞
三所 武扬

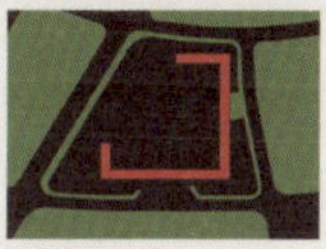

围城
四所 杨志强

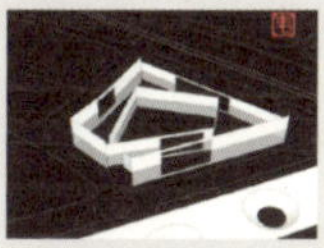

围
五所 黄巍、欧阳恬之

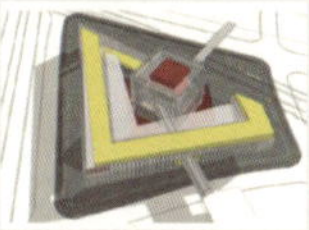

围·虚实
国际部 李俊、刘芳、范佳山

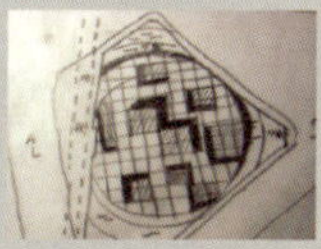

“时”“空”的游历
体验 三所 刘文均

太极 天人合一
三所 冯浩

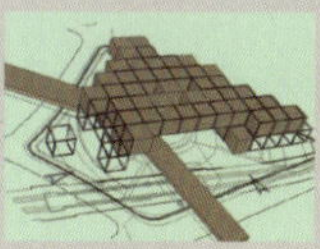

回归本然
三所 王慧

“中”
三所

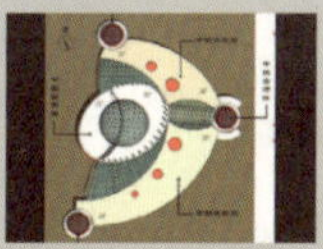

中国结 海纳百川
三所

都市森林
三所

未完“城”
三所 沈浮

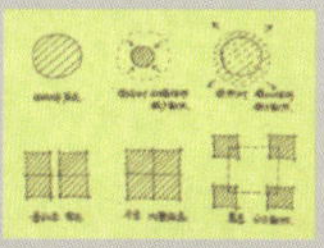

固定 可变的中国馆
三所 程天多

锦绣中国
三所 汪涛

三所

缤纷
四所 傅百磊

围城
四所 杨志强

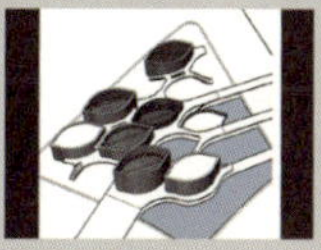

鼓乐中国
四所 张汀

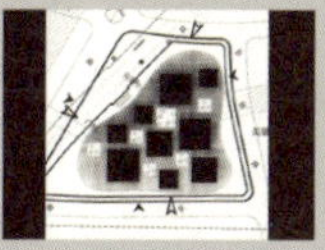

建筑城市化/城市公共
空间/多层面的开发
五所

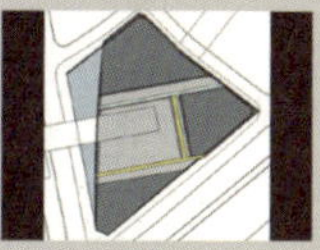

中国·流
五所 吴仰平

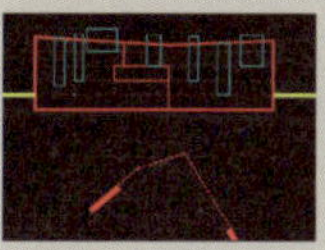

世博印
五所

木构中国
五所 黄巍

水墨中国
五所 欧阳恬之

中国馆投标是我进院后做的第一个项目，让初出茅庐的我有些紧张。开始的一个星期自己很迷茫，在院内的多轮方案比选中，有很多不错的想法，给了我不小的启发。于是回来后决意找个中国建筑的基本元素进行拓扑演绎。很自然地想到斗拱，这个元素被很多建筑师用来表达亚洲的建筑文脉，安藤的爱知世博会馆、严迅奇的九间堂别墅、崔恺的重庆大剧院等作品都使用了这一符号，而我也“很合时宜”地以此为母题进行设计。要将斗拱这一元素放大，尺度的把握是一个关键。我希望通过元素的单一化，通过抽象化简单形体和构件关系，使大建筑化为统一小构件的集合，弱化其尺度的压抑感，但整体上又保持一致性。

方案有了雏形，便去参加了下轮的中国馆大会战的讨论。开始大家还是众说纷纭，席间一个声音（今天想来真是章鱼保罗一样的先知）说了一句：这种形式肯定有人做的。舆论一下有了导向性，形式太过保守，缺乏新颖度，不够震撼等评语接踵而来，于是这轮大会战后，方案也就此停顿下来，成为过去。

最终，“中国韵”方案代表华东院入围前八名。

汪涛（建筑师）：

“中国韵”以漂浮于水面的三片树叶为灵感源泉，以写意般的建筑形式、洒脱的线条赋予建筑形式丰富的想象空间，从不同的视角和方位带给人不同的心理感受。无论有人说像“花瓣”、“小船”也好，“水饺”、“乐器”也罢，这都是参与体验方案再创作的过程。这种想象力至少可以令建筑消除枯燥乏味的感觉，让建筑带有一种倾诉般的韵味和生活的意义，它可以缩短建筑师与欣赏者在精神上的距离，也许这就是一种建筑的诗意之旅。

整体建筑平面虽由三部分组成，却呈现出浑然一体的和谐面貌，建筑之间相互作用形成笔墨饱满的“人”字形外部空间，表达人与自然和谐共生之意；建筑表皮由雨花石表面肌理萃取出流畅的线条，更让整个形体像生命般的力量，建筑形象呈现出包容的姿态，温润而含蓄、低调而内敛。一个有机的、富于生长和雕塑感的建筑是充满感染力的，其真正的性格是自然流露出的婉转和内涵。

建筑是凝固的、大气的，水是柔美的、灵动的。设计以水作为整合建筑、空间和景观的纽带，并强化原始的方案构思和设计立意，同时利用水面的透光性为地下的功能性展示空间提供自然采光。在室外，纯净的建筑

形体与水中倒影交相辉映，相互补充，在室内又创造出波光粼粼的水下展示空间，并为世博会后续利用提供空间和功能上的多种可能性。

再次回想起中国馆的整个投标过程，心中不免交织着喜悦、痛苦、迷惑、期待等复杂的心情。72个小时的不眠至今让我心有余悸。总师、领导和同事的指导和鼓励已成为这段经历的最大收获。

虽然这一切早已成为往事，但作为一名设计师对充满诗意的建筑的探索与追求才刚刚开始。海德格尔说“人诗意的栖居”，我期待诗意的建筑，更向往诗意的生活……

文化中心·艰难的诞生

走到世博轴的尽端，在黄浦江畔有一个大飞碟停在那里，它就是世博文化中心。

“飞碟”是公众口口相传的对世博文化中心的昵称。对于公众来说它和世博轴、中国馆、世博中心一道构成了世博标志性建筑的崭新视觉记忆。而对于建筑人士来说，它那种惊心动魄的建筑美感，拓展了建筑艺术的边际，创造了崭新的城市形象，而在建筑技术、工艺、节能和观演建筑功能适应性和综合性方面，世博文化中心同样建树颇丰。

世博文化中心经历了五轮投标。

上图：世博文化中心外景图

下图：世博文化中心总平面图

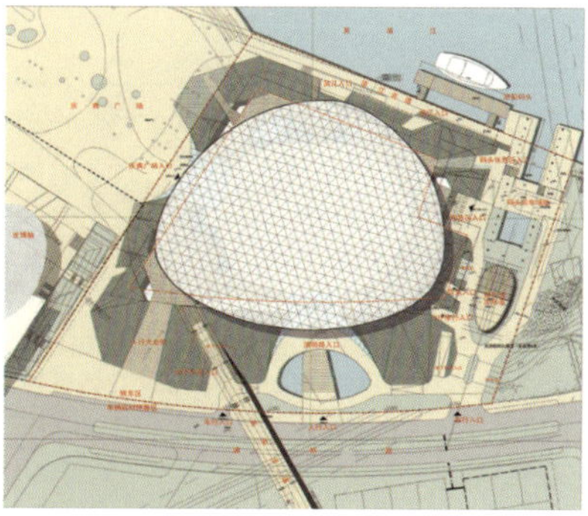

华东院世博文化中心投标方案演进图谱

参标单位：华东院 KPF GMP 北京院 同济院 夏邦杰 矶崎新 ARUP 法铁

第五轮 Round 5
2007.08-11

第四轮没有得到任何评审意见，再次推翻重做，原因还是扩容，从15000扩充到18000座。最后在2007年11月13日，在上海市市长韩正主持的最高评审会议上，相关领导和专家集体决定，上海现代建筑设计集团华东建筑设计研究院有限公司提交的“时空飞梭”方案为世博文化中心最终中标方案。

第五轮内部再选方案

一滴水 李威 | 海上琴弦 黄金甲 | 鹤舞浦江 汪涛 | 如歌的行板 高俊宁 | 图腾柱 唐栩 | 旋转大舞台1 刘玮 | 时空飞梭 鲁超 | 旋转大舞台2 | 裙摆 鲁超

第五轮内部初选方案

一滴水 李威 | 海上琴弦 黄金甲 | 鹤舞浦江 汪涛 | 如歌的行板 高俊宁 | 图腾柱 唐栩 | 海上花-浪奔 | 悠扬—荡漾 王永佳 | 未来舞台 欧阳恬之 | 灯笼 陈亮亮 | 折纸 陈亮亮 | 未来 刘玮

参标单位：华东院 KPF GMP 北京院 同济院 夏邦杰 矶崎新 ARUP 法铁

第四轮 Round 4
2007.07-08

第三轮的结果是一切归零——业主颠覆性地调整了项目规模，从原来的4000座扩充到15000座。世博会后的可持续使用需要一个规模更大，功能更综合多样、观演空间划分更具适应性的文化中心，因此提出“围绕主体演出空间设置相关衍生功能，形成大型的、独特的文化娱乐集聚区”。

参标单位：华东院 KPF GMP 北京院 同济院 夏邦杰 矶崎新 ARUP 法铁

第三轮 Round 3
2007.03-04

在第二轮方案成果的基础上功能深化。

参标单位：华东院 同济院 KPF GMP 夏邦杰 北京院 矶崎新 ARUP 法铁

第二轮 Round 2
2006.12-2007.02

由于业主方对第一轮各家投标方案均不甚满意，发起第二轮的方案征集。 形象上要求“要昂扬、别趴下”。

第二轮内部评选方案

世博启航 刘樯 | 浦江之穹 柳春 | 演艺时空 柳春 | 海洋之心 鲁超 | 跳动的音符 欧阳恬之 | 未来之舞 欧阳恬之 | 海上花 鲁超 | 水晶之叶 韩健 | 源远流长 韩健

参标单位：华东院 北京院 同济院 KPF GMP 夏邦杰 矶崎新 ARUP 法铁

第一轮 Round 1
2006.09-11

在世博园区规划中浦东的一个6.8公顷的地块上设计一个4000座的以举办各类世博表演为目的观演建筑，这个地块靠近世博轴，毗邻世博庆典广场，坐拥黄浦江滨江一线景观，作为五大永久性大型建筑，文化中心将举办2010年4月30日晚上世博会开幕式。

第一轮内部评选方案

演绎生命 韩健 | 世博贝 柳春 | 城市舞台 宿宸 | 艺海拾贝 刘樯 | 叶舞浦江 刘樯 | 胜利号角 韩健 | 呼吸贝 鲁超 | 海上花 鲁超 | 高山流水 鲁超

时空飞梭（中标方案）
鲁超 陈亮亮 刘玮

如歌的行板
高俊宁

海上琴弦
黄金甲

旋转大舞台
刘玮

海上花
鲁超 黄巍

世纪盛焰
韩健 黄巍

盛世交响
鲁超 韩健 柳春

舞动上海2
刘樯 陈亮亮 赵玮

盛世交响
鲁超 韩健 柳春

舞动上海
刘樯 柳春 徐林凤

明珠绽放
李大晔 李群

海之贝
刘樯 宿宸 鲁超 柳春 田园

参标单位：
华东建筑设计研究院有限公司、北京市建筑设计研究院、同济大学建筑设计研究院、美国KPF建筑事务所、德国GMP建筑事务所、法国夏邦杰建筑事务所、日本矶崎新建筑事务所、法铁设计（AREP）、英国奥雅纳工程顾问公司（ARUP）。

注：部分参选方案因信息缺失，无法确认原设计人

图例：

直接传承关系

间接传承关系

第一轮

2006 年 9 月，华东院接到了参加世博文化中心设计的国际邀标函，在浦东黄浦江边 6.8 公顷的地块上设计一个 4 000 座观演建筑，以举办各类世博表演，作为上海世博会五大永久性大型建筑之一。

当时筛选出九家世界一流的设计公司投标，除了华东院还有北京市建筑设计研究院、同济大学建筑设计研究院、美国 KPF 建筑事务所、德国 GMP 建筑事务所、法国夏邦杰建筑事务所、日本矶崎新建筑事务所、法铁设计（AREP）、奥雅纳工程顾问公司（ARUP）。

张俊杰牵头，专门成立了院世博项目领导小组，动员并组织项目的投标工作。

在以华东院首席总建筑师汪孝安为代表的总师团队的指导下，担当此番创作重任的是创作所，当时头脑风暴和内部评审阶段提出了 9 个概念方案，分别是韩健的“演绎生命”和“胜利号角”、柳春的“世博贝”、宿宸的“城市舞台”、刘樯的“艺海拾贝”以及“叶舞浦江”，鲁超的“海上花”、“呼吸贝”、“高山流水”。显然受到滨江场地位置的提示，有三个方案提出了“贝壳”的造型，其价值还在于隐喻中国举办世博会的宽阔胸襟和国际化视野。此外设计团队成员一边倒地选择了具备曲面和曲线的非线性原形体量，大家似乎具备这样一种共识：这种具备柔和、典雅气质的形态更适合一个演艺类建筑。

最后在总师团队的决策下，以刘樯提出的“艺海拾贝”为主要蓝本，

功能组合示意图

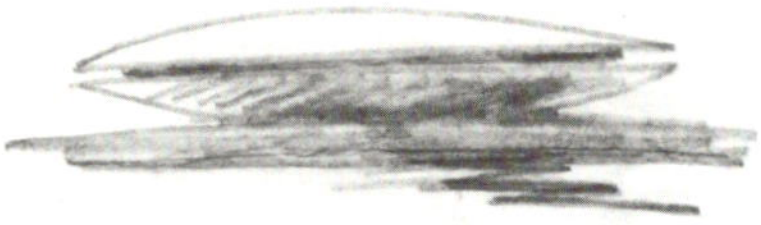

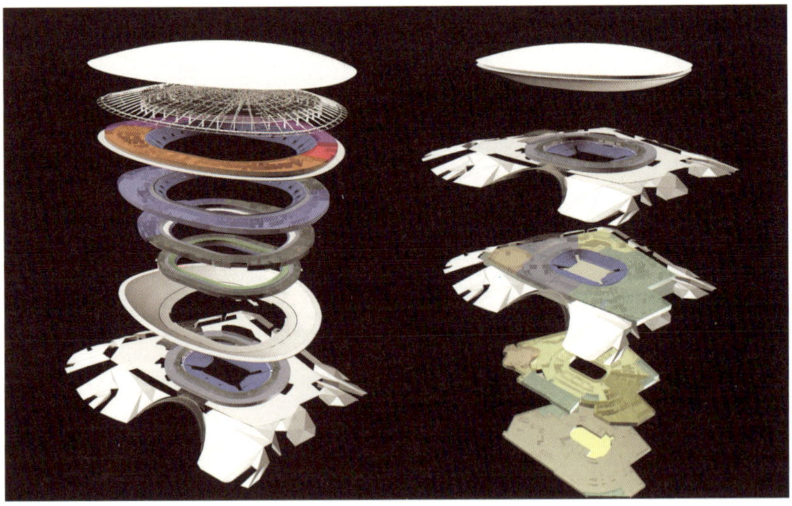

结合相似方案的优点，提交了华东院的正式投标方案“海之贝”。

出人意料的是，在交标现场发生了戏剧性的一幕，KPF和同济院竟然都提出了贝壳形的方案，而除了ARUP以外每家都偏爱曲面形式。这都暗示着对手们虽然是竞争关系却各自独立形成了一些共识。

第二轮

业主方对第一轮各家投标方案均不甚满意，经历了第一轮的角逐，四家单位无缘第二轮，剩下的五家是华东院、同济院、KPF、GMP和夏邦杰。

业主给每一家都提出了主旨鲜明的修改意见：虽然文化中心是一个扁平的建筑，但形象上还是“要昂扬、别趴下”。华东院送出去三个方案，分别是“盛世交响”（鲁超、韩健、柳春）、“舞动上海”（刘樯、欧阳恬之、柳春、徐林凤）、“明珠绽放”（李大晔、李群）。

交标现场，华东院的建筑师再次发现参标单位所表现出来的趋同性——大家都不约而同地在“要昂扬、别趴下”六个字上下工夫，方案个个铮铮然直冲苍穹。

筋疲力尽却又焦灼不安的团队成员们终于等来了评审结果：华东院方案在造型上略胜一筹，但功能布置有待深化，与同济院和夏邦杰进入下一轮。

第三轮

这一轮短暂的交锋集中在“功能深化”这个关键词上。

很快，结果下来了——一切归零。业主颠覆性地调整了项目规模，从原来的4 000座扩充到15 000座，将重新发起方案征集活动。这个大变故的原因是，世博会后的可持续使用，需要一个规模更大、功能更综合多样、观演空间划分更具适应性的文化中心，因此提出“围绕主体演出空间设置相关衍生功能，形成大型的、独特的文化娱乐集聚区”。这无疑是业主投资、策划思想的进步和成熟，但客观上意味着九个月的努力和每一个基本成熟的方案前功尽弃。

第四轮

评审结果是没有结果，再次推翻重做，原因还是扩容，从15 000座扩充到18 000座，可用地还是原来的那一块。

第五轮

随着上海世博会开幕时间的迫近，大家意识到本轮会战的决定性意义，华东院内部发起了全院方案征集活动。内部初选提出了12个方案，蔚为

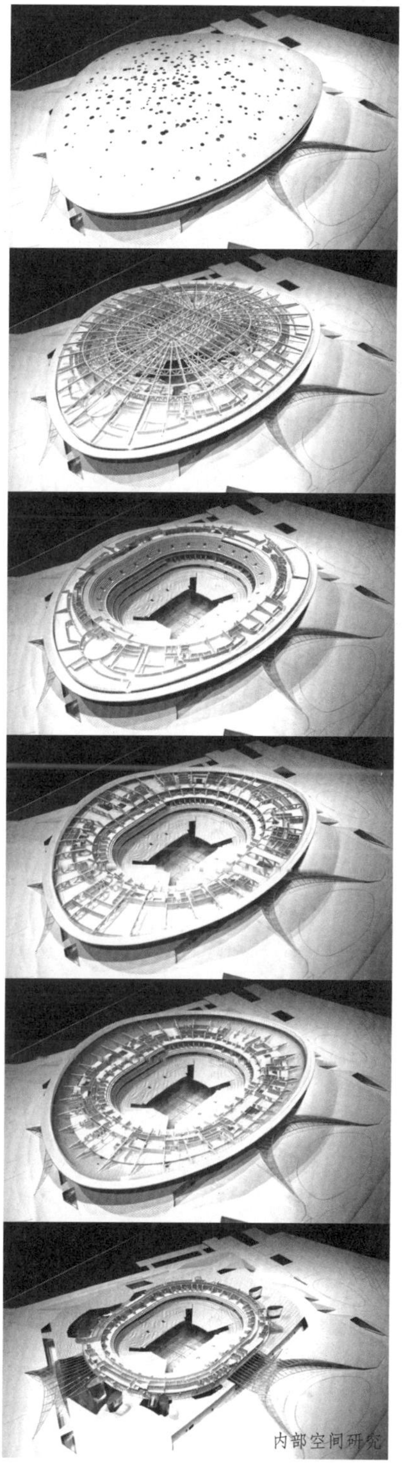

内部空间研究

上图：文化中心与世博园核心区建筑群交相辉映

下图：文化中心地下空间开发

壮观。经过密集而持久的评审研讨会后，内部再选又提出 9 个方案。

在关键时刻，汪孝安总建筑师建议用一个宛如天外来客的碟形体量来收纳场馆空间，让它徐徐降落在滨江草坡之上。鲁超践行了这一建议，极为草略的方案“时空飞梭”引起了大家的好奇和青睐。这个方案将经典的碗形室内场馆原形狡黠地变成了碟形，然后把它放在一片草坡上，一道修长的凹槽使横向的张力因此得到绝对强化，这样业主念兹在兹的“昂扬”以“悬浮”的面貌出现，团队走这一步险棋颇具勇气。

最终，在金秋十月提交了代表华东院的四个正式方案：高俊宁的“如歌的行板”，黄金甲的“海上琴弦”，刘玮的“旋转大舞台”和鲁超、陈亮亮、刘玮的“时空飞梭”。

所有为世博文化中心付出辛劳与期盼的华东人将会一生牢记 2007 年 11 月 13 日这个日子，在时任上海市市长韩正主持的最高评审会议上，相关领导和专家集体决定，上海现代建筑设计集团华东建筑设计研究院有限公司提交的“时空飞梭”方案为世博文化中心最终中标方案。

这一天距离开工日期 12 月 30 日仅有 47 天，距离 2010 年 4 月 30 日世博会开幕式仅有 871 天，而投标过程竟持续了 438 天，一共提交过 12 个正式方案，内部评审方案 51 个。

远观

汪孝安（院首席总建筑师，项目设计总负责人）：

世博文化中心地处浦江一线，占据世博园区规划中浦东滨江绿带一隅，毗邻中国馆和世博轴一侧，我们要对得起这个环境。所以在投标后期我们设想用一个草坡托起场馆，这样可以延续滨江绿带，让草坡与绿带融为一体，让滨江景观更加完整。由于是一个文化、演艺类型建筑，形式和气质上可以活泼、优美、充满想象力，而且滨江一线的特殊场地条件呼唤倒影在江面上的灵动体量，从投标伊始我们就对此孜孜以求。

最终，这个形似贝壳抑或飞碟的体量在浦江之畔、绿带之上勾勒出一道弧形的天际线，同时与中国馆、世博中心平直的轮廓形成友好的照应关系，协调统一。至于对城市形象的贡献则是它成了世博会的地标之一，丰富了世人对上海的视觉记忆。

鲁超（项目专业负责人）：

在建筑造型上，我们事实上只做了三个动作：做一个悬浮的飞碟，让它降落在草坡上，顶部撒上光点。如此干脆的大写意必然获得一个潇洒不失优美且充满未来感的建筑，而这一切都脱不开“简约”二字。

近看

汪孝安：

建筑的形态是从室内场馆碗状的经典形制出发。由此，碗下的空间被解放，派生了自遮阳效果。同时我们强化第六层的功能，这里除了有景观餐厅、电影俱乐部之外还有360度景观环廊，周长580米，浦江江景和世博园景尽收眼底，观光平台成了带动文化中心其他业态的重要因素。

草坡作为基座烘托了场馆碟形体量的漂浮感，延续滨江绿带，这是我们从投标阶段开始一直坚持的东西，它虽是配角却功不可没。我们知道防洪堤岸不允许过大的堆土荷载，于是在相关部门的支持和批准下开发了草坡下的内部空间。我们设计了一条环形商业内街，将126 000 平方米的总面积扩大到140 277 平方米。世博开幕后证明草坡内有着良好的商业经营业绩。

鲁超：

草坡的作用兼顾了审美和实用。审美上讲，它将飞碟的主体结构小心翼翼地掩藏起来，起到了净化视觉的作用；实用上讲，四个重要功能入口整合了大量动线，使得动态的日常使用不至于影响建筑形态。

建筑的美感来源于对比，草坡与飞碟都被均质单一的材料覆盖着，上柔下刚、上明下暗、上轻下重、上主下次，如此分明的艺术对比所营造的悬浮感仿佛摆脱了地球引力的束缚。

刘玮（建筑师）：

飞碟体量上的孔洞赋予一个单一而庞大的体量尺度感。同时孔洞还是采光窗、灯、排烟孔、通风孔。

当初头脑风暴的时候就有一个浪漫的遐想，既然是从深邃宇宙中降临人间的飞碟，何不将十二星座的图案映在上面呢。于是我们兼顾排烟孔、通风孔位置就将十二星座的星位图映在壳体上面，夜晚“星座”会熠熠生辉留待有心人去发现其中奥妙。

项目的设计和运行

高超（建筑所所长，项目经理）：

当时合同签订后，项目管理团队马上进入工作状态，主要担负多边协调、设计进度管理、设计质量控制等职责。我们成为院里和甲方、工程管理公司（代甲方）、各个分包单位、管理运营公司（AEG）等项目合作单位的联系枢纽和沟通渠道。粗略算来，包括舞台机械、音响、舞台灯光、交通分析、消防分析、室内设计、景观设计、泛光照明、视屏吊窗等20多个分包团队与我们接洽工作。

虽然我们不太容易为公众注意，但为设计师们默默提供后勤、管理、信息上的支持是非常快乐的。同时项管团队还是院里一个战略大局的重要环节：张俊杰董事长提出建立健全“设计产业运营发展的长效机制”，项管团队就要在工程实践中负责联络、遴选和发现好的合作单位，建立长期有效的合作机制，相互形成策略联盟，这样可以降低沟通成本、时间成本和系统性风险，最终可以整合一条产业链。我们负责分包管理，并且发现了一些不错的分包团队，比如一个好的幕墙团队，他们会让建筑师梦想成真，而事实上去看看大飞碟实景，建筑师的梦想实现了，我们为此而骄傲。

方超（项目建筑师）：

现场的艰苦繁杂，首要因素是时间，时间，还是时间。

从中标日到竣工日只有800多天，这使得时间成为这个项目的绝对稀缺资源，我们历经的所有艰苦繁杂都在于争夺这一资源，并用它换取一个高质量的建成作品。

说到艰苦繁杂，我举一个例子，协调招商时，22家不同商户入驻，就有22种不同的业务要求需要我们来协调，我们为他们在确定最优方案时提供一定的建议，使他们实施时少走弯路，同时还参与室内设计审图工作，协调店招、电路、管线，做到了在开幕前夕同期顺利竣工。

三维

鲁超：

非线性的曲面体在设计和施工上的难点有两方面——找形和分形。设计找形。由于时间所迫，飞碟壳体的曲面没有试图去找一个数学公式来完美描述，它是一个自由曲面，这给后期施工带来不小难度。

施工找形。空间取点是施工找形的关键，只有获得关键点的空间坐标才能使自由曲面施工成为可能。

误差修正。在施工阶段相对粗放的施工工艺条件下，误差必然存在，即使施工工艺精良，也会因为沉降、温度、应力变化等因素出现误差，这就需要施工中的二次找形即误差修正。这个阶段可以将结构施工完成后形成的误差通过二次找形获得与设计理想相差无几的空间取点参数，这样能够确保等比例壳体像计算机模型上的那样平滑。

一个巨大的壳体生成后需要将它的表皮分解成利于施工的小块并提出相应的结构构造解决方案，这就是分形。我们和幕墙公司一道，通过编程将上下壳体分解为近3万块面积接近的三角形平面铝板，再安装到找形后取点的位置上去。可以说如果没有3D计算机模型用来辅助整个设计与建造过程，就无法建造这座建筑。

绿色

田园（项目专业负责人）：

在不太容易被注意到的生态设计方面，归结起来，文化中心项目设计按照“3R原则”（减量化Reduce，再使用Reuse，再循环Recycle），通过建筑表皮节能设计、建筑自遮阳体系、生态草坡和地下空间采光等设计手段，为建筑节能打下良好的基础。同时，统筹安排新能源利用、节能、节水、资源回收和再使用。对空调凝结水与屋面雨水进行收集处理，用作道路冲洗和绿化浇洒用水，并采用程控型绿地节水灌溉技术、江水源热泵和冰蓄冷空调系统、气动垃圾回收系统和LED艺术照明节能技术等达到高效、节能、环保的目的。

衣健光（项目绿色设计负责人）：

在绿色设计上，主要有两个成就：一是荣获中国三星级（最高）绿色

上图：入口大厅
中图：二层平台半室外楼梯
下图：高光铝板效果

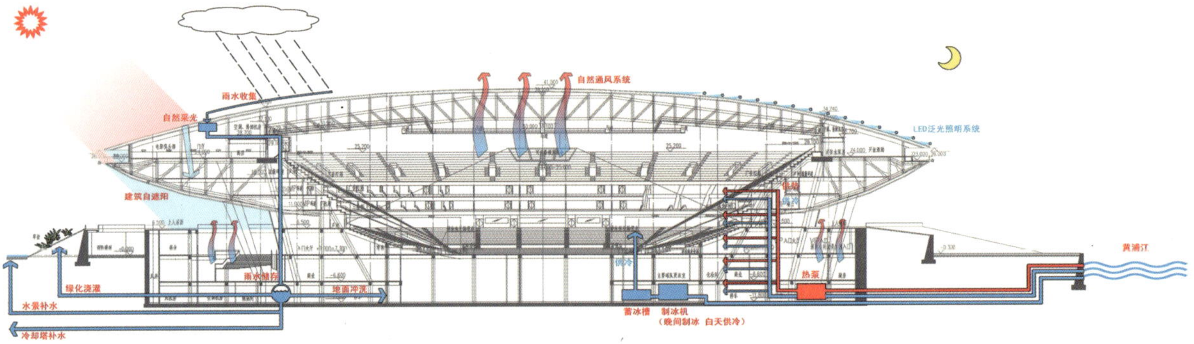

绿色建筑分析图

建筑设计评价标识，这是国内文化演艺类建筑第一次获得这一权威认证；二是由上海科委立项的“世博演艺中心建设关键技术研究与应用”研究报告，通过了上海科委专家组的评审认证，现已结题。

具体算一笔绿色经济账：本工程采用江水源热泵系统全年节煤量约234吨标煤，折合减排CO_2约630吨；每年可节约冷却塔补水92 911.5立方，节省水费35万元。采用雨水回用系统，也可大量节约用水。建筑的上下壳及总体照明采用LED灯具，与传统光源灯具相比可以节省近60%的用电量。在全球气候极端变化、能源危机日益严峻的当代，绿色设计作为一种社会责任，具有巨大的道德力量，我们的努力不过是对这一社会责任的力所能及的担当而已。

吴玲红（项目专业负责人）：

江水源热泵技术是利用低位再生能的一项重要技术措施，江水源热泵夏季利用黄浦江水作为空调热泵机组的热汇、冬季利用黄浦江水作为空调热泵机组热源，绿色、节能、环保，对于节能减排的意义重大。

项目的工程条件是建筑以观演功能为主，短期峰值负荷较高，适合应用蓄能空调系统，此外，建筑临近黄浦江，具备利用江水源热泵的条件。经过分析论证，采用江水源热泵技术是上佳的选择。

谭奕（项目专业负责人）：

飞碟上盖设置了虹吸雨水收集口，将雨水收集储藏在地下水箱，经处理后灌溉草坡和冲洗道路与车库。经过测算可以做到使用多少吸收多少，达到全年平衡。程控绿化浇灌系统也要比传统人工浇灌节水不少。此外，江水源直流冷却系统比设冷却塔的传统循环冷却水体统更节水。

大跨度，大悬挑

朱莹（项目专业负责人）：

本工程属平面不规则的长悬臂大型钢结构建筑，结构体系特殊，节点构造复杂，经合理地布置结构来达到建筑功能与结构形式的完美统一。

悬挑跨度31米，尺度相当于越过一个篮球场，36榀量身定做的主桁架各不相同，主场馆长轴跨度140米，比一个足球场的长度还大，六层环箍起到了平衡外悬挑的作用，恰如所有参加建筑设计的人员手拉手站成一圈所形成的合力……这些数据都证明世博文化中心不仅是建筑奇迹也是结构奇迹。

世博演艺中心屋盖跨度大、功能复杂、外形独特、悬挂荷载重，结构设计相当复杂。我们分析了结构设计中的关键问题，研究确认综合建筑功能、结构受力和施工难度等因素，大跨空间桁架结构是合理的。通过合理的结构简化可以解决建筑特殊外形带来的设计难题。设置环梁和环形桁架可以减小屋盖结构竖向变形，同时减小立柱的水平反力。

对世博演艺中心特殊外形屋盖承受的风荷载，欧洲规范的计算结果能反映总体分布规律，其数值有一定的参考价值；而下部结构对屋盖结构的受力和变形有较大影响，应在设计中充分考虑。

包联进（项目专业负责人）：

我们还对结构所承担的屋架的各种吊挂系统进行了精密的计算，以确保能满足多功能场馆的各种演出的舞美、音响、视频系统的吊挂需求，并且能承受场馆灵活分隔系统的吊挂荷载。

涂宗豫（项目专业负责人）：

文化中心借鉴了国外成功经验，为增加场馆对不同规模坐席和不同内容演出的适应性，在屋顶结构桁架内设置了机械式升降隔断系统，这些隔断由下部的硬质隔断板和上部的软帘组合而成，不但具有较好的视觉分隔效果且易于操作和日常维护。同时场内设置了座椅伸缩升降系统，通过以上系统的不同组合，主场馆可形成18 000、12 000、10 000、8 000或5 000座的多种使用模式，对应的演出空间也可从中心式的舞台转换成尽端式舞台或尽端式与中心式组合的舞台。

伸缩式座椅和可移动座椅的不同组合提供了不同的演出场地，而兼具伸缩升降功能的座椅系统则满足了不同演出场地和不同观众规模的视线要求。完善的马道和工作平台、布景灯光吊机系统、可升降的场馆显示系统、追光灯和摄像机的平台、建筑声学和电声系统等，均针对不同使用模式进行系统的研究和设计。

观演建筑的适应性还包括和时间竞赛，所有灵活隔断、可伸缩观众坐席的切换过程要求不超过4小时。此外，场馆的地面装置要求能承载大型集装箱卡车进入演区的荷载，以满足舞台及演出设施快速组装的要求。

於红芳（项目专业负责人）：

主场馆工艺要求繁多且特殊，电源不允许有任何故障，我们列出了重要负荷检查表，提出了应急预案，设置备用柴油发电机组和UPS电源，以确保开闭幕式和各类演出的正常进行。

后世博运行

汪孝安：

众所周知，除非有公共财政或社会捐赠支持，多数文化设施靠经营收入难以为继。坦率说，我们设计世博文化中心唯恐它在商业上不能成功。我们深感市委宣传部及业主所提出的“文化娱乐集聚区”的全新建设理念的前瞻性，时任宣传部副部长张止静和业主东方明珠总裁纽卫平在方案深化过程中对这一理念的不懈追求，也给了设计团队强大的支持和动力。

我们在一个拥有最高18 000坐席的多功能可变场馆为核心功能的基础上，配置电影俱乐部、音乐俱乐部、真冰溜冰场、餐饮服务、主题酒吧和特色商业等相关的文化休闲娱乐的配套功能，融观演、体育、娱乐、商业与观光于一体，成为复合型文化娱乐综合体。可以举办大型庆典、演唱会、各类演出乃至NBA篮球赛、国际冰球赛事及冰上表演，还可以因此衍生相关文化、娱乐、餐饮消费。

我们还为业主奉送了一个额外的礼物——六层外侧580平方米环状观光平台。极目四望，浦江两岸世博园区尽收眼底。世博文化中心不是2010

年4月30日晚上的昙花一现，而是常青松。文化建筑只有能够历久弥新才能更好更多地回馈民众、服务社会。

电影有“叫好”与“叫座”的区别，当然最好是既叫好又叫座。对于建筑师来说，作品赢得业内口碑和学术界认可堪为殊荣，但为作品商业上的成功而殚精竭虑更是对业主、商户和未来消费者的信托责任。我们前期投标方案文本始终带有策划部分，后期功能布置调整始终秉持商业眼光。像每一个导演一样，我们希望这个作品既叫好又叫座。

田园：

那天晚上我们在家观看开幕式，我妈妈欢欣激动，我反而平静异常，当结束时分放起了漫天烟火，两年半的酸甜苦辣涌上心头，一瞬间泪眼婆娑，于是我给汪总发了个短信：“感谢您，感谢每一个团队成员，我今天真真切切体会到做建筑师的骄傲……”。

1

2 | 3 | 4 | 5 | 6 | 7

图1：模拟36榀悬臂桁架及内部大空间的设计团队合影

图2：泛光照明评审会

图3：工地会议

图4：世博会开幕式设计人员在后台待命

图5：集团领导视察工地

图6，图7：工地现场

世博中心

世博中心·典雅和庄重

世博中心是世博会期间唯一不对公众开放的特殊场馆，但每天又必定出现在各类新闻视频播报之中。那欢快的国家馆日活动、隆重的接待宴请以及高端的文艺演出，充分表现出世博园“超级会所”和“城市客厅”的重要职能。

“抱合相拥的体态、公平正义的象征、清澈透明的议事厅”，充分体现出大型政务活动和国际会议中心的性格特征。如今，世博中心已成功举办了两届上海“两会”，又迎来国际首脑峰会等重大事项。

对于这座“不可或缺、无可替代”的永久建筑，韩正市长的评价是：“好，很好！”；俞正声书记说，“我看这是目前国内最牛的建筑。”

“2007 年 6 月 7 日，世博园区内首座永久性核心功能场馆——世博中心开工建设，标志着上海世博会永久性场馆建设全面启动。”新闻媒体在第一时间做出了报道。

就在 3 个月前的一天，各路院士、大师和博导云集上海，对世博中心的各个“分体”和“连体”方案进行了缜密的评审和论证，最终确定了华东院的“连体方案二”为最佳方案。其实，这并不是华东院交上的唯一方案。

马进军（建筑师）：

项目的争取阶段，凝聚了全院上下来自各方的心血和智慧。总体有三个阶段。

第一阶段：2006年8月至10月，方案投标。当时规定由境内外设计单位组成联合体的方式参与竞标，华东院和美国D+P设计公司组成联合体经过近两个月苦战，我们与D+P在功能布局上很快达成统一，但形态方面进行了多轮磨合。在2006年国庆长假之际，交出了一个棱角分明、丰富多变、被喻为"纽带·如意"的"之"字形建筑方案，与美国SOM、PE、英国RMJM、德国GMP、法国AS、澳洲COX等6家境内外顶级设计联合体公司进行激烈角逐，和PE事务所一同"突出重围"。最终以"和谐共生"、"纽带·如意"、"城市客厅"三大概念，"之"字造型的方案成功入围。

第二阶段：2006年11月至2007年2月，方案阶段并未就此结束，方案调整阶段有多轮漫长而艰苦的优化比选，全院动员，群策群力，创作所和一所的许多建筑师都为此贡献了智慧和创意。

李大晔：

这种全院性的投入在华东院项目设计史上实属罕见，可见院里对这个项目的重视程度。最终，全院十几个方案经由总师们的连夜评选筛选出七八个，分别是我、亢智毅、安娜、向上、凌克戈，李小欧、仇嵘刚等的方案，类型集中在几个方向。最终以方案4为发展方向，并进入到深化方案阶段。

第三阶段：2007年3月至2007年5月，对项目周边环境关系研究，确定"东高西低"形制。参考业主建议，就"保留中部视觉通廊"与"周边环境关系"进行了研究，提出了三种方案——（东西）分体上连接、（东西）分体下连接、东高西低连体。最终确定"东高西低"方案，并确定了锯齿形外立面，方案以两个叠合抽开的盒体，尽显现代建筑的简洁明快。建筑立面折叠起伏，呼应了浦江的碧波荡漾，两个盒体中间镂空，"洞"透出江水一景。

从外面看，350米长、100米宽、40米高，共计14万平方米的世博中心，无论自身地位还是外形尺度，以及那富有创意的片状折面玻璃外墙，就足以构成建筑的主要形态特征。透过每片玻璃的缝隙，可以通过手动或电控令两组窗扇上下开启，形成有序的空气对流。折面玻璃幕墙的竖向肌理还与折面石材幕墙的横向错动形成了统一和对比的元素，也为夜景灯光的表现提供了有效的空间和平台。

外墙围护结构的设计充分考虑了对日照的阻挡和吸收。材料的确定经

上图：世博中心外立面

下图：可开启外墙肌理

华东院世博会世博中心投标方案演进图谱

第四轮 Round 4 2007.05

原创实施方案

正当初步设计行将结束之际，市领导又对世博中心的建筑形态和空间布局提出了新的要求。以一所为主的设计团队在极端疲惫的状态下，重振旗鼓，克服种种压力，在院所总师的带领下，对建筑重新进行调整和优化，打造多层次的室内外空间，体量的穿插成为内部功能的外部逻辑化演绎。经过卓有成效的梳理整合，形成东高西低的形态特征。不仅满足多样化功能需求，也确保了滨江绿地视线的通透，而且更显宏伟气势和力度感。

2007年“五一”长假结束的前一天，世博中心的方案终于在市府正式获得通过。建设单位和市领导对实施方案给予高度评价：“东高西低的原创方案集成了当今优秀建筑的形态和专业技术，不损原定的整体功能，将对今后同类型建筑起到引领性作用，不仅与周边的主题馆、中国馆、演艺中心和世博轴对话，还可以取得与世博公园、黄浦江以及今后南侧的宾馆等建筑自然和谐的效果。”

第三轮 Round 3 2007.03

优化方案

分体方案一

分体方案二

连体方案一

第二轮 Round 2 2006.12

功能调整阶段方案比选

方案①：典雅风格 / 建筑创作所 向上

在2006年底的世博公共活动中心（世博中心的曾用名）大PK时期，我们共提交了数十个方案，很多方案还没有做成效果图和模型就被淹没了，没日没夜的工作场景，现在回忆起来仍然心有余悸。这个“典雅风格”的方案，是最后送给业主的7个方案之一。设计的初衷就是外观上把庄重和现代结合起来，体现建筑的最终用途——上海未来开“两会”的场所。金属材质的柱列和围廊被反复引用，用来表达经典的主题。

这个方案本身也经历了多次修改，从原来总平面的“两段式”变身为后来提交的“一段式”。就个人而言，我更喜欢“两段式”：两座平台上大型建筑根据地形错开排列，通过中间的“国旗亭”来转折联系，给人一种“雅典卫城”的布局意向，并不恪守人为的轴线，体现一种更自由和民主的理念。

但是后来这个最初的想法，被“大一统”的思想所“征服”。变成了效果图里的模样，我反倒感觉有点别扭。其实，就目前完成的世博中心来看，这艘长约400米的黑色巨舰，似乎还是有点沉闷和拘谨，如果有点戏剧性的变化可能会更好。

方案②：碧水蓝天 / 建筑一所 安娜

设计在底层做了架空部分，意图传达以人为本的精神。即使在被使用的情况下，人们也可以在建筑底部穿行，同时，黄浦江和江滨公园的景观可以渗透到基地以南。

上部的体量考虑到观赏景观的需要，以折面玻璃体为主，具有完整的形态。夜晚的灯光和建筑的柔和体量也为江面的景观增加了浪漫主义的气息。

方案⑦：风帆，滨水建筑意境 / 建筑创作所 仇嵘刚

本方案提出利用大跨悬索结构悬吊各类大空间会议室，特殊的结构形式在建筑顶面形成了优美丰富的天际线，与滨水形成了良好的呼应。

方案③：庄重典雅 / 建筑一所 亢智毅

我们试图创造一种庄重、典雅、现代的滨江建筑形象。

临世博园通过纤细致密的柱廊，逐级升起的基座，舒展平滑的顶部轮廓，构成南立面庄重典雅的性格，突出了会议中心主入口面的礼仪性。而临江面，则以连续通透的玻璃面，将浦江风景尽收眼底，嵌入的玻璃盒子与波浪起伏的屋顶相得益彰，形成北立面通透、开放的滨江性格。

第一轮 Round 1 2006.11

入围方案

PE+北京院联合体

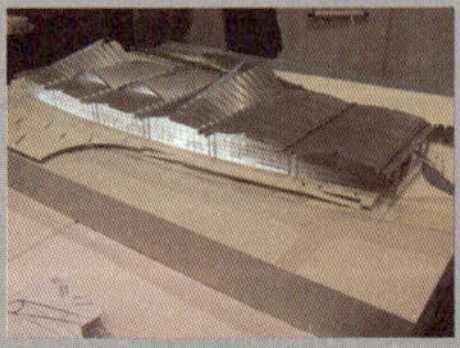

som+同济设计院联合体

美国D+P与华东院联合体

中央大厅实景

大会堂实景

多功能厅是外立面的延伸

“2007年6月7日，世博园区内首座永久性核心功能场馆----世博中心开工建设，标志着上海世博会永久性场馆建设全面启动。”新闻媒体在第一时间做出了报道。

“创意成就梦想”，在近两年的现场设计中，设计团队始终坚持科技创新为重大工程建设服务的指导思想，坚持建筑师主导和参与所有专项设计全过程控制，努力提升世博中心项目的科技含量，保证了建筑的高品质和完成度及与绿色技术一体化。

将绿色理念充分运用于建筑创作中，是世博中心平面布局和建筑表皮设计的主旨。独具特色的可开启折线玻璃外墙，最大限度地引入日光、风景和新鲜空气，充满惰性气体的中空玻璃外夹金属丝网，起到优良的遮阳、保温和隔绝噪音的效果，简约的外部形态呈现出丰富的建筑细部和表情，也是世博中心实践绿色低碳建筑的重要标志。

世博中心集会议、观演、展览和招待宴请之大成，其室内空间在世博会所有建筑中最具规模和标准而倍受关注，华东院也是首次主导如此复杂而高规格的室内设计，其艰巨程度丝毫不亚于之前的建筑方案创作，特别是作为设计总包和主创方进行了广泛的方案征集和团队组建，特别对建筑的五大核心空间主持设计并反复比选，圆满塑造和实现了“红蓝绿金银”等独具特色的空间场所，形成了亮点纷呈的室内外风景线。不仅得到了建设单位、业内专家及高层领导的一致认可，而且极大地提升了设计的综合掌控能力。

连体方案二

然而，2007年春节刚刚过去，有关规划专家对世博中心的建筑体量提出了异议，与周边环境不够协调。因此，建设单位要求再将建筑“一分为二”进行尝试，设计再次面临新的抉择。几个节假日都没有休息的华东院团队又重新集结起来。经过新一轮的艰苦奋战，对建筑形体的“分与连”做了反复推敲比选。三月末的一天，各路院士、大师和博导云集上海，对各个“分体“和”连体“方案进行了慎密的评审和论证，最终确定了华东院的连体方案二为最佳方案。作为园区首个大型国内原创中标项目，世博中心开创了世博园永久场馆本土建筑师主导设计的新局面。

方案⑤：山水建筑，人民客厅 / 建筑创作所 李大晔

造型方正有力，屋顶轮廓平缓起伏，仿佛浦江边上的一座起伏山体，与江水呼应，成为一座山水建筑。

东西两侧之间的灰空间，由大台阶拾阶而上，既可以远眺周围景色，又可以作为会议前厅。

立面形体完整、简约现代并充分考虑节能和观江景需要。

方案⑥：殿堂 / 建筑 / 原建筑创作所 李小欧

厚重的基座，韵律的柱廊，轻盈的屋顶，经典的三段式，通过现代科学技术和东西方建筑艺术的传承，精炼出新的建筑元素来构建新世纪人民的殿堂，城市的客厅，体现海派文化的特有的气质和非凡的气度。

方案④：璀璨浦江的水晶 / 建筑三所 凌克戈

世博中心从中标到现在已经三年了，从方案到扩初我为之付出了一年半，做模型的时候活生生拉下一块肉，血溅当场，我在医院也晕倒过两次。至今不能忘记的就是每一轮方案都是在一种紧张状态下并非完全理性地在做设计，“黄浦江边的水晶” 方案由于其整体感和空间的气势比较符合建筑的性格，而一度被选中，然而没过多久，原来的规划条件被质疑，建筑不能长于300米，领导对于会议大厅的高度要求24米。。。。这一切导致方案作出了很大的修改，而这种修改是一种被动的，短时间内做出的，已经不能方方面面都能考虑到，所以沿世博轴视点还是能够保持原有想法，但是从特钢大舞台方向看过去，尺度已经很难说是合适了。

D+P公司方案

这时，世博中心的功能定位发生了一个重大的转变，明确在世博会后将取代陆家嘴国际会议中心和上海展览中心成为国际峰会和国内政务会议的专用场所。“功能完善、形态庄重、节能环保”成为指导思想，因而各单位开始着手调整设计。华东院在院领导和总师亲自挂帅和指导下，由一所和创作所主创人员投入前力量，吸取了首轮方案的经验和教训， 经过多轮设计研究，短时间内拿出7套各具特色的概念方案，而4号方案“璀璨浦江的水晶”成为其中的佼佼者。随后，美国D+P公司拿出了一个更加整体的方案，也一度获得了建设单位的青睐。

注：部分参选方案因信息缺失，无法确认原设计人

撰文｜图片：建筑一所 亢智毅

上海世博会的所有建筑，惟有世博中心每天必会出现在新闻视频之中，那欢快的国家馆日活动、隆重的接待宴请以及高端的文艺演出，充分表现出世博园“超级会所”和“城市客厅”的重要职能。世博中心不仅全方位地服务于世博会的筹备和举办，会后还将转型成为顶级的国际交流场所和上海的“人民大会堂”。对于这座“不可或缺无可替代”的永久建筑，韩正市长的评价是：“好，很好！”；俞正声书记说，“我看这是目前国内最牛的建筑。”；胡锦涛总书记认为，“上海应该有这样一个国际会议中心。”

在分享世博欢乐的同时，往日的迷惘、艰辛、酸楚甚至苦痛似乎又浮现在眼前。回顾世博中心的设计历程，真可谓感慨万千，实在是非比寻常。从2006年8月竞标到项目投入使用的三年多时间里，世博中心的规划设计历经了几个阶段，其中方案创作的过程最为“艰险”，无论是功能布局和形态比选、还是表皮研究和内部空间塑造，每个阶段都经过不计其数的方案推敲，设计团队不敢有丝毫懈怠。

首先是项目的争取阶段，无不凝聚了全院上下来自各方的心血和智慧。当时规定由境内外设计单位组成联合体的方式参与竞标，华东院和美国D+P设计公司组成联合体经过近两个月苦战，在2006年国庆长假之际，交出了一个棱角分明、丰富多变、被喻为“如意.纽带”的“之”字形建筑方案，与美国SOM、PE、英国RMJM、德国GMP、法国AS、澳洲COX等6家境外顶级设计公司进行激烈角逐，然后与PE事务所一同“突出重围”。

上图：红厅

中图：蓝厅

下图：绿水交融的中央大厅

过了多方案的研究和比选并与LEED认证公司及有关科研单位合作进行大量的模拟与计算。根据光照的强弱，外墙采用了双银中空LOW-E和金属夹丝夹层复合玻璃幕墙，有效地降低了传热和遮阳系数，并产生了独特的立面效果。

白天，玻璃折片内的金属垂帘可以调节阳光；夜晚，晶莹的光带又似片片风帆，百舸争流。绿色生态的呼吸功能形成了富有层次的外墙肌理，简洁的外部形态呈现出丰富的建筑细部和表情，表达出当代建筑的活力，且具有滨水建筑的神韵。

华东院主导了如此复杂而高规格的室内设计，其艰巨程度丝毫不亚于之前的建筑方案创作，特别是作为设计总包和主创方进行了广泛的方案征集和团队组建，特别对建筑的五大核心空间主持设计并反复比选，圆满塑造和实现了“红蓝绿金银”等独具特色的空间场所，形成了亮点纷呈的室内外风景线。

世博中心集会议、观演、展览和招待宴请之大成，因其室内空间在世博会所有建筑中最具规模和标准而备受关注。在这个过程中，以建筑师的思维和手法创造和构筑空间，首先通过建筑模型的建立，推敲空间比例和形态；随后与室内设计师一同研究材料等细部关系，再以效果图进行气氛包括光环境的渲染，后期还进行1：1大样反复比选，如此建筑设计与室内设计并行“绑定”，体现了很高的建筑完成度。

用色彩来体现室内主要场所的性格特征，简洁、形象和清晰的表达纷繁复杂的使用功能，是世博中心室内空间的一个重要创举。红蓝绿厅亮点纷呈，2 000平方米的上海厅成为全球规模最大的半导体功能照明使用场所，而堪称“世界之门”的14米超高自动旋转开启墙面又令多功能厅内外融为一体；国际首创的移动伸缩台口可将天人合一的大会堂瞬间变成箱形镜框式剧场；中央大厅内世界最高的数控水幕生动演绎了“天更蓝、水更清、树更绿”的世博城市主题曲。

傅海聪：

这个项目经历了曲折多变的过程，从项目名称的演变中便可见一斑：最初项目是以“世博公共活动中心”为名进行方案招投标的，后来曾变更为“世博会议中心”和“世博会展中心”；直到初步设计后期，才确定为“世博中心”并沿用至今。

设计团队在巨大压力下经受住了考验。最终的实施方案不仅更加成熟，实现了建筑外观与建筑功能的和谐统一，而且蕴含了深刻的寓意。

建设单位和市领导对实施方案给予高度评价：“东高西低的原创方案集成了当今优秀建筑的形态和专业技术，不损原定的整体功能，将对今后同类型建筑起到引领性作用，不仅与周边的主题馆、中国馆、演艺中心和世博轴对话，还可以取得与世博公园、黄浦江以及今后南侧的宾馆等建筑自然和谐的效果。”

设计团队与建设工地“零距离”的持续的全程参与和管理控制，确保建筑的品质控制和理念的实现。成勇伟项目经理亲赴工地进行协调工作。作为设计负责人，我和亓智毅等设计人员长期驻守现场工作，组织协调包括幕墙、内装、景观、舞台、建声、灯光和标识以及植物、家具和陈设等各个专项设计，就建筑形态、室内空间、材料细部和机电配合等进行构思和优化及深化设计，同时将其事无巨细地体现在采购、施工等各个细节中，几乎每一个环节均须我签字确认，承受的压力可想而知。许多创意，就是在现场构想和完成的。

2009年夏秋时节，有一天突然接到通知，韩正市长要看室内设计方案。世博中心是他直接关心的项目，而且室内标准是世博会建筑中最高的。在此之前已经汇报过多次，原则上都已通过。当时项目已经进行到内装施工后期阶段。那天晚上我是随世博集团和市府及世博局三位领导直接去市长办公室汇报，我们都有些不知所措。

然而汇报很顺利，韩市长对设计和工程进展很满意，而且明确表示要抓精品工程，世博会前将不在世博中心召开“两会”。我们不仅如释重负，而且对设计前景更加充满信心。

2010年1月15日，胡锦涛总书记视察世博园区，并在世博中心召开世博动员会。由于世博中心几乎是当时世博园内唯一竣工投入试运营的场馆，作为世博园的形象代表，其意义之重大可想而知。

那天中午12点整，当我第一时间得知总书记刚刚圆满结束了世博中心的会议并给予世博中心“上海应该有这样一个国际会议中心”的评价时，一颗悬着的心终于放下了。

世博中心工程经过了严格的全程考核，荣获 LEED 金奖。

设计团队先后获得了上海市五一劳动奖状、市金杯集体以及世博赛区百佳建设者等荣誉称号。

世博轴

世博轴·深度挑战

世博轴及地下综合体工程位于浦东世博园核心区，南起耀华路，跨雪野路、南环路、北环路及浦明路到滨江世博公园；中段东连中国馆、西接主题馆；北段连接世博中心、演艺中心及庆典广场。总建筑面积 248 702 平方米。

世博轴是世博园区空间景观和人流交通的综合体。作为上海世博会最主要的园区入口，世博轴承担的入园客流达 23% 左右。

分布于世博轴之中的 6 个阳光谷，为过长的流线创造了不可或缺的景观节点，也成为世博轴最具标志性的特征之一。

2006 年，位于世博浦东园区的世博轴及地下综合体工程（下简称“世博轴”）正式启动，德国 SBA 公司的方案因为其地下空间的绿色生态概念特点而中标。

华东建筑设计研究院与上海市政工程设计研究院共同完成方案深化、初步设计以及施工图设计，其中最具技术难度的世博轴钢结构阳光谷张拉索膜结构施工图设计都由华东院完成。

黄秋平（副总建筑师，项目设计总负责人）：

我2006年底接受世博轴设计任务，作为一个建筑师，参加世博会建筑的设计是一个梦想，因而既紧张又兴奋。刚开始的时候感觉这个项目方方正正，难度不大，但是后来发现这个项目没有确定的因素太多，事情越做越多，设计技术也越做越复杂。2006年底开始到2007年中，先后进行过三次方案大调整。

第一次调整是2006年底"一轴四馆"的空间和规划调整。从城市设计的角度分析了"一轴四馆"的空间比例关系，这个调整整整花了三个月时间，主要结果是把世博中心和世博文化中心分别向东西两侧各偏移了20米，从而理顺"一轴两馆"两个空间关系。

第二次调整是因为世博轴上增设磁浮车站的功能要求。带来的是人流的增加、停靠站的结构高度调整以及与世博轴的结构关系等问题，此外当

世博轴项目设计团队合影

时还考虑调整世博轴长度，缩短了近1/3的总长度。后来由于种种原因，磁浮轨道交通在世博轴停靠的设想不再实施，但为规划的磁浮通过还是预留了可能。

第三次调整是世博轴的顶从原方案的玻璃材料调整为索膜结构加玻璃阳光谷的方案。这既是出于造价考虑，更重要的是从功能出发，采用索膜结构能够更好地解决遮阳问题。

这时离世博会开幕仅有两年多一点时间。

人流通行

孙峻（原主任建筑师，项目专业负责人）：

大人流交通疏散和舒适性是世博轴主要功能，也是需要重点攻克的难题。

入园高峰时的人流量，以及7号、8号两条地铁线交汇在耀华路之后又会有多少人流量，都需要参考更为精准的数据。我们联系与世博相关的所有交通运营部门，请他们提供必要的可参考数据。我们把那些零碎的数据整合在一起，包括历届世博会入园全天人流分布图作为模型基本框架，同时结合中国人出行的行为方式，建立全年的工况分析图。

这是一个摸索的过程，其实很多研究已经超出建筑师的专业范围。我们把设计上必备的资料积累起来，这既是大伙的设计成果，又为后一阶段运行打下基础。到最后越做越丰富，越做越有价值。这是一种在未知条件下推动这个项目的创造力。

安检这个功能从世博轴项目最开始就已经在考虑之中，但是安检功能的全部落地却等到了最后的最后。

2009年的4月，项目已经开始进入内装修的阶段，安保部门突然变更了安检的一套数据，安检闸机的安检时间由10秒过一人增加到28秒过一人。

挑战重新开始，本来每层要求几十个安检单元只采用2台X光射线安检机，现在增加到每个安检单元都要有1台。正当建筑师全力以赴克服以上难关的时候，业主突然调整了安检口宽度的指标，从每个标准单元的横向宽度由2.2米骤增到4.5米宽，而安检口的数量却不能够减少，建筑的总宽

左图：世博轴项目设计团队合影

右图1：标准安检单元

右图2：上广集团电视转播台

右图3：斜向绿坡

右图1：地上二层平面（10.00m平台层）
右图2：地上一层平面（4.50m地面层）
右图3：地下一层平面（-1.00m标高）
右图4：地下二层平面（-6.50m标高）

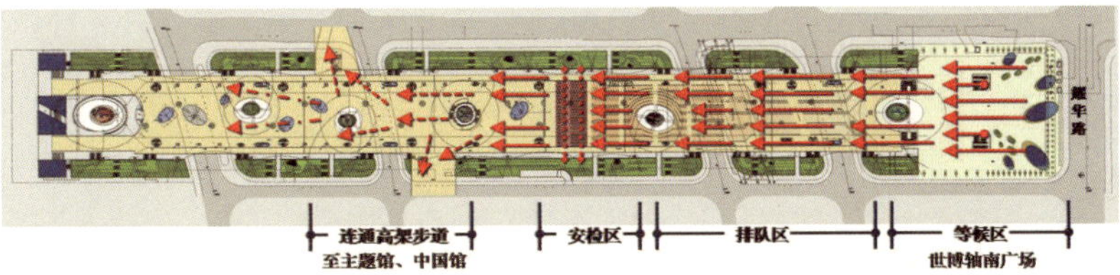

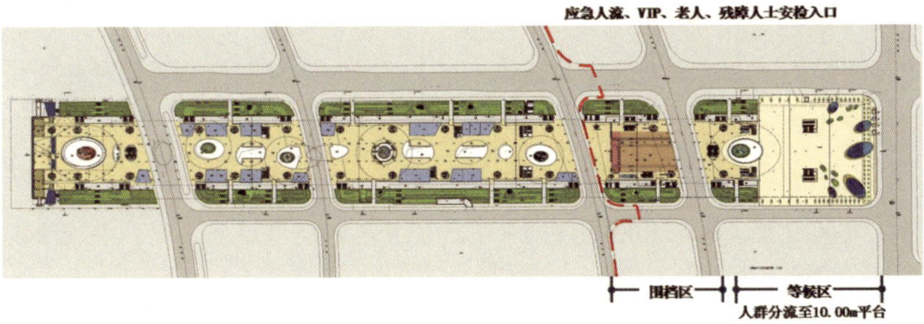

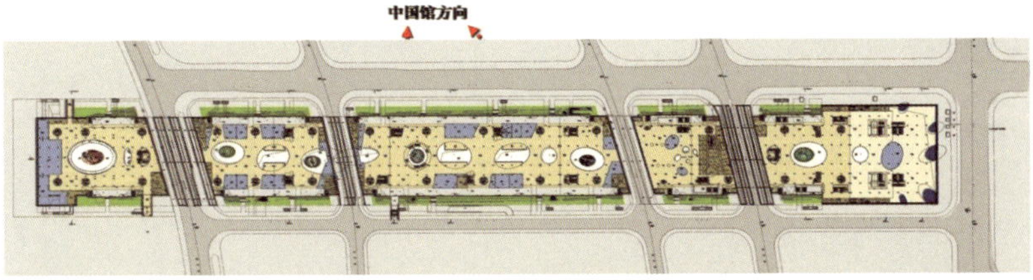

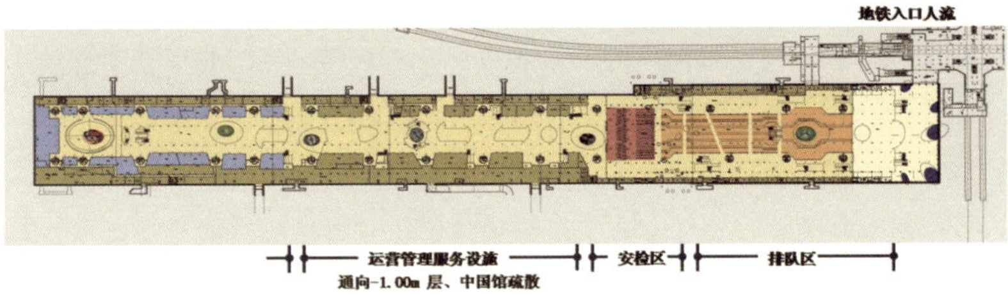

度当然更是不能变的。这三个严峻的挑战带给我们无数个不眠之夜。

我们没有将整个方案推倒重来，而是在草图纸上进行排列组合。以标准单位为基础进行各种形式的组合，在单体组合上采用错位式的排布借取宽度，在整体上用“品”字形布局来收缩占地面宽。

经过一次又一次和业主以及上级有关部门的沟通，终于确定了最后安检区的形式，此时2010年的新年钟声已经敲响。赶在试运行前的最后几天，工人焊好了最后一根栏杆，安装人员进行了最后一次调试，保证了安保功能在运营期间的顺利发挥。

关于阳光谷

黄秋平：

阳光谷的设计可满足部分地下空间的采光、自然通风及雨水收集要求，提高地下空间的舒适感。因而阳光谷是功能、技术、艺术的完美结合。但是阳光谷的设计、计算制作难度是相当大的。这里有一个小插曲，德国的ZELEE公司作为有经验和实力的境外公司首先参与了阳光谷的深化设计谈判，当时世博局准备了三个谈判方案：一是六个阳光谷全交由德方完成，因为当时还未有国内设计单位做过类似的设计，不知水深水浅，也没人敢拍板保证；二是德方做一个阳光谷，接下来的我们自己做，依样画葫芦，画出另外五个；第三个方案就是我们必须面对现实，国内自己做。谈判极为尴尬，德方提出深化设计费9 000万人民币，一分不让。当然谈判以失败告终。这样一来攻关重担就落在我们身上，我们利用国内技术力量，仅用了1 800万人民币技术研发攻关，成功完成了阳光谷从设计到施工的全过程。

其实，在世博局组织下，我们在谈判之前就已为实现阳光谷做了半年之久的科研准备，当时分成找形组、计算组、制作组分头开展工作，定期碰头沟通，制作实体模型，试样，开展节点受力试验。我们做了大量的预研究，为这个不得不面对的现实作准备。直到2008年中在罗店召开的项目推进会上，我觉得从设计到施工，整个过程串联起来了，我就在会上宣布，阳光谷钢结构完全可以国产化的结论。这个消息一出，当时与会的业主和各方面领导都热血沸腾，场景是非常振奋人心的。

汪大绥（资深总工程师）：

世博轴阳光谷采用65毫米×180毫米的矩形管来实现曲线上的网格，有非常大的难度，主轴线定位非常困难。每根管子的主轴方向牵涉到两头的节点连接,每个节点连接空间关系的6根杆件。现代集团的技术中心和华东院合作，利用CAD&CAM很好地解决了这一技术难题，最终在阳光谷的设计中实现了计算机的辅助设计和辅助制造一条龙服务。

自由曲面的网格布置是非常有学问的，利用计算机辅助设计，按照符合力学规律的方法找形，既满足力学规律又符合美学规律。

关于索膜结构

黄秋平：

世博轴索膜结构是目前世界上规模最大的，膜面积达6.5万平方米。索膜结构受力特点是膜和索共同参与受力，上海地区受台风影响大，而且又是世博会工程，因而结构的安全性成为首要目标。

高超（所长项目经理，项目专业负责人）：

PTFE索膜顶棚为连续的张拉式索膜结构体系。总长度约840米，最大跨度约97米，单块膜最大展开面积约1 800平方米，索膜结构边索单跨最长约80米，脊索最长约115米，为大跨度柔性结构。

这么大结构的索膜首先设计上要过关。而此前华东院连一张100平方米的索膜也没有设计过。当时在院汪大绥总工程师的提议下，我们聘请了国内技术专家一起攻关，包括浙江大学董石麟院士。他在百忙之中抽身看了我们带去的资料并非常乐意同我们合作；同济大学张其林老师则作为业主的顾问；施工方聘请了太阳膜公司作为顾问，现代集团技术中心也为阳光谷设计做了大量的工作。

黄秋平：

在设计前期做过专家论证以及1∶40的模型试验，考察整体稳定性。然后通过计算机模拟，模拟外桅杆的任一根索或桅杆破坏情况下的结构稳定性，模拟了几十种不同受力状况组合。最后是1∶1的模型张拉试验，主要考察节点的强度与合理性，以及张拉工艺、双层膜的制作和外观效果。

六号阳光谷及雕塑

高超：

在同济大学校内搭建模1∶40模型，所有节点做法尽量接近现实情况，通过张拉来查看它的形态，观察哪里平滑哪里松弛。

膜最怕的就是松弛之后产生积水造成破坏，一定要绷紧才不会变形，拉得越紧刚度越强。初始控制的时候，每个点都必须达到设计强度，这也是安全性的重要考量。由于膜受风力影响大，台风条件影响下膜结构的安全是安全性考虑的第三方面。

直到世博会开幕之后，我们还继续关注索膜结构的健康检测，在阳光谷上安装了摄像头24小时监视它的变化，定期检测膜面及桅杆的应力是否受力均匀或者有何变化。

关于节能

叶大法（院副总工程师，项目专业负责人）：

考虑到临近黄浦江的便利条件，所以才有了江水源作能量传递媒介的想法。由于地表水体是一个巨大的动态能量平衡系统，它能自然地保持能量接受和发散相对的均衡。在夏天，室外气温波动很大，而深层江水温度

由世博中心看向世博轴阳光和世博文化中心（现梅赛德斯奔驰文化中心）

相对较低且波动较小，其间的温度差中储藏着巨大的冷能；而在冬天，水体又是一个巨大的太阳能集热器，水温与气温差中贮存着热能，热泵系统的使用使得对这些低品位能源的利用成为可能。

利用江水源热泵和地源热泵技术作为空调冷热源，其优点是高效、节能、环保、缓解热岛效应。系统采用江水和地埋管（地埋管散热器）作为热泵系统的高温热源或低温热源，由于江水和地埋管水温度夏季均低于冷却塔出水温度，空调冷热源主机的制冷效率可大大提高，并省去了冷却塔补充水；冬季时用热泵采暖，能源效率比传统锅炉采暖大大提高。

通过对常规系统的能耗和江水源系统的模拟比较，计算出地源温度和江水温度，通过这些参数来分析在上海这种气候条件下（夏热冬冷）到底有没有节能，因地制宜地去做这个项目。

世博会期间，空调制冷系统全年节电432 000千伏，相当于减少二氧化碳排放量432吨。因为江水源系统中有许多亮点普遍被大家所认可，因此后来在世博文化中心和演艺中心项目中，在自身系统保留的情况下也附加采用了这套节能设备。

除了使用江水源和地源热泵之外，我们还利用建筑造型的特色形成自然通风，产生地道风的对流效果。六个阳光谷把室外凉爽的空气引入地下二层，带走了室内的热量，也保持了室内空气清新。同时，在屋顶平台上采用高压喷雾，利用水雾蒸发吸收热量的原理达到降温效果。

世博轴及地下综合体工程的建筑形态特殊，屋面和斜坡的雨水无法直接排到室外，设计结合独特的建筑形态，利用阳光谷和膜结构顶下拉点收集雨水，并在地下设置水渠及提升、排放雨水利用设施。雨水沟渠不仅可以降低雨水径流量，而且可以作为雨水回用的水源储存。调蓄池内的雨水经过滤消毒后进入雨水清水池，供给楼内卫生间大小便器冲洗、场地的绿化浇洒等使用，起到节水和改善环境的作用。

世博会开幕之后，观众反响非常好。世博期间，高温接近40℃，而在世博轴里，体感凉爽。

黄秋平：

世博轴需要面对的挑战，除了阳光谷、膜结构，江水源地源热泵的综合应用外，当然还有很多，要面对这些挑战，需要勇气，需要技术，更需要一种精神，一种舍我其谁不服输的精神，一种脚踏实地认真务实的精神，一种团队通力合作的精神。我想这也正是华东院的精神。

庆典广场·水镜与和兴仓库

庆典广场为游人提供了心旷神怡的迷人场景，尤其是夜晚时分，两岸灯火闪烁，游船在江上往来穿梭，音乐喷泉与霓虹灯光交相辉映，是听觉与视觉的盛宴，是忘却烦恼享受美妙生活的时候，在这里游人才真正感受到放松和惬意。

人们最喜欢庆典广场的起因就是水镜。将酸疼的双脚小心翼翼地探入薄薄的水中，那种凉爽舒爽的感觉直达心扉，这种感觉牵引着成人也在水中放肆地奔跑，像孩子一般充满童趣和快乐。世博文化中心和世博轴在水镜的反射下，倒映出如梦如幻的镜像空间，夜晚显得更加迷离美丽。

“水镜”，顾名思义，水膜平整光滑就像镜面一样，能够清晰地倒映出

天空、云彩和周边建筑，环境与建筑相得益彰。水镜还可以变幻出水雾场景，营造出不同的广场气氛。每当雾气升腾，世博文化中心就如同造访世博的UFO，阳光谷就如同清晨盛开的喇叭花，漂浮在梦幻般的雾气中。在演出期间，水面下降，露出石材地面，实现集会活动与平时休闲观景的功能转换。

黄巍（项目专业负责人）：

“水镜”的想法是法国夏邦杰事务所投标方案中提出来的。但怎么实现？当时并没有把握。为此我们到法国波尔多广场考察水镜案例。当时法国是冬天，水镜是干涸的，我们也没有和当地的设计单位联系，就是趴在地上，透过喷水孔看了他们的内部构造，回来之后自己反复研究、比较。感觉法国人的投标方案只说了一半，而且并不全部合理。所以我们必须自己研究水镜技术。

水镜技术最大的难点就是平整度设计。水面可以很平整，但是基座和石材地面的平整度要靠设计和施工来控制。基座平整通过可调节钢梁来实现，石材地面的平整则对出厂石材有严格要求，规定每块石材平整度误差不能超过1毫米。在安装施工过程中，石材是一块一块调节的。首先通过钢梁的四角螺栓调节水平，然后通过激光放线，调节每块石材的四角标高。

梁葆春（所副总工程师）：

水镜的水来自于其下面的大水槽里，这样才可以保证在3分钟之内实现水镜与广场的快速转换。石材固定在水槽内的钢梁上，通过石材之间的溢水缝，水面上升到石材面层上3～5毫米，激光检测到水面高度足够后就停止注水。

上图：世博庆典广场

下图：地下水循环系统剖面

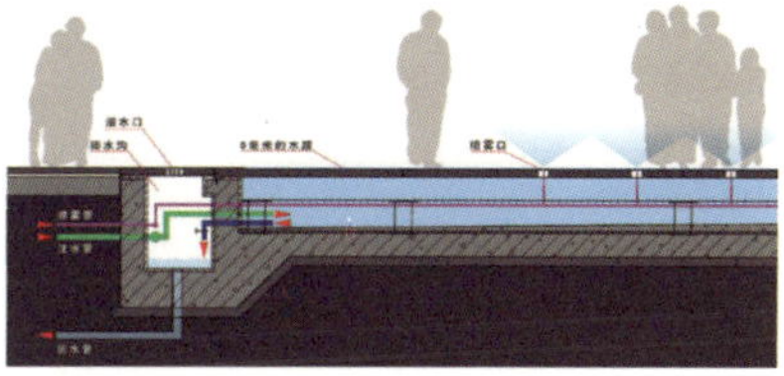

左图：喷雾

右图：水镜

黄巍：

水镜表面是5毫米的水膜，我们现场做了三种不同深浅的花岗石水镜实样，放上不同厚度的水膜，研究水膜不同厚度、石材不同深浅的倒影效果。实践表明只有3～5毫米这个厚度才能使水镜反射效果最佳。

我们在水镜之外，另外增加喷雾功能，使广场呈现出另一番景象。喷雾的难点在于喷雾节点设计。在1米见方的石板中心，开直径12毫米的圆洞，通过不锈钢盖板和尼龙头固定喷头。施工中还遇到一些问题，喷嘴管网有误差，如果喷嘴和不锈钢盖板没有对准的话，喷雾就会被不锈钢盖板挡住，所以在尼龙头设计时考虑三向调节的装置，让尼龙头上固定的喷头和不锈钢盖板上的小孔对准。喷雾的水压非常大，如果不锈钢开孔比喷头大的话，喷头就有被水压射出去伤人的危险，所以一定要保证盖板孔比喷头小，即便射出去也是打在不锈钢盖板上。

庆典广场项目另一个重要组成部分就是和兴仓库。和兴仓库位于世博庆典广场和世博公园之间，北临黄浦江，南临世博中心。

和兴仓库建于20世纪30年代，是中国第一家民营钢铁企业的厂房，后来又被上钢三厂用作临时性堆栈，该建筑没有被列为上海市保护建筑，建筑艺术价值也并不高。仓库改建方案的征集，有7家单位参与设计。有的方案完全拆除重建，有的方案保留部分，但是都不能令业主满意。到底是保留还是彻底拆除，曾经使世博局方面颇为纠结。

黄秋平（副总建筑师，项目设计总负责人）：

关于和兴仓库，有三个层次的问题需要解决。第一是拆除还是保留，第二是留什么，第三是怎么留。

和兴仓库位于千年防汛墙和百年防汛墙之间，从这点上讲，它不符合规划要求，应该拆除。但是，它毕竟是黄浦江边百年民族企业的一个历史见证，在重视历史传承的今天，和兴仓库的保留既反映了近代工业文明，又反映出上海码头仓库的历史建筑风貌，永久保留和改造它与世博理念相一致，这就应该留。因而是世博给了和兴仓库一次重生的机会。

黄巍：

除了保留工业文明的意义之外，改造它是世博园区配套功能的需求。按世博控制性详规，“世博公园地上建筑面积应控制在3 630平方米”。目前，世博公园的B区总建筑面积是2 092平方米，与规划要求尚缺1 538平方米的配套设施面积。庆典广场也需要满足演职人员活动、贵宾接待、咖啡休息等功能要求。同时，它是庆典广场界面需要。和兴仓库形成庆典广场西界面不可或缺的围合要素，如果没有和兴仓库，广场空间松散，围合性和礼仪性将大大削弱。

庆典广场又是世博公园入口的前区空间，和兴仓库作为该入口的建筑依托，空间上将会变得丰富有趣。如果没有和兴仓库的存在，庆典广场和世博公园之间的连接将会变得过于直接生硬。

黄秋平：

和兴仓库建造初期，内部结构体系为无梁楼盖体系，柱子为八角形，柱顶为八角形倒锥柱帽。50年后，由于结构老化和新的功能产生，进行过

左图：和兴仓库——改建后
右图：和兴仓库——改建前

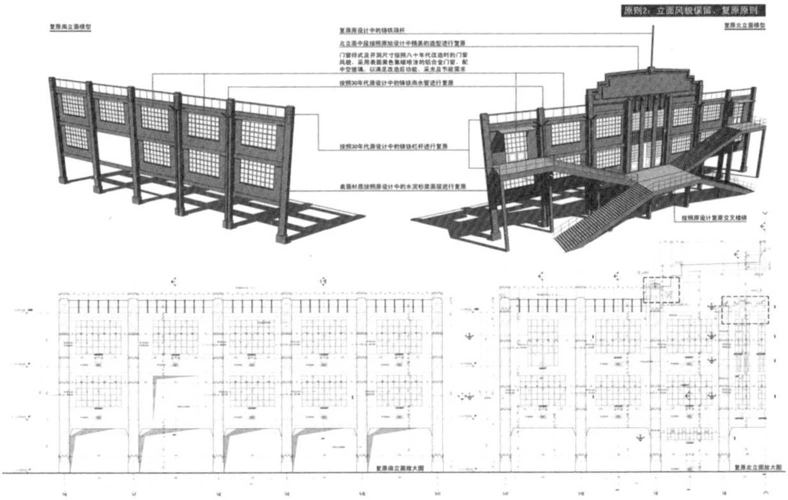

和兴仓库——立面复原模型

一次结构加固改造，分别在一层整个楼面和二层2/3区域楼面增加了变截面交叉梁。这种柱子、柱帽结合交叉梁的结构体系一直沿用至今，因此也就有了和兴仓库特有的结构体系，所以我们尽量予以保留。

朝向黄浦江牌坊式立面艺术价值虽不高，但它是工业建筑的一抹亮色，而且墙面抹灰的混合砂浆是用较为特别的长江中段砂作为基础材料，经历了岁月的侵蚀，有特别的沧桑感，值得保留。

另外值得保留的是沿黄浦江边的宽大平缓的楼梯，这里重现了码头工人肩挑背扛的特定建筑场景。

黄巍：

和兴仓库地上共三层，原为东西13跨、南北5跨柱网的矩形建筑。通过视线分析以及功能角度的分析，和兴仓库东三跨柱网延伸到了庆典广场的范围内，对广场完整性造成影响，西三跨的二、三层对其后面的世博中心造成视线遮挡。我们因此认为这两部分可以拆除。然后在和兴仓库中心部位植入了全新的三层钢结构体系，这一全新的钢结构体系通过斜向钢柱支撑。新老体量之间通过水平桥体连接，老结构是钢筋混凝土的，而新结构是纯钢结构的，新旧结构对比鲜明，但是色彩和形制有一致性和关联性，所以建筑整体仍然协调。

方卫（主任工程师，项目专业负责人）：

和兴仓库的改造按建筑要求“原真性”的设计原则，结构方案在多方案比较、精确分析后决定采用全新的加固方法以满足抗震规范设计要求，即系统性地在地震力传递路径部位加钢人字撑来承受地震力。新老建筑之间在传力途径上加设水平撑杆，以承担其余部分的地震水平力。

黄巍：

由于80年的风雨侵蚀，和兴仓库立面和台阶结构碳化，不能继续使用，设计团队对台阶、台阶上的铸铁栏杆、立面上的每一处装饰线脚、铸铁雨水管及立面的粉刷材料都进行了精心细致的现场测绘，并将测绘结果与老图纸进行比对，局部细节做1：1足尺实样，对破损部分进行修补。

和兴仓库的改建，使一个饱受保留还是拆除争议的建筑暂时告别喧嚣，从而翻开新的历史一页。

宝钢大舞台·保留钢铁的记忆

2005年11月，世博局、宣传部联合召集了关于演艺中心的定位研讨会。当时倾向两个场地，一个服务庆典、一个服务综艺，考虑到上海演艺市场的差异，后续利用应以大众、通俗为主。其时，上钢三厂特钢车间，将被改建成为以“特钢”命名的舞台。

2006年9月，这一建筑被定义成“景观式的观演场”，要求与演艺中心同时推进，做好应对临时演艺和开闭幕式的准备。然而，接下来的一年，世博会的所有重心都集中在一轴四馆的招投标工作上，特钢大舞台的推敲

世博宝钢大舞台

研究只能在见证其他场馆突飞猛进时见缝插针地进行。

直到又一个春夏后的2007年9月，当周围建筑纷纷落定，一个决定为184天“天天演”服务的特钢大舞台改造工程才正式提上议事日程。

杨明：

特钢大舞台可以说是世博演艺中心的孪生兄弟，是同一个世博演艺种子因时而变结下的两颗南辕北辙的果实。

特钢大舞台所在的两间厂房是在领导考察时被点名说事才得以幸存下来的，而它最终从临时建筑发展成永久建筑，实在是有些规划之外的运气和命数，堪称世博佳话。

“宝钢大舞台”这个名字，则是2009年年中才出现的。

刘樯（项目专业负责人）：

我研究生论文的方向是“旧建筑的改造和再利用”，原以为来到华东院后不大会碰到这类改造工程，没想到第一个从头跟到尾的项目就是宝钢大舞台。上钢三厂特钢车间，厂房内部高大的空间有着极强的功能适应性，所以业主决定将其改造成为3 000座规模的开敞、景观式观演场所。

宝钢大舞台有着处于滨江公园绿地之中的绝佳环境，又有着无外围护结构、开敞大空间的特性。这两个特性都决定了它必须要借助自然的力量来使建筑与环境产生互动，创造舒适宜人的建筑内外部空间。

特钢车间占地面积约1万多平方米，体量巨大，严重破坏了世博公园环境景观的连续性。设计结合厂房现有钢结构平台，将主要观演空间抬升约6米，在建筑底部引入绿化水体，使景观渗透到内部。正是因为有了这些自然要素的参与，建成后的内部空间显得生机勃勃、绿意盎然，绿色植物、水体与大尺度钢结构相互映衬，使建筑极具特征，模糊了内外边界，老工业厂房从热火朝天的炼钢场景向舒适宜人的休闲场所华丽转身。

宝钢大舞台的使用时间主要集中在夏季，其开敞空间的特性决定了无法设置中央空调系统。设计根据此特点采用了多项适宜技术手段：在建筑的屋顶、南立面各设置了种植绿化以隔绝夏季的太阳辐射热，降低建筑表面温度；在500座小舞台区直接使用吊扇阵列来提高体感舒适度；在主观众区上部设置直吹坐席的风管送风系统，将取风口设在阴凉的架空层下部，系统在人员密集时使用，通过增加体表的空气流速，提高温度耐受性；同时结合采光口将厂房上部三个巨大的高炉风帽内置排风扇，机械排出聚集于上部空间的湿热空气；主舞台和侧台设置商用柜式分体空调向舞台区送风；观众前区下部设置小型VRV空调送风系统；经计算机温度场模拟显示，当舞台台口外侧大空间区域温度为32℃～35℃时，侧台区域温度可以控制在26℃～29℃，舞台区域温度可以控制在28℃～32℃。

设计充分尊重工业建筑的历史原貌，尽可能地保留原厂房结构体系，并根据新的功能空间做出适应性改造。保留钢平台，搭建二层公共活动平台。根据主观众区的视线要求，去除原厂房钢格构柱四根。并在顶部置换跨度33米的钢托架梁，同时在16米高处增设五条钢结构马道，与原厂房马道相接供演出使用。

原有钢柱、混凝土柱、屋架、钢平台表面以除锈、清洗为主，不改变原有材质与色彩。新增构件以轻质、可重复利用为原则，并通过色彩、构造等手段与保留结构明显区分开来，遵循可识别性原则。

一些保留下来的废弃钢铁构件通过艺术家的再加工，作为生动的钢铁雕塑点缀在建筑内部和周边，向人们诉说着它们的历史记忆。

宝钢大舞台有着巨大的建筑体量，但当你在世博园中游览时却会常常忽视它的存在，这种不显眼正说明了它对自然和环境的尊重态度——“以顺应自然的方式掩映于绿色之中”。

世博洲际酒店——“平常”建筑

世博村位于世博园区浦东部分东北角的白莲泾地区，总建筑面积约 55 万平方米。

村内设有经济型酒店、公寓式酒店和星级酒店等不同标准和等级的各类酒店，提供约 2 500 个单元，约 3 900 间客房。

世博村 VIP 生活楼——即后来的世博洲际酒店，坐落在世博村内，为世博会期间参展国家和国际组织所属人员提供五星级的住宿和生活的优质服务。VIP 生活楼是村内设计标准最高的一栋酒店，建筑规模包括保护建筑在内有 70 529 平方米，客房 400 间，由洲际酒店集团经营管理。

世博洲际酒店

翁皓（副总建筑师，项目设计总负责人）：

能够参加设计华东院中标的第一个世博建筑洲际酒店，大家都充满荣誉感和责任感。虽然它不是场馆建筑，只是世博的配套酒店，但设计团队同样充满着激情。

看着建筑从理想变为现实，屹立在浦江之畔的世博园的一角，毫不张

世博洲际酒店

扬的造型与世博村的其他建筑充分协调，以恰如其分的角色表现，和谐地融入城市空间。

杨志强（项目专业负责人）：

世博洲际酒店以一种“平常”的低调姿态，伫立在世博园区的一端，自信地看着远处精彩的表演。

“平常”是一种姿态，是一种建筑对城市的姿态。是侵略的植入方式？还是和谐的融入方式？近年来快速的城市建设，抹去了很多历史和城市记忆，文化断层，城市空间秩序割裂，人们在城市中的居住体验面临空前的压力。城市中大量缺乏的是具有自律特征的“平常”建筑。建筑应在城市约束中成长，同时回馈城市，自觉和律己的态度有助于建筑以谦和的姿态善待周围。

世博洲际酒店的空间建构逻辑是从对环境的分析与梳理入手的。板式的体形成为符合设计构思的最适宜选择。既能让酒店客人充分享受到环境资源，还能最大限度地欣赏到黄浦江景观。折板式的体形转折，顺应地形，对应世博村的整体规划肌理，形成了在地块北端的自然收头，体现了街面空间的延续和城市空间的和谐。

设计通过一系列开放空间的建构，进一步解读“平常建筑”与城市互为图底的依存关系。折板建筑形体形成两个方向的沿江展开面，分别面向上海的两座地标建筑卢浦大桥和南浦大桥。通过视线分析，在三至四层可以形成最佳的观景高度，与其对应的酒店裙房功能也要求这里有一个可以与外界交流的空间。顺理成章地在两个界面中均设计通长的凹廊空间，对内可以形成一个室内外自然过渡的观景休闲空间。四层裙房屋顶由于与室外交界，能够为此层功能空间利用天光提供良机。在SPA的公共部位，游泳池与休息区等部位均设计面积适中的采光天窗，使得自然光线柔和地漫射进室内，营造宜人的室内效果。主楼24～26层局部退台形成空中花园，可在百米高空遥望浦江美景。

杨志强（现任院高级建筑师，设计该项目的主要建筑师）：

基地中部有八栋红砖坡顶别墅为区级文物保护建筑。设计之初我们便因它的存在而兴奋不已。我们对保护建筑的外形与立面整体保留，内部结合酒店的功能设置，赋予保护建筑全新的内涵，形成保护与再使用的良好结合。

与新建筑最近的两幢保护建筑，以宽松休闲的氛围，作为酒店全日餐厅就餐区域的延伸，其余几幢设计为酒店内的高级会所用房，大片的草坪为高层次的活动提供了宽敞舒心、满目苍绿的室外场所。主体建筑的高度通过裙房的过渡，向保护建筑跌落，在靠近保护建筑处以形体的局部后退和底层架空等手法，形成空间的相互渗透与交融。一个巨构的横梁形成裙房清晰的形体咬合关系，同时也戏剧性地形成一个虚拟镜框，镜子的一面是历史，一面是现在，在这一刻，它们和谐共处。

沪上生态家·成长的烦恼

沪上生态家位于城市最佳实践区。来自上海市科委为世博会准备的研究课题“智能化生态建筑技术集成研究”，案例母体是上海建科院在莘庄的生态办公楼。

沪上生态家鸟瞰图

上图：上海案例馆

下图1：屋顶花园

下图2：玻璃墙面

下图3：屋面模块式绿化种植

杨明（所总建筑师、所长、项目设计总负责人）：

2006年秋，建科院来人，希望建筑设计方面能够配合完成课题，争取能有个“示范性的房子”放进世博会。房子初步定名为“沪上未来家”。重点展示203X年的上海住宅技术。

现代集团华东院、上海院、都市院的建筑创作部门一开始就共同参与会战（另有集团团委、现代咨询在不同阶段介入）。到2007年8月底，经过第四、第五轮将近30个方案后，上海院、都市院团队主动申请退出建筑设计，华东院从此孤军奋战。

2007年8月，市里主管领导亲自决断，发扬众人拾柴火焰高的优良工作传统，由上海市建交委作为建设业主、世博土控公司作为埋单业主、现代设计集团EPC总包、华东院负责建筑设计和技术集成、建科院负责技术基础和展示主题、同济大学负责展示设计和主题融入，另有二三十家赞助单位负责各自产品配合部分。

为了打造出一个可以真正代表上海文化、代表住宅产业、可以和国外案例媲美的民族建筑，设计方案先后向住建部汇报了两次，向世博局、市建交委、市科委、现代集团、建科院的领导专家汇报了N次，甚至还惊动了市委俞书记。

“沪上·生态家”在各个阶段先后有过“沪上未来家”、“沪上人家”以及其他许多名字。它应该是住宅还是展馆、应该长得像母体还是远离母体，好像一直没有明确过。因为关心的人士超多，“生态家”是在被不断关心的烦恼中，慢慢长大。

上海案例馆——“沪上·生态家”绘形于上海地区常见的青砖白墙坡屋顶，以传统“家”的概念素面示人，区别于其他案例。它藏意于地域生态技术手段与建筑创新及实施，隐设备设施综合于大形内，提神于居家生活的现实回顾与未来展望的展示，启科技改变生活之宜居模式。

其中的思考，不仅包括七成成熟技术与三成前瞻技术的运用，更着重强调普适而容易推广至新建住宅建设与旧区改造。

范一飞（项目专业负责人）：

上海案例立足本土特征，关注上海中心城区高密度人口生活方式的改变。

从石库门里弄走出，继而走进高层板楼的上海人，在感慨中心城区变高变密的同时，总不忘与孩童念叨些曾经低层住家里的弄堂故事，还有花鸟虫鱼、临水而居的生活。里弄、山墙、老虎窗、石库门、花窗等上海地域传统建筑元素，似乎离博物馆渐近，离现实生活渐远。穿堂风、天井等语言，越来越需要有由上了年纪的人来解释。

“沪上·生态家”重在“师法自然”，融合上海人的传统生活，与自然相通，结合时代科技，引自然之源入室。其中，强调风导向，用“生态核”、“呼吸窗”、“导风墙”等讲述自然通风技术的历程以及取风于自然的过程；强调光导入，引光于自然，控光于智能化信息系统，借光于半导体照明，变光为电能与热水，等等。

“沪上·生态”家入口等候区的栏杆给观众留下深刻印象。

栏杆里流动的绿色液体是微藻。通过微藻吸附空气中的二氧化碳，净化空气，并可进一步通过设备提炼生物柴油，用来发电。通过绿色植物净化环境并不是什么稀罕事。关键在于如何有意识地系统贯彻生态环境净化

上图：上海案例馆团队讨论照

下图：杨明（右）高源（东方都市广播主持人）（中）范一飞（左）

左图：信息通讯馆

右图1：世博信息通信馆设计团队及业主合影

右图2–图4：表皮变化研究

右图5：表皮变化研究1——涂鸦泰迪熊的启示

法，降低环境压力。生态家中依托“生态核”结构空间网架，根据气流运动轨迹，设计双面观单元式模块绿化，形成具有特定形体的半封闭腔体。这样，在强化气流运动效果的同时，净化室内空气，途径植物叶片、藤蔓间的气流中的灰尘、有害气体等被吸附或过滤，室内空气的局部热量被吸收。地面雨水经由跌水，层层落入雨水回用景观水池中。这一跌落的过程也是水质净化的过程。雨水中的杂质等被跌水面种植的水生植物的叶片、根系逐步滤去，落入水池后，在水体中种植的生态浮床系统的作用下，水质得到进一步的改善。

针对相当数量级的废弃物，“沪上·生态家”进行分类，对上海旧房拆迁材料的回收利用以及城市固体废弃物再生和可再循环材料进行综合设计选用，倡导节材，变“废”为宝。

炎炎夏日，奔走于上海老城区。在静安区石门一路旁拆迁工地中捡起刻有代号的石库门老砖15万块，如纪念般地将其以“呼吸墙”的构造方式，一块块砌筑在“沪上·生态家”的外墙中。这些老砖带着百年的故事，在砌筑建筑立面灰砖“呼吸墙”，铺砌楼梯踏面，于世博会的大平台上，获得新生。建筑主体结构均采用高性能再生骨料混凝土，用矿渣粉、粉煤灰等工业废料代替部分水泥，用旧混凝土取代碎石作为混凝土骨料。建造现场产生的建筑垃圾，经筛选夯实后，作为建筑垫层使用。

设计过程中，项目团队斟酌每种材料，尽可能物尽其用，物尽回用。真诚地希望建筑设计的过程可以被理解为环境保护的过程。

信息通信馆 · 无差别的网络时代

在华东院所做的世博会场馆中，信息通信馆的设计过程最没波折。

记得是在 2007 年 8 月，华东院一位的老工程师找到了时任国际部主任的姜文伟所长。说是中国移动集团已经在浦西世博园区选好了场地，准备设计一个企业馆，要做钢结构，希望院里参加。

杨明（项目设计总负责人）：

考虑到历届世博会中企业馆设计大多可以比较自由地发挥，无心插的柳大多会成荫，我们就这么中标了。其后的一年半，我越来越喜欢它。

不论是白天的纯洁明丽还是夜晚的幻象缤纷，信息通信馆都做到了以欢快的态度和人们共度世博会，它是少数能在白天和夜晚都示人以独特个性的场馆之一，很平衡也比较准确地反映了我们几个设计师“凑热闹、赶集”的心态，真的挺快乐。

柳春（建筑师）：

信息馆的功能关系比较简单：由一层展厅、二层办公区和三层VIP区组成，而作为展馆的主体——展厅，有其特定的参观流线，依次为迎宾大厅、前展、主展和后展。我们尝试用建筑的语言，将虚拟的网络转化为现实、触手可及的网络——建筑就是一张网。

介乎有形和无形之间的意境，正是我们勾勒信息馆建筑形体的灵感来源。抹去所有的垂直转角，给人以流动、混沌的感觉。特意使建筑在高度上没有很大的反差，在较近的距离也可以展示完整的形态特征。

我们在自然界中找到一种最直接的原型——蜂巢的六边形结构，来作为建筑的表皮，来表达自然界中最初的联系形态。这种结构是自然界和人类城市稳固、连接和共建的象征。每一个六边形都可以通过相邻的单元，从个体到小区，乃至向整个网络无限发展。信息就是这样在整个城市铺就了一张无差别的城市“神经系统”。

白色的半透光材料可以在白天呈现材料本色，而在夜晚能透出LED灯的色彩变化。无疑，信息馆在夜晚有着绚烂的外表，而在白天，我们设想它像白色钢琴一样优雅。

李合生：

信息通信馆作为临时性的展览建筑，其绿色设计尤为重要。

我们选用了可回收、易施工的建筑材料，减少和消除建筑拆卸给环境带来的危害。外立面采用聚碳酸酯标准挂板，原材料来自废旧光盘，减少

了能源消耗和对环境的影响。整个设计全方位考虑了建筑遮阳，多处出挑，形成建筑自体遮阳，屋顶设置钢格栅、太阳能光伏发电板，太阳能热水板，给屋面形成一定的遮阴空间。在屋面设置的太阳能光伏发电板所发电量，可用于VIP接见厅照明、外立面以及屋顶LOGO。前展和迎宾大厅的空调排风通过风管引至室外等候区，利用排风的冷量改善等候区的环境温度。建筑外立面显示全部使用新型绿色光源LED，以利在取得良好效果的同时节约能源。

图1：工程竣工全貌图
图2：逆作阶段工程全貌图
图3：工程效果图
图4：内部设备实景图

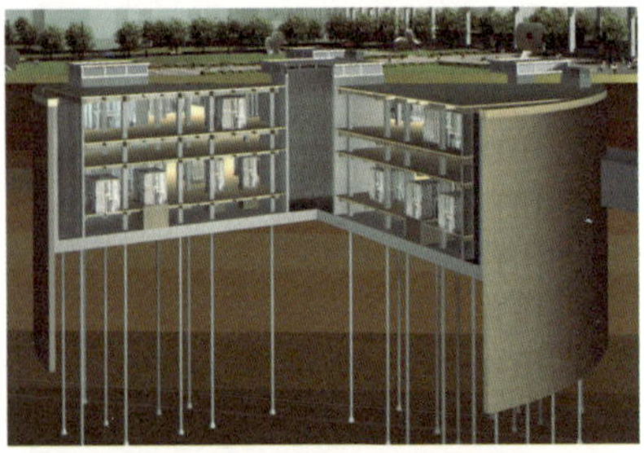

世博变电站·空间在地下

上海现代雕塑最集中的地方，就是位于市中心的静安雕塑公园。冬春交替时分，公园内的梅花鲜艳盛开。诸多名种梅花红白绿交相辉映，长廊就是一部“梅花谱”。

很少有人知道，在这个公园的地下，有一个庞大的变电站。上海世博500千伏地下变电站工程是新世纪上海地下空间开发利用的代表性工程。

工程位于上海市中心城区，是上海世博会重要配套工程。它确保了2010年上海世博会的电力供应，同时缓解了上海中心城区的供电压力。

这一工程为国内首座、世界第二座大容量全地下变电站，地下建筑直径为130米，地下四层埋置深度约34米。该工程与日本东京新丰洲地下变电站为全世界目前仅有的两座500千伏全地下变电站，但上海地下变电站的体量更大，埋置更深，而且土层更加软弱、环境更为复杂。

上海是典型的软土地基城市，地表以下30余米为较厚的软弱粘土层，该土层含水量高、渗透系数很小、抗剪强度低、变形量大且具有流变特性。当前上海地区的深层地下结构工程的开发基本处于该软弱土层；且上海又是特大城市，建筑物密集、地下管线众多、交通网络纵横、环境保护要求高，从而为深层地下结构的建设增加了更多的约束，使得软土地层中的地下工程成为一项风险性极大的工程。

在软土地层中心城区建设如此大面积、大深度的地下工程，在上海乃至全国尚属首例，其设计和施工都无先例可循，遇到了全新的挑战。

华东院的设计师通过项目采用产学研相结合的研究模式，集成创新，以该工程为契机，攻克了圆形深基坑工程方面的关键技术问题，桩基工程方面的关键技术问题，深层地下结构方面的关键技术问题，信息化工程管理方面的关键技术问题等深层地下空间开发中的关键技术问题。

圆形深基坑本身具有显著空间效应，基坑不同开挖方法也具有空间效应。此外，上海软土具有明显流变特性，这些都会对基坑的受力和变形产生影响，因此，提出实用的能考虑施工的空间和时间效应的合理分析方法，对于指导圆形深基坑的设计具有重要的意义。形成了圆形深基坑成套的分析方法，工程实施的结果验证了分析方法的合理性和正确性。研究成果填补了圆形深基坑分析方法和土压力计算方法的空白，成功地指导了上海世博 500 千伏地下变电站圆形深基坑的设计和实施，并为其他圆形深基坑提供了一般性的分析方法。

该工程是世界上第一个采用逆作法的圆形超深地下结构，其使用功能的特殊性对防水设计提出了极高要求。类似规模的日本新丰洲地下变电站在运营期间出现了不同程度的地下水渗漏情况，而本工程基础埋置深度更深，基础底板又处于上海第一承压水含水层中，承压水头高度更大。此外，逆作地下结构的地下连续墙、内衬墙等是防水薄弱环节，因此该工程的防水设计难度极高。在圆形深基坑逆作设计方法方面，创新性地提出了圆形深基坑逆作与深层地下结构的成套设计方法、关键节点构造与复杂技术处理措施。在深层地下结构防水设计方法方面，系统地提出了复杂地下水条件下深层地下结构成套防水设计方法和节点构造，系统地研究了逆作条件下深层地下结构混凝土抗裂性能的关键问题。

工程实施及变电站运营表明，该工程各项防水效果良好，均达到了设计和防水规范要求，满足了地下变电站较高的工作环境要求。

上海地下水位高，抗浮无疑成为深层地下结构面临的又一重要问题。该工程埋置深度 34 米，承受的水浮力达 440 000 千牛顿，远大于结构自重，抗浮问题突出。常规等截面桩承载能力有限，工程量巨大。首次在上海软土地区采用了桩侧后注浆抗拔桩，单桩抗拔承载力提高 35% 以上，减少抗拔桩约 300 根，经济效益显著。

研究成果与新技术解决了该工程一系列技术难题，降低了建造难度、提高了工效，节省工程造价约 6 400 万元，缩短工期约 9 个月，基坑和周边环境变形指标低于其他同类工程，保证了上海世博会重大工程质量与工期，并大幅节约社会资源，圆满实现了世博会期间的供电能源保障。

漫步长安街

长安街被称为“北京第一街”。漫步于华灯初上的长街，欣赏从古到今的建筑，是一件惬意的事情。

华东院在这条长街的两侧，有不少作品。这些现在已经非常有名的大楼，大多数建成于新世纪。几乎每一栋楼，都有观念的创新。新楼雄踞于长街之上，和那些古色古香的明清建筑和谐相处，又彰显着时代的气息。

成红文（总经理、党委副书记）：

不仅仅在上海，华东院在全国也有着举足轻重的位置，上海以外的项目占到了项目比重的70%。在北京，中央机关的办公楼如中组部、商务部、中央统战部、中央党校、北京市委办公厅改造等一系列项目均为华东院设计，优秀的合作项目也是比比皆是。这对华东院来说，既是一种荣誉，也是一份信任。

国家电力调度中心

北京国家电力调度中心是华东院在北京长安街上的第一个作品。它集全国电力调度中心、信息中心、通信中心于一体，是一座构思新颖、设计独特的现代智能建筑。这座建筑至今都非常耐看，外部古典、大气，室内空间则现代、流动，极具渗透感。

华东院结合以往在国际合作中取得的设计经验，在项目的设计中大量运用先进的设计理念和施工技术，特别是其中的绿色和智能设计，更是具有特色。另外，外幕墙断热冷桥技术首创节能型单元式幕墙、“冰蓄冷＋变风量＋低温送风系统”的通风空调综合技术、亚洲最大的可开启天幕和环保节能材料等方面的广泛应用，均被各方称赞。

因为工期紧张，华东院派出大量驻场设计师，最大限度地保证了高完成度。在扩初阶段，现场设计的各专业人员已达到20余人。该项目的给排水专业负责人，为了该专业不拖后腿，3天3夜没有合眼，交图当天便昏睡过去。

由于甲方对华东院的信任，项目的设计采用建筑工程与室内设计工程设计一体化的方式，其项目操作的模式很接近西方的建筑师负责制。当时，室内工程承包商有6家，幕墙工程承包商有3家。由于工程进度极为紧张，每天的工作状态很像医院中的专家门诊，下午3点到5点半接待各专业承包商，收集和解决他们提出的问题，当日晚上准备各项应对措施。第二天上午和甲方碰头，征询业主的认可与确认，然后下午再回馈给各专业承包商，如此周而复始。

国家电力调度中心

国家电力调度中心

国家电力调度中心的成功在北京产生了很好的影响，树立了华东院特有的“有责任心、重承诺、技术先进”的形象，为华东院后续承接中组部、中联部、中央党校、中宣部等部委及企业总部大楼等项目打下了基础，直至长安街上最后一栋总部大楼华能总部大厦也委托华东院设计，华东院一时成为名副其实的“总部大楼专业户”。

华能大厦

李国宾（原副院长）：

当时华能大厦是长安街该区段最后一栋楼，自2004年开始招标，投标方式采用的是奥运模式，即国内设计院加国外事务所模式。参加竞标的5家单位都是很有实力的国际设计公司，他们在这个项目里均投入颇多精力。我院项目团队与KPF密切合作，共同努力，最终中标，于2006年初与业主签订了合同。

华东院项目管理部代表着业主方和设计方双重身份。在华能大厦的设计中，华东院将绿色概念变成了一个建筑范本。这个项目，让人们知道绿色建筑并不意味着简单意义上的投资增大，而应该理解为：在合理的经济条件下，通过系统优化和设计整合使建筑在其整个生命周期中，不仅提供给使用者一个健康、舒适、高效的环境，而且对外部环境产生最小的负面影响。

徐维平（总建筑师，项目设总）：

华能集团作为一个能源大企业，若能在其总部大楼的设计中实现绿色节能环保的理念，无疑体现了企业在绿色、环保方面的社会责任。我们根据技术的经验积累，向华能集团推荐参加LEED金奖评选。

在设计师原有的观念中，绿色节能需要用到很多的科学技术，复杂又费钱。通过对LEED认证体系的了解，我们发现绿色设计并不是高科技的简单堆砌，而应该是主动有意识地采用节能的设计手法将不利化为有利，这才是“绿色”和“节能”的初衷。而LEED标准推崇的恰恰就是这种在原本的设计概念上，追求舒适性、人性化、可持续的设计理念。华东院有着多年先进、适用节能技术的积累，我们将该项目定位为LEED金奖，可以说是厚积薄发、顺势而为。

其时，这一评价体系还没有在国内推广。我们在网上下载LEED评价标准，翻译出来，发给整个团队作为参考。与此同时，还引入了ALT幕墙团队、奥雅纳公司作为绿色建筑技术顾问公司配合设计团队，还特别请北京物理研究所做了一个技术分析。3 000多平方米的中庭，是这个项目的亮点。LEED 标准注重室内环境品质，在承认空间品质的情况下判断节能标准。多数人肯定认为这么大的空间必将是一个高能耗空间，然而我院设计的这个生态中庭恰恰是一个“储能器”。这与LEED的初衷不谋而合，故针对中庭的各专业技术设计方法为LEED认证贡献了不少分数。

同时我们引入一个“双层皮”的概念，让中庭成为一个室内外可切换的过渡空间。这样做的一个好处是对办公空间的采光、隔音降噪非常有利，另一个好处是利用中庭的冬季蓄热和夏季的自然通风过渡来达到使用空间的节能。中庭顶部设置了轻巧透亮的壳体式玻璃屋顶，屋顶以下的空间由南北向的连接体分成大小两个部分，两部分在四层贯通。我们采用两边可开启的电动通风窗，它在起到消防排烟作用的同时也能在过渡季节和下班后作为大厦的呼吸器调节室内空气质量。我们还采用了分层空调，在夏季从底层局部送风，在冬季则采用局部地板采暖。通过这些设计手段有效地达到节能效果。

当时我们提出LEED目标是争金保银，而到项目最终评估完成之后，才知道我们的得分与LEED铂金奖分数线仅两分之差。虽然有点小遗憾，但这也可以说是我们对绿色建筑评估体系尝试的首战告捷。

这一建筑，建成后被世界卫生组织评价为“健康建筑物”。

华能大厦

部委办公楼

在北京，在长安街上，华东院为中央部委机关连续承担了数个项目的设计工作。由于这些项目的重要性，上至集团领导、下至设计人员，大家都深知肩上的责任，院成红文总经理说："中央机关的办公楼如中组部、中联部、统战部、商务部、国家发改委、中直工委、京西宾馆、中央党校、北京会议中心接待楼等一系列项目均为华东院设计，这对华东院来说，既是一种荣誉，也是一份信任"。这些项目也受到上海市有关领导的高度重视，上海市的主要领导曾亲自听取项目的进展情况汇报，时任上海市委组织部长罗世谦同志也曾亲临集团指导工作。集团严鸿华董事长、张桦总裁以及期间历任院领导姚文林、沈迪、张俊杰、成红文等都曾亲自带队赴京汇报方案、踏勘现场，部署工作。设计团队更是严谨细致地控制每一个技术环节，北京分公司工程部也积极组织力量会同设计师做好项目配合，华东院以精湛的设计和良好的服务赢得了各部委业主的充分肯定。

中组部办公楼

机关的老办公楼建于 20 世纪 50 年代初，呈现出沉稳、严谨、亲和的机关办公楼的建筑气质，建筑设计还曾得到过建筑界前辈梁思成先生的指导。新楼建筑方案构思之初，在总体布局及建筑形态上曾做过多种探讨，

左图：现场汇报

右图：中组部沿长安街立面

左图：中组部综合楼

右图：清水混凝土外墙

业主最终选择了更趋于传统意境的建筑风格，并提出了“庄重，实用，不豪华”的设计要求。建筑方案逐渐明确了以使用功能为核心，与西单著名街区的环境氛围融合，并传承建筑文脉。

新办公楼呈板式布置，坐北朝南，在总体上围合成三合院式的布局，由北侧主楼、东西配楼及南北门楼组成，较为符合单纯有效的北方建筑的传统生态观。中央绿地，大楼周边绿带，内院两侧的下沉式庭院，以及南门楼顶部的屋顶花园进一步烘托出宁静而明快的南向内院的环境气氛。

办公楼在使用功能上以小型办公室为主，通过办公人员的动线设计，敷设便捷的交通系统；通过使用功能的分析，确定公共性用房的总体布局；通过综合性的技术手段，构筑高效的办公空间；通过机关性格的感悟，营造朴素严谨的环境氛围；而通过与使用者的情感互动，追求工作时的愉悦心境。建筑空间秩序的经营，使得即便是普通的走道节点也变得收放自如，富于空间节奏的美感。

建筑形态和细部刻画受到同样的关注。大屋顶由最原始的功能需求演变而来，隐含于建筑形式背后的技术体系的进化过程给予了新的启发。其功能特性拉近了传统与现代的距离，用现代材料和现代技术去寻找与传统形式的新的对话方式。钢结构，蜂窝铝合金板深远轻盈的出檐又完全突破了传统技术和材料的禁锢，构筑起现代建筑与传统精神间的桥梁。

厚重的石材较适合用于体现机关办公楼稳重的形象，但石材的尺度与工法则是全新的。石材幕墙的整体性阳角处理增强了厚重的观感，而背栓式幕墙的构造技术则使得石材实现了更为完整的大尺度板块。深金属灰铝合金幕墙与石材幕墙相得益彰，其与石材间经过仔细考虑的节点，采用了伸出式的边框，既保护了密封胶条，又体现了精细的金属加工工艺。值得一提的是开启式窗扇的构造设计，其在关闭状态时，与周边固定扇内外观感完全一致。室内设计摒弃繁琐的装饰，旨在进一步强化建筑空间和功能的逻辑关系，室内外建筑与环境的细部元素融入了整个环境空间，使建筑具备了诸多可以近观的细节。

所有参与者的努力，使办公楼的建设达到了高品质的质量目标，满足了现代高效的使用需求，体现了沉稳质朴的建筑性格，在西单著名街区的环境氛围中起到了恰如其分的积极作用。

中央统战部办公大楼

中央统战部办公大楼工程位于与中南海一墙之隔的府右街。

北京市的城市格局，特别是紫禁城的空间布局是我国建筑文化的典范之一，讲究轴线对称、序列开合、庄重大气。本项目的总体布局充分尊重

左图：时任董事长姚文林在奠基仪式上发言

右图：中央统战部办公大楼

并吸收了这一中国传统建筑的精华，采取了对称的半围合院落式布局方式。新建筑群与街道间有大片绿树成荫的院落作为过渡空间，通过透空的金属围墙，自然地融合进街区的城市肌理，建筑物掩映在绿树丛中，与周边环境和谐统一。建筑功能布局充分体现了统战部的工作特点，具有较为完善的会议接待功能，同时在单体设计中又从体量造型、立面划分、细部比例、材料选择、节点构造、色彩肌理、装饰纹样等各方面反复推敲，并曾多次征询建筑界前辈，例如听取著名建筑历史学家罗小未先生的意见，不断改进设计方案，力求体现出中央机关办公楼稳重、大气、精致、优雅的风格。办公楼启用后，接待了诸多海内外民主党派和无党派代表人士，举办了许多重要的活动，获得了社会各界的好评。

中联部办公大楼

中联部办公楼

中联部办公大楼位于西长安街。出于中联部的工作特点，必须在主楼一层安排一些面积较大的接待与活动空间。因此，通过采用结构转换梁的形式，满足了大空间的使用需求。同时，通过交通组织，将各种对外接待空间有机地联系在一起。在十六层的宴会厅设计中，充分考虑了景观的需要，南北两侧设置大玻璃门窗，在南侧还增设一个观景休息厅。坐在室内，北侧景观河及长安街上的美景一览无余。

在办公楼的形态设计中，采用横向线条的处理手法，以金属板和玻璃组合成幕墙，顶部亦采用亚光不锈钢板饰面。下部基座部位采用灰色石材，既表达出整体建筑沉稳、厚重的建筑观感，又体现出精致的现代建筑工艺技术。建筑通透开放的现代气息，表达了中联部“了解世界、认识世界、走向世界的重要窗口”的工作性质，呈现出“知交尽四海，万里有亲朋”的亲切的建筑性格。

华贸中心

华贸中心建设项目是东长安街上继国贸中心和东方广场之后，又一个具有地标性质的超大规模建筑集群。该项目用地西侧隔西大望路而紧邻CBD商务中心区，开发建设规模近百万平方米。它由住宅区与公建区组成，其中公建（商业）区被置于基地南侧，规划用地近10公顷，由3幢办公楼（沿建国路布置），一组购物中心（沿西大望路布置）及酒店组成，并通过环绕中央公园的布置使该场所具有生动宜人的城市空间形象。

在具体的项目设计中，华东院与境外设计公司及顾问公司密切合作，

左图：北京华贸中心——酒店

右图：北京华贸中心——办公楼

完成公建部分中的办公楼和酒店的设计，这些建筑共同围合成了一个在北京独具特色的开放性的城市公园。

在总体规划上，建筑在南北向被有机地组织起来，办公楼区域面向长安街。西向南侧的步行广场提供了高档的商业办公氛围。办公楼自西向东渐升，这种高度的变化迎合了城市中心的方向，并且也体现了作为进入北京东大门的重要地位。它对北侧的中央公园来说就像是一道过滤的屏障，隔离开长安街的喧闹，并为公园提供景观。办公楼本身在平面转角布置造型上的斜面处理，是对斜向轴线的呼应，同时也是出于用户的考虑。透过该方向向西北可见 CBD 街景和中央公园的绿色，向东南可见位于长安街南侧的体育公园。

总之，在建筑设计中通过多种建筑元素的组织，使得空间富有人情味，并使北京华贸中心紧密地融入 CBD 的城市空间氛围中。

走近央视

2002 年 4 月 8 日，境内外十家著名设计公司齐聚北京，参加中央电视台新台址项目方案设计竞赛发布会。参加本次建筑方案设计竞赛的单位包括中国院、北京院、华东院和美国 SOM、KPF、荷兰大都会（OMA）、法国多米尼可 ·佩罗、德国 GMP、日本伊东丰雄……

央视项目总建筑面积 60 万平方米，分为 CCTV 主楼、电视文化中心 TVCC 和服务楼三个子项。独特的基地形态，超大容量和功能各异的区域划分，孕育了建筑多样性的形态组合，在 3 个月的方案设计期间，华东院竞赛团队结合多年来在广电项目上积累的实际经验，对央视新台址项目设计任务书进行了深入地解读，综合视觉意象、环境、功能、通过对建筑群体各种组织脉络的研究，并结合结构、机电和工艺团队的意见，形成最终的方案。

当年 7 月 20 日，华东院姚文林董事长带领规模庞大的方案创作团队赴京参加方案汇报会。方案评审团由国内外知名专家组成，方案竞赛结果揭晓，荷兰大都会、华东院、伊东丰雄入围前三。最终被选用的库哈斯方案个性鲜明、富于视觉冲击力，评委会称库哈斯的设计“是一个不卑不亢的方案，既有鲜明个性，又无排他性。作为一个优美、有力的雕塑形象，

上图：央视项目华东院方案创作团队
下图：央视项目华东院方案

方案效果图

它既能代表北京的新形象，又可以用建筑语言表达电视媒体的重要性和文化性。”该方案一经推出，立即成为公众和业界关注焦点，并引发了一系列的学术争论。主楼的两座塔楼双向内倾斜 6°，在 163 米以上由“L”形悬臂结构连为一体，连体结构最大悬挑长度分别为 67 米和 75 米，没有任何支撑，建筑外表面的玻璃幕墙分隔则隐含了内部钢结构的应力分布图谱。华东院的方案则以广电使用功能和空间营造见长，也受到好评。基于华东院广电项目的经验，央视业主和 OMA 选择了华东院作为国内设计方，共同承担项目的设计工作。

2002 年 12 月 20 日，中央电视台新台址工程设计合同在北京钓鱼台国宾馆正式签约，荷兰大都会建筑设计事务所（OMA）和华东建筑设计研究院有限公司强强联合，开始迎接这项充满挑战的工程。

签约后，华东院随即由沈迪、汪大绥、龙革组成院项目领导小组，同时着手在全院范围内选拔优秀设计人员，组建项目团队，韩晖、涂强先后担任项目经理。项目团队的构架由院总师技术团队、项目管理小组、项目经理、设计总负责人、各子项设总、建筑、结构、机电各专业负责人和主要设计人员组成。

经项目管理组分析论证，制订了技术管理和项目管理方案，明确了项目技术措施、项目组织结构、项目进度、项目各阶段人员安排、项目费用的构成及项目管理措施等内容，希望项目参与人员全面了解项目的技术目标和重点，提高项目实施的计划性，合理安排各项资源。

2003 年元月，华东院负责 CCTV 主楼和 TVCC 电视文化中心的两名设总先期赶赴鹿特丹，与 OMA 设计人员一起熟悉设计任务书，了解业主需求并进行重大问题论证。1 月底，OMA、华东院设计负责人共同赴京，与业主及主管部门进行前期沟通，同时，华东院一行 12 名设计人员前往鹿特丹，方案设计工作全面展开。

集中在 OMA 办公室工作的设计人员主要是建筑师，办公室入口处的一面墙上贴着所有人的照片和名字，不断有新面孔陆续加入。华东院设计人员来到 OMA 后很快分散进入各个工作块面，编入整个团队，全面融入方案设计。

设计师们来自世界各地，包括中国、荷兰、美国、日本、英国、法国等等，大家缘同央视项目走到一起，很快就相互认识了。央视项目规模大、技术复杂，在方案阶段有许多重大问题需要解决，因此全体设计人员始终处于高强度的工作状态。

OMA 的办公室在城市火车站附近，离商业中心不远，华东院的设计师们就在附近租住公寓。早晨，设计人员步行去上班。办公室里长长的桌子一字排开，纵向走道几十米长的机制木板墙上贴满了各种图纸和进度表，地下放着模型师通宵赶出来的工作模型。

上午的日程排得满满的，分组讨论、专题会议、结构问题、机电协调……

午餐是简单的三明治和奶酪，二夹楼有一个茶水间，有咖啡机和各种水果，大家就在茶水间、会议室或自己的办公桌上把饭吃完，继续手头的工作。

下午的工作还是围绕着图纸、报告和出图节点。垂直交通顾问、幕墙顾问就在 OMA 的办公室和建筑师们一起工作，其他专业顾问包括伦敦 ARUP 结构机电顾问、奥地利声学顾问等定期过来开会，一切方案设计工作在紧张有序中进行。

办公室就在首层，落地玻璃邻着街面，设计师有时抽空到室外抽口烟，让马路上清冽的空气清醒一下头脑。办公室左边是一个警察局，但鹿特丹城市的治安并不因警察局的存在而太平，街上颇有些游手好闲、随处游荡的人，手机和手提电脑往往成为他们的目标。

上图：
2002年12月20日钓鱼台国宾馆参加签约仪式
下图：
参加中央电视台新台址建设工程方案评审会

鹿特丹和上海两地时差 7 小时，鹿特丹下午 4 点刚好是上海晚上 9 点。这是上海项目组开始一天工作的时间，也是上海和鹿特丹两地频繁联系的高峰时段。电话、电子邮件、FTP、咨询意见、视频会议……

上海各专业总师、建筑、结构和机电团队每日为远在鹿特丹的设计小组提供及时的方案意见反馈、规范咨询、技术支持和全方位的资讯。这样的两地配合通常要进行到晚上，十点之后离开办公室成了鹿特丹设计人员们的常态。回到住处，走上公寓窄而陡的楼梯，开始给上海的家里打电话。

每天工作虽然很忙，但也不乏轻松时刻。比如，遇到美国独立日，来自美国的同事会请办公室里所有人喝啤酒；体育爱好者相约在晚上加班间隙去打一会儿篮球；到了周末，去超市买菜，一起做一顿中国饭饱饱口福也是远在异乡的同事们共同的快乐。意外的是，在鹿特丹居然还能尝到味道同样鲜美的“欧版”大闸蟹。

根据约定，华东院设计小组长驻国外工作 10 个月，其中包括派往鹿特丹 OMA 的建筑小组和派往伦敦 ARUP 的结构和机电代表。在此期间，多次工作站会议在鹿特丹和北京举行。

2003 年 2 月，在鹿特丹召开 OMA、ECADI、CCTV 三方重大问题工作讨论会；3 月，设计方向业主做建筑、结构和机电方案介绍；4 月 3 日，OMA 和华东院向北京市消防局进行消防设计方案的演示介绍；4 月 14 日，华东院代表设计方参加首规委方案评审会；4 月 28 日，方案正式文本送抵北京。

6 月，又一次大型工作站会议在鹿特丹举行，中央电视台业主委员会主任、新台址办主任、OMA、ARUP、华东院和各专业顾问均参加了本次会议。会议全面讨论了方案阶段的设计工作，包括政府审批进度、业主对方案设计的意见、建筑功能、工艺、声学、结构、机电问题，并对总包招标、施工进度和造价也进行了讨论，全面部署了下阶段的工作。6 月 16 日，OMA 和华东院赴京参加业主委员会会议和审批会。

7 月 14 日，北京市规划委员会发出审定设计方案通知书。设计工作进入初步设计阶段。

CCTV 建筑体型颠覆了传统摩天大楼的形象，两座倾斜的塔楼在 160 米的高空向前悬挑 75 米相连成为一体，完全打破了传统建筑力学的概念。在惊叹方案构想和决策的勇气的同时，真犯愁怎么能把这个楼盖起来。用结构专业的术语来说，它的设计思想是彻底反重力的。但是，2002 年 12 月在钓鱼台八方苑签下设计合同之后，一切怀疑和犹豫都必须被抛之脑后。解铃不是系铃人，库哈斯打的结得我们解。面前只有一条路，就是用坚韧的精神和科学的态度克服一切困难，确保大楼安全建成。

这个过程是充满挑战的，也是十分艰苦的。结构设计工作包含从整体到局部的多方案的比选和分析论证、弹塑性地震动力分析、施工模拟分析、

左页图1：华东院鹿特丹工作站团队

左页图2：工作站会议

左页图3：OMA模型室

左页图4：OMA办公室

右页上组图：鹿特丹的生活

右页下图：鹿特丹工作站会议合影

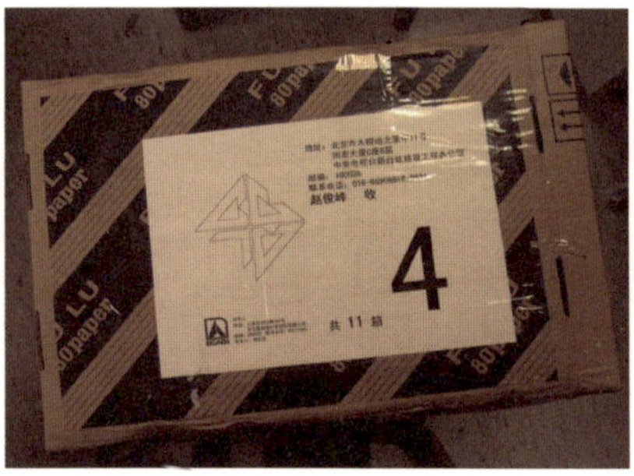

1 | 2 | 3

4

5

图1,2：方案文本装订发运

图3：初步设计完成后加班晒图

图4：库哈斯在汇报会上介绍OMA+ECADI团队

图5：库哈斯在模型前

风洞试验、关键节点和构件强度试验、整体模型振动台试验等等，其间召开了不计其数的专家咨询会和审查会。同时，设计团队用详实的数字回答专家提出的异形空间的消防设计、错综复杂的幕墙体系、精细的电视工艺技术整合等各种问题，使整个设计顺利通过一道道严苛的评审。

2003 年 11 月 27 日，华东院央视设计小组迁往中悦大楼。新的办公地点位于汉口路福建中路，离院总部不远，为的是适应庞大设计团队高强度的工作节奏。华东院一方面紧密配合初步设计的调整和审批工作，另一方面着手落实下一阶段的人员安排并成立专门小组，积极寻找 Xref 绘图问题的解决方案，考虑对各专业图纸进行统一管理，为下阶段施工图设计的全面开展做准备。

2004 年上半年，初步设计图纸经过多轮讨论和调整最终交付业主。

央视新台址位于北京东三环 CBD 地区，紧挨着三环高架和光华路，距离国贸不远。原来的北汽模已迁往郊区，留下这块方圆 19 公顷的宽阔场地，一条笔直的大道从南到北横贯整个地块，从厂区内的道路系统、绿化、厂房的规模依稀可见这个国营大厂搬迁前的样子。

厂区内大部分土地已经过平整，地块东南角保留了两座三、四层的小白楼，用作央视新台址工程建设办公室。

华东院从 2004 年年初就开始配合业主对这两栋建筑物进行最简单的改造，使它从功能上满足办公、会议、食宿等要求。根据约定，华东院将派遣设计小组进行现场设计。

改造完毕的四楼是住宿区，这里就像一所典型的 Hostel 青年旅馆，装修简朴、房间小而整洁、保洁工负责打扫、定期换洗床单、洗衣房、厨房自助。

三楼是办公区。6 月上旬，项目组忙忙碌碌地为转战北京做准备，包括落实具体的办公条件、食宿条件，制定现场的工作生活管理办法，采购服务器、复印机等设备，进行现场网络调试等。

6月底，小白楼油漆刚干，新家具的气味还未散尽，华东院的建筑师们就来到了北京现场，之后，OMA 的建筑师也陆续抵达北京，办公室里济济一堂，夜以继日的工作状态与一年前的鹿特丹互为镜像。

9月，集团董事长严鸿华、集团副总裁曹嘉明、华东院沈迪院长、总工程师汪大绥等率领设计团队参加了央视新址奠基暨开工典礼仪式。

同时，整个设计团队正在倾全力投入施工图设计，各专业继续开展 CCTV、TVCC 和服务楼的地下室设计，对各系统的数据进行复核和计算，对 CCTV 主楼的建筑招标文本进行修订，对若干结构招标图纸进行更新，对概算进行调整。

由于设计团队常驻工地现场，和业主在一起办公，大量的设计讨论和确认工作得到业主技术部、工程部和前期部的大力支持和推进，包括向相关系统供应商的技术咨询等等。

设计人员在北京的生活繁忙而有规律。宿舍在四楼，办公在三楼，除了白天的设计工作之外，设计人员吃完晚饭，换上拖鞋，踱着踱着又会来到一层之隔的办公室。结构、机电专业的人经常到北京现场与建筑专业加班加点地进行拍图及技术协调，而建筑专业的人，不管白天还是晚上，总在小白楼，逮一个着。上下班的概念在物理空间和时间上都重叠在

左图：中央电视台新台址建设工程奠基仪式暨开工典礼

右二图：抗震设防专项审查会

了一起。

小白楼的首层保留了原来的旧厂房，通高二、三层，是一个现成的篮球场和羽毛球场。在北京工作的这一年，有不少建筑师爱上了打羽毛球，新址办各部门的人也经常在午休时刻在这里打篮球、踢毽子，运动场里洋溢着热情和活力。

2004 年 2 月，多次设计工作协调会在北京召开，华东院参加会议的人员包括设总、机电专业总师、专业负责人等 50 多人，讨论了工艺、弱电、审图意见、结构试验、试桩、上部结构设计优化、服务楼、共同沟、声学、室内设计等等。并在北京现场进行了一次建筑、结构、机电专业的全面拍图工作，为地下室图纸的调整修改和 6 月 15 日上部结构的出图打下良好的基础。

2005 年 4 月，中国建筑工程总公司总承包 CCTV 主楼开工。5 月，业主方主持召开了央视新台址建设工程七方工作会议，宣布央视新台址项目已进入以现场为中心、围绕施工这个主题来开展工作的新局面。在施工过程中也不断出现需要研究解决的难题。华东院组建了工种齐全的现场配合技术小组，与上海总部保持密切的技术联系，及时解决施工技术配合问题。2006 年 12 月主楼钢结构合拢，设计师穿上喜庆的红色羽绒服登上合龙点，

北京工作站的工作与生活

央视大楼夜景

相互拥抱，祝贺中国建设者创造了又一个世界之最。美国《时代》周刊评选出 2007 年世界十大建筑奇迹，中央电视台总部大楼名列其中。

2002 年，项目设计之初，设计团队就意识到这将会是一场极其艰苦的持久战。2012 年，历经十年之久的风风雨雨，华东院曾经有近百人投身于项目的设计工作当中，其中的甘苦一言难尽。而今，CCTV 主楼已竣工使用，电视屏幕上常常能看到央视大楼的雄姿，每当此时，曾经并肩于央视新大楼项目征程的设计师们，眼眶中充盈的是激动的泪水，胸中荡漾的则是深情的回忆。央视的征程，将是华东院及其设计团队的每一个成员宝贵的技术积淀和值得永远珍藏的记忆。

佛光梵宫

建于无锡马山的灵山胜境，是远近闻名的 5A 级风景旅游胜地。

从灵山归来，无论是游客还是信众，都会兴致勃勃地谈论 88 米高的灵山大佛，祥福禅寺，九龙灌浴，阿育王柱，佛足坛，五智门以及建筑面积达 7 万平方米的梵宫。

2009 年世界佛教大会在灵山梵宫的成功举办，使灵山获得了更大的关注。

"借鉴欧洲建筑的空间感，打造一个融宗教、艺术于一身的世界级圣殿。梵宫是完全由中国的设计者打造的伟大建筑，在设计与装饰方面所体现的是有历史传承与时代特征的中华文化精神。"这是田文之带领的梵宫建筑设计团队及陆嵘带领的室内设计团队获得 2009 年中国"文化名人"的获奖赞语。

灵山之中

灵山胜境北面背靠灵山，南面正对太湖，是无锡一处风景绝佳、得天独厚的风水宝地。总体规划为佛、法、僧三条轴线：西侧为"僧"轴，是僧侣寝居修研区；中部为"佛"轴，是 88 米高的大佛、祥佛寺、阿育王柱、九龙灌浴的景观佛学区；东侧为"法"轴，是梵宫、五印坛城、金刚宝座群塔组成的宣法区。景区以大佛为制高点，精心布局，胜景层层相扣，形成远近闻名的游览胜地。

华东院在完成一、二期设计之后，开始了第三期，也就是梵宫的设计。

梵宫位于东边"法"轴上，后贴小灵山，前有广场和五印坛城，并与

灵山梵宫

太湖遥相对望，景色宜人。

田文之（资深总建筑师，项目设计总负责人）：

灵山胜境二期工程完工后，凭借其迅速扩大的知名度和影响力，被佛教学会确定为第二届世界佛教论坛举办地。借此殊胜因缘，灵山梵宫自2005年立项之后，经历建筑界和艺术界众多专家以及佛教界大德高僧多年的论证，设计定位于满足世界佛教论坛永久会址的功能要求和佛教文化的美学要求，建成人们心灵归所的艺术殿堂，成为具有活力和影响力的旅游景点。

钱健（项目设计总负责人）：

不少人士反感将灵山胜境与旅游建筑联系起来，仿佛如此就将建筑文化的层次贬低了。但作为项目建筑师应该清晰地去认识项目也带有旅游范畴的属性特征，自觉运用其设计的原则来实现建筑的文化性和功能性。

灵山胜境，特别是梵宫的设计，可以更多地采用主题公园设计方法，如形制符合佛教教义以获得广大游客尤其是信徒的认可；创造个性鲜明，独特的建筑形象以满足来客认识的需求；以及具有故事性、神秘性的佛教图案和艺术品来装饰建筑以提升旅游景点的价值等等。

梵宫远眺灵山大佛

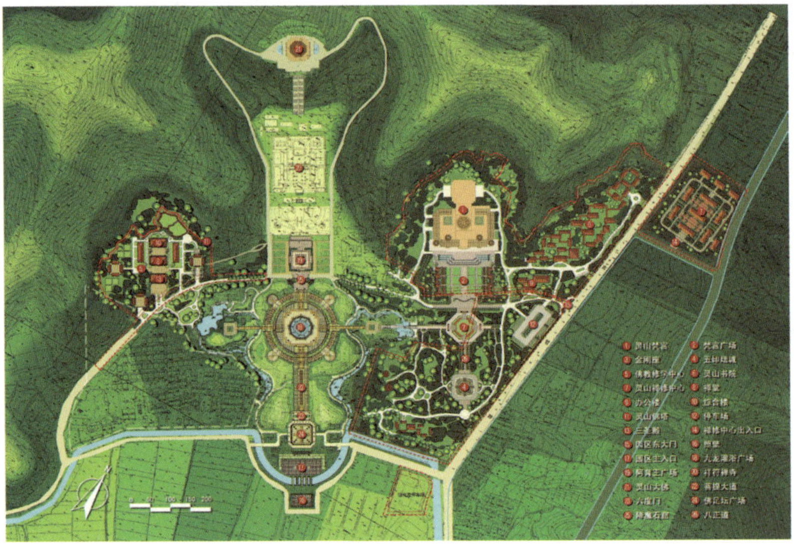

灵山总平面

梵宫于 2007 年底完成设计并正式破土动工。2009 年，美轮美奂的灵山梵宫顺利竣工并交付使用，正式向世界揭开了神秘的面纱。

步步庄严

远望这座米黄色建筑，显得暖意而祥和。层层梯级退台的建筑形态，与山体的背景环境相融形合，使之在广场和建筑之间形成自然过渡，避免因一片高墙而起的突兀感。

走近瞻仰，正立面的五座铜制大门以降妖伏魔的金刚杵为门侧饰柱；门楣为扁平状莲花瓣，形态园柔饱满，展现佛门的“和谐”之意。中门门楣除嵌有大慈大悲佛陀坐相之外，尚携有“灵山胜会”四个大字，再现了当年佛陀在印度灵鹫山说法时，众圣云集、听者音潮，天感花雨、地应雷音的场景。两侧的四座门楣雕有端坐佛相，象征大乘佛教中观音、文殊、普贤和地藏四大菩萨的精神愿力。

梵宫总面积 7 万多平方米，分中、东、西三条轴线的功能布局。

西轴线为三层楼的交流恳谈区，区域中部为三层通高的自然采光中庭。环绕中庭设有印日堂、相应堂、如是堂、普敬堂、和敬堂等多间不同特色的恳谈厅室。东轴线为餐饮区，二层为“千人宴会厅”，底层和夹层为厨房和大小餐饮包房；中轴线为廊厅和圣坛。

廊厅又称“中道厅”，寓意佛陀所说的“远离一切偏执、趋向真正觉悟”，包含着深邃悠远的佛法思想厚度。

圣坛是世界佛教论坛会场，可容纳 1 500 个活动座位，建筑空间为无边柱的圆锥形穹顶会议厅，直径 37 米，高 40 米。穹顶上层层环抱组合着 28 层莲花瓣灯，每层均为 48 盏，共计 1 344 片，色彩旋奂，光光相互，寓意美妙无穷的华藏世界。

会场周边为 270° 可升降旋转的活动舞台，形成以观众为中心的全景观演模式，每天为观众上演量身订制的佛法媒体盛典“灵山吉祥颂”，带给观众难以辞怀的心灵震撼。梵宫建筑采用了大量传统的建筑构件和装饰元素，如石材的墙、柱、门、窗的装饰构件，顶部的铜瓦、莲花饰，室内的木柱、斗栱等等都非常复杂。设计者将这些建筑装饰构件与图案和建筑主体脱离，改变可装配的建筑构件，无论内外立面都进行标准单元、转角单元等模数化的划分，将复杂的立面转化为数十个基本单元，既符合建筑美学，也为深化设计和施工提供便利。

五座华塔

梵宫最吸引眼球的独特形象是五座屋宇顶部的“华塔”。华塔状如含苞待放的金色莲花苞，塔尖高指苍穹，寓佛法中“自净其意，诚信守本，善终升天”的本意。

塔是佛教特有的建筑形式，是佛的象征。所以以塔的形式来突出佛教

灵山梵宫

建筑的特征，获得信众的认同，是开发商和建筑师首先达成的共识。

田文之：

华塔层层裹卷的花瓣含藏着一尊尊精巧的佛寺，寺依花立，花聚成塔，寺在塔中。五座华塔的原型乃为深埋在敦煌边沿荒漠之中一米多高的小石佛塔。如今再现梵宫之顶，脱去了原来的朴略，表达了充满佛学本意的主题。

五塔可以代表佛教金刚界五部主佛即中央的毗卢舍那佛，东方不动如来，南方宝生如来，西方阿弥陀佛，北方不空成就如来。“五方五佛，五佛五智和莲花藏世界”，即使风雨如晦，华塔永远璀璨夺日，俯瞰着变幻莫测的大千世界。

钱健：

现有的华塔，最早的一座是山东历城九顶塔，此外尚有敦煌华塔、河北寿禅寺塔等十余座，通常下部是单层亭式，上面耸立巨大塔顶，表面饰有很多莲瓣，每瓣上立一座小塔，尖顶立一较大之塔，表现《华严经》所说的“莲花藏世界”。中间的大莲花，花中心为毗卢舍那佛，周围每一莲瓣代表“如微圣殿”的一个小世界，整体共同构成“莲花藏世界”是对佛界的立体表征。因为华塔为中国特有，形态简洁而有标志性，并且易与建筑相结合形成室内空间的穹顶而成为塔的样式的首选。

梵宫室内

璀璨圣殿

担任室内设计的团队，平均年龄还不到30岁。业主曾经提出，西方的宗教建筑会让人产生敬畏之心，而且里面会集中展现最经典的艺术，如雕塑和绘画等，是艺术的享受。相比之下，在这方面，中国传统的宗教建筑就显得有点弱，能否在这方面有所突破？可否把中华最璀璨的文化艺术放入到梵宫？这成为梵宫室内设计团队的重要提示。

梵宫的体量巨大，艺术品装饰的数量和尺度同样也是巨大的。要在短时间内完成所有的室内艺术装饰是不可能的。

在室内设计中，设计师对作品的风格、手段及色彩进行初步的规划。然后由业主委托相关的艺术家进行创作，与建筑艺术相得益彰。设置在廊厅两侧的讲述佛教传法历史的油画组图，廊厅尽端的琉璃作品《华藏世界》，千人佛教餐厅的瓯塑浮雕，以及东阳木雕、手工壁画、扬州漆器、景泰蓝须弥灯等都在先期规划下逐渐变为现实。

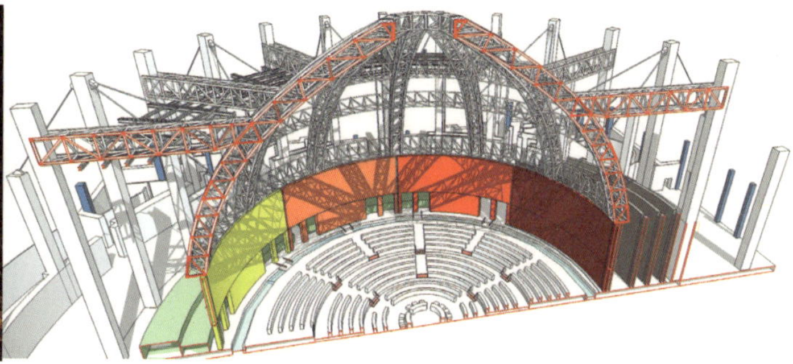

梵宫圣坛室内空间及结构建模（世称“妙音堂”）

非常幸运的是，梵宫设计邀请到各地的工艺美术大师的参与。特别是一些有悠久的历史却濒临失传的艺术门类也找到了创作表达的舞台，使梵宫成为陈列、保护这些珍贵作品的博物馆。

梵宫圣坛前端的大厅，由 6 个直径近 10 米的穹顶构成，每个穹顶上均绘有神秘典丽的敦煌壁画，营造出一种洞窟式的视觉效果。这些壁画的作者是敦煌美术研究所所长侯黎明，以及代表着当前敦煌壁画创作最高水平的数十名画家。他们每天都要爬上高高的脚手架，仰头工作十几个小时，就像米开朗基罗绘制西斯廷教堂天顶画一样。

在廊厅 8 米以上的部位，大量的木雕构件被融入。而在塔厅，则从上到下全部采用楠木、樟木等装饰。冬瓜梁、雀替，这些中国传统建筑的构件形式随处可见。大量木雕的运用，增添了梵宫的中国味。整座灵山梵宫的木雕装饰面积达 1.5 万平方米，用掉 1 400 立方米的原木，均出自中国非物质文化遗产传人陆光正等东阳木雕艺人之手。

对于室内的基本色，做了两个不同的方案，一个方案就是红色系，很有中国味。第二个方案，是以黄色系为主。最终业主决定选用红色系，但困难是，红色的石材本不多用，寻找选择颇费了一番工夫，最后才选中“红洞石”，这种石材此前多是做装饰点缀用，像梵宫这样大规模的使用是第一次。

陆嵘（室内设计师）：

这个项目留给团队的是一笔宝贵的财富，如何在现代建筑中将中国优秀的传统文化挖掘出来并传承下去，是我们今后致力的方向。

秦阿房宫、汉未央宫、唐大明宫、明清故宫……灵山梵宫延续了历史文化建筑的血脉。

印度菩提迦耶塔、柬埔寨吴哥窟、梵蒂冈圣彼得大教堂、俄罗斯索菲亚大教堂……灵山梵宫撷取了东西方宗教建筑的人文精华。

“看”与“被看”
——深圳紫荆山庄

2008年，恰逢紫荆含苞的季节，华东院承担了深圳紫荆山庄的设计总承包工作。

紫荆山庄项目的所在地毗邻西丽湖水库，建设用地80余亩，外围280多亩的生态绿地由使用单位代管。山清水秀，视野开阔，颇有自然的田园风光之诗意。

紫荆山庄是一个集酒店、办公为一体的现代综合培训中心，因此其总体定位和综合的建筑价值观始于“低调、内敛”。紫荆山庄的场地内共七个单体，包括1至4号独立小楼、5号综合楼、6A办公综合楼、6B办公楼。根据使用方需求，场地内设一个室外标准篮球场，一个室外标准网球场和一个室外标准四泳道短池。建设方比较明确的意见是结合岭南建筑的地方风格，总体上应采取分散布置，形成具有“粉墙黛瓦”的东方特征和传统色彩的园林式建筑，显然，这是出于期望所建的建筑群体能和周边的自然环境融为一体的考量。因此创作的重点在满足使用者功能需求的同时，致力于在总体布局上汲取所在地的传统与文脉之精髓，并努力将建筑纳入地域中，成为环境肌理的一部分。

在山庄居住、工作的人们，可以充分去感受四周的山水美景——“看”。建筑本身，又融于周围景观之中，或化为景观，为优美的环境增色——“被看”。

建筑在环境中的角色

将要开发的建设规模接近4万平方米的建设总量，所以尽管在视觉上感到场地很开阔，但真正可供建设的场地却很小，且红线内的地形起伏也

紫荆山庄景观

较大，高差约 20 米，故难以被有效利用。

挑战的难度在于如何使项目的建设成果能和所处的环境相吻合；如何平衡相对过高的建设容量与基地场地的众多限制之间的矛盾；如何在满足功能需求的同时，又能兼顾恰当的建筑风格表现，表达并平衡建筑在内部空间和外部环境之中的不同视觉感受。

从本项目的设计过程进展及更广义的角度而言，这些挑战和场地的制约同时发展成为设计思路的契机。其中采用了四种主要策略。

策略一，采用建筑沿边布置方式，尽最大的可能为外部环境创造条件，同时结合功能分区，平衡建设密度与空间环境。

策略二，综合运用“遮”、“藏”、“隐”等手法，严格控制并化解建筑在环境中的视觉体量，并利用错落有致、水平延展的形体来表达依山就势，和周边环境融为一体。在设计中，将室内网球馆、各种报告厅、大小餐厅及体量较大的教室等功能空间布置于综合楼的地下部分，或融于环境的台地之中，以弱化建筑的视觉体量，使其能和所处的外部环境保持理想的空间尺度关系而融于环境之中。

策略三，总体风格强调“低调、内敛、简约”，设计语言现代而自然，体现建筑“粉墙黛瓦”的传统色彩和“岭南建筑”的地方风格。

策略四，强调以绿色、生态、节能为主导，使之成为更实用、高效的绿色生态型建筑。合理地诠释并平衡业主所要求的“非公共建筑”、“非平地建筑”和“非常规性培训设施”项目的特殊功能需求。

徐维平（总建筑师，项目设计总负责人）：

我们在进行方案设计前，经历了大量的前期准备、预算和勘察工作。

紫荆山庄建筑外景

紫荆山庄室内

项目基地是丘陵状地貌，出于建筑群与功能特殊性的考虑，建筑师并没有做太花哨的表面文章，而将重点放在了空间的适应能力和灵活的功能布局研究上。建筑群采用沿基地周边布置的方式，基于场地高差的复杂性，建筑的不同使用功能而灵活分散布置，尽最大的可能为外部环境创造条件。从而达到适度的集中，形成最大的分散。

透明，某种视觉上的追求

为了突破空间限定的局限，充分享受周边自然景观的魅力，有意识地编辑或开放建筑形体的边界限定，并尽可能地追求某种视觉上的透明，就成了设计中采纳的重要手段。而事实上，这种对于透明性的体量描述，往往也体现了某种现代主义理想和美学倾向。

单元窗

紫荆山庄的外立面采光区域采用嵌套式窗单元系统，预装配的框架单元加上置于其间的玻璃面板和开启扇一同构成了立体的“画框”，窗户宛如被置于立面之中的一个个玻璃体，在平衡窗墙比的基础上提供了最大面积的无障碍观景区间。房屋在梳理阳光的同时呼吸微风，也让使用者在宜人的室内环境中饱览窗外景色。窗框将周围的湖光山色定格，呈现给人们的是“有山皆图画，无水不文章”的意境。

同时，富含细部的单元窗本身也成为建筑形体中被表现的重要元素。而在建筑形体转折等重要的位置，在该单元的基础上设置了转角窗单元。使得建筑形体在转角部位更显灵动，同时也为使用者提供了较佳的观景条件。

玻璃大堂

融于良好景观环境中的玻璃大堂，作为整个山庄的公共服务中心，既照顾了园区内各单体建筑平时的服务，也在空间位置的设置上较好地响应了需迎合并服务来自于南北两条不同方向路线的功能要求。

建筑采用连续的玻璃墙体设计，其相对独立的透明形体与建筑的主体若即若离，建筑师期望让人们在其中最大限度地突破维护结构对视觉的阻碍而形成某种自由，去建立人与自然的某种关联。同时，透明也有助于修正和弱化建筑在环境中的视觉尺度。

在透明大堂中采取了片段粉墙与木制灯笼的设计语言。这两者和透明玻璃大堂之间的空间构成关系在谨慎地渲染与传递建筑美学意义的同时，似乎也隐喻了现代与传统这两种状态能包容与并存、适应与开放的一种期望。

透明玻璃墙的上部因建筑遮阳的需要，采用抽象和连续的以紫荆花为图案背景而形成的某种半透明介质。这种空间的限定方式在保证最大限度的视觉透明的同时，也恰当地区分并表现了室内外空间的渗透和过渡。

徐维平：

大堂作为山庄的枢纽，在空间位置的设置上不仅要迎合来自各方向的功能要求，还要和景观环境具备对话的可能。消隐结构的存在，让室内外空间之间显现出一种迷人的关系：两者既有界限，又保持着一种彼此若隐若现的双关之美。大堂外墙面的玻璃表皮使大堂融于良好的景观环境中，遮阳墙板则让幕墙的表情生动起来。其设计暗合了庄名，一色的镂空紫荆花图案，折射出独特而出动人心弦的空间感受。

现代与传统互为诠释

传统民居在外观颜色的控制上始终贯彻“舍艳求素”的原则，这种朴素的美学观也与该项目低调、内敛的设计目标相一致。这些掩映在环境中的建筑，其体量、色彩均与周边的湖光山色共同组成了一幅淡雅、宁静的风景画卷。

徐维平：

从某种角度而言，传统建筑的构成逻辑并未失去其现代意义，而基于尊重地方文脉的现代表达，同样也具有传统建筑的色彩和韵味。

紫荆山庄既承继了岭南建筑的文化特色和风貌，又融入时尚的现代理念，两者的互为诠释激活了它的生命力。其建筑与空间的设计风格相对来说较为内敛雅致，因此，现代与传统的精神也能和谐共存。

尽管在建筑材料的语言与色彩之运用上较为简洁朴素，但在木饰规制的细节刻画与整体的气氛营造上，却低调地传达了一种该建筑应具有的规格与气质。对室内外建筑材料的合理诠释，粗糙或光滑，凝重或明快的肌理表现，既有助于建筑形成朴素的韵律，也能使建筑的表现更为持久，同时其不同的材料特性之组合和细部处理也强化了建筑设计的理念，使建筑在平凡、朴素之间显现其内在的品质与韵味。

超高层，一个梦想
——武汉中心

高 438 米，总建筑面积约 30 万平方米的武汉中心，是目前由中国建筑师原创设计的最高建筑物。

华东院设计的这个工程，其划时代意义在于中国建筑原创力量一举打破了境外设计机构对我国超高层建筑设计市场的垄断。

徐维平（总建筑师，项目设计总负责人）：

中国建筑师原创设计中国的超高层建筑，我想应该是涉及民族自豪感和光荣感的一个梦想。

高层建筑是舶来品。从19世纪80年代到20世纪80年代，中国落后了100年。早期超高层建筑在中国的杰出代表是英商建于黄浦江苏州河交汇处的上海大厦。在超高层设计领域，我们比别人优势更多不是因为我们的业绩更多而是教训更多。

20世纪80年代初，我进院的时候，高层项目极为有限。一幢18层剪力墙的住宅楼还是罕见的大项目，往往展开全院方案征集大PK。到了90年代，随着浦东新区开发，上海的高层建筑如雨后春笋拔地而起，当时的高层建筑设计全是境外公司投标。我们不能原创，不得不谦逊地开始了漫长曲折的学习之路。

武汉中心总平面

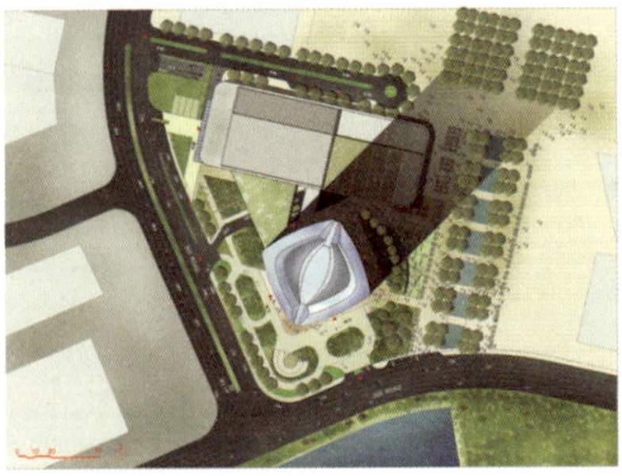

高度

武汉太像 20 世纪 90 年代初的上海了。举目都是塔吊、脚手架，大修大建，尘土飞扬，这里正在经历一个城市、一个区域发展图强的阵痛期。

它将是王家墩 CBD 第一幢完成的高楼，未来比它高的建筑会在这里鳞次栉比地生长，它将保持和提振人们对本区域经济和政策的信心。

因此武汉中心的高度，是一座城市的需要。

武汉中心效果图

徐维平：

摩天楼拥有庄严的尺度，这种人类的设计产品已经超越了我们自身能够丈量的尺寸，成为一种超常高度的存在。

设计武汉中心这样规模庞大、功能复杂的超高层建筑就是在不厌其烦地解决无数难题，这时你会觉得现代主义的理性精神更加可靠。

武汉中心是一个严格奉行功能主义原则的建筑作品。比如我们选择了比较经济、紧凑的标准层平面，将这个平面45°斜对梦泽湖，于是收获了50%的景观面；比如楼冠部位结合主体体量布置的观光阁，用悬挂式玻璃幕墙在400米高空解放人们的视野，再比如我们在基地内用下沉广场引导商业人流，化解巨型塔楼体量给人们的压迫感等等，在设计中每一个决定都由一系列理性的逻辑演绎得出，这就是合理的必然性。在我看来，现代主义是建筑的必然王国，在建筑的必然王国中，现代主义是先知向导，引领建筑走向自由王国。

武汉中心效果图

郑凌鸿（总师助理）：

建筑越高，对周边城市环境的影响越大，通常这些影响中消极的居多。设计有一个任务，尽力消解超高层建筑插入城市环境给人们带来的压迫感。用景观来软化巨型体量对行人的威压。我们通过标高变化的景观手法，一边做下沉绿化，一边做通往裙房二层的台阶，再用大屋檐将裙房与主塔楼相连。这样场地周边和内部的行人就会找到尺度较亲切的参照物，有助于减轻人们在巨型体量面前的渺小感和压迫感。

总图

王家墩地区位于武汉市汉口几何中心，占地 2.67 平方公里。本项目地块位于中心商务区西南角，东北、东面为核心区广场，南面为规划梦泽湖水体公园。建筑师设计时处处为城市考虑，这本身就是一种城市设计的方法。

宋云峰（建筑师）：

该项目是实施CBD核心区开发战略的第一个项目，是实现核心区功能最重要的组成部分之一。场地距离地铁中心站最近100米，最远300米，场地可以依托近水楼台的地铁站点吸纳西北向的商业人气。

本项目地块存在两个缺点。一是地面道路交通的限制。场地只有西侧临305路，南侧临205路，东侧和北侧边界没有毗邻城市干道，主塔楼面积约30万平方米，有五种功能竖向叠加，这致使地面交通相当紧张。总图上我们在205路上开口专门解决酒店车流，北侧开辟机动车道连接305路，将305路上的西侧开口与北侧机动车道用快速通路联系起来，这样旨在为办公和公寓车流提供更多便捷性，尤其是在上下班的早晚高峰时段。

总图的布局原则是主塔楼前置，直面南侧的梦泽湖景观，裙房后置，向东和北迎接来自核心区广场和地铁站的商业客流。

造型

目前阶段，超高层建筑设计倾向于采用相当简洁的造型方法。但仅有超常尺度体量只会让人吃惊而不会让人感动，其体量及尺度还需要不失稳重感的优美和典雅。由于超高层建筑对城市景观具有绝对影响力，且每一个动作都与其自身的使用功能、结构形式、构造做法密切相关，牵一发而动全身。

李大晔（建筑师）：

造型关乎成败，造型好则在于创新性。上帝不掷骰子，事物自有其必然性。武汉中心的“宝瓶—帆塔”方案被选中作为实施方案现在看来有一定必然性，一是方形平面得房率相对高，合理好用；二是造型上的美感普遍得到共鸣。

李群（建筑师）：

超高层建筑一旦到达一定高度，某些多层或相对低矮的高层建筑造型设计中的手法就不再适用，100米高塔楼可以做凹进、凸出、切削、堆叠，到400米高就未必适合这样做了。

“宝瓶—帆塔”方案的成功至少有两点可以总结：一、达到一定高度

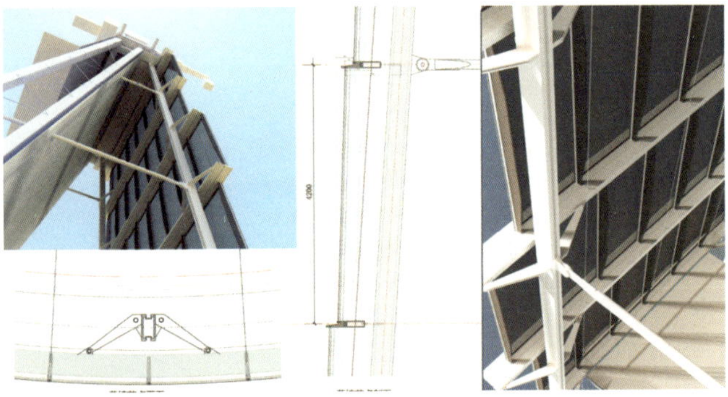

建筑顶部幕墙节点

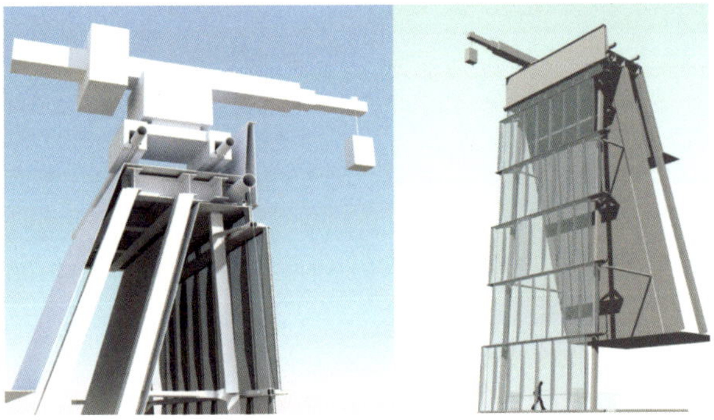

的塔楼反而应该务求简洁洗练，武汉中心形体飘逸流畅，不枝不蔓；二、造型在各个方向看都有变化，却没有哪一个看面让人不堪。

徐维平：

武汉中心造型设计做了一些极微妙的动作。

改造方形平面，做成带倒角的鼓边轮廓，让其沿着八条精心、推敲的曲线作三维放样，塑造了一个饱满、柔和、端丽的原形。

沿着方形平面对角线给原形两条边做开槽处理，开槽缝隙的宽度深度都经过精心谨慎的推敲。这不仅仅出于美学诉求也符合流体力学的要求，风洞实验的结论告诉我们塔身开槽有利于减少风压对超高层建筑的不利影响。

洒脱地在顶部平行于方形对角线方向斜截一刀。两条贯通430米塔楼的弧线形缝隙顿时让体量修长、轻巧，尖顶使塔楼看上去越发巍峨，飞升云霄。如此我们给一个庞然大物注入灵性，端详模型，它将优雅、绮丽、壮美和稳健融为一体。

不难发现，武汉中心造型设计中我们对动态美的追求。歌德说：建筑是凝固的音乐。可建筑艺术发展到今天可就是流动的音乐了，无论空间还是形体都转向追求动势，高层建筑设计也不例外地出现动力学倾向。组成武汉中心体量的各相关曲面极为复杂微妙，也正是这些复杂曲面造就了一幢巨塔的动感与美感。与环球金融中心二维放样的曲面相较，武汉中心的三维曲面更加复杂。

我们强调通过使用具有特定场所特征的元素来调和全球文化的影响。武汉是一个水系丰富的城市，古时汉口的港口贸易运输颇为发达，为我国内河最大的港口，有“十里帆樯依市立，万家灯火彻夜明”的壮丽景观。

建筑顶部效果图

武汉中心如同迎风张满风帆的航船，仿佛要从梦泽湖扬帆起航，驶入滔滔长江。最终业主方泛海国际决心定案帆塔，也考虑到其形象和气概与自身企业文化的深度契合。

朱子晔（建筑师）：

团队为研究设计，计算机模型就建了超过400个，绝大多数方向性尝试都是不成功的，在没有方向的时候尤其痛苦。

武汉中心的雏形终究还是诞生了，原先只有瓶子状的原形，当时被昵称为“宝瓶”，造型设计的原则逐渐廓清，造型设计与功能的关系也逐渐趋于合理。我们以近乎执拗的专注投入巨大的工作量中，曲面放样、变截面倒角、轮廓和开槽曲线的样式、反弯点位置、塔身的比例尺度、楼冠造型都经历了焦土式的推敲。在连续数月的修改过程中，渐渐地，非线性体量的比例和尺度越来越优美。曲线开槽、斜顶、楼冠设计逐次确定，表皮的数码效果、观光阁的内部空间意向也日趋成型。

最终，方案成形阶段的塔楼造型恍然让人联想到北宋范宽所作的国宝级山水画《溪山行旅图》，开槽仿佛高山上飞流直下的瀑布。中国建筑师做中国的超高层建筑则不自觉地唤醒了传统中国美学的基因活力，即通过把握风骨和气韵来追求意境之美。

我们对“宝瓶—帆塔”感情笃深，在得知方案被业主方选中，将要以等比例建成的时候，那种乍惊乍喜的心悸一生不忘。2009年秋凉之后一次坐公交，不经意看见车载电视新闻里一幢漂亮的超高层建筑的效果图，下意识读标题，竟是“华中第一高楼，中国第八高楼武汉中心破土动工”，这才惊异地认出这竟是我们的作品——用陌生的眼光注视，居然那么好看。

第二天同类新闻就席卷全国，谷歌上“武汉中心”的网页连接超过10万个，且已然收入了百科词条。

幕墙

由于塔楼原形由复杂三维曲面组成，表皮设计面临巨大挑战。

团队一半的人在做和立面有关的工作，加上相关咨询公司，如此力量配置说明表皮设计的难度和团队付出的巨大心力。

冯烨：

立面表皮方案做到今天真有沧海桑田之感，推敲对比了许多幕墙单元及其组合方案。我们面临的巨大挑战包括复杂三维曲面的数值微分、幕墙单元选形和定位等难题，尤其是收边、收口、过渡和特殊部位处理等问题更是难上加难。目前我们采用的是空间错位式的“折叠状单元板块”，基本单元确保了最大限度的标准化生产。空间单元的板块和空间形体的拟合实践在为下一步的深化设计以及生产、施工开辟坦途。

佘明松（幕墙设计师）：

由于每一层平面都是不一样的，在平面上划分幕墙的传统方法失去作用。我的工作是先从模型中分出平面，再找出空间几何定义点。6～87层有近9 000个折叠状单元板块，从中部往两边以此排布，上下两层之间板块相互错缝对齐，到接近缝隙处的最后两块尺寸稍有变化，自然地实现收边。这样就保证了非标板块仅占总量的3.6%，施工、安装、维护、修理都变得相当容易。我们创作中心的幕墙技术团队、三维辅助设计团队和集团数字研究中心、幕墙咨询公司并肩作战，通过Rhino、Catia等程序的参数化设计的方法一点点探索才有了现在的幕墙设计解决方案，但现在还远不是开香槟的时候，很多问题悬而未决，尚待我们继续研究。

韩健（建筑师）：

1至5层的塔基部分处理成竖划分占绝对优势的实墙面，这一做法可以说相当古典，用塔身底部的厚实感衬托躯干部分的轻盈及其玻璃幕墙的清透。

张冉（建筑师）：

凹槽部位的幕墙虽然面积有限但也历经推敲，我们在槽底的立面上沿竖向做成平缓的锯齿状并安放洗墙灯，希望凹槽夜晚会发亮，每当夜幕低垂，人们就会看到两道光的瀑布从云天飞流直下。

观光阁

武汉中心的87层，标高394米，是一个360°观光阁。今后，人们可以买票登上高楼。

王建（建筑师）：

武汉中心的观光阁不是中国最早的，也不是最高的。甚至武汉未来还会有比其更高的观光阁。我们并不介意，我们要让这个观光阁成为最特别的。除了幕墙的360°全通透外，游客还能走上88层观光桥，去体验“漫步云端”。

我是武汉人，了解家乡的山山水水。观光阁能看到的美景大约分为三个层次：近景老城区、梦泽湖、CBD新区；中景是汉江、龟山电视塔；远景是长江、长江大桥和二桥。在汉口的武汉中心，与未来建设在武昌的长江中心隔江对望将是这个城市的一大景观。

徐维平：

武汉中心观光阁追求的一大目标，是让游客极目眺望时视线尽量开朗通达。为此我们务求让建筑的围护幕墙更加通透与轻灵，尽量不要遮挡游客的视线，使远眺的目光畅行无阻。感谢结构师的配合，我们选择了悬挂体系。四大榀悬挑的桁架与顶部、腰部的环形桁架联系成了一个整体，把玻璃幕墙悬挂在主体结构之上，这样竖梃不承重，仅仅起到构造约束作用，可以相当纤细，观光阁自然豁朗开阔。

结构

团队一度试图采用更新颖的结构体系，但是这幢建筑的高度和超限专家的意见，最终让团队选择了相对成熟可靠的结构体系：巨柱框架—核心筒—伸臂桁架体系。

陈锴（主任工程师）：

这是国内巨柱框架—核心筒—伸臂桁架体系在超高层建筑领域中运用的最高案例。巨柱钢管与普通的钢筋混凝土柱刚好反过来，前者是钢管包裹混凝土，后者是混凝土包裹钢筋。巨柱用钢管约束混凝土，利于提高混凝土的工作性能，钢管内部只有少量构造钢筋，构造做法简单，也有利于钢梁与钢柱的连接。

目前国内建筑实例最大的混凝土钢柱直径为2.2米，武汉中心底层的柱子直径达3.0米。这需要通过做实验来探索构造做法，因为在这个规模上如果按照规范要求来做会比较浪费。

虽然主体结构体系是常规的，但在酒店部分采用了新颖的悬挂体系。建筑师要求酒店的空中大堂层空间开敞通透，又要求客房内尽量减少凸出

方案A　方案B　方案C

上图：观光廊节点模型

下图：幕墙细部比较

墙面的柱子，这时候悬挂体系就发挥了很好的作用，解放了大堂空间，让建筑师把它做得更气派，同时更多的标间室内墙面干干净净，看不见壁柱。另一个创新点是芯筒下部楼层局部采用有钢板的混凝土剪力墙，以有效提高强度。

周健（副总工程师）：

这种结构的构造设计难点之一在于伸臂桁架与钢管柱、剪力墙之间的连接，这种连接首先要保证传力的可靠，同时要充分考虑施工的便利性。我们在该构造节点设计上下了不少工夫，已获得两项专利：一项是创造性地将伸臂桁架的弦杆由传统的埋入式改为外包于剪力墙，解决了双向伸臂交于一点的处理难题，试验证明节点性能明显优于传统方式；第二项是伸臂桁架与巨型钢管柱连接的双套管节点。另外，我们对钢梁与巨柱的节点也专门进行了试验研究，第三项专利不久也将在这里产生。

曲国锋（建筑师）：

核心筒是垂直传输系统、结构系统和机电辅助系统三者的集成与综合。垂直传输系统包括客梯、货梯、疏散楼梯。结构上，武汉中心核心筒采用内走道形式，大大缩短了外走道长度，提高了二次得房率。同时伸臂桁架将核心筒与巨柱联系起来，形成一个整体。机电辅助系统占据核心筒面积的4%～5%，以暖通专业为主，我们无法像环球金融中心那样采用核心筒相关用房外围布置的方式，在核心筒外壁上开洞时须特别留心相关规范的限制。

郑凌鸿：

酒店部分的核心筒设计放弃了像金茂大厦那样做数十层通高的奢华中庭，酒店管理公司君悦转而青睐更务实的设计策略，将核心筒做成“设备芯”，把大量放在地下层的酒店设备提上来放在酒店区段，这就避免长程运送物资和输送资源，有利于降低管理运营成本。

武汉中心预定在2015年建成。

作为建筑，它可以成为江汉大地上“中部崛起”的一个历史性的标志。

而创作它的建筑师，还有另外一层意思，他们也在以一种特别的方式，纪念始于欧洲的现代主义建筑运动走过了100年。

“创”为先

1986 年，华东院成立了“方案组”，隶属华东院总师室，由蔡镇钰、张耀曾、凌本立、张乾源等总师领导。初创时的方案组位于院部二夹层。

20 世纪 90 年代，方案组的发展为建筑创作部，人员也逐步壮大起来，发展中的建筑创作部也因此陆续更换过多次办公地点。

1999 年现代设计集团成立后，华东院重组“创作所”，地点位于院部二层。并新增规划和城市设计的业务。创作所在这一阶段得到了很大的发展，市场中标率在同行业领先，逐渐打响了华东院创作所的品牌。

2003 年 3 月，规划与住宅研究所成立，李东君任所长，并调离创作所。杨明任“建筑创作所”副所长并主持工作。期间，2009 年建筑创作所增

2010年创作中心员工合影

设城市设计组。2011 年 4 月“城市设计研究部”正式挂牌成立。

创造是灵感的源泉，也是企业发展的生命力。步入新世纪，华东院的建筑创作异常活跃。以 2011 年为例，全院原创方案类项目共计 103 项，院整体中标率达到 63%。如此精确的统计数据表明，华东院在未来战略定位、企业管理模式改革上，向提升原创设计品牌核心竞争力的总体发展目标迈进。

“大中心”

为提升原创设计品牌核心竞争力，院决定成立“建筑创作中心”，并强调“大中心”的概念，是机制改革的一大新举措。“大中心”工作紧密围绕三个平台的功能，即院建筑创作、品质控制、前期策划的开放式管理平台；建筑技术开发、建筑创作交流、建筑理论研究和文化传播的交互式共享平台；建筑创作、品质控制等战略性人才培养、人才交流的系统化发展平台。三大平台是院原创建设的核心，以原创设计与品质控制为工作重点。大中心构建起建筑创作中心和涵盖院、所各级领导总师团队的协同工作平台。

建筑创作中心于 2009 年年初挂牌，为中心三个平台建设进行全面探索。

原创品质控制

为健全原创设计品质控制的管理体系，院建筑创作中心牵头，协同院、所两级原创管理团队，对院重点项目进行全过程的有效监控。总师团队作为原创及项目品质控制的主体，协同其他设计团队共同完成项目的全过程

1

2 3

4 5 6 7 8 9 10

图1：A+杂志

图2：2010年5月21日A+杂志首发式现场

图3：2011年9月28日管式勤作品集首发式现场

图4,5：创作所“渔人年鉴”

图6：2010年原创作品展海报

图7：2011年2月21日建筑时报上报道创作中心内刊交流会

图8,9：管式勤建筑师作品集

图10：2011年日本当代建筑师讲座海报

设计，确保了项目的设计品质，在项目推进过程中，也起到了培养锻炼青年建筑师，培育成熟创作团队的作用。

建筑文化传播

2009 年上半年，*A+* 编辑部和学术交流部依托于建筑创作中心平台应运而生。*“A+” Architecture+Architect+Architect's life*，力图体现建筑、建筑师和建筑师生活，希望体现华东院更广泛的建筑文化内涵。2010 年 5 月 21 日，在这个春雨绵绵、润物无声的日子里，华东院迎来了期盼已久的建筑专刊《A+》创刊号的首发式。张俊杰董事长作为院建筑专刊编委会主任，祝贺院建筑专刊创刊号的问世，欣慰于专刊的良好开端，并祝愿专刊美好未来。成红文总经理亲自为院建筑专刊揭幕，共同见证了《A+》的诞生。《A+》

11 12 13 14

15 16 17 18

图11：2010年3月协助建筑学会组织参观世博会

图12：2010年11月三院交流大会合影

图13：2011年3月组织建筑师参观建材工厂

图14：2011年5月韩国浦项制铁集团来访，与超高层专业团队交流

图15：2011年5月世博会芬兰馆“冰壶”设计讲座

图16：2011年5月圣戈班节能玻璃方案座谈

图17：2011年11月创作所方案设计流程控制讲座

图18：2012年4月A+成功主办“海边风景是岸，岸边风景是海”主题沙龙

建筑专刊成立至今，不断完善组织架构、板块设置、供稿机制及奖励制度等，至今赠阅同行业主、行业媒体、高校平台等固定渠道达40多家，《A+》已经成为华东院内部交流和对外展示的一扇窗口。

人才培养机制

自古以来，千里马需有伯乐慧眼识才，人才更是企业长足发展的阶梯。2009年，创作中心编制完成《华东院青年建筑师技术发展与培养机制》，配合院人力资源部门规划青年建筑师的职业培养周期、创作岗位能力模型和专业职级发展路径；制定青年建筑师的培养机制，实施有计划的带教与培训；

实践表明，组建总师团队，由总师在优秀青年建筑师中挑选助手，明确带教关系的做法，有利于青年建筑专业人才的知识积累、丰富经验，有利于加快培养同时具有创作能力与品质控制能力的院急需后备战略性人才。

院建筑创作中心作为企业原创发展的排头兵，是“中国制造”走向“中国创造”的战略转型的又一实施策略；是华东人对美好设计、美好城市、美好生活理念的充分体现；也是企业实现ECADI品牌目标的新的推动力。

“中标”不是唯一的目的

飞翔的梦想

数十年来，华东院在机场设计方面有雄厚的实力，专项化设计团队在工程实践和市场竞争中臻于成熟，特别是原创设计并建成浦东 T2 航站楼和虹桥综合交通枢纽项目之后，华东人深刻地意识到，只有重视机场原创能力，才能在这个竞争激烈且高度专业化的市场中求得生存、发展和壮大。

正是在这个指导思想下，华东院完成了南京机场 T2 航站楼、南宁吴圩机场、武汉天河机场 T3 航站楼、杭州萧山机场 T3 航站楼、哈尔滨太平国际机场 T2 航站楼、烟台潮水机场、苏中机场、温州综合交通枢纽、海南海口美兰机场等一系列在国内有相当影响力的机场航站楼原创设计。其中南京、杭州、烟台、苏中、温州等机场航站楼在投标中胜出并取得设计权，方案付诸实施，而有的项目因为种种非技术原因，虽然失标，仍然不失为好作品。时过境迁后再次审视它们，也是一次很好的创作回顾。哈尔滨太平国际机场 T2 航站楼投标方案便是此例。

哈尔滨机场总建筑面积 12 万平方米，年处理旅客吞吐量 1 500 万人次，是重要的东北亚枢纽机场。华东院的方案吸收了自浦东机场 T2 航站楼设计以来更加理性、严谨的典雅主义倾向，利用极为洗练的曲面塑造舒展的体量和优美的室内空间，创造带有未来主义色彩的氛围。

从浦东 T2 的“鲲鹏展翅”开始，华东院机场设计均具备含蓄的象征主义传统，哈尔滨也不例外地以“林海雪原”为意向，表达了对场地文脉的尊重。值得一提的是，方案采用了先进的生态参数化设计（Ecologically Parametrical Design），让一座大规模的综合交通建筑能够最大化地适应严寒地区气候条件，一系列生态设计策略确保了低能耗的同时，提高设施服务水平，并创造了标志性效果昭彰的非线性建筑美学典范。在国际投标中，华东院获得第二名的成绩，华东人的创新探索有目共睹。

北京新机场设计近期年吞吐量 4 500 万人次，远期达 7 200 万人次，终端则达到一亿人次，将是世界上最庞大、最重要、最繁忙的机场之一。

更有意思的是新机场选址在首都最南端。正南、北中轴线将古都四九城、紫禁城同新航站区串联在了一起，遥遥相望，这是一个让建筑师无法忽视而又兴奋异常的设计条件。国际投标邀请了包括诺曼·福斯特、扎哈·哈迪达、理查德·罗杰斯、HOK、ADPI、民航建设集团民航院、北京市建筑设计研究院在内的多家国内外著名设计机构，华东院因其卓越的机场业绩和业内的良好口碑而进入了受邀短名单。院副总建筑师郭建祥带领多部门合作的大型专项化设计团队，参加了这一次堪称"世纪对决"的国际竞赛。

华东院与新加坡 CPG 咨询公司联合提交的方案是一个宏伟壮丽的单楼方案，并取义"朱楼玉宇、凤临京华"。新航站楼造型如同中国古代传说中"高贵的凤凰"徐徐降临，为京城带来祥和与福祉。这个方案可谓是华东院机场设计经验和成就的集大成者，浦东机场的三层式设计、人车分流、公交优先，虹桥综合交通枢纽的高效换乘设计、空陆侧商业开发、枢纽化交通设计，自南京、苏中、烟台、温州机场以来形成的复杂曲面处理能力、大跨度钢结构设计经验、基于绿色理念的数字化设计方法等等。加上创新的航站楼主动分区等概念和较为贴切的象征意义，华东院已经完全具备了和国际顶尖设计机构同台较量的实力和底气。

华东院奠定自己的机场事业基础可谓筚路蓝缕，艰苦卓绝，而其原创之路更可谓一波三折，跌宕起伏，有多投不中的失意，也有连战连捷的欣喜，但不管怎样，机场设计原创之路我们要坚定地走下去，也会走得更远、更快、更高。

欲与天公试比高

在中国，超高层建筑作为建筑形态中的年轻成员，从起步到今天不过短短的二十来年。华东院的超高层建筑设计实践开始于上世纪 90 年代初，抓住了浦东改革开放的大好机遇，伴随着上海这个国内超高层建筑最集中城市的开发进程稳步成长，至今已设计了近百幢高度超 200 米的超高层建筑，可谓占据了全国市场份额的半壁江山。

表1 近15年建成超高层数量区域分布表

序号	地区	建成数量（幢）	占比
1		25	25.77%
2	深圳	19	19.59%
3	广州	10	10.31%
4	南京	9	9.28%
5	大连	6	6.19%
6	武汉	5	5.15%
7	北京	4	4.12%
8	无锡	4	4.12%
9	重庆	3	3.09%
10	苏州	3	3.09%
11	天津	3	3.09%
12	杭州	2	2.06%
13	青岛	1	1.03%
14	锦州	1	1.03%
15	沈阳	1	1.03%
16	温州	1	1.03%
总计		97	100%

在近15年的已建成超高层建筑中，上海地区的项目数量最多，为25幢，占总量的1/4以上；深圳地区其次，占总比约20%；广州地区排名第三，占总比约10.3%。其他地区如南京、大连、武汉、北京、无锡、重庆等紧随其后，尤其是南京地区随着近年来超高层项目纷纷建成，后来居上，排名第四。

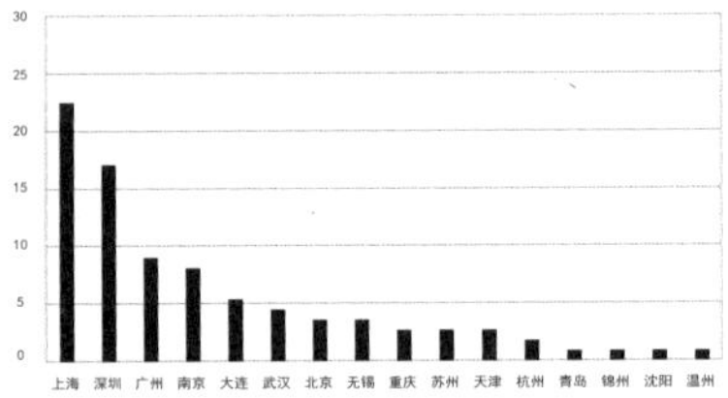

图表由经营部提供

表2 华东院原创设计200米以上的超高层建筑代表作品（1998—2011年）

序号	建设地点	工程名称	建筑高度	建设状况
1	印尼	雅加达电视塔	558米	缓建
2	上海	东方明珠电视塔	468米	建成
3	沈阳	沈阳华府天地1＃办公楼	450米	缓建
4	武汉	武汉中心	438米	在建
5	重庆	重庆国际金融中心（万豪二期）	431米	缓建
6	印度	古吉拉特国际科技金融城钻石塔	405米	在建
7	昆明	南亚之门	369米	在建
8	印度	古吉拉特国际科技金融城印度之门A塔	350米	在建
9	印度	古吉拉特国际科技金融城印度之门B塔	350米	在建
10	防城港	防城港中央商务区金港中心	328米	待建
11	常州	常州润华环球中心	300米	在建
12	大连	圣岛豪华海景公寓	299米	在建
13	济南	济南普利中心	293米	在建
14	珠海	盛明国际广场A楼	288米	待建
15	珠海	盛明国际广场B楼	288米	待建
16	重庆	重庆保利国际广场	286.8米	在建
17	苏州	苏州环球188大厦办公楼	282米	封顶
18	绍兴	绍兴世茂皇冠假日酒店	280米	在建
19	印度	古吉拉特国际科技金融城H地块	260米	在建
20	南京	江苏电网调度中心	253米	建成
21	沈阳	沈阳华府天地2＃办公楼	250米	缓建
22	沈阳	沈阳华府天地3＃办公楼	250米	缓建
23	阿联酋	阿布扎比三叶大厦	248米	在建
24	无锡	无锡润华国际大厦	248米	建成
25	宜兴	宜兴东氿大厦	242米	在建
26	苏州	苏州环球188大厦公寓楼	240米	封顶
27	长沙	长沙世茂滨江酒店	240米	待建
28	南通	南通润华国际中心	238米	在建
29	南京	江苏广电城	237米	建成
30	上海	金玉兰广场	236米	建成
31	上海	华敏帝豪大厦	235米	封顶
32	苏州	苏州中润1号广场	228米	在建
33	苏州	苏州国际商城暨香格里拉大酒店	224米	建成
34	昆明	昆钢科技大厦	219米	在建
35	深圳	鼎和大厦	216米	在建
36	上海	上海新世界丽笙大酒店	208米	建成
37	无锡	无锡凯宾斯基饭店	206米	建成
38	大连	大连世纪商园酒店	201米	缓建

表格及图片由经营部提供

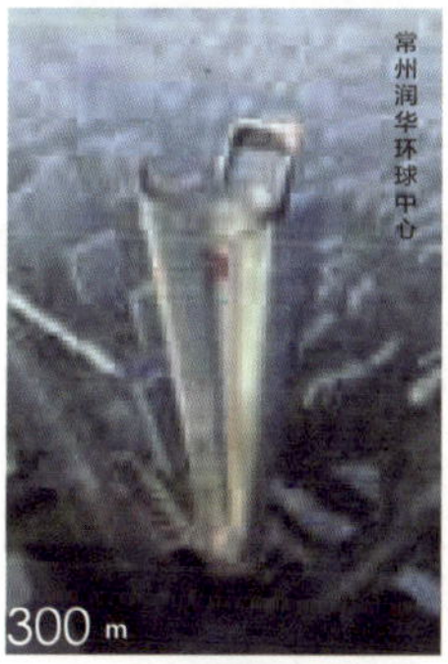

华东院超高层建筑原创设计作品选

郑东新区会展宾馆华东院方案

始于 1989 年，1991 年动工兴建的东方明珠电视塔是华东院在超高层领域的开山之作，1994 年竣工时以 468 米的塔尖高度位列亚洲第一，世界第三，不仅在当时一马平川的长江入海口一览众山小，而且凭借独特优雅的外形至今仍为上海的标志性建筑之一。

建筑高度 438 米的武汉中心项目，原创的过程更加不易。通过激烈国际竞标于 2009 年原创中标并签约，是华东院拿下的第 73 幢超高层项目，也是国内设计院原创设计的第一高度。它标志着华东院在该领域由以往合作设计为主向自主原创设计的转折。

绿地集团可以说是华东院一直长期合作的业主方，而超高层商业综合体项目也是华东院专项发展的主营业务领域，故绿地集团的几次大型商业综合体开发项目投标总能看到华东院的身影。从南京紫峰大厦、郑州新区会展宾馆到大连绿地、武汉绿地等，华东院高度重视，投入创作设计力量，全力以赴投入创作。对华东人来说，原创中标是来之不易的，"未中标"也不是一无所获，有许多还是非常优秀的作品。华东院在原创竞争中不断进步。在每年院举办的原创项目评比中，不少未中标的作品屡获殊荣，同样被载入华东院的史册。

2006 年初，郑东新区会展宾馆项目是上海绿地集团在郑州郑东新区投资建设的超高层建筑综合体，被邀请参加投标的设计公司除了华东院外，还有上海建筑设计院、阿特金斯、NBBJ、香港王董、SOM、卡洛斯，一共七家设计公司。

李大晔（主创建筑师）：

项目位于郑州新区CBD的湖区，业主在投标之初就要求建筑需用现代设计手法演绎郑州现存的中国最古老的砖塔——"嵩岳寺塔"。我们方案最大的特点就是以全新的幕墙结构模仿了嵩岳寺塔的塔檐。

向上（创作所副所长）：

在此之前，华东院参加过2004年绿地集团的南京国资绿地项目投标，

南京紫峰大厦投标方案

后改名紫峰大厦。

如果说，我们在南京国资绿地项目的投标方案中还略显稚嫩并留有模仿的痕迹，那么在郑东新区会展宾馆的方案中，我们已经具备相当的原创性和地缘性。也正是我们独特的“古塔”造型，将现代技术与古典传统美学的结合，让郑州市领导和各位专家一见倾心，获得了第一名的成绩。

唯一犯难的倒是项目的建设方，不曾想一个国际招标竟让境内公司拔得头筹，于是安排华东院在内的三家设计公司进行一次非常特殊的第二轮调整。调整的要求则是“按华东院造型方案进行优化”。虽然方案在“优化”过程中易手，却成就了纠结与尴尬的“双赢”局面。

南京紫峰大厦

建成的世界第七、江苏第一高的紫峰大厦由上海绿地集团与南京市国资集团联合投资开发，由美国 SOM 公司和华东建筑设计研究院有限公司合作设计。项目位于南京中心城区被誉为〝心脏地段〞的鼓楼广场，总建筑面积约 26 万平方米，天线高度 450 米，是集超五星级的洲际酒店、超 5A 甲级办公楼、高档商场等业态为一体的超高层大型城市综合体。

王天泽（主创建筑师）：

南京素有虎踞龙盘之称，我们的方案力求体块组合，将主楼寓意成蟠龙，裙房寓意成虎踞。形态简练为旋转上升的八边形主楼，至今看来，依旧充满动感与生机，形态简练。幕墙尽显龙鳞感。方案最大的难点即在中庭的不断变位对酒店功能布局造成设计的难度，对现在而言，结构设计解决难点应该不难，在当时却是颇费周折。

广电改变生活

自 1990 年起，改革开放凸显成效，人们的物质生活水平提高，广播和电视不再成为奢侈品，电视走进千家万户，为重新复苏的中国大地传播文化和丰富多彩的业余生活。华东院在大的社会背景下，也接二连三的接触到广电类建筑投标项目。继 1990 年华东院上海广播电视国际新闻交流中心中标后，一连串的战绩便接踵而来。细数华东院自 1990 年至今的 16 个原创广电项目，中标和实施项目达到九个，中央电视台新台址项目也是在方案参加国际竞标入围后，作为国内设计方与 OMA 合作设计。华东院的广电类项目以高中标率、高完成度而著称，这也为华东院开创了一种特殊的建筑专项发展领域。

广播电视项目汇总表

图片	时间 / 年	项目	名次
	1990 — 1995	上海广播电视国际新闻交流中心（广电大厦）	中标
	1996 — 1998	蚌埠广播电视中心	实施方案
	1995 — 1999	上海电视台电视制作综合楼（上视大厦）	中标
	1999	重庆广电	中标
	2000 — 2003	武汉广电中心	中标
	2002 至今	中央电视台	入围
	2003	西安广电	第一名

图片	时间 / 年	项目	名次
	2003	吉林广电	未中标
	2004 — 2006	江苏广电	中标
	2004	南昌广电	中标
	2007	长沙广电	未中标
	2006	天津广电	第一名
	2007	广州广电	第一名
	2010	苏州传媒大厦	未中标
	2011	湖北广电	中标实施

湖北广电

近来又传捷报，湖北广电中心原创中标，这座流线型建筑融合于优美自然环境中，体现了与环境共生的理念。

仇嵘刚（建筑师，项目副总负责人）：

我们常常被大自然力量创造的景观所感染和震撼，造型的灵感应来自大自然景观元素。建筑应该回归大自然，而不是冷漠、标准化地大生产。湖北广电项目基地内有舒缓的丘陵、丰富的水系，这成为我们设计的起点。

荆楚特色在于山水文化——高山流水，用恢弘的点式高层建筑体量体现山文化，流动的水平向群楼建筑形态体现水文化。建筑山水产生诗意的联系，建筑融于山水，山水融于建筑。

建筑由一栋典雅的高楼和具有流动感的水平向裙楼构成。U形是由三股水平向体量结合功能相互叠加咬合，使得建筑自身成为区域景观的一部分，来控制统领整个区域。

就水平向裙房功能而言，水平向体量便于各功能的分割，使功能分区既相对独立又便于联系，减少竖向交通的低效率问题，最适合媒体产

湖北广电中心

业的工艺流程特点，实用性强，对于时间至上的媒体产业而言具有重要的作用。

该项目的设计首先打破了大型广电建筑必为超高层的定式，创造独一无二的标志性形象，体现广电高效有序的工艺流程，也体现出建筑与环境和谐共生的绿色生态理念。

建筑师胡威在天津广电项目的投标书上写道“广电大厦作为这个城市最具外向型的展示界面和外延，应当成为城市新精神的一个暗示，一种象征。”

汪孝安（院首席总建筑师）：

广播电视建筑由于其特殊的性质，总是受到人们的关注，其建筑形态应能体现出时代的特征，其室内外环境当能营造出文化氛围和对公众的亲和力，而更为重要的是，广电建筑具有技术与运作模式变化发展迅速的特点，建筑设计创作必须有一个较为长远的眼光，以满足广播电视建筑的可持续发展要求。

文化建筑

如果说起华东院原创观演类文化建筑，大家一定会想起从 20 世纪 90 年代初开始的上海马戏城、苏州科技文化艺术中心、成都金沙艺术剧院及旅游实景剧场和杂技剧场、海河音乐厅、世博文化中心、世博中心、天津演艺中心、特立尼达和多巴哥艺术中心，还有近年来中标并实施的大魔方和宜兴东氿文化中心等项目。原创展示类文化建筑，华东院曾经参与过世博博物馆、中国美术馆、江苏美术馆等项目的投标；文化及宗教类建筑，原创设计就更多了，比如中国少年儿童科技培训基地、天津泰达图书馆、灵山胜境一至三期工程、上海静安寺改建工程及最近中标的南京大报恩寺遗址公园规划设计项目等。可以说，华东院在文化建筑的原创设计上起步颇早。

成都大魔方演艺中心

成都大魔方演艺中心项目是我国西南地区极具影响力的地标性项目，整体建筑风格魔幻而超前。演艺中心作为整个规划的灵魂和核心将会给人带来视觉和心理上的全新震撼。

演艺中心建筑南北长约230米，檐口高40米，呈浑然一体的流线形，由大小两个贝壳状体量组成，通过动感曲线连接，宛若飞行的舰船，凸显出宏伟的气势。大魔方演艺中心建筑形态轻盈、灵动。建筑主要功能为一座可容纳12 000人的多功能剧场及一个有400座的小音乐厅。大小双碟的构成巧妙地容纳了大小两个表演空间，创造出平衡、互动、对比的生动趣味。建筑在夜间焕发出美丽光华，向四周发散出信息、颜色、声浪、氛围，是城市的活力中心。

建筑外墙以金属板和玻璃为主要材料，分布在不同的区域，创造出两种艺术效果。与多数文化建筑的实体大基座不同，演艺中心的底层是闪烁的透明玻璃，精巧而细致，高约12米，是人近距离接触和体验的范围，可以让人们看到室内的活动场景并引入阳光。12米以上区域是用金属板围合的倾斜向上的主体，伸入空中承托光影的变换，演绎文化建筑的底蕴和品味。两种材料，两种表情，将使演艺中心成为天府大道沿线最具奇迹效应的标志建筑体。

陈跃东（建筑师）：

大魔方或许不是一个魔方，而是一种精神寓意，寻求一种娱乐感、一种戏剧性。在投标时，有西南院+ADP、中建国际、阿特金斯、华东院四家。其中西南院+ADP和中建国际的设计方案向方形演绎，我们和阿特金斯则走向流线型。一方面，流线型更符合演艺中心的功能空间，另一方面，流线型更具有未来感和舞动感。

穆清（建筑师）：

如果和外方合作，可能他们会给我们一个基础，我们需要完善改进方案。这个项目完全是原创的，因此，我们只能一步步摸索，任何问题的产生都是我们自食其果，但这又无疑对我们是一次很好的历练，我们在这个项目中尝尽了酸甜苦辣。

崔中芳（所总建筑师，项目设计总负责人）：

演艺中心建成之后的运营是一个重要的问题。在做世博文化中心的时候，我们就接触过AEG。当然，我们之前做过的一系列剧院设计中，也与各式负责运营和管理的业主协调。AEG只是其中的一家，他们成功运营过美国“活力洛城”及“伦敦O2”。我们亦借鉴了他们的成功经验，有针对性地增加了演艺的成分，为场馆不同规模坐席和不同内容演出的适应性，提出了新的舞台形式。

成都大魔方演艺中心

宜兴文化中心

宜兴文化中心位于宜兴市东 新城启动区核心位置，是一组包括大剧院、科技馆、博物馆、美术馆、图书馆在内的公共文化建筑群。地上总建筑面积 18 万平方米。

黄秋平（院副总建筑师，项目设计总负责人）：

这个项目，宜兴这个城市已经等待了五年了，头三年进行了两次投标，但是都没能促使宜兴领导下定决心建设。两年前，宜兴市委领导鉴于对华东院以往在宜兴凯宾斯基项目中的成功合作以及华东院在演艺类建筑的成功经验，决定将该项目直接委托给华东院，最初的方案，我院创作所和创作中心都投入设计力量。

袁甲幸（建筑师）：

在寻求宜兴的当地文化中，水这一元素引起我们的兴趣。这个过程其实也很有意思。在阅读当地文化相关资料的时候，我们发现，其中东氿、西氿、团氿这三个重要水系的“氿”字，只有宜兴这个地方才用。一般字

宜兴文化中心

典解释“氿”是比湖小、比河大的水体，而当地一位研究者却追根溯源，提出了“氿”是泉水从泉眼涌出，从石块两侧流过的意思——这就成了方案最初的想法。场地本来临水，我们把整个场地统一规划，组织得像泉水流过一般，而建筑则像是散布在水系上的石块，场地和建筑互相交融，体现宜兴最有特色的水系文化。

乔伟（所副总建筑师）：

观演类建筑也是院里的专项研究方向之一，而且起步较早。鉴于剧院功能极为复杂，这个项目中，业主本身经验不足，我院必须承担总协调的角色，我们协调观演建筑特殊的五大专项——建筑、室内、灯光、音响和舞台。作为这个项目的总协调方，我们需要帮助业主把每一个环节落实、做细，使各个分包设计的要求得到满足，也使项目的整体性能达到业主要求，而不会偏颇一方。

此外，剧院项目本身就具有特殊性，对大多业主来说，项目本身都是第一次尝试开发观演类项目，基本上之后也就不会再开发类似项目。对我们来说，一方面要培训业主，灌输设计理念和专业知识；另一方面业主与我院建立良好的合作关系，也比较依赖我们的技术力量，对设计师更加信任。这个项目是我院原创观演类项目里相对规模更大，功能更全的一个。

海河音乐厅

天津海河音乐厅项目招标时间在2004年年底，该项目位于天津海河畔，处于规划保护的意大利风情区南侧，总建筑面积3.94万平方米。

王天泽（建筑师）：

记得那时才刚刚进院不久，第一次参与观演类建筑，说实话连音乐厅都没有去过，带着无数疑问对着任务书发呆，资料集给人的感觉永远是知其然不知其所以然，下笔的时候有很多的主观成分。项目团队还有四个人，有一位来自德国的女建筑师Susanna，我们几乎遇到同样的问题。在后来项目负责人向上的联络下，我们有机会参观了还未完全落成的由保罗·安德鲁设计的浦东东方音乐厅，那次参观给我留下了深刻的印象，不仅对观演建筑功能有了全面的认识，还充分领略到大师笔下音乐厅那令人

海河音乐厅

震撼的内部和外部空间，这次学习远远胜过苦读资料所带来的收获，这也对我对未来的创作过程的理解有了很大的启发。

项目设计还有一个难点。它是一个海河畔的现代建筑，但它又处于背面的意大利风情街中，要在海河边看到体现城市发展的具有现代感的音乐厅，又要与意大利风情街中的建筑有语言对话，一座存在古典符号的现代建筑要怎么做？我们提出一个内部功能外化的理念——管风琴，用一个半圆形平面的柱廊把内部功能包裹在里面，柱廊的立面轮廓模拟出管风琴的形式，柱廊的底部用连续的拱门模拟意式建筑韵味，这在面对意大利风情街的一面给出了文脉的对话，在面对海河一面则采取绿化屋顶向海河叠台，与水岸建筑有了亲密的对话。古典与现代的结合使我们得到了第一名。

向上（创作所副所长）：

这个项目主要有我、王天泽、李大晔、Susanna（德国）等几位建筑师共同参与，一共送交了3个方案，除主推的“管风琴”方案外，还有“浮动的琴盒”以及“生动的耳朵”。“管风琴“方案夺得第一，但是由于项目出现变故，该方案没有得以实现。

上海自然博物馆

李大晔（建筑师）：

2007年7月初，当我们接到上海自然博物馆这个投标项目时，方才得知，竞赛时间只有短短的一个月，并且前面已经有7家单位进行了第一轮投标，评委从中选出了马达斯班、帕金斯威尔和萨米宁等三家作为第二轮深化入选方案。我们这个项目还未出师就处在时间短和方案深入程度不如对手的不利情况下，院领导给予了该投标极大的关心和重视。

整个基地限高18米，坐落在上海静安公园内。我们在设计之初就想找一个比较自然的形态作为项目的切入点。通过多方案的比较，最后选择了一个平面类似于老式调色板的形态。这个形态由于和自然界很多天然的东西很相像，比如种子，胚胎等等，所以赋予了自然初始的意味。

而把这个形体发展到空间高度上，我们运用了类似于分层切片的处理

手法，在2007年这种手法还比较少见，没有被哈迪德大师和其模仿者广泛应用，我们把建筑高度按一米一层分成了18层，这样整个建筑从三维角度看起来，由种子转化为类似于岩石等新的自然意向形态，同时这种分层处理的手法，也使建筑的抽象意味有了尺度感。

在空间效果上，我们把建筑形体在入口处从底部和顶部各挖了两个大洞，这样做不仅带来了入口的标示性和趣味性，而且天光从顶上洒向入口，也形成自然界神秘的光感。

整个项目做的时间很短，我们还是融入了很多与自然有关的想法在里面，虽然由于先天不足，从深度上没法和其他方案比拟，但从思想上还是得到了业主和评委的认可。

上海自然博物馆

江苏美术馆

王天泽（建筑师）：

江苏美术馆总面积4万平方米，它位于南京市民国遗风街长江路的尽头，与南京市总统府遥相呼应，长江路一路沉淀了形形色色民国时期的优秀建筑作品，美术馆将在这条路的尽头作为收官，我们觉得它应该有积淀、有朝气、有内涵。

我们在参观美术作品的时候，需要同时能够感受到建筑的艺术性。人的注意力是根据所处环境的不同而发生变化的，我们希望人们在参观的时候去专注于展品，而在公共区域的时候去专注于空间，所以我们把美术馆设计的重心放在了外观和公共大厅上。

当时的创作氛围流行用复杂多变的空间去迎合评委和业主，怎么去处理把应该简单的空间变得更加复杂？记得当时院领导非常重视这个项目，请来院级大师凌本立和汪孝安两位总师，多次召开讨论会。凌总现场也勾画多张草图为我们开拓思路，这些过程是以前没有的，至今记忆犹新。这对我们最终的设计成果提供了巨大的帮助，后来项目团队成员又多次奔赴南京，多次体验现场，体会走到遗风街的尽头应该看到什么，在公共大厅里面应该看到什么，在展区中视线又是什么样的。

最终提出“城市之印”的设计理念，以印章的形式强调其作为收官之

江苏美术馆

笔所应有的气质。一个简洁的外轮廓，中央大厅的屋顶以繁体字“画”作为天窗的构件形式，使人在公共大厅感受空间的时候能读懂设计者的对美术馆内涵的一个表达。同时建筑的开口方位也使人在公共大厅可以看到总统府，而在二楼的展区部分则采用相对单纯的空间、便捷的路径以及简洁的空间围护，使人可以更专心地观看展品。屋顶采用折面，增加在简单轮廓下的趣味性。虽然最后我们得到第三名，但方案的思考过程依旧是一次有意义的探索。

中国少年儿童科技培训基地

牛斌（院总师助理）：

基地位于北京玉渊潭公园南侧，东临中华世纪坛，可以说是城市地标性地块。整个方案从中标到最终确定可谓是一波三折，期间最大的一次调整就是为了不破坏对周边环境的影响，将整个建筑高度由80米降至50米。项目因为政治因素，所以是一个保密项目，目前还在重新整合阶段。

从2008年底至今，我们出过不下于三轮完整的初步设计图纸。这个项目对我们最大的意义可能在于，我们不断坚持了原创的创作构思，保持了高品质的创作水平和高标准的服务。

中国少年儿童科技培训基地

“中国创造”之海外篇

新世纪，中国建筑设计开始了新一轮的走向国外。这一次不再是援外，而是开拓海外的建筑设计市场，在激烈的市场竞争中，为“中国创造”树立品牌。较之当地设计公司，中国大型设计院有其独特的市场优势：既有业绩丰富，设计师已完成的项目无论从规模还是功能上讲均为上乘，给业主留下良好的第一印象；建筑专业初步设计、施工图设计能力突出；人力成本相对较低，与欧美国家相比，设计收费很有吸引力；设计周期短，工作效率高。

华东院在渠道建设和业务承接方面双管齐下，特别针对中东、南亚及非洲的发展中国家建设市场加大投入，积极承接有影响的海外项目，通过接洽众多有意合作开拓海外目标市场的建筑设计事务所，与中国对外建筑承包大企业共同搭建开拓海外市场的合作框架，积极参加具有国际影响力的大型建筑展会等方式，逐步提升其在国际市场的知名度。

到 2007 年，华东院签订了印度古吉拉特国际金融科技城项目、印度普内 Hinjewadi 综合项目、印度华为研究中心项目、斯里兰卡 Havelock 项目二期、安哥拉卫生部和教育部新增项目等一系列有影响的外经项目，并与中东沙特 SBG 公司签订了合作意向协议。

在特立尼达和多巴哥

国家现代表演艺术中心

2009 年 11 月 27 日，英国女王伊丽莎白二世等 51 个英联邦国家领导人齐聚在特立尼达和多巴哥首都西班牙港，举行 2009 年英联邦首脑会议，主要讨论气候变化、经济危机等问题，联合国秘书长潘基文等全球政要也

参加了这次会议。项目于 2006 年初启动，历时 4 年时间设计完成。

项目位于西班牙港的东北角，是特立尼达和多巴哥首都西班牙港的行政中心区的关键节点。 由一座 1 240 座的国家级专业剧场，以及包含 52 套客房的附属高星级酒店形成其主体功能。作为特多音乐艺术的摇篮，表演艺术学院作为其第三个功能单元。剧场和宾馆部分为 4 层布局，表演学院为 3 层。该项目由上海建工海外事业部作为设计施工总承包商。

在设计方案比选过程中，由创作所邵晶总师主持的创作团队以独特的构思引起各方的注意。这一构思来自对于特立尼达和多巴哥的了解。

方案形体取自特立尼达和多巴哥的国花海里康。建筑的质感来源于当地独特的钢鼓乐。设计结合建筑主体的使用功能，采用舒展分布的形体与国花形成呼应，建筑外墙的设计构思来源于对钢鼓乐乐器的联想，金属质感的艺术中心散发出独特的艺术魅力。剧场选用红色为主基调，既可形成富贵浓重的剧场气氛，也可以配合灯光形成欢快热烈的狂欢场景。公共部分大量运用灰色，使建筑的金属外观和内部核心区温暖热情的气质得到了良好的过渡。最后获得各方认可，华东院获得了最终设计权。

李瑶（原所总建筑师，项目设计总负责人）：

在而后进行的整个设计深化过程中，极其复杂的体形和功能要求形成了极大的挑战。设计团队从结构选型、形体模拟、系统对应等方面进行了无数次的尝试，以求表达出这一独特的建筑空间。

同时作为海外设计工程，在设计规范对应上也面临着极大的挑战。消防、结构、机电等均进行了数次的调改，以面对特多特殊的地域要求，在美国规范和当地习惯做法中求得平衡。通过大量的技术研究并结合幕墙等

国家现代表演艺术中心

顾问团队的努力形成了一个完美的建筑曲线。

为了保证设计的最高完成度，整个设计团队担负起室内和景观的设计。由李瑶总师主持的室内和景观设计团队力求功能、形式和经济性的完满结合，在2008年10月由李瑶、吴正等组成的设计汇报团的主题汇报一举得到了曼宁总理的认可。

姜华（项目经理）：

2009年11月9日在特多国家演艺中心举行了盛大的项目交接仪式，总统、总理特意出席开幕式，并接见了项目主要设计人员。曼宁总理盛赞这是一项可以媲美悉尼歌剧院的大作品。

在斯里兰卡

Havelock City

Havelock City项目位于斯里兰卡科伦坡市，由新加坡欣光集团投资，由五星级酒店、办公、商场及高级公寓组成。总建筑面积32万平方米，总平面采用周边围合式布局，受大海起伏的波涛和曲折的海岸线启发，建筑形体采用"Z"字形。

黄秋平（副总建筑师，项目设计总负责人）：

斯里兰卡Havelock City项目是华东院海外市场化运作的又一个项目，从这意义上讲，这是我院再次走出国门，走向海外的盛举。

邵晶（副总建筑师）：

这个项目的得来与欣光集团投资人陶欣伯先生有很大关系。陶先生生于南京，长于上海，早年去南洋发展，定居新加坡，当时已94岁高龄。他梦想在欧亚中点建起一座由中国人投资、设计、建造的商场，作为展示中国产品的窗口。当然，陶先生与华东院的渊源要追溯到老一辈华东院领导，如孔庆忠院长、项祖荃院长、张桦总裁等。

黄秋平：

除了渊源，华东院也是靠实力取得了这个项目，创作所前期做了很好的概念方案，得到陶先生及其顾问的认可。要实现这个项目，需要克服的最大障碍是文化差异。

朱莹（所副总工程师）：

当地人是摇头表示同意，出于礼貌，他们很少说不，你必须理解他们要表达的真正含义。

黄秋平：

斯里兰卡是英联邦国家，沿袭英国的建筑管理制度，因而这个项目规定必须优先重用本国或英国规范，必须达到国外建筑施工图设计深度，必须由建筑师负责项目的设计、进度、工程款及施工质量。为此，我们加入了英国标准协会，收集了英联邦国家的相似项目的工程设计说明（Specification），专门组织一个班子，编写出了适用于本项目的"spec"。这个过程很烦琐、很折磨人，但所有的设计人员都非常团结、敬业，最终我们完成一套高质量的施工图及"spec"。

"spec"对于一个项目来说就像一部法律或合同一样重要。施工过程中遇到的材料、质量、验收等一切争议，都必须回到"spec"来找依据。因而，从这个项目里我们学到了建筑师的责任。

斯里兰卡地处南印度洋，气候环境与我们上海有很大的不同。雨季的大雨几乎是水平向地全钻进百叶窗，海风中的氯离子气候侵蚀不锈钢，白蚁会吞噬处理不当的木制品，因而除了总体布局外，平面设计需要考虑环

斯里兰卡 Havelock City

境气候条件，节点的设计和材料的选择也是如此。通过这个项目，我得以更深切地理解建筑与环境的关系。

我很怀念业主项目经理Martin Pierea先生，因为他对建筑师，对设计的尊重、帮助和理解，使我们成为非常好的朋友。

一期项目于2010年底竣工建成，已成为当地最有品质的大型居住社区。

阿布扎比三叶大厦

在台湾

2010年4月6日，时任上海市市长韩正率上海市政府访问团到台湾地区访问，华东院在台湾承接到两个商业项目，韩正市长笑称“我们跟台湾签的所有合约都是我们买台湾东西，只有你们这个合同是台湾买我们东西”。

台湾新竹综合体

项目为台湾知名金融企业全球人寿在台新竹全资开发案，总建筑面积达17.5万平方米，全案功能将包括商业大楼、电影院、酒店式公寓和住宅等。华东院将负责完成该案的全区总体规划、方案设计和建筑专业的初步设计工作。其他设计工作将由台湾当地的设计事务所配合完成。

台湾屏东度假酒店

项目位于台湾屏东县车城地区，包括豪华套房、别墅及一系列附属功能的旅游度假酒店。该项目为台湾知名开发企业美孚建设投资开发，业主拟聘请悦榕庄为其酒店管理公司，定位为高星级的旅游度假酒店。华东院将负责完成该案的全区总体规划、方案设计和建筑专业的初步设计工作。其他设计工作由台湾当地的设计事务所配合完成。

司耘（院副总建筑师）：

台湾两个项目虽然没有最终建成，但是这次能够去台湾做项目，使我们对台湾本土建筑做法、文化风俗等有了一些了解，也为我们以后开拓台湾市场树立信心。我们发现台湾建筑主要趋向两种风格，一种是比较国际化，比如台湾有很多国际大师如罗杰斯的作品；一种是非常民俗化，讲求自然，乡土气息较重。

在阿联酋

阿布扎比三叶大厦

基地位于阿联酋首都阿布扎比的Reem Island岛西侧，西侧临水，其余三侧为城市环路。基地由 4 个地块组成，用地性质为办公和商业。建筑总共为 58 层，地下 2 层，建筑由塔楼和车库两个部分组成，塔楼部分总建筑面积为 11 万平方米，车库部分总建筑面积为 15 万平方米。

阿布扎比三叶大厦作为阿布扎比的标志性建筑之一，项目追寻国际领先的设计理念，采用简洁时尚的建筑风格，引入绿色生态的技术概念，全力打造一个高品质的建筑作品。设计始于创造沙漠绿洲的理念。平面设计结合使用功能和提供最佳的景观特征，形成三叶的平面布局。除了可以得到最长的景观延展面，也为从小型办公到整体开放式办公提供多样化选择。整体玻璃幕墙的基础上采用彩釉玻璃技术，营造出若隐若现的叶脉效果。裙房部分采用穿孔铝板，花纹抽象和提炼了当地的传统图样，着重反映出地域文脉和建筑文化的结合。基地内在裙房部分除布置为办公大厅外主要为车库和设备用房，总高 7 层；首层裙房西侧布置了部分商业空间；8 层设置为办公配套的餐厅部分；办公部分设置在塔楼内，从 9 层至 58 层。

因为金融危机，项目没有实施。

在印度

普内 Blue Ridge

Blue Ridge 项目位于印度第四大 IT 中心普内，地块面积约 56 万平方米。按照初步规划，IT 园区建成面积约 20.2 万平方米，教育区包括普通院校与管理学院，商业类建筑包括宾馆、购物中心、便利店、综合诊所，住宅

普内Blue Ridge

包括公寓及独栋房屋。

根据协议，华东院与印度当地设计公司 Fairwood 共同承担该项目的建筑和工程设计服务，华东院主要负责 IT 楼、宾馆和商场以及中档公寓之概念设计阶段、方案设计阶段和扩初设计阶段的建筑专业的设计工作，同时向 Fairwood 公司提供有限的机电咨询服务。

这是华东院第一个直接同海外业主签约的项目，同时扮演着设计主导的角色。业主甚至在当地酒店举行项目揭幕仪式来隆重介绍华东院。

项目一期主要为 IT 办公楼及几栋高层中档公寓的开发，由于当地建筑多以多层为主，业主希望项目建成后能够成为当地标志性建筑。

许瑾（副主任建筑师）：

在设计中结合当地热带气候条件，建造技术、材料相对落后等因素，提出“water（水）、shade（遮阳）、wind（风）”的设计理念。我们在小区中设计室外泳池、水景景观，以调节当地小气候；把建筑造型与外遮阳综合考虑，在建筑上自然形成阴影；通过建筑的排布，使其形成狭长的缝隙，增加通风。

此项目开盘后，其大气的外观、罕见的高度立即在当地引起轰动，人们争相购买，场面异常火爆。数月后楼盘已销售一空，超售率甚至达到120%，连合作方也按捺不住频频出手。

古吉拉特 国际金融科技城

古吉拉特国际金融科技城

2008 年，华东院承接到印度古吉拉特 CBD 国际金融科技城项目。

古吉拉特邦位于印度西部，拟建的古吉拉特国际金融科技城（GIFT）坐落在艾哈迈达巴德和甘地讷格尔之间。在这片类似于浦东陆家嘴开发的规划中，包含五六栋超高层，有 400 多米高的古吉拉特钻石塔、300 多米高的古吉拉特之门等建筑。计划包括金融中心，并围绕金融中心建设一个完整的城镇，从而完善金融中心的各项功能。

古吉拉特钻石塔是这片建筑群中最为闪耀的建筑，设计团队吸收当地文化符号，并进行提炼，以当地钻石切割方式为主要切入点。钻石塔的体量浮凸有致，创造出尽量多的切面和反射面，以增加其亮度和夺目程度。钻石塔在冠部有所放大、再逐渐收尖的处理方式，是从当地传统建筑手法中汲取的。同时，在钻石文化中，完好的八面体原形是自然界中最完整的物体，象征着秩序、祥和，也是在印度传统建筑最常用的平面形式，抽象的莲花装饰纹样在印度的织物、服装、饰物、绘画、雕塑、建筑中被广泛采用，这种带有些许宗教意味的图案，已烙上了印度所独有的识别性和特色。

孟买 Hexworld

项目总面积近 30 公顷，规划建筑面积达 135 万平方米，基地条件较复杂，对规划和建筑设计具有较高要求，包括在高容积率下保持整个小区环境舒适，住宅区域、商业区域有机融合等。

梁晨（新特思总经理）：

作为中国商务考察团的一员在印度做公司品牌推广，我们的一名印度陪同人员认为，中国部分城市、建筑设计发展经验值得印度学习与借鉴，主动把我们介绍给他的朋友。与印度业主的首次会面恰逢我们行程的最后一天。回国后，我们邀请业主来上海参观，并向他们一一展示我院。业主已经正式与我们签订合同，项目最终得以落实。

孟买 Hex 综合居住区项目

查君：

印度作为一个和中国齐名的历史文化悠久古国，在一定程度上和中国有着类似性；而且印度同样人口众多，在人均住房方面也面临着很多问题。但是毕竟一方水土养育一方人，印度住区规划和中国住区规划的差异性必然存在，当地的风土人情、风俗习惯都是影响设计的因素。

印度住区规划在调研之前，我们就对整体定位、功能布局进行了粗略的第一轮方案提交，各种研究成果和效果示意得到了甲方的认可，也为之后的交流提供了帮助。然后在接下来的设计中，针对甲方的豪宅、停车配比的问题形成了整体提高住宅地面层、两层机械停车的大胆方案，有效地解决了高停车量的问题。同时，住宅布局形成基地内围合的方式，抬高的地面层形成一个空中高尔夫场地，具有极佳的景观性。这种做法得到了甲方的赞同，在规划方面的成果基本上形成定稿，豪宅、酒店、会所等建筑的详细设计紧接其后开始进行了。

图1,图2：孟买hex综合居住区项目透视图

图3：芬兰维基协同大厦项目，向上与芬兰赫尔辛基事务所合影

在芬兰

赫尔辛基不眠夜

——“三叶草”，维基协同大厦的可持续建筑实验

芬兰维基科学园以实现“低能耗、高舒适度”为主要目标，其中的维基协同大厦可以看作是可持续建筑方法的实验。华东院与芬兰 JKMM 建筑师事务所合作设计的“三叶草（APILA）”方案显示了生态高效设计的最新解决方法，结合地理环境，最大限度地利用自然能源。

向上（创作所副所长）：

这是华东院历史上第一次参与纯粹意义上的欧洲本土项目，也是我们与芬兰JKMM建筑师事务所的首度合作。我们的国际竞赛对手来自包括芬兰、荷兰以及英国诺曼·福斯特等6家设计公司。我们的年轻建筑师，创作所的刘海洋和创作中心的黄巍在芬兰与JKMM事务所通力协作，无私贡献了他们的知识与技能，让这一次合作异常成功。JKMM与ECADI联合团队最终赢得了竞赛最高荣誉，成功夺得了第一名。

刘海洋（建筑师）：

建筑的高密度生态体现在以自由雕塑形态，通过树植，生态友好型材料，营造建筑自然生长的状态。可开启天窗形成半封闭半开放的中庭大花园是整个建筑的绿色心脏，所有的工作空间围绕它展开。中庭种满原生植物，有效调节了与室内5度的温差，降低能耗；5米高差的地面做成一个池塘，收集到的雨水满足了灌溉的需求。

黄巍（建筑师）：

该项目设计考虑因地制宜的节能策略。芬兰纬度较高，冬季的太阳高度角较低，几乎呈水平状，可射向房间最深处，因此在窗户设置反光板，上部反射阳光，下部与暖气结合充分利用太阳能。

评审团代表成员点评 JKMM 与 ECDI 联合团队的方案时如此说道：

与基地关系最为协调，恰当地处理了大厦中各个使用部门的关系，保持了使用的灵活性，且流线顺畅。在节能顾问对每个方案进行的综合评分中，包括了方案的造价和30年运行费用，“三叶草”是所有参赛方案中整体费用最低，最节能、最经济、最无风险的方案。

相信不久的将会，另一座不夜的赫尔辛基将等待着我们的到来！

芬兰维基协同大厦项目

古巴瓜蒂沙澎地块规划

在古巴

古巴瓜蒂沙澎地块规划

查君（城市设计研究室副主任）：

作为一个境外项目，它必然会带给我们许多与以往不同的经历和感受。古巴，作为一个只有在网络、电视以及报纸上才能接触到的遥远美洲国度，对于我们来说充满了未知和神秘。从来没有想过有一天我们会这么深入地去触碰它，了解它，去为它的发展做出我们自己的贡献。古巴和中国一样是社会主义国家，历史邦交十分深厚，而且这个项目以旅游地产为开发契机，发展成为古巴首都哈瓦那的新城，项目本身让人十分的愉悦；其次，古巴又有和中国完全不同的风土人情，在对这个中美洲岛国的设计过程中，设计师难免遇到一些问题，但是同时这些更像是一个个挑战，让人倍感兴奋。

毫无疑问，这个项目具有相当大的难度。我们所遇到的首要问题就是设计条件不清晰，基础资料极其匮乏。在没有进行现场调研，没有地形图，没有其他任何的相关资料的不利条件下，我们项目组充分利用网络，大范围地寻找与之相关的资料。通过对这些有限的资料整理、分析，做出了令人满意的方案。其次，两地的文化以及语言差异也对我们的设计造成了不小的困扰。大部分收集到的资料以西班牙语为主，我们必须自行翻译；同时，当地的宗教信仰、民俗文化都是我们所不熟悉的，需要花很多功夫去了解。

这个项目可以说是对我们综合素质的一次全方位考验，基本上是一边摸索一边前进。通过这个项目，我们进一步积累了经验，对于以后顺利完成境外项目，具有极大的鼓励和借鉴意义。

古巴哈瓦那里维亚酒店改造

向上（创作所副所长）：

这是2012年年初的一个服务于北京控股集团的海外项目，该项目建筑面积3.8万平方米，现存的酒店已有超过50年历史，是古巴当年的优秀建

1 | 2 | 3
4

图1：鸟瞰加勒比海岸边的里维亚酒店

图2：里维亚酒店泳池边的spa会所

图3：里维亚酒店改造后的人造沙滩和泳池

图4：里维亚酒店入口

筑之一，有着强烈的迈阿密风格，如何保留并将其文化推向新的高度，这是我们中国建筑师不常遇到的挑战。

崔赟（建筑师）：

提起12小时的时差，大家脑海里大多数是美国、加拿大，会想到古巴的确不多。新鲜、奇特、 著名的雪茄、白人或者黑人……我对古巴的印象大多是些许片段，构不成完整的画面。直到一天，向所给我看些照片，西班牙风格的古老建筑、70年代的美国超级汽车、摩托的士、海岸椰树……

说起古巴哈瓦那里维亚酒店的历史，着实令人兴奋，该酒店于1957年由美国黑手党投资兴建，曾经拥有赌场等设施。一切都是电影里的故事，发生在我们正在涉足的项目中，这将是一场文化的穿越之旅。仔细研究向所的踏勘照片，黑手党相关的兴奋点，无从找到，反声学设计的卵形赌场空间，也在古巴解放之后，重新改造成多功能厅，当然，赌场功能被排除在外。虽然，带有传奇色彩的历史氛围在岁月中渐渐被人淡忘，一座经典的带有迈阿密风格的现代主义建筑却得到了几乎完整的保留。大堂的流动空间、中庭的自然采光，都令人舒适；转角豁然开朗，面朝大海的体验让人回味。10公分多厚的无梁楼板，异常舒展地刻画出了酒店的水平向线条。优秀的建筑与结构设计，在20世纪50年代的古巴得到了实现。

不可否认，当年的经典伴随着历史发展，面对新时代的旅客需求显得力不从心。酒店许多设施已经老化，空间的布局并不适应现代度假之需，客房的尺寸也已明显感到局促。近60年的历史，使得当年的酒店图纸不易获得；由于项目还处在初期阶段，全面的测绘工作还无法完全展开。在向所的带领下，我们的小组成员们利用已有的手绘图纸、现场照片、网络资讯，在距离里维亚酒店2万公里远的上海，完成了酒店的模型建立。如何让里维亚酒店在新时代焕然一新、重获新生，是我们这次改建项目的重点。在仔细地研究分析后，我们提出了两套详尽的改建方案，供业主以及古巴方面选择。

伴随着密集地赴北京汇报，项目的进展也渐渐明朗。业主对我们提供的两套方案都非常满意，希望能尽早带着我们的方案赴古巴与当地的合作方洽谈，促进这个包含政治、文化、经济意义的项目的落实与发展。在国内项目量有减少趋势的今天，开发国外项目成为咱们华东院的一个工作重点。日渐扩大的海外市场、日趋增多的海外项目，会支持华东院去开创一个更加辉煌的未来。

上海滩的新故事

——南外滩项目

上海是一个因水而生的城市。

1860 年，清政府为了防御太平军东进，建立团防，把上海城厢划为 27 个“铺”，南外滩一带，就是十六铺。这是早期上海的摇篮，也是一个到处都有故事的地方。

有文记载：杜月笙早年曾在此地的“鸿元盛”水果行当学徒；徐志摩曾在这里登上“南京”号远洋轮，奔赴大洋彼岸的美国游学；张爱玲曾在这里款款上岸，搭上小东门的有轨电车，去往常德路上的那个家……

历经战乱，到 1947 年，十六铺地区虽然仍有大小 48 座码头，已无昔日商业繁荣的风采。历经 1954 年和 1982 年的两次改建的十六铺，逐渐退化成为普通的交通中心。

随着上海的扩张，飞机、铁路逐渐替代了船舶的客运功用。货运船越造越大，再也不能聚集在此。工业重心渐渐离开江边，商业、贸易随之急剧萎缩，此处仅留下了一个水果交易市场。重要的公司、银行、工厂也渐渐迁离，和所有的大城市一样，滨水区逐步沦为城市无人关注的一隅。

策略，七天二十四小时的活力

自 20 世纪 80 年代开始，人们逐步认识到滨水地区能够再一次成为城市的黄金地带。黄浦江沿岸，北外滩、老外滩、浦东陆家嘴、世博园、徐汇滨江都已经开发，目前只有南外滩地块没有开发。单一的旅游功能已经无法带动滨江城市氛围的活跃，因此黄浦区方面提出“七天二十四小时活力”的策略，希望地块有水平和竖向的复合功能，以多元化、多业态的形式出现，办公、餐饮、休闲娱乐甚至商业、会所等并举。

2002 年，上海被国家定位为国际金融中心，并确认了上海“一城一带”

的金融业空间布局，一城就是陆家嘴金融城，一带就是外滩金融聚集带。

陆家嘴金融城在产业规模、功能性机构、要素市场等方面具有优势，而外滩则在历史文化、商业环境、综合服务等方面具有特色。为发挥各自优势，外滩金融集聚带定位于“金融延伸服务业的制高地”、“新型金融机构的集聚地”和“金融生态环境的特色地”，以与陆家嘴形成错位发展的态势。

南外滩开发基地，沿黄浦江西岸呈长条形展开，北部窄、南部宽，总占地面积约 52.6 公顷，滨水岸线长约 2.6 公里。将对南外滩区域中现存的老城厢、老码头、老仓库拆迁或改造，进行城市更新。

金融聚集带分为三段：第一段，苏州河到延安路，为历史风貌区，它曾经是 20 世纪二三十年代的金融中心；第二段，延安路到东门路，定位为金融服务区；第三段，董家渡地区，定位为金融办公区，靠近南浦大桥的滨水区则作为金融总部花园。

黄浦区邀请了阿特金斯、上海市城市规划院、野村和仲量联行做了国际投标方案，在官网上公示。之后邀请了上海市城市规划院与上海大瀚建筑设计有限公司做了一年多的研究，编制了《外滩金融集聚带建设规划》。重点营造连续舒适的沿江公共走廊、错落有致的天际轮廓线、形式多样的商务空间载体、充满活力的金融生态环境。在此基础上，华东院和戴德梁行接受了委托，同时做市场调研，对南外滩的市场和产业进行分析，对南外滩城市空间形态和滨江轮廓进行探索。

构思，在薄里做厚

南外滩滨水区岸线长，地块狭长，平均宽度不超过 100 米，最窄处只有 50 米。由于面积的限制，多数地块不适合大体量的开发，加之部分地块中的建筑短期内难以拆迁或改变其用途，地上开发面积只有约 40 万平方米，开发规模有限。这就需要周边地块予以支撑。董家渡地区是南外滩滨水区最主要的腹地，但目前地区大部分正处于旧房拆迁阶段，能给予南外滩滨水区的支撑力度十分有限。

曾经具有代表性的地方会馆、戏台等建筑已经捕捉不到它们的身影。

汇报评审会

上图：南外滩滨水区综合开发实施方案1
下图：南外滩滨水区综合开发实施方案2

如今在南外滩滨水区中，代表性的建筑仅有已经被更新为沃弗商业中心的老码头仓库、居住人口密集的江海关大楼、被闲置下来的药材仓库和仍然被继续使用的十字果园。

南外滩原有的防洪墙达到了千年一遇的防洪标准，因为墙体过高，故限制了人们的视野，减少了人亲近水的可达性，很大程度上影响了南外滩滨水区的品质。

阮哲明（项管部主任，项目经理）：

南外滩地块狭长，可以说我们是在薄里做厚。我们方案出彩的地方在于规模的合理和功能业态的鲜明。

我们一开始就把南外滩这个项目作为一个战略规划来进行，定位在金融倾向性上，这样就有完整的构架，清晰的测算。院的优势是在技术上，一方面是交通评估，解决可行性的问题；另一方面就是经济评估，这是解决合理性的问题。

经过两次评审，一次是专家评审，一次是区发改委、建委、环保局、规划局的评审，我们的方案思路更加清楚。

施慰（项目副经理）：

戴德梁行和我们进行背对背的调研。我们偏重的是功能业态和建筑形态，他们偏重的是市场和经济。外滩已有的区域，档次分割得太严重，缺乏应有的公共和开放性。我们在南外滩这个项目中规避了这些问题，提出的是“有生命力”的概念，主要还是研究人的活动，以活动组织、区位相通、空间限定来整合。

我们重点突出的有三点。

历史，我们借用了母题还原，来完成内外气氛的融合，街道的呼应。

经济，我们启用了分层次、多样性的经营业态，从顶端的金融高管定制到底层赋有文化印迹的业态，尽量避免快餐文化的进入，而采用“半木”、“上下”这种文化品牌，希望形成城市磁场。

交通，我们尝试了“将既有的优化，没有的补足”的多元化交通形式，以步行、通行环外滩的公交线路、增开地铁站点、增开轮渡码头等公共交通手段解决中山东路隔离，人流引入的问题。

杨明（项目设计总负责人）：

我们对地块更进一步的研究思考是在它的城市意义上。我们将周边的地块都拿来进行了比较，目的就是找出城市特征。一个城市，只有它的文化属性、城市建筑和城市活动才为人所记忆。在黄浦江视线辐射范围内才是真正的上海，可以说南外滩是唯一一块可以和老外滩相对比的区域，作为新开发阶段性的标志，代表上海市的形象。

南外滩外突的岸线，董家渡的腹地，作为丁字形地块开发，董家渡无疑变为核心。我们便顺理成章地将这里变成文化标志，任何构筑物都可以是点睛之笔。这也是我们区别于以往对南外滩规划的地方。由此，我们确定了最终方案，强调了节点故事。北边是码头文化区，中间是五库文化区，作为展示空间，再是董家渡的彩虹广场，南边的绿湾的商务园区。我们希望每段都是“个体吸引”，有自发的人群，再通过各自客观的活动，使之串联。与此同时，我们有一些比较新颖的设想。例如想把岸堤做成玻璃的，虽然成本很高，但是景观层面就很有特点。

方案，以新故事延续城市记忆

方案在水平方向上延伸空间，引导人行活动。旨在改善南外滩滨水区域走廊的畅通性，建立人与水的新关系；重新满足城市生活、商务商业活动、居住、游憩的多样性需要，充分策划滨水区的活动，来提升城市活力，体现码头文化。

垂直方向上保证对江视线开阔通透，突破防汛墙带来的阻隔，部分结合建筑使防汛墙消隐，二层步道网络化布置，提供开阔贯通的视线。

通过对浮码头的利用与增设亲水平台，增加亲水性与人水互动层次。主要活动空间定位于空中平台，次要活动空间定位于水面平台。采用立体交通方式，通过高架平台，增强高空连续性，加强腹地与滨江区域互动。外马路下穿以车行为主，使人行活动主要发生在高层平台之上，解决对江视线问题。根据现状进行模拟，主要以浦东塘桥、南浦大桥和滨江视点为主，分别展示复兴地块与南浦地块。

基地现状空间类型单一，缺少人气，解决策略为增加高潮点与标志性的节点，营造空间的戏剧性效果。沿江 2 公里长度内应有三个空间的高潮点，并结合视线通廊形成不同的视觉效果。尽可能地保留南外滩现有的鱼骨状马路，同时，新建建筑采用简约的现代形式，尊重历史肌理，与保留老建筑和谐共生。

滨江城市天际线主要分为两个层面。第一层面为复兴地块建筑 40 米高度到南浦地块建筑 80 米高度，并在 323 地块临江花苑大厦处形成高点；第二层面以后排高层建筑为背景形成的天际轮廓线，通过建筑高度的变化与第一层面建筑形成呼应。2.6 公里长岸线需要分段化处理。滨水区按照不同区段的属性分为四段，安排组织相应属性的活动来带动城市活力。

模型照片

十六铺码头一期与二期区段为主要客流集散点，活动类型主要为旅游观光。复兴东路轮渡站至董家渡轮渡站区段历史建筑集中，文化气氛浓厚，适宜开展文化休闲类活动。董家渡轮渡站至会馆码头街区段为大型公共绿地，空间开放，视线开敞，腹地以金融商务中心为背景，适宜开展大型公共创新类活动。会馆码头街至南浦大桥下区段为为总部花园办公，适宜安静休闲的活动。

感想，对历史的敬畏

阮哲明：

所谓的“可持续”更应是城市记忆的可持续。比如，我们小时候看到的城市空间格局和建筑原貌，如今由于高强度的开发，我们可能都看不到了，只能看到“城市的飘动”，这些可能都是我们需要反思和探索的。我觉得我们应该带有一种尊重和敬畏的心态去做设计，尽量做到“既不复古，也不颠覆”，努力做到控制。我们更希望滨水区可以有弹性地规划，保留更多的绿地以便将来的空间变动。

施慰：

在项目启动前我们做了大量的历史资料调研，发现滨水空间业态发展都是有一定的规律的：从最初的码头，仓库、商铺的形成，到开埠的繁荣，再到产业革命发展后的一度荒废，最后到以文化为核心的复兴。我们更希望通过城市设计让市民惊叹的时间更长久，引起的共鸣更多，而不是“真空地带”。

俞楠（建筑师）：

城市设计要充分尊重老街区的空间和肌理，在这个前提下做的设计才是合理的。推倒重建的做法破坏了城市的历史，同时也会令场地失去它本该有的特色。

朱利元（规划师）：

最终得出的是一个非常尊重历史肌理的方案。

它为了尊重历史肌理甚至放弃了一些本可以大手笔营造的节点空间。这种尊重历史肌理的设计手法应当是正确的。方案整合了非常丰富的设计手法，得出了一个“丰富”的结果，或许一种简洁明了的设计手法，才能营造出具有亲和力的城市空间。

南外滩开发的正式实施，将分三个阶段进行。

第一阶段 2010—2012 年，为启动实施阶段，土地储备基本完成，部分重点项目启动建设，外滩金融集聚带对外影响力进一步提高；

第二阶段 2013—2015 年，为全面建设阶段，金融机构与相关产业加快集聚，金融功能进一步拓展；

第三阶段 2016—2020 年为形态建设基本完成，发展环境进一步完善，整体功能得到提升。

幸运的四叶草

——中国博览会会展综合体

青青草地，三叶草随处可见。可是，四叶草却非常稀有，需要等待和寻找，因为它在草地上只占十万分之一。

西方传说中，四叶草的第一片草叶代表希望，第二片草叶代表信心，第三片草叶代表爱情。而最难得的第四片草叶代表幸运。

将来，当飞机从虹桥机场降落的时候，每一位旅客俯瞰大地，都能见到一枚巨大的“银色四叶草”。

对上海还陌生的旅客，一定会问，这是什么建筑？然后，他就会想，建筑师为什么要将建筑外形设计成为四叶草的模样？然后就能体会这个城市对自己的欢迎和祝愿，也相信将要在上海度过的日子，会和这座城市一起分享极为难得的幸运。

这一枚“四叶草”，正是将要在虹桥地区建设的中国博览会会展综合体项目。

20世纪90年代以来，大型会展活动作为世界市场的开拓工具和国际贸易的有力杠杆，直接有助于扩大并不断深化各方利益的汇合点，成为在经济领域维护国家利益、争取国家地位、实现国家战略的最重要的形式之一。会展实力的竞争，已经上升到了国家综合竞争力的层面。

这个项目是商务部和上海市投资120亿元的合作项目，也是上海市走向国际贸易中心的重要一步。按照“一流场馆、一流配套、一流建设”的目标，项目立足长三角，服务全国，面向世界，将建设成为最具规模、最具水平、最具竞争力的国际一流的会展综合体，以此带动上海、长三角乃至全国会展经济实现新的发展。

它为中国博览会而建，不过即使不在博览会举办期间，也可以是一个热闹场所。它是会展中心，可以举行各种类型的博览会、展览活动；它是会议中心，可以举办大型会议；它是商业中心，可以布置商业设施，举行展销会；它又可能是文化娱乐中心，文化活动、节庆活动和体育赛事等都可以在这里进行。

中博会会展综合体效果图

中国博览会会展综合体项目面积139万平方米。建成后将成为世界规模最大的会展中心，也将是世界上最大的单体建筑。

规划中的综合体，位于上海西部的虹桥地区，将和东部龙阳路上海新国际博览中心遥相呼应，两翼齐飞。不过，中国博览会会展综合体项目后来居上，体量是上海新国际博览中心的两倍。

华东院、清华院联合体参与这一项目设计竞标。共同参与投标的有Fuksas + 北京院联合体、gmp + 同济联合体、Portman + 上海院联合体、中国院等国内外知名设计公司。

华东院在大型会展建筑方面积累了丰富经验，先后承担了上海、青岛、重庆、南京等地大型会展项目的设计工作。同时在承担世博中心、虹桥枢纽、浦东机场等超大型项目的设计项目管理工作中，也颇有心得。清华院依托于清华大学深厚广博的学术、科研和教学资源，作为建筑学院、土木学院等院系教学、科研和实践相结合的基地，十分重视学术研究与科技成果的转化，规划设计水平在国内名列前茅。同时可以在国家级项目中，动员国家级专家资源形成联合研究平台，用于解决国家级课题。双方优势互补，强强联手，以两院自身科研、设计力量为核心，结合交通顾问、会展顾问等外部专业咨询力量。组成了一个富有竞争力的团队。

张俊杰：

“四叶草”是目前中国最大的单体项目，我们通过和清华院的强强联手，汇聚了两大院最强的设计创作能力，开创国内设计公司之间团队紧密友好合作，与国际一流公司竞争的先例。华东院作为设计总包的主体单位，主要负责功能、空间环境，清华院主要负责外立面、体型造型，在建筑、结构机电设备的大原则方面又是共同协商讨论。这种组合模式是“你中有我，我中有你”，为今后国内设计院的合作与发展起到了借鉴的作用。

可以这么说，我们已经成为建筑界“中国创造”拓展者之一。通过十年的改革创新，让我们更有这样的责任和担当，华东院立志在未来的10年

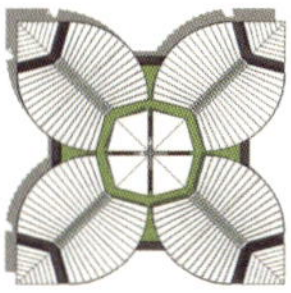
四叶草

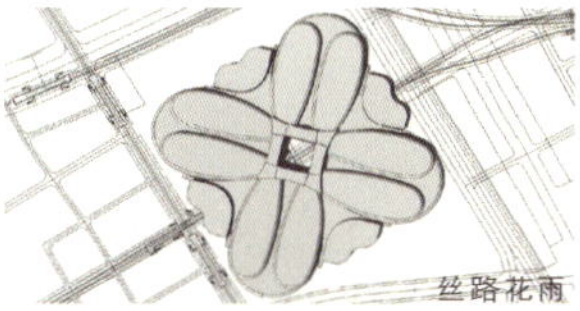
丝路花雨

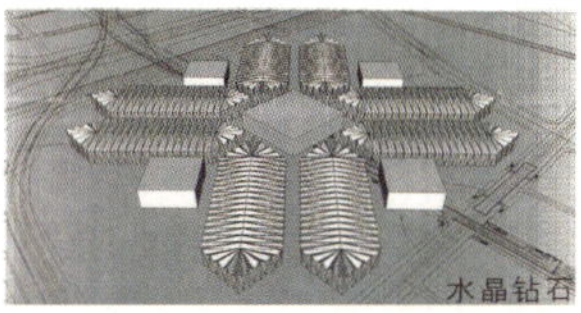
水晶钻石

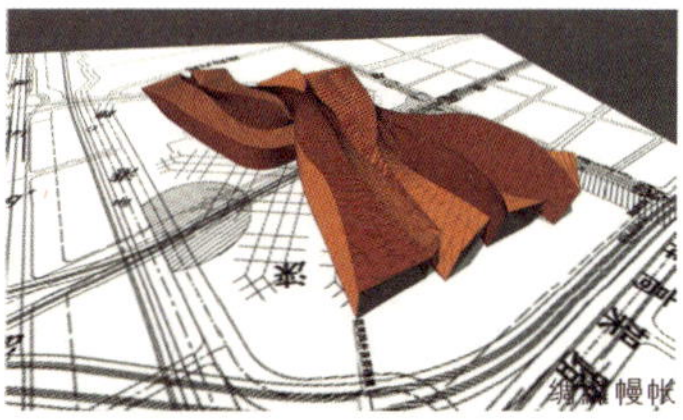
绸[illegible]幔帐

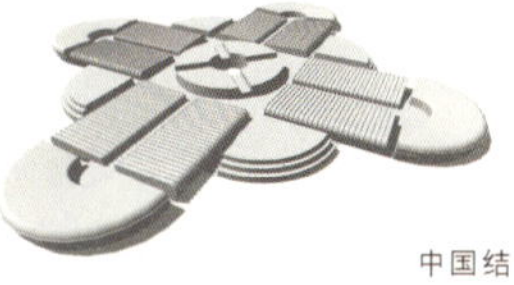
中国结

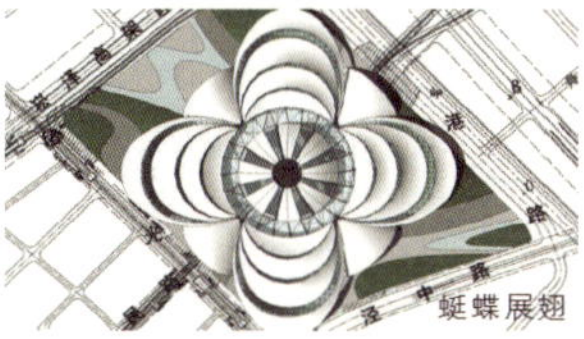
蜓蝶展翅

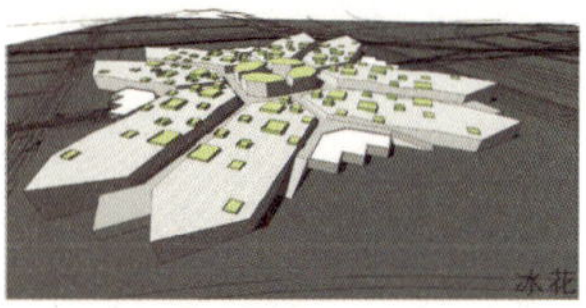
水花

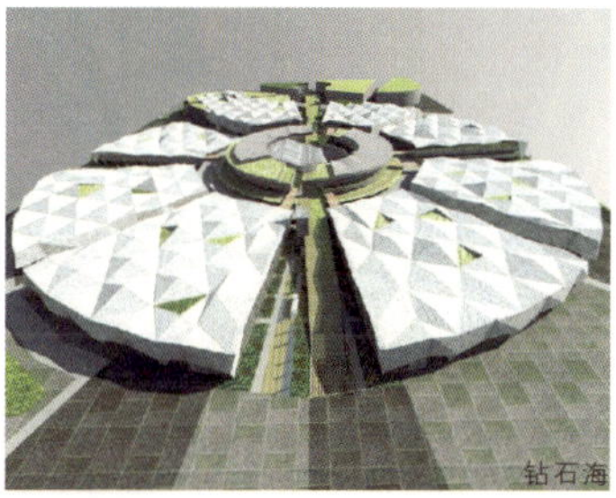
钻石海

玉兰花

流动之城

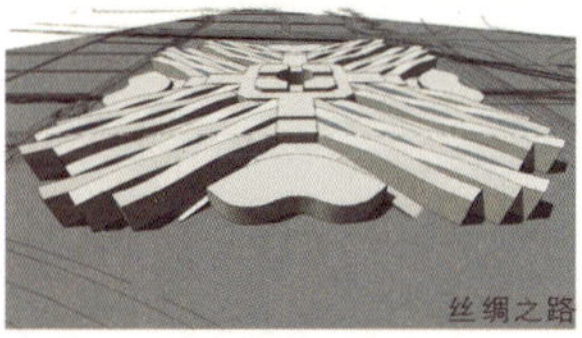
丝绸之路

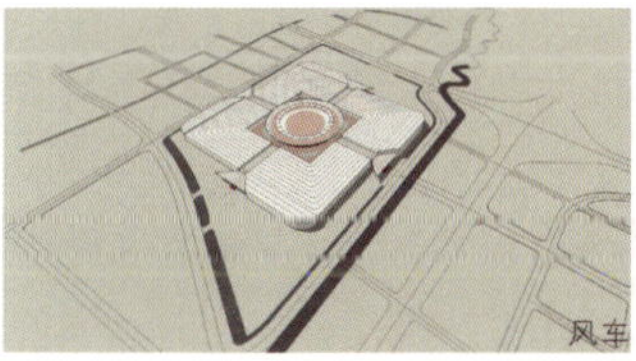
风车

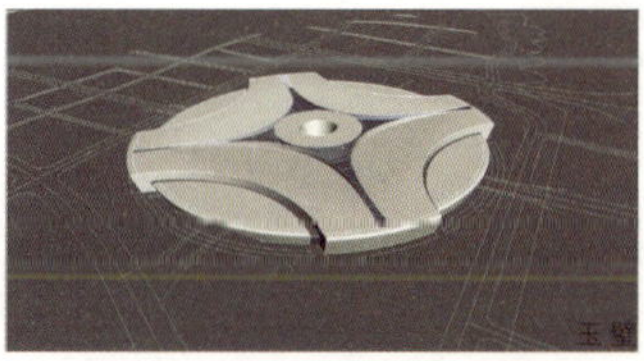
玉璧

折叠城市

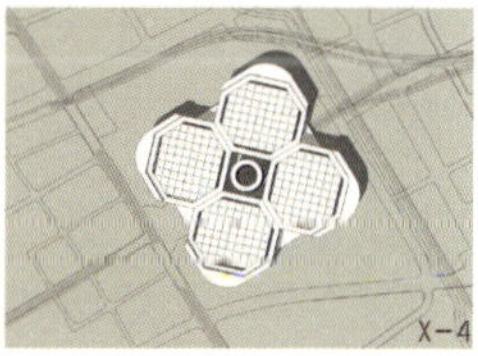
X-4

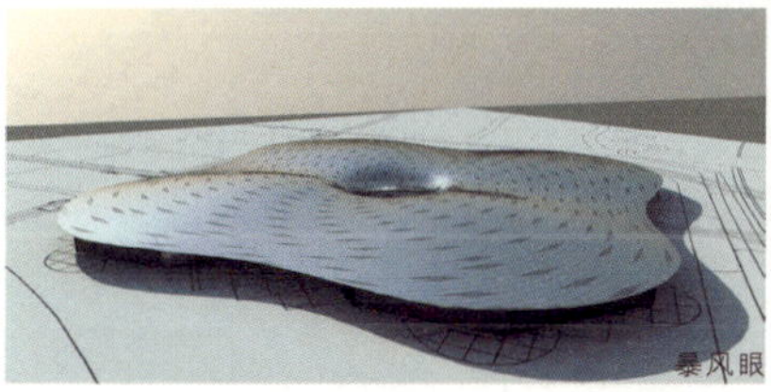
暴风眼

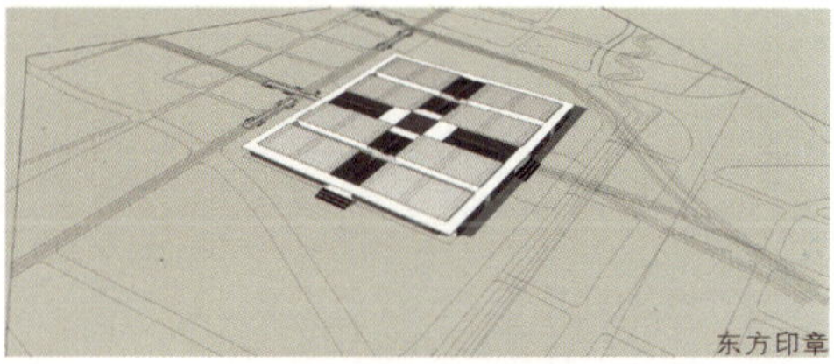
东方印章

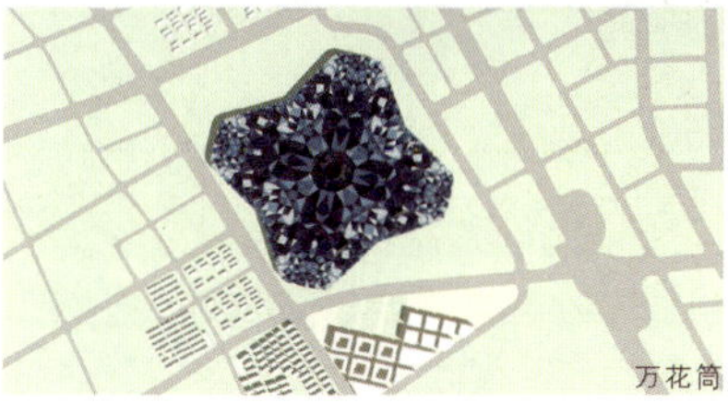
万花筒

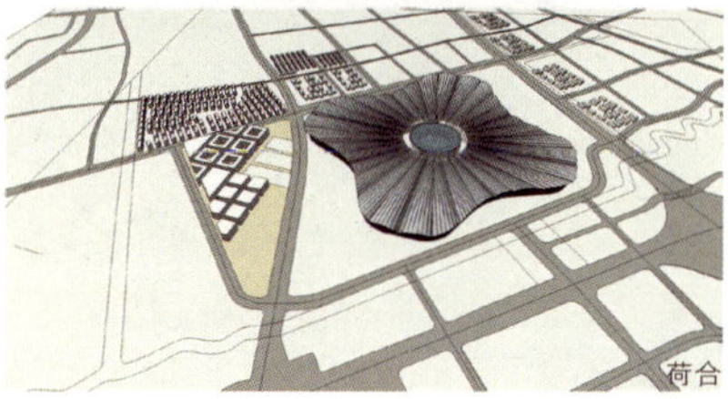
荷合

世界结

里成为更具有国际竞争力的建筑设计企业。

庄维敏：

“四叶草”不仅仅是会展机器，更是一种精神象征。项目重要性体现在其超大体量向世人展现了中国人民的雄心，面向世界的一种气势和状态，期望世界的和谐与交融。“四叶草”不仅仅是建筑技术和文化理念的完美融合，同时还是国内设计师强强联手模式的一次践行。

因为用地紧张，因此这一综合体不能采取以往会展建筑的分散布局，采取了用地效益比较高的集中布局。又因为毗邻虹桥机场，因此建筑限高43米。建筑地上面积124万平方米，地下15万平方米。

方案的诞生足足经历了两个月，虽然受到规划四翼组合的限制，但双方团队的30多位建筑师，在头脑风暴阶段仍旧做了大量的尝试，前后贡献了20余种构思。有以植物等对称图案作为构想的，诸如四叶草、玉兰花、荷合、蜓蝶展翅、水晶钻石、冰花、钻石·海、玉璧；有以纽带作为创意方案的，例如中国结、世界结、丝路花雨、丝绸之路；有以研究动感组合的，像是流水之城、风车、暴风眼、绸幔、折叠城市、X-4；还有其他类

中博会会展综合体效果图

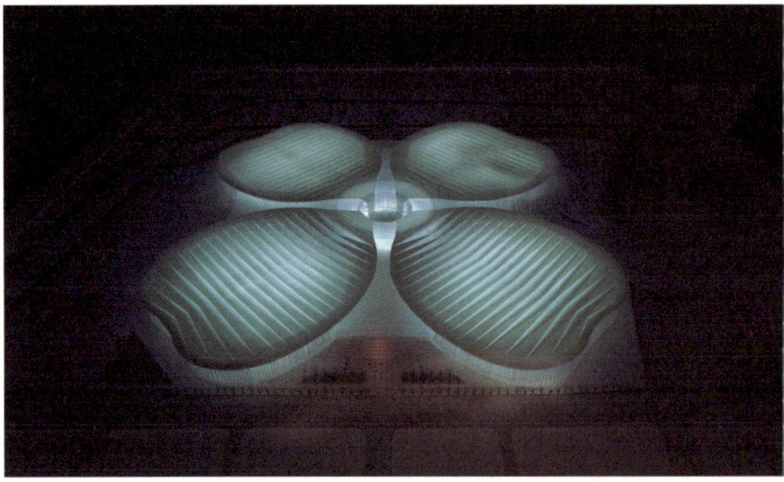

型的，譬如万花筒、东方印章、Green Hills。可谓五花八门、不一而足。

在思路逐渐深入之后，四叶草这一富有象征意义，又能够集中布局的图案最后被采纳为设计原型。方案展现秀美、轻盈、自然、蓬勃，可以营造国际大都市的绿色自然地标。从空中和地面，都展现有冲击力的视觉标志性。俯视，可以看到四叶草展开四片欣欣向荣的叶子；侧面欣赏，能看到立面上做了一些竖向的构图，展示生长中的草茎。

四叶草图案具有世界性的幸运象征意义，寓意中国博览会会展业蓬勃兴旺、海纳百川、结交四海、祈福世界、幸运和平。建筑中融入的中国文化元素，使它宛若镶嵌在东海之滨的一颗玉石，晶莹剔透、璀璨绚丽。四叶草的对称图形中有着四个部分，每一部分都有着不同类型的展厅，单层和双层，大和小，都巧妙地镶嵌、完美契合于"叶片"之下，达到建筑形态、空间布局与展览功能的实用性、高效性、均好性、可达性和灵活性的高度统一。

建筑以气候敏感性概念为设计基础，以"舞动的生态"概念创作。结合太阳能利用、自然通风和采光、建筑遮阳、地能利用，以及在温湿度独立控制系统、大温差送风空调系统等机电设计方面引入先进的实用性新技术，综合利用风、光、雨、热，力图打造一个低碳节能、生态高效的城市大体量绿色建筑。

这一整体解决方案切实可行、技术领先、造价适宜。

2011 年 12 月，传来评审结果的消息，华东院联合清华院原创中标中国博览会会展综合体设计总包。

傅海聪：

"四叶草"确实是"幸运草"，设计联合体不仅仅战胜了强大的竞争对手，更幸运的是大家刚刚把握了设计世界博览会的人生机遇，现在又肩负起中国博览会的光荣使命。人生难得几回搏，好运将会继续相伴那些付出巨大辛劳的人们！

自然，战胜强大的竞争对手，靠的绝不仅仅是"幸运"。

附录

- 附录1：机构沿革
- 附录2：组织机构图
- 附录3：历届党、政、技组织领导表
- 附录4：华东院员工名册
- 附录5：1952至2011年项目列表

附录

附录1：机构沿革

成立年月	名称	隶属关系	备注
1952年5月	华东建筑工业部建筑设计公司（简称华东建筑设计公司）	华东军政委员会建筑工业部	企业单位
1952年10月	华东建筑工程部建筑设计公司（简称华东建筑设计公司）		
1953年3月	华东建筑工程局建筑设计公司	华东行政委员会建筑工程局	
1953年12月	中央人民政府建筑工程部设计总局华东设计院	中央人民政府建筑工程设计总局	事业单位
1954年10月	中央建筑工程部设计总局上海工业及城市建筑设计院（简称上海院）	中央建筑工程部设计总局	
1955年3月	建筑工程部华东工业建筑设计院	中央建筑工程部设计总局	
1970年7月	国家基本建设委员会华东工业建筑设计院	国家建委	
1970年11月	上海工业建筑设计院	上海市建工局	
1975年5月	上海工业建筑设计院	中共上海市设计委员会	
1977年3月	上海工业建筑设计院	上海市城市规划管理局	
1979年1月	上海工业建筑设计院	上海市基本建设委员会	企业化试点单位
1979年2月	上海工业建筑设计院	上海市城市规划建筑管理局	
1985年4月	上海工业建筑设计院	上海市建设委员会	
1985年5月	华东建筑设计院	上海市建设委员会	1987年1月升格为副局级
1993年5月	华东建筑设计研究院	上海市建设委员会	
1998年3月		上海现代建筑设计（集团）有限公司	集团公司成立
1999年7月	华东建筑设计研究院有限公司	上海现代建筑设计（集团）有限公司	改制企业
2013年	华东建筑设计研究院总院	华东建筑设计研究院有限公司	

附录2：组织机构图

1952	1954	1967	1977	1985	1999	2011
总工程师室	办公室	政工组	政工组	总师室	总师室	综合办公室
人事科	人事室	运动组	运动组	办公室	工会	工会
秘书科	保卫科	生产组	生产组	经营管理室	团委	团委
业务科	计划统计室	后勤组	后勤组	技术室	综合办公室	人力资源（组织）部
建筑设计科	技术室	档案室	档案室	全面质量管理办公室	技术管理部	市场经营部
土木设计科	测量室	研究室	研究室	技术情报室	经营管理部	技术管理与发展中心
机电设计科	土壤室	第一设计室（保密设计）	第一设计室（保密设计）	监察处	财务部	设计运营部
调研室	第一设计室	第二设计室	第二设计室	人事处	创作所	财务部
	第二设计室	第三设计室	第三设计室	宣传教育处	第一设计所	建筑创作中心（建筑创作所）
	第三设计室	第四设计室（小三线工程设计）	第四设计室（小三线工程设计）	总务处	第二设计所	结构分析与设计咨询中心
	第四设计室		第五室	财务科	第三设计所	绿色建筑咨询与研发中心
	第五设计室			成品科	第四设计所	第一建筑设计所
	预算组			档案科	第五设计所	第二建筑设计所
	监察室			第一设计室	医疗卫生建筑设计部	第三建筑设计所
	党团办公室			第二设计室	室内及景观设计部	第一结构设计所
	工会			第三设计室		第二结构设计所
				住宅设计研究所		第一机电设计所
				室内设计室		第二机电设计所
				科学研究室		机电技术研究与发展中心
				工程建设监理部		轨道轨道交通综合体建筑设计事业部（上海华瀛建筑科技有限公司）
				工程总包部		医疗卫生建筑设计部（医疗卫生工程研究中心）
				计算机站		策划与设计项目管理部
				深圳分部		地基基础与地下工程设计所
				海南分院		上海新特思建筑咨询有限公司
				厦门分院		大连分院
				华东建筑技术信息开发中心		苏州分院
						重庆分院
						北京分公司
						天津办事处
						成都办事处
						青岛办事处
						武汉办事处
						南京办事处
						南宁办事处

附录3：历届党、政、技组织领导表

历届党组织领导表

姓名	职务	任职年月
宋华	党支部书记	1952.7-1954.2
刘伯平	党支部副书记	1953.5-1954.2
王正方	党总支书记	1954.2-1954.3
宋华	党总支书记	1954.3-1955.5
赵寿亭	党总支副书记	1954.7-1954.12
常复生	党总支副书记	1954.12-1955.5
马克勤	党总支书记	1955.5-1956.2
陈浩	党总支副书记	1955.5-1957.3
郝光	党总支书记	1957.6-1957.7
王年	党总支副书记	1957.6-1957.11
徐文	党委书记	1957.11-1961.6
王年	党委副书记兼监委书记	1957.11-1959.8
常复生	党委副书记兼监委书记	1959.8-1963.11
杨自卫	党委书记	1961.7-1970.1
宋华	党委副书记	1962.8-1965.12
常复生	党委副书记	1962.12-1963.11
万锦生	政治部负责人	1966.5-
宋华	党的核心小组组长	1970.8-1971.9
陆汉章	党的核心小组副组长	1970.8-1971.4
张永龙	党的核心小组副组长	1971.4-1971.9
杨刚	党委书记	1971.9-1978.2
张永龙	党委副书记	1971.9-1974.12
宋华	党委副书记	1971.9-1983.2
陈志祥	党委副书记	1974.12-1977.4
潘福桃	党委副书记	1974.12-1977.4
刘炳斗	党委副书记	1974.12-1975.5
尹世成	党委副书记	1976.6-1978.春
杨自卫	党委书记	1978.2-1983.2
宋耀先	党委副书记	1978.5-1983.2
	纪委书记	1979.12-1983.2
蔡詠榴	党委副书记	1980.5-1983.2
蔡詠榴	党委书记	1983.2-1985.2
严钦汉	党委副书记兼纪委书记	1983.2-1985.2
计育根	党委书记	1985.2-1995.3
孔庆忠	党委副书记	1985.2-1990.5
竺涵达	党委副书记	1985.2-1995.5
杨银娣	纪委书记	1985.2-1995.5
叶锦芳	党委书记	1995.3-1998.3
项祖荃	党委副书记	1995.5-1998.3
毛伟	纪委书记	1996.1-1998.3
姚文林	党委书记	1999.7-2002.12
沈迪	党委副书记	1999.7-2002.12
韩晖	党委书记助理	1999.8-2002.11
	纪委副书记	1999.11-2002.11
姚文林	党委书记	2003.1-2005.12
沈迪	党委副书记	2003.1-2005.2
韩晖	党委副书记	2002.12-2005.12
	纪委书记	2002.12-2005.12
张俊杰	党委副书记	2005.3-2005.12
姚文林	党委书记	2006.1-2009.2
张俊杰	党委副书记	2006.1-2008.12
韩晖	党委副书记	2006.1-2008.12
	纪委书记	2006.1-2008.12
张俊杰	党委书记	2009.3-2013.2
成红文	党委副书记	2009.3-2013.2
韩晖	党委副书记	2009.1-2010.2
	纪委书记	2009.1-2010.2
王建中	党委副书记	2010.3-2013.2
	纪委书记	2010.3-2013.2
曹朔	党委书记	2013.2-至今
张俊杰	党委副书记	
王建中	党委副书记兼纪委书记	

历届行政领导表

姓名	职务	任职年月
金瓯卜	公司经理	1952.5-1954.10
宋华	公司襄理	1952.7-1954.10
郝光	院长	1954.11-1957.6
金瓯卜	副院长	1954.10-1955.4
马克勤	副院长	1954.10-1956.2
宋华	院长助理	1954.10-1956.6
徐文	副院长	1956.5-1961.6
赵深	副院长	1957.1-1970.8
杨自卫	院长	1957.9-1970.8
王年	院长助理	1957.8-1961.4
汪金涛	副院长	1961.5-1965.7
曹懋庆	副院长	1961.5-1970.1
宋华	副院长	1962.2-1965.12
康平	副院长	1965.12-1970.1
蔡明道	副院长	1966.5-1970.8
宋华	革委会主任	1970.8-1974.12
陆汉章	革委会副主任	1970.8-1971.4
林光清	革委会副主任	1970.8-1978.5
邵德发	革委会副主任	1970.8-1978.5
张永龙	革委会副主任	1971.4-1974.12
赵深	革委会副主任	1972.1-1978.5
杨刚	革委会主任	1974.12-1978.2
宋华	革委会副主任	1974.12-1978.5
刘炳斗	革委会副主任	1974.12-1975.5
陈志祥	革委会副主任	1974.12-1977.4
潘福桃	革委会副主任	1974.12-1977.4
康平	革委会副主任	1977.8-1978.5
宋华	院长	1978.5-1983.3
康平	副院长	1978.5-1983.3
赵深	副院长	1978.5-1978.10
蔡明道	副院长	1978.5-1983.3
倪天增	副院长	1980.5-1981.10
章公孚	副院长	1980.5-1983.3
蔡明道	院长	1983.3-1985.2
杨僧来	副院长	1983.3-1984.4
孔庆忠	副院长	1983.3-1985.2
孔庆忠	院长	1985.2-1990.5
项祖荃	副院长	1985.2-1992.6
邬志忠	副院长	1985.2-1992.6
王兆昆	副院长	1985.2-1991.2
宗有嘉	副院长	1990.10-1992.6
曹嘉明	副院长	1990.10-1992.6
项祖荃	院长	1992.6-1998.3
邬志忠	副院长	1992.6-1995.5
曹嘉明	副院长	1992.6-1998.3
宗有嘉	副院长	1992.6-1998.3
杨银娣	副院长	1995.5-1998.3
张桦	院长助理	1995.10-1998.3
盛昭俊	董事长	1999.7-2001.6
沈迪	院长	1999.7-2002.12
张伟国	副院长	1999.7-2001.11
龙革	副院长	1999.7-2002.12
李国宾	副院长	2001.12-2002.12
张俊杰	院长助理	2001.7-2002.11
姚文林	董事长	2001.7-2005.12
沈迪	院长	2003.1-2005.2
龙革	副院长	2003.1-2006.9

姓名	职务	任职年月
李国宾	副院长	2003.1-2004.12
张俊杰	副院长	2002.12-2005.2
姚文林	董事长	2006.1-2009.2
张俊杰	总经理	2005.3-2008.12
孟行南	副总经理	2006.12-2009.2
涂强	副总经理	2005.4-2008.12
郭建祥	总经理助理	2005.4-2005.12
	副总经理	2006.1-2008.12
郑刚	总经理助理	2007.8-2008.12
张俊杰	董事长	2009.1-2011.12
成红文	总经理	2009.3-2011.12
涂强	副总经理	2009.1-2011.12
郭建祥	副总经理	2009.1-2011.12
郑刚	副总经理	2009.1-2011.12
张俊杰	董事长	2012.1-2013.2
成红文	总经理	2012.1-2013.2
郭建祥	副总经理	2012.1-2013.2
郑刚	副总经理	2012.1-2013.2
王伟杰	院长助理	2012.9-2013.2
张俊杰	院长	2013.2-至今
曹朔	副院长	2013.2-至今
郭建祥	副院长	2013.2-至今
郑刚	副院长	2013.2-至今
王伟杰	院长助理	2013.2-至今

历届技术领导表

姓名	副总建筑师	总建筑师	资深/顾问总建筑师
王华彬		1952.5-1955.9	
赵深		1952.7-1953.10 1955.5-1978.10	
陈植		1952.7-1955.4	
吴景祥		1952.9-1953.12	
方鉴泉	1957.1-1982.7	1982.7-1985.2	
倪天增	1978.3-1982.7		
魏志达	1979.10-1985.2		
蔡镇钰	1984.7-1985.2	1985.2-1998.3	
张乾源	1984.7-1988.11		
张耀曾	1985.2-1996.1		
凌本立	1985.2-1995.12	1996.1-2002.12	2003.1-2008.12
沈迪	1995.1-2005.2		
马锡元	1996.5-1998.5(经济)		1998.6-2008.12
田文之	1997.2-2002.12		2003.1-2008.12
管式勤	1997.2-2004.12		2005.1-2008.12
陈梦驹	1997.2-2006.12		2007.1-2011.12
汪孝安	1999.10-2002.11	2002.12-2008.12 (首席2009.1-至今)	
张俊杰	2001.1-至今		
翁皓	2001.1-至今		
郭建祥	2001.1-至今		
徐维平	2001.1-2008.12	2009.1-至今	
李东君	2001.10-2007.4(规划)		
傅海聪	2004.8-至今		
邵晶	2004.8-至今		
司耘	2009.1-至今		

姓名	副总工程师	总工程师	资深总工程师
薛楚书		1952.5-1952.11	
许昭		1952.5-1953.10	
赵忠邃	1957.1-1974.11	1952.8-1957.1	
罗邦杰		1952.9-1956.9	
蔡显裕	1952.12-1957.1	1957.1-1973.12	
庄俊		1954.1-1958.9	
钦关淦	1962.8-1982.7	1982.7-1985.2	
周礼庠	1978.3-1985.2		
陈寿华	1978.3-1988.1		
杨僧来	1982.5-1984.4		
许惟阳	1982.5-1988.1		
沈恭	1982.5-1984.2		
陈宗梁	1985.2-1996.1 (常务1991.8-1996.1)	1996.1-1998.3	
江欢成	1984.9-1985.2	1985.2-1998.3	
汪大绥	1990.1-1995.12	1996.1-2011.2 (常务2000.12-2011.2)	2011.2-至今
孙格非	1990.6-1993.3		
温伯银	1991.11-2004.12		2005.1-2008.12
潘德琦	1991.11-1996.1		
胡仰耆	1994.3-2006.6		2006.7-2011.12
计育根	1995.5-1996.6		
苏信伟	1996.5-1998.3		
霍维捷	1996.5-1997.1		
王国俭	1997.2-1998.3		
王振雄	1997.2-2002.12		2003.1-2008.12

姓名	副总工程师	总工程师	资深总工程师
花更生	1997.2-2004.12		2005.1-2011.12
张凤新	1999.8-至今		
高超	2001.1-至今		
张富林	2001.1-2008.7		2008.7-至今
周建龙	2001.1-2011.9	2011.10-至今	
马伟骏	2001.1-至今		
冯旭东	2001.1-2010.11		2010.12-至今
陆道渊	2002.5-至今		
芮明倬	2002.5-至今		
姜文伟	2005.1-至今		
刘晴云	2005.1-至今		
邵民杰	2006.1-至今		
李国宾			2006.1-2008.12
叶大法	2009.1-至今		
周健	2009.1-至今		
徐扬	2011.10-至今		

附录4：员工名册

（说明：1. 人员名录统计年限为1952—2012年9月进入华东院工作的员工。
2. 以下收集的人员名录，由于涉及人员较多、资料不全、时间跨度长等原因，难免会有差错和遗漏，敬请谅解，并请指正及补充。）

50年代名册：

安昌恩　巴道生　白礼懋　白晓亮　包根棠　包志康　鲍尔文　鲍沛国　边爱云　蔡　恢　蔡　辉　蔡彩娇　蔡德澄　蔡和傅　蔡景熹　蔡明道　蔡善义
蔡体启　蔡文琪　蔡显裕　蔡泳榴　蔡志鸿　曹孟刚　曹千里　曹琴涛　曹相环　曹星五　曹应锁　曹永康　曹云刚　曹之龙　柴美珍　常　骏　常复生
陈　辰　陈　浩　陈　旭　陈　震　陈　植　陈柏亭　陈秉实　陈炳潮　陈布丁　陈昌明　陈长奎　陈承诲　陈春林　陈翠芬　陈定外　陈端平　陈芳森
陈凤鸣　陈凤英　陈光祖　陈国玮　陈国香　陈海祥　陈汉明　陈华生　陈慧珍　陈杰大　陈景尧　陈克勤　陈克让　陈兰琴　陈立道　陈隆玮　陈美珍
陈民三　陈敏淞　陈清华　陈壬坤　陈瑞金　陈仕忠　陈寿华　陈水林　陈松朝　陈松芝　陈宛辉　陈万兴　陈为庆　陈伟煜　陈伟宗　陈文理　陈文艳
陈湘云　陈祥麟　陈效中　陈雪琪　陈延庆　陈以洪　陈银莲　陈永椿　陈永伟　陈聿杰　陈育才　陈元明　陈忠信　陈竹林　陈学才　陈锦莉　陈维芳
陈有杰　程大正　程金秋　程瑞身　程绍荣　程维方　程裕明　从玉峰　崔洪邦　崔慧珠　崔文富　崔詠池　崔治中　戴　蓉　戴楚材　戴惠根　戴玉卓
戴毓麟　戴云娣　邓炳骝　邓君瑜　邓奕周　刁国华　丁季文　丁麟章　丁寿松　丁毓炤　丁治明　董伯根　董鹏丰　董友根　董正明　窦学智　杜宝珠
杜炳文　杜宏襄　杜隆权　杜修均　杜学良　段绍英　樊继曾　樊金峰　樊龙泉　樊永淳　范　理　范林奎　范明英　范能力　范世雄　范淑生　方炳铨
方长源　方春霆　方鉴泉　方鉴棠　方菊丽　方山寿　方轩昌　方义弼　方银华　冯斌荣　冯春寿　冯桂芳　冯乃昌　冯悟教　冯锡藩　冯锡芃　付高杰
付金山　付其章　付胜龙　付书麟　付义和　傅志浩　富沪生　盖文全　盖祖裕　干锦涛　高金山　高升利　高学文　高永仁　葛荷生　葛瑞卿　葛尚德
葛湘川　龚　群　龚德衍　龚洪涛　龚梅英　龚瑞联　龚士成　顾　晖　顾　璇　顾财宝　顾范良　顾国华　顾惠英　顾名濬　顾鑫泉　顾星椎　顾耀澄
顾永兴　顾玉梅　顾越昶　顾金松　顾云鹤　谷美馨　关承基　管　融　桂兴世　郭　蓉　郭伯范　郭加秀　郭美琳　郭亚男　郭祖光　国梅馨　过锦清
韩炳勋　韩长武　韩秋林　郝　光　何广乾　何昆年　何珊瑛　何子根　贺文台　侯仁发　侯先定　侯詠梧　胡　德　胡　蓉　胡　正　胡连文　胡爱莲
胡川度　胡桂芬　胡慧珠　胡其昌　胡庆恩　胡仁雪　胡瑞清　胡绍昌　胡松涛　胡学文　胡燕君　胡占烈　胡志贤　胡振邦　华冠球　华国英　华厚权
华静贞　华志坚　怀　鲁　皇甫繁　黄　华　黄宝善　黄桂仙　黄均浩　黄克武　黄奎耀　黄彭年　黄维佳　黄锡垣　黄旭彬　黄玉炮　黄元珍　黄韵戈
黄兆聪　黄永清　黄惠英　黄辉州　吉　浩　计永良　纪曼荣　季　康　季登昌　贾德祥　贾克欣　贾忠兴　江崇年　江金发　江豫新　姜达君　姜锦元
蒋春生　蒋沛江　蒋式金　蒋锡麟　蒋雪云　蒋元树　蒋元树　蒋兆熊　蒋志新　蒋志英　蒋震一　金　廉　金　灏　金关泉　金瓯卜　金庆发　金桃根
金至宏　靳广义　靳正先　康来敏　孔建亚　蓝荣庠　蓝章汉　赖雁荘　李　敏　李保生　李碧耀　李昌林　李道卿　李国忠　李家国　李津浦　李克昌
李连山　李莲霞　李明清　李人镜　李瑞华　李瑞骅　李世荣　李嗣新　李天寿　李新民　李杏英　李学海　李学技　李衍庆　李永宝　李樟全　李兆麟
李秋生　李荣庚　李寿鹏　李莉霞　李月娥　励荣辅　梁　杰　梁介善　梁瑞贞　梁文耀　廖宝贤　林关容　林光清　林慧琴　林俊煌　林泰生　林伟贤
林雄超　林在豪　凌　绚　凌礼武　刘　达　刘　萍　刘炳斗　刘伯平　刘昌洪　刘德基　刘根林　刘光熙　刘海庭　刘家荣　刘景琛　刘立礼　刘美德
刘乾亨　刘秋霞　刘淑媛　刘述正　刘颂嘉　刘微娟　刘文明　刘亚章　刘应贞　刘毓葵　刘运华　刘振九　刘中一　刘仲平　楼大为　卢文玢　卢兆嫦
鲁　伟　鲁祥麟　陆　钦　陆阿富　陆爱芝　陆凤宝　陆根寿　陆惠芳　陆今钟　陆金珠　陆苗元　陆秋声　陆仁德　陆绍泽　陆杏宝　陆耀庆　陆兆晃
陆振民　陆正明　陆宗豪　鹿晋威　路学忠　乐秀瑢　乐秉成　吕德恭　吕国耀　吕民智　罗邦杰　罗继先　罗雅梅　罗艳梅　骆载耀　骆瑞珍　马超南
马达成　马国良　马克勤　马明道　马兴元　马友贤　马源浚　马振东　马遇惠　毛宝林　毛福美　毛金贤　毛明德　蒙国华　孟晋之　孟仁法　倪大增
倪永禄　倪兆梅　聂其俊　聂元杰　潘　钧　潘长年　潘菊清　潘开枝　潘丽德　潘香翰　庞合魁　彭荣德　彭圣钦　朴东铉　浦　海　戚德耀　戚竞成
戚竟存　戚嫣红　祁淑俊　齐国钟　齐敏生　瞿吉珍　瞿耐秋　綦相恒　钱柄生　钱建成　钱可权　钱琴梅　钱通海　钱元生　钱月娥　钱树鼎　乔琴芳
钦关淦　秦　壅　秦士范　秦志欣　邱福标　任潮军　任福根　任家明　任金莲　任青芳　任清云　任宗兆　阮翠娟　阮兴民　阮祖培　邵隆昭　邵祖惠
申延泰　沈　恭　沈　訏　沈承基　沈宏昌　沈静安　沈克文　沈清萍　沈瑞莲　沈铁舫　沈筱庭　沈雪珍　沈泽昌　沈芝文　沈志坤　沈仲山　沈子明
沈宗尧　沈栋才　盛　京　盛梧曾　施沪生　施慧英　施康年　施意蒨　石伏曼　石锡江　石秀英　石珠敏　石忻昌　时修莲　史炳寿　史林德　史伟成
史玉昆　舒家骧　舒庆棠　司传亭　宋　华　宋景宝　宋玉珍　苏景春　苏景来　苏掌宇　孙　生　孙　煦　孙　巽　孙传芬　孙春山　孙福田　孙格非
孙桂芬　孙国栋　孙金娣　孙连生　孙清文　孙绍庭　孙淑琴　孙淑英　孙悟寿　孙孝洛　孙玉英　孙振铎　孙自健　孙曾芃　率宝义　谈广明　谈远明
谭华爵　谭学林　汤安烈　汤秀标　汤智慧　唐　杰　唐德璋　唐耕莘　唐汉诚　唐连珏　唐赛珍　唐顺华　陶吉芬　陶肃琼　陶钟彩　腾阿二　田聘耕

田知权　田志轩　童慧莉　屠涵海　屠良富　屠临恩　屠渭鑫　汪惠良　汪季坤　汪金涛　汪路德　汪履冰　汪敏信　汪敏勇　汪敏志　汪荇芳　汪政和
王　焕　王　苠　王　年　王中平　王宝福　王彩琴　王长山　王楚材　王殿臣　王恩荣　王复明　王根生　王关福　王广苓　王国星　王鸿尧　王华彬
王焕廷　王季坤　王剑云　王进琦　王金定　王金铠　王菊生　王菊珍　王乃明　王培德　王企成　王企云　王巧臣　王全勇　王任力　王士一　王书荣
王淑坤　王淑琴　王顺祥　王思贵　王松鹤　王天宝　王维菊　王文琳　王小龙　王永琪　王永清　王泳山　王云卿　王赞澄　王兆塘　王肇栈　王振明
王正方　王志瑞　王致和　王忠发　王宗璞　王骏荪　韦兆序　卫振超　魏　明　魏志达　温成德　温淑暖　文若兰　闻志刚　翁史玉　邬烈侠　邬烈佐
邬伟铭　邬杨龙　邬志忠　吴　杰　吴世英　吴偿华　吴大胜　吴海玲　吴焕华　吴金福　吴景祥　吴静秋　吴明娟　吴明耀　吴瑞祥　吴世贤　吴雄忠
吴永福　吴永康　吴永远　吴元元　吴允懋　吴桂英　奚爱金　夏凤悟　夏吉林　夏教根　夏纬民　夏玉良　夏行时　项钧强　肖锦延　谢　萍　谢承章
谢春培　谢永笙　谢幼荪　谢光耀　忻筱芳　邢明珠　徐　诚　徐　光　徐　文　徐　炎　徐大傅　徐灿华　徐朝元　徐澄波　徐春荣　徐翠珍　徐德芳
徐鼎新　徐海龙　徐洪兴　徐华达　徐华源　徐可权　徐疗清　徐仁光　徐树彰　徐锡涛　徐宪飞　徐星宇　徐玉根　徐玉珍　徐云华　徐钟道　徐子芳
徐子英　徐祖同　许　照　许滨溶　许德光　许鸿笙　许俊根　许礼原　许明华　许荣南　许惟阳　许心武　许瑞芳　薛步洲　薛楚书　薛锦复　严关龙
严敏之　严钦汉　严如福　严通海　严增禄　严兆梅　颜　毅　颜逸安　杨　平　杨伯良　杨成科　杨丰荣　杨凤亭　杨广生　杨国柱　杨鹤鸣　杨金林
杨静珍　杨菊英　杨莲成　杨陆雄　杨梅馥　杨梦柳　杨明根　杨明科　杨明中　杨勤前　杨僧来　杨士奋　杨树高　杨心鑫　杨自卫　杨锡祺　姚金保
姚仁德　叶传英　叶静茹　叶美娣　叶庆琳　叶维宁　叶乙匡　叶竹书　易省三　阴士良　殷纫秋　尹世成　应发枝　应仁荣　尤海湧　尤祥祯　尤耀南
游俊壁　于　辉　于恒京　于丽娟　余菲菲　余吉昌　余进坤　余如柏　余志训　俞国荃　俞陞根　俞有炜　俞又珍　俞玉成　虞九如　虞茂祥　虞真真
郁永为　郁正荃　喻松斗　袁德清　袁敦麟　袁华芳　袁均良　袁可球　袁伦扬　袁尚达　袁学存　袁之廉　连延康　曾　坚　曾宏裕　曾金清　曾宪元
曾昭本　詹子勤　张　杰　张　沐　张　营　张　震　张　卓　张宝田　张步骞　张春瑞　张大焱　张德贤　张范九　张放生　张庚森　张关昌　张国熙
张国有　张鸿禄　张慧明　张济璇　张家江　张家俊　张金奎　张兰卿　张莉君　张利亚　张梅芳　张敏章　张能达　张乾源　张钦楠　张庆云　张若生
张胜武　张盛德　张伟仪　张锡铎　张欣元　张勋昂　张耀晟　张亦煊　张永发　张永湘　张在忠　张兆桢　张正品　张忠言　张仲义　张有成　张瑞雪
张振霖　张光庭　张宏兴　张玉泉　章　霖　章　明　章公孚　章铭伟　章熙福　章作祯　赵　杰　赵　敏　赵　深　赵安信　赵炳源　赵翠兰　赵公裘
赵桂亭　赵黎影　赵良圃　赵梦驹　赵世珍　赵寿亭　赵淑英　赵忠邃　赵孟刚　郑伯诚　郑长余　郑德明　郑福英　郑吉炎　郑佩忠　郑起钰　郑世鸿
郑为庆　郑贤仁　郑贤荣　郑幼英　郑玉麟　钟一匡　周爱琴　周彬辉　周炳森　周昌祥　周德位　周德文　周金凤　周金善　周礼庠　周良镖　周良盛
周洛民　周梦雪　周品莲　周瑞芳　周赛男　周士锷　周素琴　周维正　周秀云　周增彦　周振国　周以华　周新栋　周良楠　周楚振　周文彬　周抚堂
朱　栋　朱传霖　朱德肃　朱复义　朱慧敏　朱金坤　朱锦瑞　朱进新　朱俊芝　朱克明　朱连章　朱民声　朱鸣泉　朱培良　朱山泉　朱善根　朱松山
朱锡金　朱雪莲　朱英萍　朱芸畦　朱昭贤　朱忠华　朱忠益　朱自强　朱宗元　朱园楠　朱显章　朱滢珠　竺理明　竺宜伟　竺鑫华　祝毓琮　庄　俊
庄炳伟　庄承亮　庄浩然　庄静安　邹静娴　邹人松　阻祖培　藏克勤

60 年代名册：

包金娣　蔡允嘉　蔡镇钰　曹　江　曹白妹　曹懋庆　曹天保　曹志龙　曹银珠　常海龙　陈　静　陈鼎木　陈根宝　陈坚峰　陈金富　陈孔盛　陈梦玲
陈庆康　陈世华　陈伟安　陈修庭　陈雪莉　陈玉树　陈志璋　陈宗梁　成巧英　程超然　丁文达　丁文羽　丁晓明　丁兴群　杜国汉　杜金涛　范立琴
范云长　方维仁　冯春元　冯路贤　符　松　葛慧娟　宫彩宝　龚丽慈　顾身信　顾晓蓓　顾忠德　管式勤　郭德源　郭惠婵　韩　平　韩　英　韩永洲
何友健　贺松茂　洪　汀　洪明栋　候锡禄　胡德莲　胡建田　胡精发　胡玲娣　胡妙华　胡志和　胡祖庆　花更生　华群芳　黄　芝　黄待秋　黄根妹
黄宏溵　黄均鑫　黄秀媚　嵇春美　江欢成　姜逢吉　蒋树根　蒋智元　金福惠　金敏华　荆一真　康　平　柯金清　孔庆忠　雷木泰　黎顺秀　李承志
李定鑫　李国宾　李国玺　李家元　李介鹏　李金锁　李娟玉　李来宝　李良玉　李润霞　李尚珍　李新南　李秀荣　李志民　李志明　梁廷泰　林鹏飞
凌本立　刘建民　刘介田　刘则华　刘志筠　刘钟奇　刘祖懋　卢能斌　陆邦英　陆炳根　陆凤藻　陆慧芳　陆慧芬　陆林龙　陆善祥　陆文爱　陆新根
吕养正　吕懿范　吕毓丕　罗新杨　马国妹　马钰娟　米万庆　倪天增　聂荣源　潘德琦　潘仁良　潘玉琨　潘祖琨　蒲瑞英　钱　谷　钱圣楼　钱宗霖
邱慈洁　屈怡亮　任新存　邵德发　邵永利　邵振华　申吉彬　沈　慧　沈友信　盛佐人　施守文　施学芳　寿家兴　舒丽卿　宋德和　宋伏云　宋关毛
苏荣森　苏信伟　苏肇瑜　孙田成　孙孝恒　孙秀卿　孙永碧　汤纬灵　唐永生　田文之　万国祥　汪金涛　汪丽明　汪乃圣　王　凤　王　时　王　煦

王爱宝　王丽涛　王玲华　王茂龙　王茂松　王若玡　王世慰　王泰岑　王意孝　王永茂　王玉玲　王玉珠　王振雄　王祖厚　王圣国　魏文才　温伯银
温舒媛　翁铁生　吴功俊　吴江恒　吴金铎　吴圣谋　吴永才　吴云芝　吴至贤　吴尊金　武景昌　项翢中　项祖荃　徐萼俊　徐妙芝　徐乃祯　徐绍楷
徐熊飞　徐元昇　徐兆楷　徐芝兰　许禄申　许庸楚　严宁生　严忠琪　杨春兰　杨德福　杨国安　杨国权　杨君毅　杨思政　杨唐祥　杨重光　殷爱媛
印明田　应菲菲　应兴国　于立芳　余朝淦　余舜华　虞明华　袁佩玦　袁兴方　袁云阁　恽宝雨　曾惠心　张　敏　张　芩　张安文　张存霞　张富成
张富林　张家禧　张兰香　张林法　张明甫　张培杰　张钦奂　张山元　张守福　张松尧　张廷飞　张万荣　张伟仪　张宣武　张延文　张银发　张永孝
张卓毅　张子蓉　章奎生　赵承其　赵明义　赵仁和　赵义宝　赵义正　周纯铮　周凤鸾　周关良　周光亮　周桂英　周镜伦　周宁祥　周汝奇　周祥广
周志刚　周重远　朱　侠　朱沉潜　朱翠英　朱达欣　朱国伟　朱银龙　祝秀荣　庄南宁　宗有嘉　邹代清　邹素珍

70 年代名册：

艾小春　蔡淑静　蔡熙福　蔡玄璋　蔡振强　蔡珍英　藏义民　曹嘉明　曹永和　曹金兰　陈　琪　陈彩菊　陈朝明　陈国强　陈鸿良　陈龙英　陈梦觉
陈松春　陈维民　陈伟祥　陈文保　陈小玲　陈永琪　陈毓强　陈毓英　陈政千　陈宗祥　成勇伟　程　华　程惠明　慈熙明　崔　强　崔国英　丁肖真
戴国祥　戴领平　冯　敏　冯旭东　冯振荣　付景德　付匡殷　高林根　葛　华　龚　曦　龚志雄　龚顺芳　贡瑞明　顾宪容　顾丽娟　顾美君　郭　畅
郭　伟　郭传铭　韩朝仪　韩方伟　韩国海　何宛乔　何维莹　何香香　贺平云　洪肖秋　胡凤英　胡汉琴　胡仰耆　黄　茜　黄光琦　黄汉城　黄天德
黄雪珍　黄志康　黄志平　霍维捷　霍志雄　吉　明　计育根　计志英　姜新华　蒋　炜　蒋九行　蒋学康　金慧祥　金开裕　金伟强　金友菊　瞿友德
柯宗文　匡洪坤　来沛恩　蓝爱青　蓝江群　李　竹　李彩莲　李昌建　李翠琴　李国增　李红珍　李金娣　李进成　李景山　李美珠　李小聆　李小龙
励　莉　廖淑英　林　平　林水和　凌　增　刘大龙　刘宏基　刘华民　刘焕泉　刘荆华　刘绍璋　刘燕敏　柳惠玲　楼惠鸣　鲁国富　鲁海平　陆红宝
陆金龙　罗　亦　罗曙光　马天麟　马锡元　马信国　马志元　毛汉文　毛利华　毛信伟　毛卓伦　冒怀功　梅汝勤　缪　兴　倪金富　潘建中　潘莉君
潘胜龙　潘濬沅　潘永熙　彭妙华　钱立奇　羌建平　秦永健　邱永尚　裘仲珍　裘宗德　全兆法　任健民　桑建国　邵炳华　邵志杰　佘　彬　沈　维
沈昌平　沈为明　沈小红　沈晓令　沈孝泰　沈余庆　盛　佳　施润春　时文华　史建芳　史雅谷　舒薇蔷　宋惠英　宋克珊　宋莲莲　宋耀先　孙宝妹
孙国强　孙建华　孙健英　孙兰珍　孙咪芳　孙雪英　孙正魁　谈惠玲　汤　焜　唐兹龙　屠国元　屠祥虹　万锦生　汪大绥　汪孝安　汪立敏　王　浩
王　鸣　王春凤　王凤石　王国俭　王恒光　王竟先　王兰香　王黎松　王玲华　王敏刚　王同花　王小成　王宜玮　王兆昆　王志芳　王银观　魏健梅
邬　晔　邬欣芳　巫学民　吴效民　吴银生　夏德华　夏源龙　邢杏菊　徐娟婳　徐均满　徐来娣　徐培荣　徐为熙　徐晓鸣　薛静芳　薛悦来　寻震宇
闫玉梅　颜　明　杨　刚　杨长根　杨德萍　杨树德　杨银娣　姚　彪　姚年庆　叶文兰　殷介敏　殷叶芳　应小凤　尤抗修　于长月　于赵根　余骏德
余雨生　俞美芳　俞培成　俞锡芬　俞志强　虞晴芳　虞秀华　袁　鸣　袁伟平　袁孝本　张　旭　张　沂　张迟英　张春友　张根兴　张根银　张光明
张国芬　张国强　张红霞　张鸿根　张惠萍　张建华　张剑亮　张美珍　张牛牛　张仁豪　张汝俊　张燮源　张秀林　张耀庭　张耀曾　张玉芬　张正明
章文英　赵榴娣　赵明之　赵荣昌　赵贤琴　赵志勤　郑兰秋　郑雅娣　郑宜孝　钟林娣　周锦兰　周莲芬　周伟潮　周秀丽　周月蟾　周云年　朱爱莉
朱德镇　朱金凤　朱金鸣　朱良德　朱伟荣　朱雪珍　竺涵达　竺伟国　庄景乐　上官国辉

80 年代名册：

包　红　蔡　晖　蔡为娟　蔡文卫　蔡燕萍　蔡亦龙　曹　伟　曹丹青　陈　东　陈　红　陈　姞　陈　坚　陈　雷　陈　雷　陈　磊　陈　明　陈　燕
陈　瑜　陈昂琍　陈春华　陈海涛　陈海纹　陈建敏　陈健敏　陈林根　陈梦驹　陈启华　陈志伟　陈钟原　陈钟岳　成红文　程　穆　程柏南　岑佩娣
崔永祥　崔中芳　常　耘　戴　征　戴国娣　戴珍珍　党　杰　杜立群　丁琪燕　邓前进　范　键　范守中　方　旦　方　健　方惠娟　房爱霞　费晓华
冯　皓　冯　宏　冯秀珍　冯晓春　冯晓健　冯敏娟　付　均　傅晓平　付欣然　付正伟　傅海聪　高　超　高承勇　高祥东　谷　松　顾　复　顾丽雅
顾美蓉　顾顺芳　管　枫　管炎英　郭建祥　郭奕娟　韩　茜　何　能　何可青　何易茹　何忠兰　贺　芳　贺曙燕　洪　婷　洪学海　胡　斌　胡　明

胡　平　胡涧渭　胡俊泽　胡钦沙　胡云龙　华绪本　黄　蓓　黄　河　黄　健　黄　良　黄　启　黄　伟　黄秋平　黄勤男　黄士墨　黄伟铭　黄窈贞
黄永新　江　岚　江立新　江有刚　姜　韦　姜　祎　姜丽娟　姜守祥　蒋逸惠　金　力　金大算　金培红　金晓群　瞿二澜　赖　群　劳蓉霞　乐嘉栋
冷向英　李　敏　李　明　李　琪　李　扬　李　芸　李东君　李国平　李嘉平　李敏敏　李永光　李永铭　李元佩　李志芳　李建一　梁葆春　林　文
林文蓉　林永仁　林约翰　刘　方　刘　雁　刘　毅　刘　媛　刘　云　刘勤华　刘晴云　刘晓阳　刘正岳　龙　革　楼晓伟　鲁兆雄　陆　燕　陆道渊
陆钱声　陆文妹　吕　宁　吕瑄琦　马伟骏　毛小冬　毛雅芳　茅红年　茅颐华　缪　骐　穆　为　潘　瓴　潘　榕　濮大铮　钱　东　钱　军　钱观荣
钱文华　乔斌源　乔学珍　秦丽珍　秦一文　邱　峰　任　曦　任惠君　荣　铮　芮明倬　沙　红　邵　晶　邵　颋　邵坚贞　邵君达　邵力群　邵民杰
邵亚君　邵蓓娴　申南生　沈　雷　沈　迪　沈　毅　沈　悦　沈久忍　沈兰平　沈南生　沈为英　沈新炜　沈育祥　沈元璋　施　恩　施锦秋　石珊珊
史美婷　苏晓晖　舒其霖　司　耘　宋旭东　孙　升　孙海东　孙亚君　孙新炜　汤嘉峰　汤志翔　唐　林　唐成勇　唐以君　陶兰州　陶琍琍　田建强
涂　强　涂以艺　屠纯云　万嘉凤　王　珏　王　敏　王　琦　王　欣　王　懿　王　宇　王传顺　王德梓　王丁士　王东伟　王国宪　王立群　王明辰
王嵘生　王伟杰　王小安　王小红　王学良　王亚峰　王亦斌　魏　俭　魏建芳　翁　皓　翁厚德　翁晓蕾　吴春蕾　吴海青　吴慧萍　吴建繁　吴明光
吴文芳　武申申　奚　明　向临勇　项玉珍　肖　娴　肖宏柏　谢志群　忻　音　徐俭宜　徐　琴　徐　荣　徐亚明　徐　扬　徐国强　徐佳珑　徐其明
徐律徽　徐维平　徐友彰　徐云僊　徐志浩　徐志敏　许　歌　许宏禊　许　强　许　天　许　轸　许正华　宣　毓　严　敏　严红飞　杨　锦　杨　林
杨国荣　杨坚巍　杨君华　杨丽洲　杨志明　姚俊安　叶　玲　叶大法　叶为民　叶为胜　于　军　于奕文　余　勇　郁林元　袁哲龙　翟　羿　张　峰
张　桦　张　俭　张　磊　张　蕾　张　鹭　张　涛　张　伟　张　雁　张俊杰　张伯仑　张凤新　张建胜　张黎军　张伟育　张纹绯　赵　枫　赵　冏
赵　明　赵　玮　赵　铮　赵济安　赵龙根　郑　刚　郑嘉民　郑严麟　周　莉　周丹群　周国庆　周建龙　周伟民　周魏铭　周信良　朱　欣　朱　琦
朱　旗　朱传宝　朱国华　朱锐根　朱孝雄　庄黎华　邹　瑾

90 年代名册：

1990年

曹　敏　陈伟煜　陈子峰　范一沁　方大卫　龚　蕾　顾　菁　胡了文　华小卫　黄　卫　金义倩　瞿红泥　李　西　李悍原　刘韵梅　卢　铭　吕　俭
倪　飞　沈立东　孙国荣　土　雷　王　利　王　莹　王思源　王怡匀　王宇红　吴桂荣　吴云缓　武莲霞　夏陶静　谢　东　徐　斌　徐　俊　徐博文
颜　骅　于丹旻　张　进　张大力　郑　蓉　郑少青　郑自勤　周　健　周　杰　周豪杰

1991年

陈红宇　狄玲玲　顾　群　何屹梅　花炳灿　黄凌秀　姜文伟　乐灏静　李　维　李　瑶　陆　琦　潘红晓　潘迎红　裘　慰　盛　峰　宋　伟　宋旭东
陶　俊　王　晖　王　菁　王　晔　王绍华　吴伟庆　项　群　薛　磊　叶红华　张黎军　张伟力　赵乐平　赵　磊　郑　利　郑　越　朱　健　朱钢敏
左琦炜

1992年

蔡敏捷　柴曼怡　常谦翔　陈　宁　陈春晖　陈立宏　程　蓉　崔　敏　方　卫　傅晋申　高林萍　江晓晴　金　瓯　李传胜　李自强　林　霞　刘　冰
穆　为　潘盟喻　潘允哲　乔　伟　任　兵　任晓君　商承志　沈　峰　石　巍　寿剑峰　苏　骏　孙建中　孙玉颐　汤　雷　汤振宇　汤智青　王　蓓
王　伟　王华星　吴　斌　邢跃起　徐　怡　徐永菁　杨　琦　袁　舫　张　宁　张　翼　张朔瑜　张志军　赵伟樑　赵源根　郑　戎　朱　瑾　朱　莹
左　鑫

1993年

岑　伟　陈　焱　陈　缨　陈　耘　陈佩文　邓　彧　丁　凯　董　峰　方　超　方飞翔　冯秀珍　洪　婷　何　嵘　胡　佶　黄聿莹　姜　明　蒋小易
李鸿奎　李英路　林　峰　林海雄　卢青华　闵　加　钱　健　沈　激　沈　洁　沈　开　沈　真　沈朝晖　宋　雷　宋　扬　孙　峻　田　芳　王　辛
王峻强　王立波　王玉宇　魏晓玲　沃立成　吴玲红　吴希级　吴英菁　邬显顺　夏剑铭　徐　巍　杨　婷　叶　青　叶雁群　应　挺　俞勤潮　张　驰
张　坚　张　艳　张　聿　张富强　张宏明　张晓波　张欣波　章　辉　章怡乐　周　洁　周　谅　周志骏　朱　琳　朱　凌　朱纯航　朱玲霞　邹志俊

1994年

蔡伟骏 蔡增谊 陈超 陈亮 陈涛 程之春 费宏毅 冯榆 傅汉民 韩晖 黄磊 黄翔 江苹 李波 刘览 潘锷峰 裴峻 祁炜 荣亦蓓 沈栋樑 唐军 汪清 王齐 王意岗 吴杭 夏明 项明 徐访皖 杨裕敏 姚政 叶智建 殷颖 张浩 朱照国 朱中梁

1995年

侯爱国 黄缨 来颙客 李立树 梁晨 梁韬 凌吉 马美浩 沈扬 苏夺 苏旻 谭奕 万钧 王丹芗 王兆龙 吴延因 吴新 夏崴 徐珣 许瑾 姚利民 杨光 杨明 杨展容 叶锦芳 俞挺 翟伟 张炜 郑健 周靖 朱军 朱华军 朱晓鸿 卓刚峰

1996年

包联进 陈璐 范丛渊 高文艳 葛雯 葛利英 黄任英 黄益伟 李刚 李海军 李雪梅 梁宏 刘剑 吕秉庚 毛伟 钱力 谭淑珍 汪建国 汪宁宁 王建中 王卫东 项力 徐浩 徐志敏 杨海奇 杨志刚 袁耀 章捷 郑凌鸿 周静瑜

1997年

郭宏 瞿迅 卢志刚 陆益鸣 吕燕生 潘明理 邵文秀 沈婷婷 沈振一 苏伟 万千 王芳 王非 徐宗凯 印骏 张华 张良 周钟 周凌云 宗淳

1998年

陈炜 付英杰 韩丹 胡海 蒋长风 罗镔 牛斌 童建歆 王颖 王利民 邢文磊 杨海键 张晟 张家华

1999年

陈明虎 仇崃刚 高丹 高慧文 郭俊倩 李冬磊 马俊 沈爱丽 王芳 温祎洁 向上 谢耕 谢知明 姚海容 姚文林 俞旭 袁琳 张伟国 张锡仁 周娟

2000年代名册：

2000年

曹亦洵 陈佳 陈莉 陈敏 程伟 代晓利 戴卫伟 戴怡明 董润宇 方伟 高昌达 龚立颖 顾克利 贺军利 黄逊 黄勇 贾渤 李康 李晓林 林泽展 刘建 吕淼 马岩 邱茂新 寿朝晖 苏元颖 孙建 孙愉 滕波 王芳 王冈 王华 王峥 魏飞 吴博 吴凡 吴正 徐朔明 许栋 叶俊 雍俊 尤慧中 于健勇 袁雅光 张泉 赵新宇 郑怡 周坚平 庄斌

2001年

安娜 曹承属 陈颖 陈娴 陈俊昊 陈晓红 程天多 戴德喜 丁生根 董浩 董春波 杜宇 范一飞 冯昕 高玉岭 葛东霞 顾春柳 顾新宇 顾秀华 郭炜 郭宇铭 何佳 洪小永 胡威 胡雅莉 华绚 黄金甲 黄炎冰 江蓓 蒋勤 朗婷 黎岩 李洪 李时 李文慧 李祥胜 李小武 李新勇 李永胜 林叶红 凌克戈 刘翀 刘凤 刘明国 刘欣华 刘亚轩 陆国庆 陆明熊 陆燕华 马进军 梅晔 潘丹红 钱涛 钱翠雯 秦昭 邵兵 沈冬冬 盛爱国 施惠德 苏卫光 孙春明 唐春华 唐建凤 王斌 王丹红 王进 王锐 王胤 王珍 王惠敏 王晓明 卫亚周 吴船 吴纯 吴媚 吴滢 吴振文 武扬 奚凌晨 肖暾 谢伟纲 熊鹰 徐强 徐焕文 徐洁琼 徐莉娜 徐世文 徐彦梅 颜廷钧 杨晔 杨小琴 姚玥晖 余凌云 俞彬 张辉 张岚 张猛 张慧珊 张艳梅 张一锋 章欢 章勇 赵樱 赵彦玮 郑均 周泉 周建华 周铭铭 朱洪兵 朱文韬 朱滋清

2002年

包昀毅 贝小贞 蔡学勤 畅君文 陈锴 陈远 陈建刚 陈军石 陈小平 程薇 褚慧雯 戴敦 戴志拥 邸国恩 傅玉龙 高志荣 顾斐 关丹 郭亚鹏 哈凌 韩雁君 韩云霞 郝鹏 何庆华 贺钰 计林玲 姜宇 姜海纳 孔昀昀 李斌 李静 李鹏 李悦 李海腾 李华英 李亚柘 刘冰 刘华 刘悦 刘鲲鹏 刘志斌 陆嵘 陆昀 陆晓萍 罗明 骆赓 孟可 牟震 潘岩 沈琳 沈晓蓓 沈征宇 施昀 史国瑞 史佩华 史宇丰 束瑜 孙琦渊 谭毅杰 王珣 王经雨 王里禾 王能举 王宇虹 王志强 韦璞 韦剑军 翁其平

肖　俊　肖　林　肖　媛　熊　伟　熊　毅　徐　波　许　诺　许明印　薛　崧　杨　翀　杨守江　杨亚蓉　衣健光　余开云　虞世放　袁　珏　张　琦
张　曦　张征骑　赵国华　赵美芳　周　润　周婷婷　周英俊　朱敏华　朱　江　朱晓东　左　涛

2003年

安仲宇　蔡　昶　蔡　鑫　曹　菲　曹嘉隽　常爱青　巢燕然　陈　斌　陈洁　陈　新　陈　妍　陈宏亮　陈亮亮　陈孝兴　陈岩松　程冬芬　迟　敏
戴　斌　范炳均　冯　烨　高培峰　顾蓉蓉　郭　光　何　悦　何宏涛　何志荣　胡海涛　华　嵩　黄　斌　黄传荣　黄民喜　黄明星　黄晓晖　纪　晨
江漪闻　姜　华　兰婷婷　雷　洪　雷　菁　李　林　李　威　李　洋　李红斌　李路明　李小鸥　李志祥　廖志刚　梁金象　林　彬　林雄鸣　林勇强
刘　超　刘　伟　刘巧筠　刘文钧　陆　静　陆　蓉　陆　屹　陆琼文　路海臣　马　玲　马凌颖　闵而尼　倪军俊　倪耀明　欧阳君　潘园园　彭奕华
戚惊鸣　秦孟昊　阮哲明　沈　新　沈纯灏　施　炜　施胜邦　宋　琳　宋　莹　宋青君　粟轶君　孙　铁　孙　昱　汤　蕾　唐会杰　田　宇　田　园
童　兴　汪艳旻　王　建　王　军　王　丽　王　起　王　烨　王天泽　王添翼　王伟宏　王文洁　王晓洁　王晓蕾　王兴春　王亚枫　王越黎　王张杰
卫　丹　卫彦渊　魏　炜　魏丰登　吴　峥　吴国华　吴宏炯　吴江斌　吴秋晴　吴新明　伍　敏　徐　涓　徐　麟　徐　抒　徐　岩　徐慧芳　徐菁华
严　晨　严　明　杨　敦　杨　喆　姚　震　叶　茂　叶　颖　叶绮玲　尹　尼　余　宇　余志伟　於红芳　袁　颖　曾　彬　张　弘　张国闽　张华丹
张润方　张圣曙　张遐龄　张雪峰　张耀康　赵佩修　周　健　周　密　周　毅　周思良　朱宏有　宗南海　邹　婧　邹正瑜

2004年

白建英　毕晓平　蔡　欣　蔡向芸　蔡艳泓　曹　益　查　君　陈　琮　陈　栋　陈　峻　陈　潇　陈金祥　陈晓帆　陈一鸣　陈永佳　陈跃东　从　易
崔志广　戴荣盛　丁　淳　丁　辉　董晓军　杜　航　段　炼　范春波　冯晓利　付小飞　高　芳　高光宇　高洪阳　戈　斌　葛红滨　耿跃云　龚　伟
顾慎稼　顾惟一　管时渊　郭屹民　哈敏强　韩　梅　韩风明　韩磊峰　韩鲁英　韩燕花　杭　英　何金清　何鹏飞　何肖月　胡　吉　胡帅敏　胡馨文
胡兴富　华　炜　黄　海　黄　宁　黄　巍　黄建倩　黄建伟　黄景德　惠天锦　季天骝　简骏骅　江　涛　姜　宁　姜群峰　蒋　旻　蒋海兴　蒋言方
金凌凌　康　燕　亢智毅　兰　宇　李　萌　李　淼　李　明　李　青　李　婷　李　壮　李长敏　李大晔　李丽萍　李伟刚　李鑫磊　李岩松　李彦卿
李艳华　李玉梅　李云贺　梁　超　梁　华　梁广伟　刘　坤　刘　樯　刘　锐　刘海燕　刘建飞　刘金宝　刘晋川　刘睿生　刘延岗　刘颖慧　卢　捷
鲁　超　陆莉娜　马　敏　马　芸　茅永敏　莫霓霓　潘凯临　潘亚飞　裴豪杰　彭皋丽　戚世江　齐葆铭　钱承中　钱文彦　乔　涛　秦　娴　秦彦波
邱继瑾　任怡旻　沙高峰　邵　凌　盛凌燕　施　韵　施红军　施志深　石　翔　史玉玲　寿云飞　宋海军　宋海瑛　苏　昊　苏　涛　宿　宸　孙　静
唐　栩　田士波　童　骏　万代礼　万树怡　汪　佩　王　慧　王　洁　王　澎　王　荣　王　涛　王　婷　王　颖　王达威　王冠中　王桂林　王列波
王琳琳　王萍莉　王韦卿　王笑凯　王秀存　王宇君　温应龙　翁芝青　吴丽君　吴兴昌　夏爱琪　夏宇翔　项燕燕　肖新颖　谢立华　谢维钟　徐　健
徐　蕾　徐　恋　徐　婷　徐林凤　徐小华　许　迟　许　静　荀　巍　闫　锋　杨　辉　杨惠星　杨润生　姚　立　叶晨曦　衣　鹏　殷小明　鱼晓亮
俞　翀　俞　溪　臧　洁　翟　翔　张　峰　张　君　张　明　张　汀　张　宇　张　悦　张　云　张　峰　张　萍　张宏波　张会祥　张靖伟　张清泓
张守勇　张嗣栋　张旭东　张亚峰　张智广　章伟良　赵　静　赵　明　赵红艺　赵明祎　郑加华　郑君浩　郑乐晓　钟　声　钟才敏　周　伟　周　熹
周碧云　周诗晔　朱　宏　朱　俭　朱　蕾　朱淼淼　朱小平　朱小祥

2005年

包冬萍　鲍　然　曹兰兰　常晓诚　陈　静　陈　磊　陈涤相　陈惠欣　陈加帆　陈建兴　陈劲晖　陈黎明　陈媛媛　崔天福　单玉华　邓　雄　邓红涛
丁　灵　丁　扬　丁惠根　董　方　董　姝　董　涛　杜希敏　樊劼冬　范宇萍　方　成　方　舟　费　琳　傅百磊　高　斐　高　宇　顾　玥　顾新国
顾余麟　关海涛　桂庆年　郭　安　郭伟刚　韩　健　韩慧君　韩倩雯　何嘉杰　侯　晋　侯　燕　胡　民　胡志忠　黄辰赟　黄露露　黄小丽　黄晓波
黄逸萍　黄永强　姜　冰　姜明明　蒋凌志　金林灵　柯　宇　孔　清　李　峰　李　楠　李复春　李浩洋　李进军　李晶晶　李静静　李义文　林文魁
刘　晨　刘　芳　刘　建　刘　瑾　刘　旺　刘　雅　刘建丽　刘敏华　刘培岩　刘佩佩　刘志尧　柳　春　卢晓刚　陆伟民　吕　程　罗　畅　罗志刚
马　力　马海渊　毛剑锋　莫绍冰　宁　宁　潘　鹏　裴绒绒　彭爱明　钱　嘉　钱志财　秦　丽　曲国峰　任剑锋　任怡文　戎　云　荣　华　Susanne
沈　琼　沈　晔　沈任璋　施睿华　宋龙泉　宋宁曙　苏　苏　孙　喆　孙国红　孙战金　唐子奇　滕琳琳　田钢柱　涂宗豫　王　馥　王　健　王　璟
王　岚　王　磊　王金波　王进军　王竞生　王微伶　王雪琴　王元奇　王允峰　温　泉　翁翘鹏　吴　刚　吴海林　吴先昌　吴阳华　吴仰平　吴友楷
武　博　夏　亮　项文屏　肖　辉　邢　成　徐　进　徐佳雯　徐其林　薛月英　杨　洁　杨　煜　杨武道　杨翔宇　姚广宜　叶季如　叶荣鳌　叶晓翠
殷仲祺　于　典　于　哲　余　杰　余碧波　余卫江　俞　楠　俞　玮　虞　霞　袁　莹　袁　征　张　丽　张　英　张国恺　张海燕　张家锦　张剑萍
张剑青　张留霞　张培明　张仁希　张文博　张雯洁　张昕然　张震莲　赵雯怡　郑华炳　郑文艳　郑翔敦　周　欣　周乐清　朱　姚　朱海勇　朱婉宁
朱文杰　朱兴武　庄　琛　欧阳恬之

2006年

鲍　震　蔡漪雯　陈　悦　陈明心　董骏宇　付晓群　高　伟　龚丹云　顾　冲　顾　石　郝敬之　何　磊　赫阿娜　胡　明　黄　蕾　黄昳青　黄佳义
季正嵘　蒋　玮　蒋之俊　孔祥文　寇忠良　雷　敏　雷万玉　李　俊　李　娜　李　群　李　睿　李合生　李晶晶　李月红　梁　辰　刘　辉　刘　琦

刘晓丹 刘永正 鲁志锋 陆　平 马俊辉 毛英杰 孟行南 缪　玮 牛秀博 钱　鹏 钱　蓉 邱　恒 桑　艳 沈　浮 沈　健 沈寒峰 沈列丞
盛安风 施华骏 是佳珉 寿泳波 宋　莹 宋云峰 孙　娅 谈荔辰 唐仁田 汪　涛 王　璐 王　琦 王　炜 王　喆 王红保 王红生 王开华
王瑞峰 王维平 邬宏刚 吴　彦 吴孟卿 吴玉涛 吴筑海 夏　媛 徐　亮 徐霄月 徐中华 杨　春 杨　建 杨　杰 杨朝华 杨佳慧 杨建兴
杨小勇 杨志强 尹敏惠 尤昕晔 袁　璐 曾祥武 张　创 张　莹 张　韵 张海明 张珈潼 张世阳 张松岩 张文君 张雅平 章文茹 赵　玮
赵　莹 郑灿明 周　艳 周婉文 朱维平 祝婺韵 庄　燕 庄建忠 邹铃军

2007年

安永利 包小薇 蔡静燕 陈　畅 陈　澄 陈　洁 陈　前 陈　渝 陈开兵 陈世和 陈习文 陈允强 邓美蓉 段春萌 范　倩 范方群 范佳山
范晓剑 方锐强 费曙青 冯　浩 高俊宁 葛　卿 管平平 郭　惠 郭万琦 韩慧胤 何晓成 胡　波 胡　凡 胡建文 黄炳德 霍　博 季　佳
季俊杰 季荣庆 姜　烨 焦兴家 金　燕 金伟格 靳　飞 李　鹏 李　森 李　烨 李　一 李　玥 李绿林 林碧共 刘　涵 刘　玮 刘　洋
刘海洋 刘弘毅 刘文彬 楼睿竑 吕雪莲 罗邦梁 孟丽姣 穆　清 倪翔宇 倪旭伟 彭小娟 邱伟峰 全希坤 史　萌 史　瑶 宋树明 孙　侃
孙祎懿 唐中鹰 陶湘华 王　恺 王　歆 王　晔 王雯婷 王小芝 王永佳 吴　科 吴国栋 夏振海 肖俊海 谢　曦 忻　蕾 徐　琦 许亦威
薛　原 严俊虹 阳　光 杨富军 姚　骋 叶琪卿 殷鹏程 游志雄 于海博 于文杰 原培新 曾　鹤 张　波 张　欢 张　亮 张晋阳 张琪琳
张仁健 张如翔 章月圆 赵丹丹 赵荣海 赵旭华 郑　若 郑凌莹 周　明 朱　俊 朱长森 左　杰

2008年

鲍莹莹 边秋娟 陈　华 陈　爽 陈　未 陈　言 陈加佳 陈其容 陈小东 陈耀贵 陈英侃 陈卓君 成婧宇 崔　岚 戴　振 邓菊香 丁　霖
董　科 董丽丽 董秀芳 杜洪泽 樊　非 方晓铭 冯　潇 甘明亮 高　乐 高安琪 宫伟智 龚佳烨 顾　佳 郭　健 郭　磊 韩　翌 何慧英
何庆平 洪　悦 洪懿昆 胡　寅 黄　琴 黄大中 吉　昌 季　祺 江　璐 江晓峰 姜东升 蒋　蒙 蒋　莹 蒋本卫 瞿　璐 冷岩冬 李　洁
李　俊 李　可 李　炼 李　然 李　晟 李　雄 李　岳 李明宇 李佩伦 廖作霞 林　川 林　凌 凌　虹 凌　辉 刘　树 刘华清 刘若彪
刘晓雯 龙　淼 陆晓霞 陆亚妮 骆士生 马来红 密晨磊 聂　波 钮风云 濮文渊 乔丽曼 裘明珠 任　涛 汝　蔺 阮化英 佘明松 申燕云
沈立伟 沈亚梅 施　慰 施建乡 石　宪 石桂卿 舒睿彬 孙　磊 孙　亮 谈莉娟 汪　凯 王　芳 王　建 王　娟 王　珏 王　帅 王　腾
王　瑶 王　哲 王爱平 王海港 王洪军 王继东 王晓娜 王志群 吴　昊 吴亮彦 吴英杰 熊文陶 徐崇恩 徐方燕 徐敏栋 徐毓飞 严丹凤
杨　枫 杨子学 姚玉洁 于京超 于维维 余粟一 袁　懿 袁甲幸 战伟俪 张　俊 张　峻 张　琳 张　灵 张　薇 张　瑜 张成武 张家豪
张楠楠 张维福 张维仁 张新记 张星彦 章菊新 赵　巧 赵　蓉 赵　盈 赵建民 赵永凯 郑　颖 智丽萍 周相云 周晓文 周志海 朱　晔
朱　瑛 朱宝骅 朱逸宁 朱子晔 祝永康

2009年

鲍国强 毕纯洁 卞慧琴 蔡　滨 陈　实 陈佶豪 陈君健 陈立雷 陈淑爱 陈鑫钢 陈永才 仇　莘 仇月琴 初　兴 戴永亮 邓姗姗 丁程韵
丁生军 东刘成 董思超 董晓芳 高　友 高双喜 葛新鹏 顾　旻 胡佳林 还欢欢 黄　凯 黄晓明 黎　京 李　砚 李魁山 梁　涛 凌冰川
刘　桂 刘　炯 刘克美 刘佩成 刘阳河 刘轶佳 陆冰星 骆一林 马晓琼 南　骥 彭　麟 秦　笛 邱奕侃 全　嘉 任意乐 申珊珊 申世明
沈　玲 沈　元 沈书恩 沈晓瑶 石　敏 史金玲 孙　艳 孙毅仁 孙元超 郜　慧 汪绮霞 王　蕾 王　琰 王赤峰 王海洋 王荣华 王笑盈
王玉凤 王昀烨 夏　琳 肖永伟 谢　冰 谢晓丽 徐　爽 徐丽婷 徐晓磊 闫　康 严雯婷 杨　漾 杨春宝 杨国权 杨涵宇 姚根圣 殷　平
余家林 俞斯佳 曾　翌 张　冉 张　霞 张　轶 张高峰 张今彦 张俊华 张婷婷 赵　鑫 赵斯恺 钟露璐 周　健 周玲娟 朱　斌 朱　婷
朱冬红

2010年

曹　阳 常　徐 常林越 陈　诚 陈　珏 陈　顺 陈　曦 陈建华 陈晓光 陈妍璎 陈正严 仇　成 仇玉敏 崔　凯 崔　赟 戴庆辉 戴颖君
董泳伯 多建祥 高培丽 龚　苇 顾　锋 顾殷晶 郭　靖 郭建伟 何　嘉 洪　倩 洪　嫣 胡伟国 胡小佛 胡小韦 胡晓莉 黄　荣 黄　韵
黄博宇 黄昱挺 季　俊 蒋　博 蒋　欣 蒋科卫 金　玲 鞠　希 康　宁 孔晓璐 乐　康 冷宇峰 李　鹏 李　勤 李光前 李建硕 李乐茹
李明启 李思琦 廖森林 林明钿 刘　彬 刘　鹏 刘　向 刘　欣 刘德全 刘尚飞 卢　琦 陆　星 陆艳芳 缪海琳 潘　骊 齐文俊 邱奕欣
赏晓逸 沈　玲 沈　艳 施竞鸣 石瑞华 苏　丹 孙尘晛 孙泾元 孙乾玉 唐婉敏 童繁富 汪海锋 汪文华 王　静 王　玮 王　岩 王　攸
王　钰 王　钊 王立强 王思美 王向军 王晓燕 王彦辉 王艳萍 王一勤 魏　勇 吴界纬 吴婧婧 吴申申 吴书驰 夏　梦 项立丽 谢　姝
邢婷婷 徐　鹏 徐续航 徐蕴芳 徐忠军 徐子娇 许　飞 薛　元 薛文飞 严广超 杨济时 姚张萍 叶炳斌 叶锺楠 于　琦 袁　莹 曾　哲
张　荔 张　望 张　翌 张　竹 张光伟 张明辉 张奇莺 张映洲 赵　雷 赵　欣 赵亚楠 赵亚鹏 赵悦琴 智晓芸 周　静 周　燕 周　阳
周博雅 周恩泽 周嘉伟 周立东 周永彪 周振华 朱　春 朱　芸 邹　滨

2011年

Ayuss　艾科宇　包 蕾　边俊杰　蔡 青　蔡晗婕　曹 培　常 青　陈 晨　陈 钢　陈 萍　陈 巍　陈 旭　陈 沂　陈 玥　陈小琴　陈晓丹
陈欣晔　陈学实　陈玉艳　程 明　池 红　初 蓉　崔 佳　崔佳琪　戴迪笛　邓一玮　丁成杰　丁佳玲　丁雅楠　董 强　段晓宇　方建晓　费艳林
冯 伟　傅恩才　高 峰　高仕彧　龚碧野　顾 晨　顾 鹏　顾 云　顾石音　郭东海　郭谊婵　何国镇　胡 耘　黄 佳　黄莎莎　黄晓燕　计盈慧
江 帆　江子扬　姜鹏周　蒋丹丹　蒋晓杰　瞿 泓　瞿蔚文　赖祥斌　李 波　李 瑞　李 扬　李 昀　李家志　李青纯　李小群　李训聪　李彦鹏
李远晟　李正江　林 聪　林 挺　林海亚　林少楠　刘 灿　刘 刚　刘 洋　刘继生　刘柯尼　刘明珠　刘漠烟　刘奇才　刘书意　龙文灏　陆 添
陆成钢　陆娴颖　陆智骏　吕欣欣　罗 蔓　罗国平　马莉芬　马瑞琳　毛珏伶　孟 欣　欧 曼　潘令嘉　秋飞飞　裘黎琼　饶思珺　汝 瑜　尚大飞
邵建涛　沈追宜　沈旻昊　沈希翌　盛 夏　苏 鹏　苏 颖　隋思扬　孙 芸　孙国龙　孙吉鹏　孙俊逸　孙志坤　谈永卫　谭 轲　唐 钺　滕 犇
田逸飞　汪 蕾　汪维柯　王 冬　王 峰　王 廓　王 利　王 姝　王 睿　王 威　王崇湘　王岱琳　王劼晨　王珏玲　王齐光　王天晖　王文婷
王晓宇　王怡斐　王毅锋　韦栋安　魏宏源　吴 妙　吴惠峰　吴绍箕　吴炜一　吴亚琴　吴智彤　夏佰林　夏乐意　夏伊君　肖 宙　邢 涛　熊文昱
熊笑雷　徐 卉　徐 亿　徐淑美　徐玉婷　许 佳　许 培　许夏莉　薛 卓　薛铭华　闫立惠　严 唯　严娅敏　燕泠霖　杨 涵　杨 进　杨辰蕾
杨凤伟　杨笑天　杨雪蘋　杨怡培　姚 丹　姚 瑶　游 江　余国璞　俞春尧　虞 晗　曾 鹏　张 洁　张 婧　张 琴　张 垚　张春洋　张竞博
张俊峰　张熙慧　张小怀　张一戈　赵 成　赵 曜　赵雪莲　周 锋　周 皓　周 慧　周 吉　周 晔　周雯婷　周夔超　朱 灏　朱力元　朱韶华
朱雯君　朱洲江　邹 磊

2012年

TEO　鲍国强　卞志钢　蔡余阳　曹 斌　曹 慧　车璐琪　陈 昊　陈 樱　陈晓维　陈亦文　成 敏　池锋翔　崔晓晨　丁 帆　丁晓炜　董之平
范佳纯　范诗嘉　范一沁　方广翔　方义庆　冯 雪　冯明星　部 爽　郭 航　郭一超　韩 韬　何 维　何元钊　何志鹏　黑 砚　胡 实　胡滨荪
胡晨樱　胡春宇　胡天舒　黄财彬　黄玲翎　黄尧尧　霍平平　季天裔　简 鹏　江 凯　姜 宁　姜安东　姜晨歆　蒋 超　蒋 佳　蒋晓毅　景 卉
景 琳　鞠黎舟　孔君涛　郎戎杰　李光宗　李家祺　李倩婕　李鹏飞　李生飞　李伟栋　李彦智　林晓宇　林渝胜　刘 冰　刘 伟　刘 威　刘东阳
刘宏志　刘润川　刘文标　刘晓明　刘雪军　刘亚楠　刘砚文　刘云丽　柳 鑫　楼志军　罗 杰　马宏涛　毛晶轶　茅金鑫　穆雁媛　倪国圣　欧阳辉
乔 琦　邱 雯　任国栋　任国均　邵骥骋　邵莉娜　沈 栋　沈 亮　沈丰姣　石 磊　史文杰　宋 益　苏 振　孙晓波　孙 璐　谭 鑫　唐 波
唐国丞　陶露萍　屠奕骏　万 鑫　汪一宁　王 彬　王 均　王 全　王 鑫　王恩顺　王鹏志　王诗雨　王严锋　王翼翔　王庸凤　魏 炜　邬浩刚
吴 成　吴伟民　吴夏晨　吴小康　吴誌烨　夏艺璇　项 瑜　肖丽娜　忻 蕾　徐慕静　徐诗歌　徐兴伦　许士杰　许斯力　闫 琪　严 佳　严 明
严圣霞　颜林峰　杨 婉　杨鹏飞　杨晓松　杨新新　姚 莹　殷一弘　应 超　游 猎　于汶卉　于永杰　张 斌　张 佶　张 威　张奂之　张科升
张丽华　张天钧　张小凤　张晓峰　张晓辉　张雅东　张逸晟　赵 薇　赵 阳　赵凯波　赵启博　赵强强　赵杏花　赵志阳　邹 宇　朱 婷　朱安辉
朱林海　朱仪洁　祝顺来　庄 哲　庄晓芸

2013年

Bart　蔡 霖　曹 朔　曹海韵　常 花　陈 蕙　陈 态　陈航杰　陈鸿峰　陈理明　陈伟伟　陈雪梅　程若尘　费 宏　高 浩　高 鹏　高心怡
葛 亮　葛杨慧　顾乐明　郭 睿　过江文　郝世英　胡晓晨　黄 一　黄哲轩　计燕琴　季 晨　江 涛　姜兴汉　姜玉涛　琚 鹏　瞿佳璐　康 琦
李 青　李 炜　李宝龙　李春生　李广伟　李玲慧　李特艳　李一岚　连柯楠　梁 维　林承鑫　林金桂　刘 龙　刘 莹　刘德顾　刘发辉　刘小倚
刘足文　卢 伟　罗思维　马 娱　彭琪蘅　钱 昆　乔 力　秦 冉　秦佶伟　邱洪磊　阮大康　沙蕴藉　余 皓　申 飞　沈 茗　沈 纤　沈 昕
盛 锴　施 维　施 赞　宋志刚　孙 浩　孙浩云　汤梦捷　田康宁　汪 静　王 金　王 杨　王希诚　王译晗　王玉青　王之馨　吴 宁　吴 鹏
吴思宇　吴筱辉　吴治厚　夏 沁　夏 玮　谢方舟　谢欣悦　熊 川　熊 凯　徐林风　徐英亮　严 鑫　严婧文　杨 靖　杨 岩　杨德润　杨薇薇
杨晓峻　于 臻　俞 英　俞俊龙　俞淼鑫　原潇健　展亚东　张 聪　张 佳　张 珂　张 敏　张 鹏　张 蓉　张 睁　张爱艇　张洪源　张建帮
张丽超　张启龙　张伟煜　张怡婷　赵 凯　赵洪宾　赵剑豪　赵丽花　赵顺杰　赵欣雯　郑晓鸣　周 杉　周 涛　周家元　周梦婧　周铭铭　朱 玮
朱崇乐　朱铁城

（截止2013年8月31日）

附录5：1952—2011年项目列表

50年代（1951—1959）

工业建筑
江南造船厂
中西大药房（中州药厂）
华丰橡胶厂南京无线电厂
上钢三厂
中华造船厂
苏南汽车运输公司上海分公司
华东工业部上海（红星）制车厂
中华酸碱厂
上海市合作社碾米厂
漯河植鞣制革厂
吴淞机器厂第三艺徒工场
上海第一棉纺织厂
上海钢铁公司三厂
上海第一纺织机械厂
益民制革厂
中国花纱布公司华东分公司
上海市营建筑工程公司
皖北烤整厂
本部建筑机具设备供应总站
光复西路工站
上海油脂公司第一厂
上海市卫生局乳肉受理所
蚌埠机床厂
亚细亚钢铁厂
华东工业部上海化工厂
天利氮气厂
农林部上海病虫药械厂
新沪钢铁厂
浦江机器厂
上海医药器械厂
皂河闸
七浦闸
七浦塘闸门
上海景福针织内衣厂成衣车间
沪东造船厂
长江航务管理局第二船舶修理厂
苏北农具厂
空军后勤汽车修理厂
大华利卫生食料厂
皖北造纸厂
上海电线一、二厂
上海电子仪器厂
吴淞灶气厂
华东邮电器材厂
昆山振苏窑厂
华东化学处醋酸厂
南京化工厂
南京电工厂
科伟仪器厂
上海电池厂
中央制药厂
景德镇电厂、九江电厂
上烟三厂
中国茶业公司绍兴一二三厂
中茶公司浙江省公司三界条厂
新华橡胶厂
远东钢丝布厂
利华造纸厂
益民食品一厂
重工业部上海办事处-仓库
中茶公司温州茶仓
中国医药公司上海采购供应站
中国食品出口公司冷仓库
外贸部上海商品检验局
舟山码头
黄桥主业公司新港码头
益民食品二厂
上海公共交通公司四平路保养场
扬州炼铁厂
南京合肥电机厂
嘉定新华化工厂
合肥汽轮机厂（皖安机械厂）
贵阳电线厂
元通染织厂
协昌缝纫机厂
机械建筑局上海修配厂
空军启动汽车修理厂
豫北纺织厂
染整厂
天和电化厂
现代算机制造厂加建验算加固工程
上海科学教育电影制片厂
华丰钢铁厂
安达纱厂
中国食品出口公司华东区公司
赣西南人民造纸厂
上海电影制片厂
通用机器厂
黄天港闸门
蚌埠安徽水利机械厂
陕西鼓风机厂
33124望亭发电厂
高速柴油机厂（451厂）
安徽合肥华丰面粉厂
上海船舶修造厂
上海市工业试验所室外馈电线工程
北京煤矿研究所
华德灯泡厂
406厂、哈尔滨锅炉厂
155厂（求新造船厂）
沈阳重型机器厂（3302工程）
建材部上海办事处
新华纱厂
南通大生纺织公司
迪化苍房沟面粉厂
华东砖瓦三厂
冶金工业部上海加工厂（上海铁盒金厂）
上海合金厂
天津食品出口分公司
上海市煤气公司
上海仓库管理处
国家物资储备局华东区分局
上海冷铸厂苏北治淮总指挥部
佛子岺水库、南湾市山闸门、梅山水库
卡普隆拉丝厂
天平仪器厂（原新科仪器厂）
电业受理局荡里高压变电所
工业化肥设备厂（定型设计）
上海烟草工业机械厂
江山水泥厂
上海炼油厂
大鑫机器厂（上海矿山机器厂）
安庆通用机械厂
宜春第一机械厂
永胜机械厂
连胜机械厂
431厂机修车间
南京磷肥厂
兰州橡胶厂生产车间
上海华亨染厂
上海中国染料公司三厂
上海煤气公司
中国煤气厂(吴淞化工厂)
万顺恒铁工厂（上海螺钉厂）
公私合营新民机器厂新建车间
（未上马）
巨轮五金厂新建热处理车间
南京教学仪器厂
震昌锯木厂扩建
祥大兴锯木厂新建便桥、上料码头
新华文具厂扩建车间大楼
王福钉厂新建工程
美昌赛璐珞厂
上海宏兴染料厂新建冰库
造船科学研究所
上海建筑机械厂
上海白莲泾船舶修理厂及造船科学研究所
上海第一缝纫机器厂
上海国际电讯器材厂
上海惠工缝纫机厂
上海第三拖拉机站（上海市八一农业机器拖拉机站）
中华造纸机厂（与117#彭浦机器厂合并）
慎和翻砂厂（中华造纸机械厂）
4154工程办公楼及宿舍
现代机电修配厂
金属加工厂上海回收站
苏州铁工厂
培沅铁工厂
上海机床电器厂
打捞工程局
南京棉毛纺织厂
郑州小型绞车制造厂、郑州金属结构加工厂(合称郑州矿上机械厂)
大隆机器厂
上海（钟声）录音机厂
上海军鞋厂
对外贸易部出口大楼
江南水泥厂
新祥机器厂
中国食品公司天生港码头
丰县纱厂
福州电缆厂（未出图）
福建三明机器厂
上海市人民印刷厂
辽阳三七五厂
沧州饭店
大连造船厂
上海染料厂

石油二厂
南桐煤矿发电厂
上海益民食品二厂新建码头工程
上海普发仪器厂
上海大场钢铁仓库
公司合营上海亚美电器厂
南京冷库改建
上海水力发电试验所
沈阳车型机器厂（3302工程）
新汶煤矿矿井及新建混合行政福利大楼
新业电工机械厂（该厂未建迁址，未出图）
上海玻璃仪器厂
建工部机械基础公司
上海天平厂
上海第一针织羊毛衫厂
上海铁工厂
华丰毛纺织厂
第十四橡胶厂砖木混结构职工宿舍
上海树木行锯木厂
上海第一石油机械厂
沈阳工程
中国科学院植物研究所
上海玻璃机械厂（钢窗厂）
上海总工会干校宿舍工程
京西矿务局中央修理厂
通化矿务局中央修理厂
404厂（哈尔滨汽轮机厂）
时代电子仪器厂
中国铅笔三厂
学基粉笔工艺厂
上海联合工坊
制鞋厂第四联营厂
鼎新染织厂
勤丰造纸厂
上海试剂厂
勤丰染织厂
公私合营新华线厂
源康祥棉织厂
中国铅笔一厂
信孚印染厂
精美漂染厂
公司合营上海第一染砂厂
南京水工科学仪器厂
恒丰染织厂
光华染织厂
同镒金属工业厂
公私合营大陆电瓷厂
中央胶木电器厂
上海化工厂
东亚电焊材料制造厂
通达（和平）起重机工具厂
科培仪四厂
光华仪表厂
顺昌翻砂厂
华生电器厂
华兴电镀厂
新建船厂
铜仁合金厂(中国自动电讯器材厂)
上海冶金矿山机械厂（682上海交通器材翻砂厂、928上海重型机械制造公司并入本厂）
上海联一橡胶厂
雷电冰箱厂（上海冷气机厂）
杭州市给水工程
上海木材一厂
海昌化学玻璃厂
上海卷烟厂烘烟房暖通工程
上海电缆（线）厂
国营上海木材二厂
林产化工厂
大明翻砂厂
上海啤酒厂扩建
合众冷冻机厂
上海螺钉厂
上海金属带箔厂
中铸钢铁厂
中国水泥公司造纸厂扩建
义生橡胶厂
上海吴泾化工厂
上海轴承厂
福州市蚕种繁殖场冷库
上海树脂厂
安泰铁厂
南京白云石矿新建车间、宿舍
神州造纸厂扩建造纸车间
中山玻璃厂
勤工橡胶厂
新成星星仪表厂
高桥化工厂
永昌良铣牙厂
上海中国燃料二厂
地方国营扬州造纸厂扩建
上海乳胶厂
上钢五厂扩建
上海汽轮机场新建仓库
上海起重运输机厂
上海企昌橡胶厂扩建
上海冷拔钢管厂
公用电机厂
芜湖丝绸厂
上海汽车装配厂
安徽蚌埠人造丝厂
合记天祥华记铁工厂扩建
南京电解厂
华丽铜版纸厂
润华染料厂
上海滚动轴承厂
上海大南电焊材料制造厂
南华毛巾厂
大同铁工厂新建仓库
中国机器厂
连云港渔业基地
安徽省铜陵市麻纺厂
镇江电解厂
大兴金属拉管厂
上海农药厂
新中铸铁厂
电焊工业第五联营所
上海球墨制铁厂(亚洲实业铁工厂)
兴华、新龙记、策记铁工厂
中工铸造厂新建翻砂车间
亚洲铜厂扩建
中钢机器工厂
亚光胶木厂
上海无线电器材厂
电焊工业第三联营所（上海第三焊接厂）
中联染料一厂
大明造纸厂扩建
上海铜厂
复旦电机厂
上海电焊工业第二联营所
大生金属厂新建轧钢车间
益昌橡胶厂
涟水黄赤磷厂
新沂县淡粉加工厂
芜湖市永恒印染厂初步设计
兴中（协成）电机厂
上海五洲制药厂
中南橡胶厂
杭州锅炉厂
大新电业器材厂
南通电解厂
上海嘉定植物油厂
芜湖电缆厂（未出图）
新民机器厂（805）
南京电机厂
嘉定氮肥厂
上海市杨浦锯木板箱厂
协兴电镀厂
第一帆布厂主车间
盘湾里及蔡家浜装卸作业区新建仓库
上海电焊条厂
上海第一印刷厂
建设机器厂
嵊泗县水产联合加工厂
上海大中华橡胶厂(上海轮胎一厂)
上海市嘉定北门文玉食品厂
上海交通防疫所
郑州无缝钢管厂
嵊泗县二渔港建腌鱼池等勘察
亚光机器模型厂模型车间
上海重型机械厂
上海邮局火车转运站
上海机械厂
上海第二纺织机械厂
中国电影发行公司华东区公司
利生化工厂(工农兵化工厂)
安徽无缝钢管厂
中央铜厂
戚墅堰机车车辆厂
徐兴记翻砂炼钢厂（标准紧固件机修一厂）
昆明电缆厂
黑龙江省哈尔滨机联汽轮机厂（机联机械厂）
上海溶剂厂
宝山联合机械厂（宝山农业机械厂、宝山第二农机厂、摩托车制造厂）
南京炼油厂
539工程
珊瑚化工厂35吨水塔(套用设计)
915工程
武汉纺织机械厂
远东化工厂
大中元木螺丝厂(标准件五厂)
江苏省电影制片厂
荣来印染厂扩建
吴淞水泥厂
芜湖钢铁厂
建工局武夷路宿舍
中国人民打捞公司

上海第六机床厂
中国工业器材公司上海化工原料染料分公司
华东海运管理处
福建三明电缆厂
上海区港务局
长江航务局上海分局
上海铁路管理局麦根路装卸供应社
筑路机械修造厂
上海电器科学研究所
上海水泥厂
上海交通器材翻砂厂
上海电缆研究所
解放军3516工厂(106厂)
国营上海教学仪器厂
井冈山别墅
中华电器厂（上海电碳厂）
上海药物研究所
国营六七四厂
上海汽车厂
上海锻压机床厂
中国科学院上海办事处
大华仪表厂
上海虹桥肺结核疗养院
中华冶金厂
新兴坩埚铸钢厂
上海第二商业局冷库
精业机器厂
中国唱片厂
上海电影机械厂扩建
红旗、东风铸铁厂
第一印刷机械厂（人民机器厂）
上海气焊机厂
上海拖拉机厂（宏记铁工厂）
光学玻璃厂（153厂）
半山耐火材料厂
上海录音器材厂
福州化肥厂
上海益民食品厂
广州水力发电设备厂
群青染料厂
华东化工厂
驻沈设计120厂
上海感光胶片厂
南通商业局石新建油库码头
江西蚕桑综合垦殖场
山东藤县电缆厂（未出图）
无锡电缆厂
国家经委物资总局驻上海机电一级站
新Ⅷ型电线厂
华东钢铁公司（上钢一、三厂）
嘉定通用机械厂(上海汽车齿轮厂)
华东纺织管理局
大安机器厂
上海闸阀管道厂
上海车具钢珠厂变电站
方园电工厂
中南电机厂（星火模具厂）
铺镇客车修理厂（未出图 ）
合肥客车厂
四方锅炉厂
江宁电机厂（人民电机厂）
九江玻璃机械制造厂
安徽通用机器厂
苏州花园山采石厂
上海仪表厂
636厂14号工程（吉林柴油机厂）
上海塑料厂
上海工具厂
华东钢铁建筑厂新建露天堆场
信一化工厂新建钢混水塔（上海染料化工十四厂）
建工部上海基础公司
无锡机床厂
上海耐火材料二厂
上海机械刀片厂
上海动力齿轮厂滚铣车间改建（上海传动机械厂）
上海塑料二厂
上海陶瓷厂
义顺电焊机厂（上海气焊机厂）
上海实学仪器厂(自动化仪表一厂)
新建机器厂一号工程
上海第二机床厂扩建(明精机床厂)
上海汽车配件厂
华一电器制造厂(长江电器厂0681)
中汇一厂
上海继电器厂
苏州阀门厂
上海九福制药厂（上海第十五制药厂）
上海软轴机具厂扩建(振动器厂)
浙江省农业厅原蚕种场
湖北省新生玻璃厂
七・一机器厂（丰收拖拉机厂）
上海第十钢铁厂扩建
上海玻璃厂
创造仪器厂
芜湖新中烟厂
杭州丰山钢铁厂
上海鱼品加工场
华通开关厂（上海开关厂、兴中电机厂）
水电部仓库
芜湖市桥梁工程（勘察图）
安徽印染厂
跃华玻璃厂

民用建筑

华山路俱乐部
军政委员会托儿所
上海虬江路小学
新建光复西路第一小学校舍工程
高桥区大同路小学校
浦东洋泾区第二中心小学
潭子湾小学校舍
中山北路第二小学
长寿路小学
上海水产学院
上海钢铁二厂高桥中学
华东纺织工学院第一机械艺术学校
上海高级机械学校
矿务局阜新卫生学校
齐齐哈尔技工学校
上海幼儿师范学校
上海市人民政府干部学校
闸北失业工人训练学校（上海商业学校）
失业工人救济会
江湾区 、新泽区、洋泾区放映站
上海市虹口体育场
清江市烈士纪念塔
苏北工人文化宫
市立第七人民医院
上海市立第二劳工医院
上海妇婴保健院
上海市立佰特利医院
上海第一传染病院
闸北区人民政府卫生科
青岛纺织局工人医院
红十字会医院新建门诊部
公济医院（上海第一人民医院）
普陀区诊疗站
同仁医院门诊部病房
普陀区防疫站
大场防疫站
江湾卫生防疫站
苏州东山干部疗养院
闸北区委员会
大场区政府
真如区委会杏堤路新屋
上海洋泾区委会
杨浦区税务分局
上钢一厂大场人民政府税务局
杨思公安分局
中共新市区区委会（上海财政金融学校）
上海市北站区人民政府办公大楼
财经医院(上海社会科学院)
工务局供产处
东北第一工业学校
衡山电影院
无锡太湖疗养院
曹阳新村上海市卫生局教育局档案建委会
上海光复西路第二小学
群众电影院
上海市教育局潘阳路新建小学工程
上海市北中学
上海市立沪西中学校
工农速成中学
上海纺织工学院
101厂沈阳东北电业技工学校
长春电业局技术学校
矿务局阜新工业技术学校
高炮校
上海机械学校
上海轻工业学校
上海电力工业学校
胜利电影院
鸿英图书馆
上海第八人民医院
广慈医院
南昌妇婴保健院
蚌埠市立工人联合医院
杨浦区妇儿保健院
淮海西路医院
华东军区后勤部队医院（现移局上海市传染病院）
第六人民医院
上海第二人民医院
龙华卫生局医院
普陀区妇婴保健分站
上海第一妇婴保健院
沈阳机械局门诊所
无锡大箕山疗养院
闸北区公安局
本部材料供应站
公安局大场分局

吴淞区委会
榆林区人民政府
华东财政干部学校
上海鱼市场
华东化工学院围墙工程
长征人民公社幼托
徐行人民公社住宅
闸北区60定型住宅（J型）
普陀、杨浦区新建中学
上海市江宁中学
时代中心
上海市私立新光中学
陆行中学
民联中学
大场区新建中学
杨思中学
上海市立洋泾中学
上海市北郊中学
真如中学
肇和中学
江湾中学新建教室
上海市同济中学
大同中学（大同附中一院）
行知艺术学校中学部
上海市常熟区中学
华东速成实验学校（上海新教育学院）
高射炮学校
上海动力学校
安徽大学农学院
无锡总工会
波兰经济展览馆
上海市教育局风雨操场
江湾体育场
中苏友好大厦
南京军事学院
澄表疗养院(上海市第一结核病院)
太湖疗养所
闸北水电公司、吴淞及曹阳路变电所
虹桥机场
杭州上海纺织工人疗养院(未上马)
南泉新村
复旦大学高真空器材厂、物理楼
卢湾区新建中学
虹口区新建中学
上海市控江中学邯郸路托儿所
沈阳第一机器技工学校
上海第一医学院
华东建筑设计公司同济大学合办
土建实验所
华东师范大学
西安交通大学
教委员会体育运动场
杭州屏风山疗养院
西郊公园象房
上海机械学院
上海灯泡厂电子管大楼
控江新村医院
上海建筑工程局职工医院门诊病员大楼
上海肿瘤医院
华东医院
上海市卫生局防疫总站实验大楼
上海总工会杭州屏风山休养所
青岛疗养院
四方锅炉厂
无锡市百货公司
安徽省文委办公大楼
嵩山路消防处
上海市建委地铁筹建处
徐州医学院图书馆
北京石油地质学校
上海市文化俱乐部
上海总工会干部学校
锦屏磷矿新建总体、工人村、合作社等
上海工人肺结核疗养院新建疗养楼
上海体育学院温水游泳池
上海粮食干部学校
新建小学、雨天活动室工程
江西省人民委员会游泳池
上海人民广播电台
甘泉中学
上海建筑工程学校
苏州建筑工程学校
上海县邮电局新建办公大楼
上海第三工人技术学校
上海鲁迅纪念馆单建地下室
上海俄文专科学校
西安建筑工程学院
安徽省游泳池
上海铁路中心医院
北京建筑科学研究院
上海外国语学校
上海船舶制造学校
上海统计学校(初步设计)
西安建筑交通大学
华东工程管理局新建干部宿舍
沪西工人文化宫
浙一大楼改建（华东建筑设计院大楼）
上海第一护士学校
上海精神病医院
市公会联合会干校
一机部公会杭州疗养院
第一商业局华东区百货商店标准设计
上海交通大学物理楼、2101实验室
华东建筑设计研究院衡山路公房
合肥矿业学院
电机部供销局上海办事处
海员俱乐部
华东设计院新建家属宿舍
家庭工业社加建
脊居宿舍、厕所（统详）
市人委机关事务管理局
嘉定县外冈人民公社总体初步设计
西郊公园熊猫馆
上海造船专科学校
华东政法学院
上海五爱中学
上海艺术剧场
福建省福州大学
福建省人民委员会
周家渡住宅工程
上海中医学院
上海第二科技学校
上海南京饭店改建
305工程（虹桥机场）
福州交际处
梅岭北路住宅基地
曹家渡小辛庄

其他

华东军区海军械工厂
351工程
东海舰队工程
4105工程
304医院（十二空军医院）
军委后勤部营房机场管理处
华东军区后勤军需生产部
725工程
汽车33团
601工程
105(染整厂）、106厂
1414工程
109工厂
710厂(4205工程，现新华无线电厂)
110厂
724（707.703.708.709工程）
352工程
303工程
市营011
4115工厂（第二军医大学）
华东军政委员会公安部
1301工程（3613、6413工程、408仓库）
福州101厂
解放军73686部队（88-1092部队综合楼）
140工程（含106.107.204工程）
55016厂308车间
三二一厂医院（南昌）
652厂（长春第一汽车厂，出图后未上马）
九二三仓库
海军后勤司令部
七七二厂
1551工程
19号工程
909工厂（南昌工程）
547厂（7023、1002车间、1003车间）
4010工程
805工程（保密工程）
101工程（4906部队）
空军十三修理厂(4104.521工程)
1342工程（南京军区工程兵二九五厂）
1303工程（解放军医学科学院）
1204工程
二四七厂暖风
858工程
143工程
华东工业部计划统计训练班
国营101厂370工程(静安宾馆)
锦江饭店改建15层热水交换器
602工程
海军青岛基地工程
100号工程
5795工程
浙江省5901工程
5902工程
674厂（15号工程）
883工程

60 年代（1960—1969）

工业建筑

上海冶金专科学校大孚橡胶厂
上海电焊机厂
上海电机局新建仓库
上海玻璃厂
利闻无线电厂（上无十一厂）
上海鼓风机厂
义顺电焊机厂（上海气焊机厂）
上海玻璃制瓶厂
中国科学院华东物质结构研究所
上海硅酸盐大型砌块厂（上海硅酸盐制品厂）
上海无线电专用机械厂
上海重型机器厂
福建省工业厅.福州102厂
中国滚珠轴承厂（0675）
北京仪器厂
扬州农业机械厂
上海电子管厂
上海电力修造厂
厦门纯碱厂
鼎新棉纺织厂
上海无线电一厂
嘉定植物油厂（嘉定油脂厂）
铜仁合金厂
上海仪表合金材料厂（已并入上海铜仁合金材料厂）
苏州油脂化学厂
昆明电缆厂
吉林水工机械厂
南京水工仪器厂（南京水利电力仪表厂）
上海第六机床厂
中科院植物生理研究所
上海公共车辆装配厂(货车制造厂)
上海汽车电机厂
国营542厂
上海无线器材厂
中国染料一厂扩建（润华活性染料厂）
川沙印染厂
南京试验机械厂
蚌埠机床厂
一机部材料研究所
益部阀门厂
上海标准件一厂
耀华玻璃厂
湖北马口纺织厂
上海交通运输局货车修理厂（上海货车制造厂）
济南第二机床厂
建工部仓库
上海鱼品加工厂
一机部热工仪表科学研究所(工业自动化仪表研究所）
常州市政工程电机厂（常州客车制配厂）
苏州丝绸印染联合厂
上海九昌丝绸厂
兰州内燃机厂
上海陶粒厂
无锡申新纺织厂
山东机器厂
中科院上海电子研究所
中科院上海冶金研究所
中国科学院力学研究所
上海地质仪器厂(原景华仪器厂)
上海黄河长江修表厂
上海广播器材厂
上海电压调整器厂
淮河机械厂（蚌埠柴油机厂）
新共型电缆厂
青岛铸造机械厂
南通纺织厂
济南锅炉厂
上海生物制品研究所
东海玻璃厂
苏北麻纺厂
上海劳动玻璃厂（平板玻璃厂）
劳动玻璃厂
朱顺鑫石砂厂
朱顺鑫反砂厂
安亭仪表厂(原名上海仪表元件厂)
上海国棉五厂
冶金仪表厂（750厂）
上海市建一公司木材加工厂
阜阳轴承厂
上海白云石加工厂
人民印纸厂曹杨内部宿舍
无锡市申新三厂
武汉第一纺织厂(湖北马口纺织厂)
济南山东电工局制修厂
安达纺织厂
上海无线电技术研究所
钢管山矿工程
庄桥油囤工程
浦上木材加工厂
上海市第一基础工程公司
和平起重工具厂
镇江中型化肥厂
蚌埠水利机械厂
上海第一合成纤维厂（第九化学纤维厂）
韶关电缆厂
上海合成纤维厂
上海市公交公司嘉定保养场
嘉定西门煤气站
铅笔公司
冶金部上办真如仓库国家物资局
上海储运公司
滁景茂电厂
上海有线电厂
江都插秧机厂
镇江林业机械厂
苏州林业机械厂
船舶修造厂
淮南磷肥厂
中国科学院有机研究所（401所）
中科院有机化学研究所
上海丝绸进出口公司第一丝绸印染厂
光华制革厂(上海合成洗涤剂四厂)
上海直流电机厂（南洋电机厂）
上海灯头厂（亚明灯泡厂）
南汇农业机械厂
华光火柴厂（上海华光火柴厂）
上海灯泡厂
镇江纸浆厂
公司合营永兴琴行(上海乐四厂)
上海冷轧带钢厂
浙江肖山电机厂
上海人造板机器厂
南京化肥厂
芜湖水泵厂
硅酸盐研究所
上海供电局线路器材厂
景华仪表厂（上海地质仪器厂）
上海无线电器厂
上海无线电专用机械厂
江苏省东海县玻璃厂
一机部上海供箱办事处仓库
上海建筑技术材料研究所
上海白水泥厂
750厂(北京冶金部自动化研究所)
合肥动力机械配件厂
和平热工仪表厂(自动化仪表一厂)
青岛汽轮机厂
厚生机四厂
皂河闸
上海大理石厂
上海重型机械制造公司
东北有色公司德兴水源厂
合肥汽车制造厂
上海太阳能机械制造厂
上海市公共交通公司嘉定保养场
上海电机厂
合肥面粉厂
芜湖桥工程（建设局）
美光印染厂
闸北发电厂
南京物理诊疗机械厂
上海医学模型制造厂
上海电表厂
上海第十二制药厂（华联药厂）
淮海制药厂
上海第六制药厂
上海仪表粉末铸件厂
上海整流器厂
上海炼锌厂水塔
鸿源化学厂（上海致冷剂厂）
东沟船厂
常州制药厂
上海电工仪器厂
元件五厂恒温室
卢湾制砖厂(卢湾合作煤渣砖厂)
扬州柴油机厂（农机厂）
地方国管扬州耐火器材厂
中科院华东技术物理研究所
上海新跃仪表厂（804工厂）
机电设备成套公司机电仓库
金山水泥厂
南通益民浆粕厂给水工程改建
上海市印刷技术研究所
苏州冶金机电修造厂
上海汽车齿轮厂（上海拖拉机齿轮厂）
上海硬化油厂

新华香料厂
上海矿灯厂（上海矿用电器厂）
上海红旗化工厂（达丰）
光华化学厂（上海大华化工厂）
上海船舶运输科学研究所
上海第二制药厂
上海第二电表厂
中国科学院硅酸盐研究所
上海有色冶金研究所
上海葡萄糖厂
上海公用事业客车修配厂
合肥市汽车运输公司
华东电真空研究所（解放军南字823部队）
桂林芦笛岩
上海碳酸厂
中口水泥厂
华昌钢精厂（上海铝制品三厂）
上海微型电机厂
华元染料化工十五厂
益泰铝器厂（上海铝制品一厂）
红专钢铁厂(上海汽车修理三厂)
红寿钢铁厂危险品仓库
南通铁工厂
华东师范大学校办工厂
马里共和国闪电火柴厂
上海自行车厂
斯美玻璃纤维厂
上海铸钢厂
上海第一航空技校(长城机械厂)
郑州发电设备厂
一机部仓库
煤炭部仓库
上海分析仪器厂
建工部材料供应站上海木材加工二厂
天生港电厂
古岑工程
西南人民造纸厂
海拉尔重型厂
上海石棉瓦制品厂
大禾石棉瓦厂
大原水泥厂
长航局沪港务局水泥厂
中建电机厂
海拉尔食品加工厂
高程控制及纵断面测量
镇江农业机械厂
勘测计用条形表格
无锡开源机器工程公司
大同矿务局机械修理厂
大同煤矿中央修配厂
西安市北郊工程
中国科学院华东技术物理研究所
上海自行车三厂电镀车间
上海消防器材厂
上海压力表厂(自动化仪表四厂)
漳州华侨服务社
上海医疗器械厂
林业上海供应办事处仓库
上海第三制药厂
祥泰胶合板厂(上海建设人造板厂)
上海宇航大厦玻璃幕墙工程
扬子木材厂（胜利木材厂）
上海木材综合加工厂（上海人造板厂）
上海客车修配厂（公用事业设备修造公司）
中科院上海植物生理研究所
是力车厂（上海拖拉机附件厂）
上海力车配件一厂
中亚卫生材料厂(上海卫生材料厂)
上海渔轮修造厂
戚墅堰机车车辆工艺研究所
上海农业药械厂
徐汇煤球加工厂（上海煤球机械修造厂）
舟山渔业基地工程
中国建材设备公司上海物资供应站
中国建筑工程公司
无锡无线电设备厂
上海量具刀具厂
利康铅丝厂(上海工具机械修配厂)
上海金属材料公司小额供应站
上海医械电镀厂
上海精密医疗器械厂
新亚诊察器械厂（上海医用光学仪器厂）
上海试验机厂
上海试验机械厂恒温实验室
上海科学器材公司
上海继电器厂恒温室
华东半导体研究所
上海无线电十一厂
南京生物药品厂
国营上海龙华机械厂（解放军7315工厂）
龙华机械厂
六机部上海供应办事处
上海汽车底盘配件制厂
上海塑料研究所
农机部华东办事处（机械部华东供销办事处）
中国机电设备公司华东分公司（国家物资局上海储运公司）
上海市公安局消防处水泵实验室
上海科技情报研究所
闵行化工厂（中联二厂）
上海钢管厂
苏州阀门厂总务、中心实验楼
河南省郑州发电设备厂
福建水力发电设备厂
上海第二分析仪器厂(雷磁仪器厂)
上海仪表元件厂(自动化仪表九厂)
中国电气公司
陕西南路工务局仓库
中科院长沙矿冶研究所
中国科学院狂矿冶研究所
冶金部仓库
华东建筑器材厂
华侨大学
西安市东郊工程
中央金属回收管理局
上海元件五厂
上海缝纫机一厂
中国金属材料公司华东一级站
171厂（苏州纺织开关厂）
上海工具厂
上海炼油厂
大众文化印刷厂
上海硫酸厂
上海正泰橡胶厂
一新策记铁工厂
上海制笔电镀厂
中国科学院原子核研究所
上海轻工业机械厂
新疆合成洗涤剂厂
854工程（四机部一九三二研究所，力学研究所）
上海金属材料加工厂
上海硅酸盐研究所
上海电影机械厂
有色金属研究所
国家计委物资局上海储运公司仓库
7008工厂
上海五合工厂（第五七三厂）
上海油嘴油泵厂
401所（中科院上海有机化学研究所）
上海光学精密机械研究所
光学精密机械研究所恒温室
上海粉煤灰陶粒中间试验厂（石英玻璃厂）
上海白莲寺采石场(长兴采石场)
上海第一医学眼耳鼻喉科医院
上海市药材公司
上海国营商业储运公司
建材公司华东一级站
上海轮船公司
上海水产供销公司
6505工程（邮电五0五厂）
上海市石油公司(石油煤炭公司)
653工程（重庆地质仪器厂）
上海六五一研究所
解放军六一0七工厂
654工程（西南医用设备厂）
上海机械制造工艺研究所
南洋电线厂（上海电线二厂）
上海市精密机床研究所
上海市水产供销公司
上海仓储公司
上海市金属材料公司供应站
中国成套设备出口公司上海分公司
523工程航空部第六0七研究所
黄浦制药厂（上海中药制药三厂）
中科院安徽光学精密机械研究所
上海医用电子仪器厂
无锡船用减振器厂
上海钢铁研究所轧钢试验厂
新民机械厂（国营九三0四厂）
爱民翻砂厂（国营九三二三厂）
人民农具厂（国营九三三三厂）
五华伞厂（中国伞厂）
红卫医疗器械厂（上海医疗器械二厂）
上海市内河装卸公司
上海水产供销公司冷冻厂
上海机械进出口公司
上海有色合金厂
6706工程（上海石油煤炭公司）
市医药工业公司储运队真南路危险品仓库
上海橡胶制品四厂
上海第二压缩机厂
南通专区水产供销公司冷冻厂
上海组合夹具厂

上海轻工业品进出口公司
黄岩县水产供销公司
上海供电局变压器场
南京炼油厂
嘉兴毛纺织厂
上海畜产皮张加工厂
新艺模具厂（上海钟表机修厂）
上海风动工具厂
上海延安油脂化工厂
上海市皮革金属厂
上海石油煤炭公司仓库
上海有色金属压延厂
虹口区衣着用品公司（服装鞋帽公司）
上海橡胶制品三厂
徐汇区煤渣砖厂
中国橡胶工业公司上海分公司仓库
上海第三压缩机厂
431厂（国营渤海造船厂）
上海铝制品三厂
嘉兴冶金机械厂
上海矽钢片厂
临海机械厂
上海2601工厂
上海机修总厂
7604工程（上海新跃仪表厂）
上海五金交电公司仓库(医药公司)
上海储运公司
上海碳素厂仓库
上海东方红柴油机厂
马里锡加索茶厂
上海铝材四厂
上海电钟厂
上海铝材一厂
上海阀门五厂
国营第五一五厂
上海钢丝厂
上海第十皮件厂
上海市印刷四厂
上海市美术印刷厂
上海市印刷三厂
上海纸品三厂（上海手表五厂）
上海新华印刷厂
黄桥肉联厂
上海服装进出口公司
上海炭黑厂
上海铝合金厂
上海市茶叶公司
上海电力修造总厂

大上海电影院
江西滨江公寓
江西住宅
上海风雨操场
杨浦区第二中心小学
上海建工局职工医院
杨浦区中心医院
苏州医学院
上海市胸科医院外科楼电梯
华山医院
厦门水产学院
404厂（哈尔滨汽轮机厂）
华东军区后勤运输部汽车一厂
853工程冶金陶瓷研究所
上海雷磁仪器厂
常州市政工程机械厂
中央制药厂
上海汽车制造厂
华北区食品公司第二食品加工厂
上海玻璃器皿四厂
中国木材公司上海分公司吴泾供应站
上海铜版纸厂
上海玩具十厂
沪东造船厂
上海金属制品工业公司
上海缝纫机二厂
上海江浦冷冻厂(原冷冻三分场)
红武仪器商店（江武仪器商店）
上海外贸局市工艺进出口公司
东方衡器厂
上海汽车配件修配厂
无锡仪表三厂
无锡无线电专用设备厂
舟山水产供销公司
上海汽油机厂
上海东风缝纫机三厂
常州变压器厂
上海织袜一厂
上海外贸局南码头仓库
上海外贸局漕宝路仓库
103工程（无锡市无线电三厂）
上海市木材公司仓库
上海工业玻璃四厂(玻璃器皿二厂)
反修制药厂(上海第十九制药厂)
上海第三玻璃厂
上海缝纫机零件五厂
浦沅工程机械厂
上海立新船舶修造厂

东方红电化厂
青岛水产供销公司冷库
上海粮油公司小黄浦仓库
上海大场冷冻厂
九四二四厂（梅山工程）
国营光辉器材厂
万里锻压厂
光明机械厂
东海船舶修造厂
上海煤球机械修造厂
上海电器元件厂(有色光学玻璃厂)
上海市革会五七干校(旅游专科学校)
东风玻璃纤维厂（上海电机玻璃纤维厂）
上海玻璃仪器二厂
上海五一电机厂
上海先锋电机厂
上海胜利水泥厂
上海医用光学仪器厂
上海录音器材厂
上海无损探场仪器厂
交通部物资管理局仓库(上海铁路局物资代办站)
上海机床铸造四厂
上海无线电三厂
上海电化厂
上海汽车厂上海客车厂
上海吴泾砖瓦厂(上海石英玻璃厂)
上海造纸机械厂(物资局金属公司)
上海水泥厂
湘西仪器仪表总厂
上海泰山耐火材料厂
上海化工轻工供应公司仓库
化工轻工公司
铁道部七0一工厂
安装公司柳营路加工厂
上海建筑材料供应公司
医药公司上海采购供应站上海市安装公司加工厂
上海石油采购供应站
淮阴肉类联合加工厂
上海冰箱厂
上海市东方红印刷厂
上海冶金第二机修厂
上海市工业设备安装公司第三工程队
上海红卫炼锌厂
建工局供销处龙华供应站
上海市金属材料公司(机电一局)彭浦仓库
上海阀门三厂
上海玻璃仪器三厂（上海轻工电子材料厂）
山东龙口水产冷库
上海油箱厂
上海橡胶机械二厂
建工局供销处统配站军工路仓库
上海探矿机械厂
国营群众鞋帽商店（杨浦区云峰服装商店）
上海新建机器厂
上海油毡厂
上海土产进出口公司
上海铁路局物资代办站杨浦仓库
中国远洋运输公司上海分公司航修站
上海木材厂
上海闸北发电厂
黄浦农业机械厂
华东建筑机械厂
6812工程（电子工业部第三十二研究所）
上海仪表晶体元件厂
上海衡器厂
中华冶金厂
上海禽蛋三厂
上海阀门厂
上海橡胶厂

民用建筑

上海交通大学
上海海运学院
上海机电局
上海华东工业学校
上海铁路总局、干部疗养院
建工部上海机械技工学校（上海安装技工学校，又称上海建筑安装机械厂）
中科繁殖动物房（未上马）
长城机械厂技工师范学校
山东官桥碘务局(山东枣庄矿务局)
苏州丝绸工学院
文汇报社
上海文汇报社机房改扩建
安徽交通学院
上海科技大学
上海第二科技学校
武汉中南干校

合肥电视大楼
江西师范学校
西泠饭店
镇江农业机械学院
江西工业交通展览馆
江西农业展览馆
辽宁省沪办办公大楼
中国纺织工人休养院
鞍钢一等门诊部
齐齐哈尔医院
山东省工业交通展览馆
第六人民医院
上海无线电学校
本院试验大楼
文化广场
上海浦江饭店
浦江饭店（上海大厦）
上海中医学院
上海煤矿设计院
华东医院
沪东工厂大会堂
苏州虎丘古塔
上海市沪闵线输电线
上海体育学院
上海第一结核病院
福州温泉路招待所（高干）
上海城市建设局供应总站
复旦大学
青岛宾馆
上海第一航空工业工人技术学校
第五女子中学
日晖港码头
上海勘察院华东非金属矿地质公司华东分公司
综合勘察院华东分院（非金属矿地质公司华东分公司）
上海工业设计院
常德路桥
嘉定城中街
哈尔滨综合医院
东北机械工业局沈阳门诊部
锦西工人医院
禹村2号
上海市公安局消防处
杨浦消防修理所
良莊工业广场
嘉定消防站
上海闸北区门诊疗所
华东矿业学院
合肥矿业学院
淮南变电所
山东良庄工人村
上海电业管理局（基建科）
铜砦山矿医院
上海江宁区门诊部
上海机械学院（原上海工学院）
福州华侨大厦
上海铁道医学院
404所
南大医学院
南京大学医学院
上海公交公司四平路保养场
吴淞化验所
福建省立医院
福建交际处
公济医院
上海公交公司嘉定汽车站
嘉定城中街邮电局
农业机械部华东办事处
上海农场管理局
厦门华侨大学
重工业部有色冶金设计院
无锡农业机械制造学校
无锡农机学校
桂林市榕湖饭店
中国科学院人工气候室
龙华苗圃
上海天文台
九江港务局候船室
中江科学院华东分院
上海石油化学研究所实验大楼
龙岩华侨旅行服务社主楼
上海供电局
中央第一机械工业部上海工业管理学校
福州交际处
上总办公大楼改装
第二劳工医院
江湾区卫生防疫站
西郊公园熊猫馆
医院杂卷
嘉定城中街
华东师范大学
华东工业设计院职工住宅(天平路)
中山医院
上海市第六人民医院
上海市第十人民医院(华东医院)
延安医院
彭浦新村
沪太路中学
松江县公安局
中科生物研究所生化楼
上海高等教育管理局档案办公室
上海港务局张华浜港区
同济大学试验所各书馆
宜兴供电所
上海业余科技院校(上海科技协会)
上海市第九人民医院
652工程（上海化工学院）
宜兴善卷洞饭店
上海中学
上海光华出版社(上海竞成印刷厂)
上海半工半读师范学院（上海师范学院）
嘉定房地产管理所
669工程（上海海员医院分院）
上海市第二结核病院
嘉定县人民医院
上海第二肺结核病分院
长江航运公司江阴码头栈桥
国营3035厂(上海航空工业学校)
川沙县人民医院
上海市勤奋中学
普陀区中心医院传染科
上海柴油机厂技工学校
汉中地医院
江湾体育场
山东省外贸局
南翔电台真如电台
上海建工局供销处

援外项目

加纳共和国库马西铅笔厂
马里共和国焦利巴卷烟厂
马里共和国马里专家宿舍
马里共和国莫普提小旅馆
马里共和国露天电影院
马里共和国制革厂
坦桑尼亚莫希警察学校
中华人民共和国驻坦桑尼亚大使馆
马里锡加索茶叶农场
越南民主共和国宁江碾米厂
越南民主共和国咸龙碾米厂
越南民主共和国太平碾米厂
阿尔巴尼亚人民共和国冶金联合企业

其他

二号工程(820、503、国营539厂)
4154工程（解放军0865部队）
海军淞沪基地后勤部
503工程
机电二局603工程（837（二）、（一），603工程）
闸北区二四期工房
西安西北部及西郊工程
西安东/西郊等四郊工程
上南工程
空军第20修理厂（4601工程）
802工程
7005工程（六机部七0四研究所）
海军淞沪基地后勤部
733工程(四机部一四二一研究所)
一四二厂(解放军六一0七工厂)
142厂
解放军京字130部队725工程
735工程(四机部第二十三研究所)
731工程（解放军京字113部队）
407所
729工程（解放军南字114部队）
175厂
六机部第七0八研究所（上海农机部第七研究院第708研究所，7009工程）
560厂
4127工程
61#工程
166工程（解放军38601部队）
6516工程
04工程
6413工程
415工程
344工程（解放军83460部队）
7003工程（无锡）
建工部第五六师联合司令部
华东军政委员会公安部
2348工程
解放军3597部队
上海市文工文武卫指挥部
409厂

70年代（1970—1979）

工业建筑

湘西起重挖掘机厂
上海航道局船厂
上海糖业烟酒公司
上海水产供销公司第二批发部
上海建筑安装机械厂
吴泾热电厂
烟台外贸5000吨冷藏库
上海合成橡胶厂
上海钟表元件二厂
上海机床铸造厂
石油部上海机械厂
上海制药机械厂
上海机械施工公司
上海市饮食服务公司
大隆机器厂
上海设备安装公司机具站
上海电信总局521厂
苏州溶剂厂
上海铸锻厂
外贸部济南外贸冷库
上海市海洋渔业公司
上海加油设备厂
上海汽车发动机厂
上海凤城中学
708工程(上海航空发动机制造厂)
709工程（3035厂）
上海纺织品公司第二批发部仓库
新桥矿
中国化工进出口公司上海分公司
上海传动机械厂
上海市蔬菜公司
上海汽车运输一场
上海机电公司机电设备机配站翔殷路仓库
上海市轻工业局科研军工处
上海海运局材料站配件厂
上海建筑机械修配厂
上海市轻工业局科研军工处101-2
上海东方机械厂
华东建筑机械厂
滁县肉类加工厂
上海市农业局物资供应站
上海自动化仪表四厂
阜阳肉类加工厂
上海医药公司第四玻璃厂
上海石棉水泥制品厂
上海体育器材二厂
上海阀门七厂
上海禽蛋四厂
铜陵水厂
胥日光天华玻璃厂矿山
上海无线电22厂
外贸琼港冷库
上海工程机械厂
解放家具厂
上海摩托车厂(127工程)
上海机床厂、上海计算技术研究所
上海广播器材厂(新华无线电厂)
721工程（国营七二一厂）
山东省新汶冷库
上海橡胶制品一厂
海门外贸青龙港水产冷库
上海化纤五厂
上海生物制品研究所
苏州缝纫机厂
上海油墨厂
上海工农电器厂
上海文教机械厂
苏州电器五厂
苏州电视机厂(曾用名：苏州八一电子仪器厂)
苏州第一光学仪器厂
苏州人民纺织厂
苏州钟表元件厂
江苏海洋渔业公司
吴淞化工厂
烟台海洋渔业公司
上海电器成套厂
航天部615研究所
上海矿用电器厂
上海起重电器厂
上海港务局第九装卸区
商业储运公司铜陵储运部
苏州纺织器材厂
上海无线电十八厂
上海水产供销公司隐沙路冷库
外贸浒墅关冷库
石化总厂腈纶厂
国营118厂污水处理站
上海电讯器材厂
上海市黄浦区五金交电公司
上海轮胎二厂
上海木螺钉一厂
上海无线电二十六厂
上海第一冷冻机厂
苏州化工机械厂
上海市禽蛋批发部北宝兴路冷库
上海仪表厂
上海印刷十六厂
上海无线电四厂
上海混凝土制品二厂
上海缝纫机二厂
南京市水产公司下关冷冻厂
上海新光电讯厂
上海无线电二十三厂
复旦大学石油综合化工厂
上海港务局二区散粮筒仓
南通市棉纺五厂
上海求精机械厂
上海中药一厂
上海锁厂
上海电瓷厂
江西化学纤维厂
上海电影机械厂
上海外贸冷冻厂（五厂）
上海胶鞋一厂（大孚橡胶总厂）
上海灯泡一厂（亚明灯泡厂）
上海白水泥厂
外贸靖江冷冻厂
外贸兴化冷冻厂
外贸新沂冷冻厂
上海第一石油机械厂
上海有机化学研究所
上海市向明农机厂崇明农业机械厂
上海无线电九厂
上海建材供应公司
上海灯头厂
上海第三电表厂
上海制盒厂
上海家具厂、上海灯具厂
华东木器厂
上海自行车厂
铜陵市工业局地方产品门市部
苏州林业机械厂
上海冷拉型钢厂
徐州地区万吨冷库(10000T冷库)
上海第六机床厂装配车间扩建
上海家用化学品厂
上海审批进出口公司冷冻加工厂
上海电子管二厂
上海电机公司机械厂
上海第二人民医院
上海轻工业局援外组
上海医疗器械厂
外贸福清冷冻厂
外贸泉州冷冻厂
外贸平潭冷冻厂
外贸马江冷冻厂
外贸马江仓库区
福建省轻工业进出口公司
铜陵市绢纺厂
淮北矿山机器厂
延安制药厂
7101工程(上海石油煤炭公司)
江济桥堆栈
上海消防器材厂
福建省外贸抽纱厂
上海混凝土制品三厂（八厂）
上海混凝土制品四厂（二厂）
中科院上海生物化学研究所
上海电工机械厂
上海缝纫机一厂
上海工业设备安装公司
上海第二印染厂
上海石油库安装公司(石油设备厂)
上海第十二丝织厂
红光建筑五金厂
上海第三十七棉纺厂
上海市糖业烟酒公司
上海市糖业烟酒公司徐汇批发部
上海第三印染厂
上海油脂四厂
上海原子能研究所
上海第七印染厂
上海橡胶机械一厂
上海建工机械厂
上海市服装鞋帽公司龙吴路仓库
外贸连云港冷库
上海钢琴厂
上海无线电十一厂
上海体育器材一厂、四厂
上海吸音材料厂
上海油嘴油泵厂
常熟量具刃具厂
上海磁性材料厂
南通第三棉纺织厂
上海机电设备供应公司

上海医用光学仪器厂
上海体育器材三厂
上海无线电二十七厂
上海仪表木壳厂
上海医疗器械研究所实验楼
上海第二锻压机床厂
上海群力机模厂
上海船舶运输研究所
上海仪表烘漆厂
上海市汽车运输公司修理厂
上海中华印刷厂
长征造漆厂（上海开林造漆厂）
唐山开滦机械制修厂
沪东汽车运输公司上港十区汽车停车点
上海外轮航次修理厂
上海市五金交电公司牯岭路仓库
中科上海冶金研究所
济南市果品冷库
苏州杨林拆船厂
拖拉机汽车工业公司先锋机械模型厂
原上海电机公司机修厂现机电机修二厂
4027工程（华东石化销售公司高桥石油站）
上海石化水产研究所
原五机部援外仓库现中口北方工业公司（上海分公司）
上海供应站对外建材设备公司
上海物资供应处对外建材设备公司
上海石化总厂建材仓库
上海糖业烟酒公司中转仓库
331工程（邮电部第一研究所）
上海混凝土制品厂
上海调节器厂
上海市建工局供销处
上海黄浦区五金交电公司
江苏淮安清江市百货公司（清江商场）百货商店
上海内河装卸公司纪蕴路港区工程、机修车间
上海医药采购供应站榆林路仓库
宝钢招待所经理室、宝山钢铁总厂生活区
上海（红卫消防机械厂）震旦消防机械厂
六安地区肉类加工厂
上海东风生化试剂厂（中科院生物化学研究所）
上海大场肉联厂废水处理工程
长城机械厂(上海三菱电梯公司)
上海市城建局金属公司营业办公综合楼等（旧称:上海金属材料公司及城建局办公楼）
中国科技大学
717工程国营第一七一厂（苏州长风机械厂）
农牧渔业部上海木材管理处
上海照相器材厂
上海东方造纸机械厂
华丰铁床厂（上海华丰衬衫厂）
化学工业部华东供销公司石化部
上海自行车飞轮厂
803工程（新江机器厂）
上海钢窗厂
上海自行车三厂
上海第三十棉纺织厂
上海灯泡厂
上海商务印刷厂
上海水泥厂
建工局供销处仓库
上海跃进钢锉厂
上海永加表厂上海凯力博电器仪表成套有限公司综合车间
上海电器厂电器综合大楼
豫园商场改建餐厅工程
大屯煤矿张双楼矿工程
上海商业储运公司董家渡仓库
上海第二建筑工程公司中国路基地
上海鼓风机厂
宝山钢铁厂生产区生活用房
中国人民银行上海分行工具厂装配大楼、汽车库等
上海海燕电子器件厂（海燕电力电子控制设备厂）
上海无线电八厂电镀车间扩建
上海混凝土制品六厂钢筋车间、综合楼
华东计量测试中心
交通部上海航道局供应站
立新无线电元件厂（上海电视调谐器厂）
上海混凝土制品一厂(宝钢混凝土搅拌站)
静安汽车运输场、杨浦区汽车运输队
南市区汽车三队停车场
虹口区运输公司
上海市运输公司杨浦、南市、虹口、静安停车场、综合楼
华东无线电器材公司
上海医疗仪器厂
上海玻璃机械厂
无锡电视机厂
上海第二十五漂染厂
上海先锋电机厂
上海铁路局材料总厂
上海硅酸盐制品厂
上海注射针一厂
上海无线电十七厂
上海重型机械制造公司
上海光机所
上海市委印刷五厂（上海美术印刷厂）
天山塑料厂
上海无线电二十九厂
上海无线电六厂
苏州手表厂
上海半导体器件研究所
上海港务局机修厂
上海地质仪器厂
上海客车厂
上海市工业设备安装公司综合楼
江宁机械厂数控车间等
奉化食品厂
上海市凿井公司
上海开关厂
吴泾砖瓦厂
南市区服装鞋帽公司
上海外轮修理厂
太仓棉纺厂（太仓利泰纺织厂）
上海市轻工业品进出口分公司三门路仓库、扩建生活楼
上海市吴淞区(宝钢)饮食服务公司
上海煤矿机械研究所综机采掘装配联合实验室等
上海嵩山机床电器厂装配综合大楼等
新中华机器厂
建工局工业设备安装公司宝钢生活基地
上海第二钢铁厂
上海皮鞋厂出口人造革手套车间等
连云港外轮供应公司冷冻机房、变配电室
上海机械刀片厂铸钢车间
1932（四机部1932研究所）
上海无线电二厂
上海物资局707库
上海市服装鞋帽公司东方皮毛服装厂
战斗鞋厂车间、四层综合楼等
上海光华出版社（竟成印刷厂）纸库加层
上海市交通器材供应站
徐汇区住宅办公室地质报告
黄埔杨浦市纺仓库
合肥肉联厂仓库、配套设施
上海木材公司小额木材供应站
上海第七皮鞋厂
南京气象学院水处理站、农业气象观测站
上海市商业储运公司综合仓库、总体等
南京水电仪表厂
上海化工轻工公司浦东供应站
上海医疗器械二厂（医用核子仪器厂）
宁波市印染织厂
马鞍山钢铁公司九区配套项目
东海舰队后勤物资科仓库等
上海空军后勤部仓库工程仓库、业务用房
上海耐火材料厂水厂
上海生理研究所改建
宁波袜厂污水处理站
苏州电表厂
苏州第一轻工机修厂恒温车间、80吨水塔等
上海玻璃钢结构研究所办公楼等
中国医科院寄生虫病研究所
上海特种基础工程研究所科研楼等
苏州感光材料厂培训中心
上海市宝山张家浜船厂
（市政）电力部核电科学研究所
城建局水泥成品厂散装水泥库、捣制棚、冷作车间等
宝钢市政工程维修队办公、宿舍等
上海拖拉机制造厂战备粮食库及地面建筑
安徽省粮油食品进出口公司合肥外贸冷风库预算
重庆灯泡厂
上海磨细粉煤灰厂
耀华玻璃厂宿舍预算

宜兴水泥厂：文、原、预算
上海半导体器件二十厂
上运十场、龙华组织车辆停车场
上海油管厂车间及仓库
安徽省科学器材公司仓库宿舍办公楼预算
上海机械进出口公司三门路仓库扩建
基础、远洋、市建二公司联合基地工程(简称：市建二公司机施队)
上海新华印刷厂无线装订车间
虹口木箱厂长阳路车间及仓库
上海冶金矿山机械厂车间加层
苏州冶金机电修造厂综合楼等
城建局水泥制管厂
上海工农电器厂装配车间加层
安徽省淮南肉类加工厂
闸北木材厂（上海钙塑箱厂）车间
建工局供销处汽车队汽车修理车间、仓库等
平凉街道钟表工场（上海康达电视机厂）
上海市科委职工宿舍、总体等
崇明地震台办公用房及车库
常州市供销合作社果品公司供销社中转库
常州市果品公司1500吨冷库等
上海电子管四厂（亚明灯泡厂）
虹口区机电设备供应站
镇江市果品公司千吨冷库、选果库
梅山工程指挥部中心试验大楼
淮阴市果品冷库千吨冷库、排水泵房
南通市蔬菜公司高温冷藏库门卫及大门
皮鞋一厂车间及总体
盐城地区纺织厂车间及原棉仓库等
上海第十六制药厂咖啡因车间
梅山工程指挥部报废工程的批复
内河装卸第一作业区综合楼
龙华肉类联合加工厂综合楼、冷却车间、仓库等
上海水产供销站职工宿舍及配套
上海市机电设备供应公司北京东路分站门面装修
皖安机械厂副油箱仓库
华东院双辽新村1～3幢甲乙丙型住宅

民用建筑

上海国际（虹桥）机场
上海市气象局气象台风雷达站
崇明县文革馆
上海定海桥消防队
上海铁路局上海分局上海东站
华东建筑设计研究院肇嘉浜路公房
吴淞百货、饮食服务公司
上海虹口区服务公司
上海外语学院电化楼
上海外贸经济小组
南通医学院
静安区中心医院
崇明县第二人民医院
上海内河航运打捞队
沭阳县食品公司
上海五金交电公司螺丝商店
上海光复路蛋品批发部
上海计算所
铜陵市商业局
上海港务监督
南京师范学院
厦门大学
上海市吴泾医院
斜土路消防队
224工程(上海长途电信局)地面卫星站20米基座
复旦大学结构强度试验室
东方红医院（瑞金医院）
上海江湾医院
上海水产供销公司汽车队
上海蔬菜公司、上海市副食品交易市场
杨浦区少年宫
上海第二精神病疗养所
复旦大学光学实验楼
上海市建工局干部学校
华东化工学院
上海运输六场六队
华东建筑设计研究院天钥桥路公房
上海精神病防治院
上海基础公司军工路基地
上海勘察院
安亭医院
华东工业建筑设计院加建工程、天平路公房
中医学院
上海石油化工总厂旅馆
铜陵市第二中学
上海建工局供销处汽车队

1973年上海市职工住宅文庙路基地
南市区职工住宅
杭州宾馆（西泠饭店）
华东建筑设计研究院衡山路公房
龙溪体委
人民出版社（上海辞书出版社）
南市区体育运动委员会
上海铁路局彭浦车站改建
红旗鸡场
徐汇区副食品公司
虹口区副食品公司
杨浦区副食品公司松潘路菜场
南林饭店
静安区副食品公司长寿路菜场
宝山五角场百货批发部
上海航道局住宅
打虎山路第一小学
上海劳动卫生职业病防治院
徐汇区副食品公司：漕北菜场
上海海员医院
徐汇区牙病防治所
华东建筑设计研究院鞍山路公房
总工会杭州屏风山招待所
龙华浴室
卢湾区副食品公司瞿溪菜场
梅山铁矿简易电影院
南市区服务公司十六铺旅馆等
上海市虹口区饮食服务公司旅馆大楼、邮局、锅炉房
华东产品管理处住宅
杨浦区中心医院
上海第二建材公司技工学校
上海铁路局苏州客运站地下室
上海植物园
长宁区物资回收利用公司
邮电五二0厂
上海百货五金搪瓷批发部
唐山市河北小区大庆一号街坊
新雅粤菜馆
中科院上海分院上无九厂综合楼等
上海市供销合作社江湾镇浴室（碧波池总店）
上海市第六人民医院附属儿童医院
南市浴室旅馆主楼等（上海大桥饭店）
国际饭店加建
上海电信大楼（长途通信工程）及地面卫星站19米基座咨询
上海第一医学院
徐汇区饮食公司天津馆（现燕京酒楼）
宁波港务局
上海天文台佘山地震台
上海技术革新展览会
南京铁路局南京东机务段
上海大厦加建空调
上海眼耳鼻喉科医院
上海纺织工学院
连云港港务局医院
前进农场
虹口区服务公司临平浴室
华东南京工程学院（南京理工大学）实验楼等
虹口区卫生防疫站、环境卫生监督站
上海市第二结核病院（第二肺科医院）
宝钢总厂专科学校
上海植物生理研究所实验楼、住宅等
长宁区愚园食品商店
中山南路一条街商店、高层住宅等
上海第三港务局候工楼
上海第五港务局综合楼
上海第六港务局候工楼
大连新村（曲阳）玉田居住区
上海第三人民医院
上海市农业科学院
建工局八公司宝钢生活基地
上海市四平路规划第一期工程
上海科技大学教学、实验楼等
上海市教育局投资嘉定县塔城路南街坊住宅区
第七印染厂污水处理
上海市计划生育科学研究所
南码头综合医院
上海人民美术出版社
宝钢消防队厂区
虹口区何家宅住宅区
上海科学会堂办公楼
上海科技大学分校（上海大学工学院）
南京市果品公司
上海汽车运输公司一场浴室等
上海邮电学校
上海电力专科学校（电力学院）
上海百货公司小商品批发部
复旦大学理化楼、生物楼设计资料计算书
南京煤炭职工医院

上海纺织机械研究所实验大楼、辅房
875研究所科研楼
安徽电力局生产调度楼及辅助用房
建明大厦
海运局材料供应站
锦江饭店
市公安局交通处曹杨路停车场
吴淞东泉浴室、旅馆
上海物资学校教学楼
杨浦区工人医院门诊病房楼等
上海译文出版社办公楼
上海储备物资管理处生活设施等
上海构配件公司运输队食堂
南通市文锋饭店（第二招待所）
南北楼公用部分连接廊
上海建材工业专科学校实验楼、教工宿舍
宜兴县革委会处事办公室张公洞饭店
上海纺织工业局印染公司印染中心实验室
静安区住宅办曹家渡住宅
南通市果品公司综合楼、千吨果品冷库等配套房
上海纺织工学院分院（工程技术大学纺织学院）
上海南市区住宅办公室
上海港务局上港一区（上海港东昌装卸公司）职工宿舍等
江苏师范学院（苏州东吴大学、江苏师院）
工农新村住宅
上海电真空加件研究所实验楼
上海市革会机关管理局康定路、武康路宿舍
唐山市规划设计指挥部，河北3号4号小区、商场、中学变电所
轻工部香料工业科学研究所试验楼
上海海洋渔业公司职工宿舍及局部总体

援外项目

中华人民共和国驻罗马尼亚大使馆
中国驻刚果大使馆
越南民主共和国恢复宁平碾米厂
越南民主共和国重建安太碾米厂
越南民主共和国恢复北江碾米厂
几内亚共和国渔业项目
赞比亚党部大楼

其他

上海航道局航测队
上海汽车运输十二连
419工程
6708工程
南京8312厂
1337仓库
毛里塔尼亚伊斯兰共和国成衣厂
毛里塔尼亚国家体育场
越南社会主义共和国重建含龙碾米厂
越南社会主义共和国恢复荣市碾米厂
4455工程
2437工程（东海舰队萧山基地）
7314工程
上海航天局八0八研究所计量站
4424工程
7315工程
玉华工艺品商店内部装修

80年代（1980—1989）

工业建筑

上海手风琴厂主楼等
上海油脂二厂谷维素车间及高层住宅
上海市革会太阳能浴室
上海丝绸进出口公司三门路仓库排水改造
上海延安机器厂
上海服装进出口公司制盒厂外贸印刷车间等
上海人民电器厂
上海人民机器厂
上海汽车轴瓦厂
上海制药机修一厂(制药机械厂)
上海房屋材料储运站
上海订书机械厂
上海医疗器械三厂
上海电信设备四厂
上海市汽车修理公司
上海港煤炭装卸公司
1421所（电子工业部第二十一研究所）
上海革新电机厂
上海市蔬菜公司第三经营部
上海化工轻工公司仓库
重型机械制造公司
上海消防科学研究所
上海玩具元件厂(上菱电冰箱总厂)
上海冷气机厂
上海电子管二厂（亚明灯泡厂）玻璃车间等
上海机械配件公司
上海化工物品汽车运输公司上运七场（701车队）
上海糖业烟酒公司港外一级仓库
上海市大型物件汽车运输公司上运六场
上海市纺织原料公司
上海微型轴承厂
上海农业生产资料公司
上海墨厂
上海市医疗器械厂
上海第二压缩机厂
上海汽车修理三厂
上海市汽车运输二场（沪西汽车运输公司）
上海市商业储运公司
精益电讯厂、燎原仪器厂（电视十一厂）
上海造纸机械总厂
上海市第八建筑公司802工程队
上海市门窗公司、四建八公司、木材二厂局机关生产、生活用房
上海市饮食服务公司长宁区糕团厂（新亚）及工房
上海物资局机修厂（机电设备供应公司）
中百针棉织品批发部（福司特针织品公司）
上海建筑涂料厂
上海市市长江无线电元件三厂长江农场
上海起重电器厂
上海人民无线电厂(上无18厂)
上海市宝山水泥厂水泥库、散装包装成品库
江苏省常熟机械厂铸钢车间
上海医药采购供应站加层
向阳玩具厂主楼及配套房
上海灯泡厂黑白显现管装配车间等
上海港务局第10、11装卸区
上海港务局第一、第二装卸区
上海港务局六区（上海港开平装卸公司）
上海电视十三厂(电视调谐器厂)
高压脉冲电缆车间光缆研究楼及配套房（1423工程）
上海无线电二十厂车间及配套房
上海油墨厂
苏州棉布印染
上海照相机三厂红外照相机生产楼
上海缝纫机螺丝厂
上海橡胶制品一厂食堂仓库
清江罐头食品厂冷库、机房
上海酿造六厂锅炉房
苏州第一光学仪器厂机房及光学楼
上海宝钢钢铁总厂生产指挥中心厂前区工程
市海洋渔业公司锅炉房
宝钢塑料花厂综合楼及生产车间
上海冶金矿山机械厂加工车间
上海玻璃仪器一厂
539厂锅炉房
上港九区（张华浜集装箱装卸公司）金工机修车间、食堂等
上海衡器传感器车间加层
上海色织九厂“75”布机车间及综合楼
双桥锈品厂生产车间等
614厂（上海造币厂、厂文化站）车间、宿舍等
市烟糖公司青浦酒厂
溧阳肉联厂500T冷库
上海铁路局直属通信段通风机房改建
上海第一印染厂（新业印染厂）
琴风布厂（常熟市第二棉纺织厂）织纺布车间

上海科学仪器公司仪器修理部及总体
上海远洋运输公司供应站仓库
上海无线电八厂职工住宅、零件模具及装配车间
吴淞肉类加工厂车间及宿舍等
徐州肉联厂
市纺织呢绒绸缎批发部曲阜路仓库
4799工程（南京军区上海油料储运基地）
上海日杂公司陶瓷批发部舟桥仓库
上海立新船厂
上海化工机修总厂
上海电视机一厂
新中华机器厂加固
上海显像管玻璃厂黑白显像管玻壳生产线全套厂房及配套用房
上海市食品进出口公司简易仓库、综合楼
市汽车运输装卸机械厂金工车间
上海市江湾镇大场肉类加工厂
上海半导体器件二十一厂
上海市卢湾皮鞋厂车间
上海轮胎二厂
江阴红星染织厂污水处理
卢湾丽园鞋厂厂房及幼托
上海机床铸铁厂工房、水泵房
上海外贸印刷厂车间
海门冷却设备厂冷却塔实验室、生活综合楼
上海金属工艺品三厂
上海供电局高压工区
上海工农新村二期渔轮修造厂
新沪玻璃厂(概算)
上海外贸储运公司南码头仓库
上海大理石厂(概算)
上海港务局二区仓库269、270号仓库加层
上海市房地局航运队生活生产用房
创新工艺品一厂包装装潢大楼
苏州食品公司
上海市蔬菜加工二厂食堂、办公楼加层
上海第五洗染厂洗染车间等
上海第五制药厂（五洲药厂）家属宿舍(概算)
上海自行车链条厂综合装配楼、多链条车间
上粮储运公司上粮四站粮食仓库及辅房
上海市卫生防疫站卫生监测试验大楼及辅房
上海制皂厂工房
上海市第九印染厂变电所
上海104研究所（安全局）综合楼及辅房
中华印刷厂
上海飞乐电声器总厂冲压车间等
工农新村中华造船厂工农新村二期（概算）
抚顺化工七厂
上海工艺品进出口公司
常熟色织二厂化验楼及配套
上海延安油脂厂
上海水产供销站8千吨冷库、月台及辅房
515厂科研生产楼(上海电控研究所)
上海长春玩具厂电梯房
上海市委印刷厂印刷装订车间
苏州市食品公司水产冷藏厂（水产食品公司）100吨水产冷藏库
国营542厂
上海长征制药厂输液瓶车间及辅房
上海硅酸盐制品厂粉煤灰储存库
安徽工业产品科验所产品检验楼
上海七宝酒厂
上海烟糖公司七宝酒厂
纺织部华东物资管理处综合楼及辅房
南通市床单厂车间及配套设施
上海电子元件二十二、三厂迁建（无线电九厂）
中国酿酒厂
四平冷冻厂冰淇淋乳化油车间
大中华橡胶厂烟囱接高
171工程（长风机械总厂）1号厂房大修
吴淞区服务公司淞沪旅馆加层
南通市土产畜产品进出口公司肠衣保管冷库
上海石油化工总厂化工一厂油罐区及陈山中转站
上海广播器材厂
上海家俱五金厂综合楼
上海旗篷厂、上海毛笔厂
上海市外贸杨行仓库
株州硬质合金厂
上海（四平路）雨衣厂综合楼
上海市钟表工业公司办公楼及配套
上海市市百搪瓷批发部仓库
第十二丝织厂主车间加层
上海日用杂品公司陶瓷批发部中山南路仓库
上海纸箱厂纸脚堆场
上海市医药工业公司
上海市吴淞五金厂
上海港务局第四装卸区（南浦港务公司）综合楼、综合车间基础加固等
上海油脂二厂仓库及废水处理
江苏元通漂染厂
上海宛平皮革制品厂运动鞋、皮鞋车间
上海市印刷三厂
上海第六制药厂中试车间
上海储运公司虹桥路工房
大百科全书出版社印刷厂（东方出版中心）
上海半导体器件六厂工房
中美上海施贵宝制药有限公司新建厂房
上海百货采购供应站配套
南通轻工部局部总体及轻工楼等配套
上海市皮革公司制革工程（益民，红光，新艺厂）
上海制药一厂中州路工房
上海水产供销公司第一批发部滑冰道天桥、卸渔场等
上海针织品采购供应站仓库
上海市环球玩具有限公司车间、综合楼等
上海市第五粮食仓库
宝钢印刷厂
上海饲料厂总体及科研综合楼
上海管乐器厂新木管车间
上海三航安装工程公司教育楼
上海市第六粮食仓库办公综合楼等
卢湾区财贸办淮海路787工程
上海市服装鞋帽公司
上海市预混合饲料厂
上海春光服装厂
上海服装十二厂
海螺物业公司上海衬衫厂女式衬衫车间
戚墅堰机车车辆工艺研究所
上海石英玻璃厂制氧车间
机械部上海外经物资管理处综合楼及仓库
奋发金属制品厂三废改造生产车间
芜湖卷烟厂
南京七三四厂(南京有线电厂)
上海第二皮鞋厂名牌产品大楼
上海地区水运通讯网工程指挥部
上海市农业局农牧产品开发服务中心大楼
中山南一路896号工程（上海第五车辆配件厂）商店、住宅
上海第四碾米厂总体及成品包装车间
普陀区环卫所综合楼、车间等
上海市住建一公司108队综合楼、车间等
上海灯具电器厂车间、办公楼及辅房
上海市标准件五厂
蛇口华益铝厂(车间噪声治理)
中国纺织机械厂织机技术开发楼、俱乐部等
福建省外贸马江储运公司马江9号仓库
上海新中华机器厂
上海市政府机管局
上海第二制药厂
宁波海洋渔业公司5500吨冷库等
太仓宏达热电厂过河栈桥等
解放军4805工厂职工住宅、铸钢车间
南京东机务段总体、不落轮车间
上海录音器材厂压缩空气系统
郑家港工房（咨询）
上海工业锅炉研究所
上海新光电讯厂大柏树二期扩建工程遥测科研楼
上海水泵厂职工食堂
上海交通电器厂继电器装配车间
上海鼓风机厂
上服一厂、上服十五厂、长征制鞋十一厂生产大楼、办公楼及辅房
上海新建机器厂双100金加工车间
上海离合器厂生产技术综合楼、装配车间及设备房
舟山水产食品厂
新华金笔厂（永生金笔厂）新产品车间及设备房

上海第九丝织厂
浙江钟厂
上海色织十四厂
上海中华制药厂改造项目
华安储运实业有限公司综合楼、办公楼及仓库等配套
江苏外贸上海服务储运公司张华浜中转仓库新建货棚
上海色织三厂织造车间等
上海第一塑料机械厂2号车间
中华企业公司沪江房产实业公司建华大楼
上海第十六棉纺织厂新会场加层
上海市木材供应公司住宅楼、唐山大楼（含装修）
上海市服装公司虹艺服装厂
上海石化二期工程染化厂等
上海光纤通信工程公司综合办公楼及辅房
上海新力机器厂冷作钣金车间等
上海手帕一厂染整印花线改造、染整印花成品车间及加层
上海长新色织厂
上海第六织布厂
上海五金机械公司
上海美乐无线厂（上海电视调谐器厂）综合楼、装配楼
上海新亞（集團）聯營公司
上海市第七建筑工程公司生产生活区
上海汽车修理十厂汽修大楼
宝钢联合纺织厂
上海新风色织厂
上海市公安局交通处综合楼及车库
上海土产进出口公司曹杨路综合仓库
上海第三机床电器厂
上海皮革手套厂综合生产楼
上海（协新毛纺织厂）星际无线电厂
南空上海物资站综合楼、汽车库
上海工具厂热处理车间
上海强生有限公司莊臣公司车间、仓库等
上海滚动轴承厂职工食堂
上海迈考美调味食品有限公司综合楼、车间等
上海工业防护用品厂出口包装车间等

上海佳味速冻食品厂
上海商业冰箱厂食堂加层及翻建发泡车间
上海新艺塑料厂
上海制线四厂染色车间三废迁建
苏州冰箱厂（香雪海公司）厂区办公楼及配套
上海制花厂人造花车间
星火开发公司综合服务用房
上海色织六厂综合楼及车间
上海市安装公司动力供应部
上海日用化学制罐厂
沪港申丰食品有限公司
江苏省徐州市南郊宾馆北餐厅改建
福州电子公司电子车间
上海生物制品研究所锅炉房、煤棚
春申工业楼（春光厂、申新厂）
上海新联纺织品进出口公司自行车棚
上海电光源材料厂
乐康综合经营服务部
上海竞成印刷厂锅炉房
上海内燃机配件总厂机修车间加层
国家农药储备库
上海电线塑料制品厂电线电缆大楼、通信电缆车间及线缆车间附属工程
上海国成塑料有限公司
上海市日用杂品公司中山南二路二期工程
国营第171厂88号厂房
上海新华树脂厂蒸汽网改造
上海青锋螺帽厂噪声治理
上海分析仪器厂
海南饮料厂
海南华宝园
海南四海实业总公司
海南顺达机械设备进出口公司

办公建筑（包括金融办公建筑）

南市区房地局
科技物资管理站
肇嘉浜路2号高层
上海物资局储备物资管理处
上海建筑科学研究院
郑州施工机械设计研究所
上海海关外贸局
上海海关张华浜办公楼
机电二局第二设计室

上海材料研究所
上海电信大楼
上海硅酸盐研究所
上海海关机场办公楼
海上救捞研究院
上海工业微生物研究所研究楼
上海市政设计院水处理研究楼
上海绘图仪器厂 生产大楼
上海缝纫机一厂综合大楼及铝合金生产大楼
长宁区人民法院
上海闸北电话汇接局机务大楼及辅助用房
徐汇区财贸办公室华山路工房及菜场
南市区粮食局
上海石油商品研究所实验室
上海市长途电话局工房
杨浦发电厂综合楼、地下室
上海港务局（中汇超市公司)襄阳北路高层工房
上海港务局（中汇超市公司）建国西路工房及高层住宅
上海市环保监测中心
上海环保科研所实验大楼
虹口区劳动服务公司综合楼
大光明钟表商店
淮阴邮电局主楼、营业厅
中科院上海细胞生物学研究所办公楼
上海服装进出口公司仓库、综合楼
工农新村二期工房（含肺科医院住宅）
上海市第六百货商店
301工程办公楼用房
上海电视技术研究所科研楼
上海市劳动保护科学研究所
上海纺织品公司上海市百十店长阳路工房
上海激光研究所实验楼、综合楼等
上海财政局办公楼加层
中科院上海原子核研究所115实验楼
山东省电力中心调度楼通讯楼
虹口区检察院、法院办公大楼等
中国船舶航运总公司第十一研究所宛平南路工房
上海联谊大厦办公楼及辅房
上海市城建档案馆

上海市人民政府征兵办公室办公、体检楼
市建二公司水电安装队综合楼
山东省计算中心
上海浚浦物业宁中大厦
新民晚报锦江联营公司联合大楼、新民大楼、锦江大楼
静安区财贸办公室江宁路高层
上海国家安全局业务用房
中比合营数字电话工程综合楼
锦江乐园办公楼及配套
上海市武警总队静安寺消防站总体、宿舍加层
上海工艺品展销大楼
上海市陆家宅沪办办公大楼
上海市邮政转运站邮电生产综合楼、辅楼(上海邮政大厦)
上海市政工程管理局镇宁路工房
上海市公安局刑事侦察处刑事技术大楼等
寿康大厦
上海市驻京办事处扩建业务用房
上海市建筑构配件研究所科研教学楼
外交部上海供应站加建
陆家嘴枢纽中心主楼及配套
上海市民族事务委员会原有房屋加建办公楼
上海市公安局交通处电化教育楼
交通银行营业大楼（营业厅）装修工程
上海市城市规划设计研究院联合办公大楼及设计科研业务用房等
漳州中国旅行社主楼、华侨大厦等
金陵综合业务用房（光明大厦）
中國极地研究所
上海高阳装卸公司综合办公大楼
徐汇区法院及交通队办公楼
上海市公安局交通处总体及办公楼
吴江县物资局总体、展销办公楼及配套
南通市政府人大办公楼等
武警总队七支队办公用房、生活设施等
上海中药研究所
宁波国际大厦
大八寺户办大楼
沪西汽车运输公司综合办公楼及辅房

济南邮政枢纽工程处邮政枢纽楼及车间
解放日報社扩建
中国农业银行深圳分行主楼
浙江勤县物资局物资大楼主楼
徐汇区副食品公司汽车队综合楼
南京军区通信部驻沪办事处业务综合楼
上海市委对台办公室业务楼、会议接待楼等
上海吴兴侨汇房丝绸大厦及室内装修
思南楼
长宁区财贸办遵义路3号房
上海投资信托大厦
合肥8803工程综合办公楼
上海出版大楼
中国船舶工业总公司第七研究所在沪单位联合建设处
市建一公司技校108工程队生活基地教学楼兼办公楼
周西铝制品厂铝制品车间(上海旅游客车厂康桥分厂)
上海交通运输局交通运输业务用房(运输服务楼)
星火工业区纺织指挥部主楼及辅房
上海色织七厂
上海新沪面粉厂生产车间、综合楼等
上海服装研究中心
上海协兴皮革运动器具厂
上海织带五厂(上海第三织带厂)
上海第二汽车底盘厂技术试验楼及食堂
海关大楼屋顶铁塔
上海铁合金厂噪声治理
新宇电源厂热电池生产线改造
中国房地产开发总公司常州公司
上海施格兰酿酒有限公司厂房及生活用房等
吴县北桥化工厂分馏塔支架
常州市汽车运输公司办公楼、业务调度综合用房
上海农贸公司吴淞仓库总体及综合楼等
上海市印染技术研究所加建
苏州市轻工业局轻工产品服务大楼
上海市住宅六公司食堂,办公楼改建
上海畜产进出口公司大楼（总部）办公楼改建
上海厨房设备金属制品厂钢板与门户车间、防火门钢板分户门车间
上海长江水暖器材厂
上海艺术品雕刻厂生产车间扩建工程
上海市贸易投资开发公司恒丰路商业综合楼、五金矿产商业综合楼
上海建设人造板厂
88006海南省开发司-龙舌坡
上海正泰橡胶厂食堂改建等
上海信谊药厂长征分厂
上海石油采购供应站（石化销售华东公司）金属中转仓库、教育培训中心
上海内燃机厂综合试验车间
上海市水产供销公司江浦路水产品交易市场、水产服务楼及辅房
亚洲皮鞋厂
上海石化总厂腈纶厂聚合车间(霹雷针塔)防雷措施
上海吸尘器厂总装仓库楼、空压站、变电站
长春生物制品研究所
上海市基础工程公司修造厂冷焊、焊管车间
上海市河南中路363号改建商业办公楼
上海广告公司综合楼（甲段）广告牌（咨询）
上海制面厂食品综合楼等
山东土产工艺医保进出口公司青岛外贸公司办公楼等
上海市科学会堂1号楼改建
长宁区房管局申亚大厦
海南农垦总局机关
海南兴隆邮电

交通建筑

上海铁路分局南翔机务段
上海港客运总站售票楼、上海港务局成组设备厂及客运大楼
黄浦江大桥(铁路局上海建筑段)
上海港客运总站生活综合楼加层
上海市内航局车门路轮渡站
民航山东省局流亭机场临时候机楼、调度楼等
上海铁路局北京东路售票处
上海铁路新客站主站屋
常熟市民乐路汽车站
新客站联合售票大楼等
浙江嵊泗县旅游开发公司国际海员接待站

酒店建筑

苏州饭店新楼各子项
武宁旅馆（北海饭店）
东风饭店
南京化学公司外宾招待所改扩建
南通市饮食服务公司中华园饭店
洪沪招待所（上海新城商苑）配套用房
市府机管局虹桥俱乐部扩建外宾房等
杭州饭店
国际饭店礼堂改建客房
宜山旅馆饭店主楼办公楼、车库各辅房
蓝天宾馆
建国饭店
苏州南林饭店西楼
华亭宾馆
南通市文峰饭店
福州三十三联发展公司海山宾馆等
上海市旅游公司新苑饭店客房楼及配套设施
西郊宾馆（概算）
杭州千岛湖宾馆
淀湖宾馆总体及主楼
江西省南昌宾馆增设空调
虹桥疗养院度假村(樱花度假村)
宁波市商城公司宁波酒家南楼扩建
江苏省连云港建港指挥部外宾招待所
上海虹桥干休所
定海县人民政府招待所
武岭宾馆(初步设计)
上海衡山宾馆主楼改建工程
宜兴兰山休疗养院
连云港对外供应公司友谊宾馆
戚家山宾馆
北海饭店副楼改建
虹桥宾馆
上海大名饭店主楼改扩建
上海工业品贸易中心招待所主楼、副楼及益友饭店等
园林宾馆
上海市旅游局华东旅游大厦筹建处、旅游大厦（华东大酒店）
东海饭店装修
上海日航龙柏饭店32幢小楼、综合楼、俱乐部、配套设施及辅房
海军上海基地海虹宾馆配套工程
和平饭店地下油库
黄山电力职工旅游休养所
中亚饭店屋顶霓虹灯广告铁架
苏州雅都大酒店酒家锅炉房
洛阳小天鹅宾馆
和平饭店、希尔顿饭店电视接收塔基础
上海市四川饭店改建、室内装修
上海市金刚山酒家餐厅
苏州饭店西楼改扩建
中国海南长城饭店

商业及建筑综合体

豫园商场第一期改建工程
利群服装商店
工农新村住宅殷行路菜场综合楼
福州外贸中心
深圳市上海大厦方案设计
鸿翔百货
常州市工业品贸易中心大楼、百货批发商场
水产贸易综合服务楼、商场及办公楼
上海纺织物资贸易中心大楼
上海商务中心（旧称：上海内贸信息中心，又称：万国商城、贸易大厦）
曲阳批发交易市场
老介福呢绒商店店铺
上海广东商品展销大厦
通达电讯商店
上海供销合作总社（宫霄大酒店）供销商业大楼、综合商场等
常州新丰商场
上海实业发展有限公司永安中心（徐家汇东方商厦）

文化与广电建筑（包括观演、宗教、旅游）

虹口区图书馆
国际电影院改建
红都剧场
上海石化总厂专科学校化学物理实验楼、图书馆及教学楼辅房

川沙影剧院影剧场
上海美术展览馆
大名电影院改扩建
江湾体育场改建
上海宛平影剧院及辅房
上海市电影发行放映公司广中电影院
上海市西藏中路和平电影院改建
上海海运局船员基地(海运影都)高层住宅、电影院及综合楼等
上海电影艺术中心
闵行工人俱乐部
上海兰馨艺术经营公司文艺俱乐部
长宁区体委沪西体育馆练习房等
崇明县住宅公司老干部活动中心
上海东正教教堂修复
上海市烟糖公司白玉兰餐厅改造
上海夜巴黎舞厅
烟台开发区总工会娱乐中心影剧院
淮海娱乐总汇
上海广播电视局题桥工程微波铁塔
上海市国家安全局设计前期咨询、超高频无线铁塔
琼山青少年宫

会展建筑

上海展览馆改建

教育医疗建筑

瑞金医院外宾病房、门急诊大楼及辅房
上海邮电医院
上海市第四人民医院
上海市第二精神康复院
静安区中心医院
上海肿瘤研究所
中国科技大学
上海第一结核病院门急诊、宿舍、住宅等
彭浦新村街道医院
电子工程学院
上海石化总厂技工学校
上海第一社会福利院(儿童福利院)
宝钢月浦生活区小学校及幼儿园
屏风山工人疗养院二院改建
上海银行学校
上海自然博物馆植物标本楼
新华医院门急诊楼病房楼直线加速器住宅等
复旦大学电容器厂装配大楼、综合车间
上海市精神病防治分院
普陀区中心医院大楼
上海市日晖中学
仪征化纤工业联合公司职工医院
上海市卫生学校
控江红十字医院病房楼
上海纺织第二医院
上海市牙防所第一分所
华东医院
上海市房地局职工医院
3034厂（上海航空工业学校）
华东医院
上海工业大学地下室人防等
闸北区传染病医院病房、门诊楼及辅房等（旧称：市北医院）
仁济医院(上海市第三人民医院)
上海市总工会工人疗养院
南京建工学院教学楼、阶梯教室等
苏州城建环保学院
上海旅游专科学校公场兼礼堂
上海外国语学院录音室、录音控制室
上海石化总厂职工大学
浙江嘉兴市第一医院病房楼
上海虹口区教育局大连南村小学（概算）
江苏工学院给水扩建工程
上海市儿童医院（外科）遗传研究室
公用事业学校集体宿舍
新华医院
上海港医院病房大楼及配套设施
山东纺织工学院
黑龙江农垦太湖疗养院
虹口区钟山中学总体、实验楼
上海市民政局干部学校
炮兵技术学院
上海市财经学校综合楼
长宁区妇产科医院（妇幼保健院）门诊楼
第二军医大学长海医院门诊、病房及辅房
华东师范大学逸夫图书馆、培训中心及综合教学楼
曲阳医院病房综合楼等
陈家桥地段医院改建
上海市市委办公厅幼儿园
上海交通大学二部学生宿舍及食堂
宝钢医院总体及病房大楼等
上海经济管理学校综合教学大楼及配套设施
上海医科大学综合大楼(治道大楼)
烟台海港医院
上海外国语学院留学生楼、外国专家楼等
中共上海市委办公厅招待处虹古路住宅、托儿所
杨浦区中心医院急诊楼
上海市南汇周浦医院污水处理站咨询
杨浦区进涛小学
海南文昌县那大医院
海南农垦那大医院
交通大学

住宅建筑

上海财经学院实验室及新建教职员工住宅
基础公司财政局宿舍
上海永嘉仪表厂、上海港驳船公司宿舍等
海港民生港务公司职工住宅等
五原路、乌鲁木齐路工房等
上海港务局四区（上海港南浦港务公司）耀华路隧道口职工住宅
上海市五金交电公司（交电家电商业公司）高层住宅
安徽计量测试研究中心理化及恒温楼、职工住宅
上海市食品进出口公司住宅等
上海电机、饮食服务公司、工业建筑设计院家属宿舍
上海市服装进出口公司桐柏路住宅
宝钢月浦生活区住宅及配套
镇江农机学院专家宿舍
上海宛南华侨新村住宅
上海市城建局交通路团结村住宅、B-3商店
徐汇区自筹住宅筹建处太原路职工住宅
上海医药采购供应站职工宿舍等
静安区卫生局职工宿舍
江南造船厂家属宿舍
上海纺织设计院、出版局十七漂厂家属宿舍
华东建筑设计研究院衡山路宿舍
宝钢月浦生活区二期工程住宅三街坊
上海化工轻工公司中山西路住宅
上海教育学院家属宿舍
上海市第一商业局温州路高层住宅
南市区住宅建设办公室小北门高层住宅
上海冶金局远洋公司住宅
嘉定城厢温宿路街坊
上海禽类蛋品公司职工住宅
上海航道局高层住宅、商场及宿舍
曲阳新村西北小区配套
上海大连南村颜家洼住宅区
海运局虹口集管局周家宅工房
市建一公司宿舍
上海市建筑机械厂宿舍
宝山县工业局职工宿舍
财政局建设银行建筑废物公司住宅
上海南市区住宅办(永阳公司)亨纳斯花园、方浜中路工房
上海无线电二、三厂住宅
上海市畜产进出口公司等七单位联合住宅
虹口区服务公司前进浴室
上海梅林罐头食品厂职工住宅
长宁区财办古北路菜场、住宅
上海工农新村上海鱼品加工厂工房
上海柴油机厂工农新村工房
徐汇区宛平南路工房
国家水产总局上海水产供销站工农新村二期工房3号楼
曲阳新村密东基地水泵房
长宁区财办集体事业管理局水泵房、住宅、商业网点
工农新村市基础公司工房21号楼宿舍
工农新村二期上海内燃机研究所职工宿舍
四机部华东物资供应办事处宿舍
市公安局消防处大连路职工住宅
上海市医药公司北京西路工房
工农新村上海绳网厂工房(概算)
上海市府机管局职工宿舍
上海化纤公司翔殷路住宅
上海市内河航运局营业所职工宿舍(概算)
黄浦区粮食局家属宿舍
上海市第二建筑工程公司四平路高层住宅及地下室

嘉定城中清河路住宅及商场
嘉定城中小囡桥街坊
海运局赵家花园工房
海运局花园路石桥路工房
上海第五化纤厂第一印染厂职工住宅
财经大学财经学院宿舍
市纺织局家属宿舍
曲阳新村东北小区
港务局劳动服务公司家属宿舍及配套
虹口区住宅办统建住宅配电所2型
解放军三八六零一部队(38601部队)干部宿舍
上海市烟糖公司江南新村住宅
上海第十八漂染厂自建职工宿舍
上海市长途电话局横浜路工房
普陀区住宅办甘泉新村北块及多层高层住宅等
闵行区住宅办新闵新村总体、18层高层住宅及配套公建
仙霞新村多高层住宅
杨浦区人民银行营业大厅及住房
上海港务局大连路工房
华东院乍浦路工房
嘉定梅园新村综合活动中心等配套
中国医药公司上海采购供应站职工宿舍等
上海海关新闸路职工宿舍
延安路武夷路高层住宅
上海淞沪木材供应公司宿舍及办公楼等
上海纺织工业局2411工房
上海市政府第六办公室（安全局）住宅
闵行开发区紫藤宾馆、TC-5商品厂房、昆阳住宅小区等配套设施及辅房
杨浦区粮食局工房、宿舍、商店等
长宁区住宅建设办公室张虹路工房及总体
工农新村三期工房及配套（上港十区、机床厂）
上海戏剧学院高层住宅
曲阳新村赤北二期
沪太新村东Ⅰ区、Ⅱ区、Ⅲ区
沪太新村北区
宾馆宝林新村、商业中心及影剧院
徐汇区宛平南路及河南村高层住宅
曲阳新村东南小区
上海市房屋建筑材料公司茶陵路住宅
上海旅游局虹桥宾馆动迁房等
上海广播电视工业公司长乐路高层住宅
上海市人大常委会银河公寓
上海警备区干休所高层住宅、综合楼等
老干部休养所（安全局）
老干部住宅（湖南路280弄）
水电部上海对外站住宅
上海仪器仪表研究所职工住宅
徐汇区财贸办公室东安路1、2号住宅
浦东天后宫高层住宅及配套
上海市房地局建材公司大连西路18层高层住宅
上海市杨浦区商业局双阳路住宅等
闵行住宅办公室浦江高层闵行老街高层住宅及配套设施
上海耀华玻璃厂动迁房、单身宿舍
民星新村东北西北小区
苏州市彩香二村三区高层住宅
厦门凤凰山山庄住宅等
民星路联建住宅
曲阳新村中心区总体及配套
赵家桥基地建设指挥部住宅及综合办公楼
虹桥高级别墅
上海市市政开发公司大连西路市政开发公司高层住宅
新客站工程商业配套及高层住宅
上海电子仪器设备工业公司延安西路住宅
中国房屋建设开发公司上海分公司长阳路双阳路改建基地29层高层住宅
曲阳新村马华大楼等
上海港务局新华装卸公司住宅小区
长风新村南块多层住宅、高层住宅及配套
上海市机关事务管理局华山路高层住宅等
普陀区药水弄改建
普陀区人民政府中山北路改建住宅及配套公建
南市区斜桥住宅改建工程
罗山新村多层、K型高层住宅及配套
上海市天目西路安源住宅
徐汇区住宅办老干部住宅
黄浦区住宅建设办公室松柏里高层住宅等
宝钢生活区宝林一村
宝钢生活区宝林六～九村
上海市锦江联营公司漕东支路住宅小区
虹口区房产开发经营公司四平公寓(四平综合楼)
梅陇新村小区多、高层住宅公建及配套
上海旅游专科学校市区学生宿舍
宛平南路179弄住宅小区
天宝西路颜家洼基地
公司虹桥路宗家巷住宅小区1～8号住宅楼等
新虹桥小别墅、新虹桥大厦等
上海鑫和房地产开发有限公司(和乐公寓)
仙霞新村二期五街坊
上海假日别墅（绿谷别墅）
丁香花园2号餐厅改扩建、舞厅KALAOK改扩建等
上海市南汇村镇建设办公室农村住宅
上海市虹口区凉城新村东块
上海市金山石化第三生活区
中山别墅总体、住宅、及配套
上海市海潮路住宅基地总体、高层住宅
上海市平武路人防新村7号楼三层改建
静安区住宅开发公司康定路、陕西北路高层住宅
上海市兴国路151号住宅
物资局住宅公司国货路高层住宅及裙房加层
常德路618弄基地危房改建

外经项目

中国驻法国使馆招待所
贝宁友谊体育场

城市设计与规划

沪太西区
海南冰城

其他

上海天文台
天文台仓库
闸北区副食品公司蒙古路菜场
解放军83509部队(八三五零九部队)工程
09工程
空军后勤上海物资库（解放军87416部队
杭州园林管理局南高峰茶室预算
上海物资供应管理处配套
上海新风照相馆门面装修
上海市长途电话局加建空调
上海天文台佘山台
上海港务局监督瞭望台
上海海关
57322部队高桥扩建工程
244基地工程（咨询）
88002中衡工程
长乐路400号门面改建

90年代（1990—1999）

办公建筑（包括金融办公建筑）

建设银行上海分行营业大厅
无锡市副食品大厦咨询
公安局北区收审站
徐州市经济协作总公司
汽车运输五场综合服务楼
福州国际贸易广场综合写字楼
华东电管局招待所东楼改造
桂海大厦工程
上海市高级人民法院办公楼(第中级人民法院)
新华社上海分社业务大楼
华东电业管理局大楼科技情报楼
上海证券交易所
南浦大桥多稼路基地中山大楼(南浦大厦)
上海公路管理处技校
上海市公安局卢湾分局康衢大楼裙房加层
常州市武进县交通局运输调度楼
虹桥机场海关查验业务技术用房
交通银行培训中心综合楼
上海供电所营业楼
上海市医药管理站办公大楼
常德大厦
上海航道局职工教育培训基地
东虹大厦5F改装工程（徐汇区9318工程）
上海市煤气公司办公楼改建
乌乌鲁木齐中路3号高层综合楼
苏州美惠房产有限公司苏美中心主楼
上海杰美体育娱乐有限公司上海冰宫
上海化剂采购供应站综合楼
安徽合肥城市改建工程指挥部交通银行
国际公司大厦(合肥)
安徽滁州市凤凰四村综合办公大楼
上海铁路局何家湾车站货运楼
上海海懋公司五原路房屋装修
常州邮电通信指挥中心主楼
江苏太仓工贸公司综合楼
海南兴隆邮电综合楼
海南国际富通大厦
海南华新房产鸿泰大厦
新汶矿务局
福州市庆吉房地产有限公司庆吉大厦
合肥市城市改工程指挥部仁和巷1#综合楼
无锡邮电通信有限公司
常熟建设银行金融营业用房
上海电信业务综合管理服务处综合楼
上海进出口商品检验局商检大楼等
上海市委统战部民主党派办公楼
上海有色金属加工总厂综合楼
泰兴县粮食局综合服务楼银杏大厦
上海金卫新型保温材料联营厂办公楼等
上海农业机械研究所办公楼
上海市公安局特警总队营房宿舍、办公楼等
张家港市邮电通信枢纽主楼
公交月票发售和服务综合用房
上海市烟糖公司北翟路仓库办公楼
上海巨鹿路212弄综合业务用房
江苏昆山烟草公司综合营业楼
苏州市河西新区金狮大厦
张家港市农业银行金融大楼
银珠大楼
高信贸储实业有限公司(高信大厦)
振源大厦上海再生物资商厦
申大商厦综合楼
上海秦关大厦
张家港市物资大厦主楼等
华兴大厦
上海银都大厦
宁波镇建行大厦
新律大厦
上海外马路综合大楼(双龙大厦)
上勘院三产楼
上海色织十四厂三产楼经营部等
高经海口华银大厦
海南东虹大厦改建工程
海南东升大厦
海南益爱大厦
三亚市邮电局
上海望春花实业股份有限公司商务中心、客房楼
海富花园大厦
泰兴银贸大楼工程银贸大厦
新民晚报
解放日报社干部培训中心
中达化工贸易中心中达大厦
吴县物资局(物资大厦)办公楼
徐汇区天平路派出所办公楼扩建
虹桥外贸大楼
建银大厦南北主楼及裙房
上海海关浦東海关大厦
常州烟草分公司营业综合楼
四川绵阳金三角大厦
浦东化工经贸大厦、综合写字楼
中国煤炭大厦
浦东金桥管理服务中心
日历印刷厂危房改造业务综合楼、工新大楼
外高桥保税区经二路纬二路口洲际大厦
嘉锡大厦
虹桥五期综合楼
上海航道局设计研究所综合办公楼
上海电子大厦
苏州吴县外经贸大厦
太仓经济技术开发区指挥部办公楼
新上海国际大厦
嘉兰中心
浦贸大厦
吴江市信用合作联社金融培训中心主楼及裙房
上海洗涤化妆品总汇室内装修
上海爱迪生燃料公司技术交流中心及智能型电子大楼
静华大厦筹建处静华大厦
中美信托金融大厦
六合大厦
上海城市建设培训中心办公室装修
宛平大厦办公楼
华能联合大厦
陆海空大厦
上海爱丝图进出口有限公司办公综合楼
青年报社新闻业务楼
通联大楼
上海浦东石化大厦设计(咨询)
苏州南园实业公司
云海大厦(又名:宝庆大厦)
上海电动工具研究所办公楼
上海信息城A楼
瑞安交通大厦综合楼
时代大厦
世界贸易大厦、昌都大厦
文登路商业网点办公房
上海市染料公司辅助用房改建、办公楼装修
上海塑料公司办公楼、辅房改建
海南省审计局
海口中青塔楼
海南中青大厦
海光大厦方案咨询
彭浦机器厂综合技术开发大楼
漕河泾大厦19层会议室装修
实业大厦
上海大众汽车出租公司二车队综合楼
金马地产新疆路乌镇路口凯旋门大厦
上海文汇报印务中心1-3号楼
新金桥大厦
上海第三建筑发展公司科研教育大楼
志丹路100号综合大楼
长城大厦
威海路综合楼、公交综合楼
上海铁路公安局办公楼等
大连金座大厦
浦东强生大厦
石家庄国贸大厦
新上海国际展览交流中心主楼等
上海浦东商务中心主楼、地下室
上海联辉塑胶电子实业有限公司总体及生产大楼
上海中亚城建综合开发公司新泰大厦、中亚大厦等
上海银东实业有限公司银东大厦
建邦国际大厦
凯迪克大厦
新虹桥国际科技城
汽车工业供销大厦综合办公楼
天钥大厦1、2、3号楼
上海欧姆龙控制电器有限公司
申海大厦初步设计
益茂大厦
安吉县乡镇企业局阳光大厦
上海国际警察交流中心
浦东万国金融大厦(预算)
力宏大楼

中丝房地产大厦
闵行区莘庄镇镇政府办公楼、实业总公司办公楼、律师及派出所办公楼
上海市浦东东鹿大厦
上海理光传真机有限公司
上海航空公司培训中心
上海虹桥开发区27号地块上海万都中心
上海三九大厦
南山大楼
普陀区商汇大厦(上海市国家税务局办公楼室内装饰)
国际商贸大厦(上海外高桥集贸商业公司)
上海市工商行政管理局行政管理中心辅楼
上海田爱大厦
杨浦区保险公司办公楼改造
华昌电器仪表电讯生产综合楼
黄浦区五号街坊改建工程星腾大厦
工商银行计算机房改建
上海科教电影制片厂创作生产楼加层
海南龙昆北路9-13地段联体楼
上海外高桥保税区联合发展有限公司
金穗大厦
金叶大厦咨询
上海市南苏州路933号环卫综合大楼
青浦县县级机关大楼主楼一阶段设计
外高桥保税区东徐路海关关卡
上海华能房地产开发公司京银大厦
上海市蔬菜产销服务中心筹建处
静安寺127#地块工程环球世界商业大厦
中国工商银行浦东金融大厦
上海新金桥大厦(前期、扩初设计咨询)
华泰大厦主楼
肇嘉浜路376号基地轻工大厦、综合楼
兴邦大楼、银星大厦
上海市房地产交易信息中心大厦、房产大厦
上海泰申实业公司申大商厦综合楼
上海三航混凝土制品公司综合楼
上海甜爱大厦
上海水泥成品厂新建四层综合楼
张家港物资局办公楼
华明大厦、龙华大厦
中保大厦
新民浦东印务公司办公楼、纸库及印刷车间
浦东新区长途通信枢纽
全国通信产业贸易中心通贸大厦
兴胜中心(闸北中兴路195-1,195-2地块)
上海外滩房屋置业有限公司设计中心、1122工程(青松城)、金汇大厦
上海友力大厦、综合楼及住宅楼
梅山大楼
上海新国际金融中心设计咨询、方案设计
大明大厦初步设计
宜兴市人民政府综合办公楼、人大政协办公楼等
金陵东路58号地块二期工程海浦大厦(海浦中心)
国伟大厦一期工程
新昌县人民东路综合楼
上海金牌房地产开发公司金牌大厦
上海福都商城北仁智商厦(概算)
嘉裕大厦
力丰大厦初步设计
上海北进建材公司办公楼、沥青搅拌站
海湾大厦、鑫南大厦
上海原水大厦
闵行房地产发展总公司办公楼
上海六里现代生活园区管理大厦
万国金融大厦初步设计、施工图设计咨询
上海久事大厦咨询
新港大厦各设计阶段顾问咨询
上海易初配销有限公司咨询
新上海国际大厦个设计阶段咨询、概算
上海二十一世纪中心大厦施工图设计咨询
惠浦大厦设计咨询
东政大厦初步设计
上海久事实业大厦
上海市糖业烟酒(集团)公司泰兴商厦(含咨询)
苏州英雄商厦方案设计
江西长安大厦
上海森茂国际大厦结构施工图设计
上海远洋调度大厦
国际航运大厦、5层地下室
上海伟龙国际会务中心
上海轻工业进出口公司常熟教育培训中心1号楼
嘉里华山路高层新公房
上海焦化总厂培训中心专家楼
徐州邮电通信指挥大楼
上海杨高路西漕仓储办公楼
上海申浦实业总公司申金大厦
上海久事多伦商厦有限公司综合辅助楼
国威大厦(永亨大厦)方案咨询和扩初设计咨询、概算
上海集装箱码头有限公司总部大楼、综合办公楼、裙房
浙江新昌皮尔轴承有限公司综合办公楼、磨工装配楼
张家港华丰重型设备制造有限公司办公楼
浦东长途通信综合大楼新邮电大厦
上海新华电站控制工程有限公司
黄浦投资大厦
上海国际健康城公司商办大厦
青浦县级机关大院
加州贸易大厦
奉贤县江海镇上海农业科技综合楼
上海航空运输业务楼
市南供电局青浦农电培训中心
上海市邮电学校综合楼
上海日本国总领事馆事务所办公楼
黄浦区82号街坊西块商办综合楼
无锡灵山停车场综合楼
浙江省台州市邮电局培训中心
万通大厦
吴县木犊职工培训中心综合楼等
中信大厦一、二期
上海市南汇电信大楼
农业银行静安支行曹家渡
上海王牌机械有限公司综合楼
交通银行金融大厦
徐汇商建总公司商建综合楼
上海银冠大厦设计咨询
上海森茂大厦设计咨询
上海浦东新区政府办公楼设计审查意见
电信大楼营业厅改造设计咨询
上海银桥大厦
国耀房产虹桥丽晶大厦
中国第一铅笔股份有限公司综合楼
衡山路乌鲁木齐路口芝大厦主楼
上海中保大厦
上海西藏大厦筹建站上海西藏大厦及裙房
上海市驻北京办事处办公用房及招待所大修建
上海市税务局闸北分局办工楼
齐来工业城3号楼
上海外服公司贸促会上海分会涉外业务用房
无锡金辉幕墙工程公司东汉阳路办公楼
华盛大厦(概算)
松江电力生产调度楼
华夏银行办公楼
中国华东电力集团二楼改建
青年报社综合业务楼
上海协通集团公司教育培训中心
上海新民晚报现代印刷中心
中国邮电器材综合业务用房及配套用房
建设银行四支行威海路办事处
绿地大厦
上海国际华城
上海申花足球总会
上海教育电视台大楼
富杰商务楼
全国晚报新闻交流中心
义乌市农业银行东方大厦
厦门自由港大厦
申华金融大厦咨询
上海耐克公司办事处及商品展示厅
百藤大厦
康德大厦
卢湾区统战办公室
上海国际航运大厦
横滨综合通信楼
上海市航道局综合楼
泰州供电局生产调度中心
综合办公区
北蔡实业总公司综合办公楼
建设银行第一支行虹桥派出柜
嘉定房地产交易中心业务楼
星腾大厦
银达大厦

上海云海大厦(又名：宝庆大厦)
上海汽车工业销售总公司综合楼
交通银行市南支行制造局路分理处改扩建
上海庆丰企业发展集团有限公司科研培训中心
招商银行建国中路分理处
文化大厦(原”全国晚报新闻交流中心”大楼)
兴业银行大厦
招商银行宝山路办事处
杭州卷烟厂综合办公楼
久事大厦
上海浦东发展银行大厦方案施工图设计咨询
日本国驻沪总领事馆办公楼设计咨询
新和平大厦(外滩商务中心)
上海森茂国际大厦新筑工事
瑞士信贷第一波士顿银行
上海新兴科学技术开发区产业楼建设大厦
上海浦东发展银行大厦
长沙报业中心
轩荣江大楼
中国银行黄岩支行”中银大厦”
东胜公司科技楼工程
青浦电力生产调度中心
上海第一中级人民法院(原高院)业务及培训中心大楼
国家电力调度中心
曹杨花苑(南块)综合楼
建设大厦
上海培训中心大楼
上海海湾大厦
上海京银大厦
嘉兴市中山路综合楼
长峰城办公楼
曹杨新村储蓄所
上海浦东海关
云南昆交会金融中心地块
上海交银金融大厦
二十一世纪中心大厦
上海公交会所
新外滩大厦
湖南浏阳市烟草公司
华泾镇政府综合楼
上海浦东长途通信大楼
浦东新区政府政工办公中心
上海国际航运大厦
上海泰兴大厦
上海金叶大厦
天皇野生植物有限公司科研开发综合楼
华能联合大厦裙房加层改建
武汉邮电科学研究院科研综合楼
东欣大厦
乌鲁木齐南路办公楼
上海青浦农电培训中心
武汉市上海办事处改建
上海宝业发展总公司综合楼
汤臣中心汤臣金融大厦
申康宾馆服务综合楼
百佳旅游中心
一泽贸易有限公司
国泰证券大楼
上海工商行政管理局管理中心
张家港市公安交警大队港庄中队办公楼
上海市人民政府驻京办改扩建工程
东航集团投资公司业务楼
上影厂电脑特技楼
上海市工商行政管理中心咨询图纸
广中路420号局房改建
上海南汇信息枢纽大厦
上海建设大厦
水晶大厦(原腾龙广场)
思茅上海科技中心
上海金外滩集团发展有限公司
浦东邮电通信大楼
上海银行大厦
兖州瑞通医疗器械有限公司培训中心
长发大厦
福州华都(庆吉)大厦
拜尔斯道夫上海公司办公楼、厂房装修
昆山开发区出口加工园办公大楼
上海市建委党校老楼改造连接房、文体设施
东磁大厦
金桥出口加工区22号地块(二期)E.D型房
神童网络科技(上海)有限公司
江苏电网调度中心
浦东机场办公楼方案
七鑫综合楼
华福证券上海营业部
延安西路1516号办公楼
国际教学交流中心等项目总体方案

交通建筑

崇明县南门汽车客运站
北区停车场改建汽车站
上海新客站中块
厦门高崎国际机场
浦东机场航管通信气象综合楼及塔台
东方航空公司售票大楼、裙房
浦东国际机场航空港楼
国内候机楼改扩建工程
上海浦东国际机场基地(一期工作区)站坪
浦东国际机场东航基地规划及单体建筑设计
吴淞客运中心车客渡候船室
新建上海虹桥机场塔台和改建调度楼
大达码头改建工程
国际候机楼改扩建工程
常州市客运服务中心
上海交通大宇汽车客运站方案设计
上海浦东国际机场生活区规划设计及单体
浦东机场东航维修区
浦东国际机场航站楼
轨道交通三号线宝兴路车站及综合办公楼
上海市地铁2号线静安寺-中山公园(概算)
浦东国际机场城市航站楼
莘庄长途汽车客运站

酒店建筑

花园饭店1号主楼
静安白玉兰饭店装修设计
中苏合资申列有限公司列宁格勒上海饭店
宁波市聊城饭店主楼客房改建
上海县饮食服务公司迎宾旅馆扩建
镇江市一泉宾馆4号楼改建
镇江市润州饭店
海南龙光食品公司上海龙光海鲜官餐厅、酒店
大加利酒家
静安旅馆(上海百乐门大酒店)
浦江饭店改建
济南珍珠泉宾馆
桃源宾馆
中亚饭店中亚商场
昆山市政府第一招待所1#营业楼
西郊宾馆体育活动中心
大庆宾馆多功能厅
上海市国家安全局招待所
安徽滁县行署南谯宾馆
海南通什黎苗族风情村
国际机场宾馆增建改造工程
银建帝都大酒店主楼
澳门大饭店2号楼改建
上海龙柏饭店主楼改建、地下新建设备房
上实南洋广场四季酒店
古北名苑酒楼裙房加层
上海东方航空宾馆(太阳山大厦，预算)
上海中星商业公司实验宾馆方案(咨询)
武岭宾馆
上海国际机场宾馆餐厅加层
张家港市塘市镇宾馆
无锡太湖花园度假村有限公司旅馆及活动中心
西郊宾馆二期扩建
南京东郊宾馆俱乐部工程及网架咨询
上海衡山集团接待培训中心 衡山健身娱乐中心、假日旅馆小别墅
昆山宾馆二期工程
奉贤悦华大酒店二期工程
上海徐汇国际网球俱乐部一期工程
湖北省黄岗市遗爱湖渡假村
国际机场宾馆
南园宾馆改建扩建工程
紫藤宾馆改扩建
上海舜浦大酒店
红塔大酒店
上海兴国接待大楼(兴国宾馆)
陕西宾馆10号楼
南空招待所
上海新世界大饭店
岳阳大酒店
虹桥宾馆
银河宾馆
昆明金元大酒店方案设计
上海浦东新区中外宾接待中心概算及初步设计

上海古象大酒店
南京东郊宾馆
新文峰大酒店
淮南市胜发宾馆
通贸大酒店
华山公寓住客会所
中信大榭花园酒店
重庆市委组织部招待所
南通有斐饭店
东郊宾馆
上海国际海员俱乐部海鸥饭店改建
宝启大酒店总体方案

商业及建筑综合体

康吉综合大楼
上海百货公司餐厅改建
五芳斋点心店
上海县莘庄影剧院
上海市第六百货商店加层
洪长兴清真饭店羊肉馆
长乐餐社
上海县工商局莘庄集贸市场
中央商场装修
上海文化用品总公司文化商厦
上海远东五金交电商店设计
上海市外轮设备供应公司中友大厦、综合商场
上海地铁陕西南路站口商业大楼
柳林商厦
上海丝绸大楼(上海丝绸之路大饭店)
上海亚细亚世纪广场
宝钢牡丹江路商业中心
上海市春秋西服店
上海环龙商业开发公司商场改建
虹桥机场沙龙餐厅装修
上海玩具商场
协群贸易信托商店协群、三联商店改建工程
淮中商厦(旧称：7742工程)可行性研究报告
上海百货总公司百汇商厦
上海市老城隍庙旅游品总汇(豫园商城)
太平洋百货公司八层商厦、建明商业金融大厦主楼
上海友谊商店古玩分店古玩商厦扩建
太仓浮桥商业大楼
虹口区财办多伦商厦、3459秦关大厦
虹口区财贸办上海凯福商厦(新凯福)
虹桥上海友谊商城
凤阳路菜场装修、凤阳副食品商场
恒丰路商住楼、综合楼
曲阳路801号基地商住楼
横浜桥基地商住楼
海贸中心大厦(百盛购物、久事复兴大厦)
常州小商城
上海市第一百货商店沪西商业大厦
嘉金大厦客房楼、商住楼
上海居住二开发民星商场
上海再生物资商厦
上海国信广场
无锡医药商场大厦
靖江粮食局明珠购物中心
上海市第一百货商店二楼商场改建、室内装饰
宁波路菜场装修改建
东海广场
华源世界广场
中创静安商厦
上海世界贸易商城
苏州国际商城
闸北区工商行政管理局汉中商厦
上海达雅梦都礼仪摄影有限公司
上海旅游购物商店商场改建
上海书城
南梦宫电子游戏世界电子游戏室
东方明珠电视塔底部商场设计咨询
力宝太阳广场意向设计
华东事务所福海商业中心(新世纪商厦)
镇安房产公司振安广场
长宁区电子商厦初步设计
淮海路华亭路口永隆商厦(永隆食品商店)
徐家汇文化娱乐中心(美罗城)
定西路1291弄商住楼
南新雅饮食城
新镇江大酒楼(概算)
苏州信德广场商厦方案设计
济南大观商厦初步设计
中央商场综合楼
九州愚园商厦商场、办公楼
黄浦区37#街坊商住楼
上海新兴技术开发区新园商住楼
东方广场南北楼
冰厂田路高层住宅
外高桥广场
标力(杭州)地产开发公司标力广场
宝山生产资料交易市场方案
丽水路36-1街坊商厦
长峰广场一期
豫园21号地块蒙特利广场
太阳岛国际俱乐部等
上海申华黄浦物业发展有限公司申城商厦
金茂大厦设计咨询及设计管理
上海第二百货公司扩初、施工图设计咨询
上海拖拉机内燃机公司万众俱乐部初步设计
玉城宝都广场
上海豫园旅游商城、蓬莱公寓高层住宅
上建丰广场方案、初步设计
新金桥广场初步设计及设计咨询
新亚快餐城
上海兆成实业公司兆成商厦主楼初步设计
虹桥友谊商店苏州店
长寿宫商业城
舒臣商厦
万泰金融广场
久事置业广场
上海浦阳房产公司星迷啤酒俱乐部
上海宝龄球运动实业有限公司保龄球馆
新世界迪斯科舞厅
上海中山广场咨询
上海陆海空广场咨询报告
泰星广场初步设计咨询
金泰商业广场初步设计咨询
新亚洲城初步设计顾问咨询
万航广场、住宅楼、办公楼等
上海建泰房产有限公司金融中心广场、金帆大厦
金泰商业广场、帝泰广场、正大商业广场
悦园商厦
上海杏花楼(集团)公司新雅粤菜馆改建
时代广场设计咨询
上海万泰广场设计咨询
上海环球金融中心方案、扩初设计咨询
西藏南路5—1地块商业大厦个设计阶段咨询
上海联合广场塔楼、裙房、基础
上海三元百货公司新时代商厦、综合楼
华盛建设发展总公司华盛贸易商场辅楼
无锡锡山麦德龙购物中心
上海闵行麦德龙购物中心
日本料理、 KTV包房
上海富艺幕墙工程公司中区广场
西藏日喀则上海广场
通利商厦
上无十八厂改造工程(上海名人广场)
桂宜广场
西上海高尔夫乡村俱乐部
怡丰商住楼
东海商业中心二期咨询
货仓式连锁超市
东海商业中心二期工程
上海文龙商场
福泰广场
民防商厦
上海力宝广场
华联超市公司商办楼
恒隆广场
娱乐城
上海七重天娱乐总汇
龙之梦广场
万象国际广场
长宁商城
上海大润发(市北店)
上海环球金融中心
上海新黄浦爱奇爱特配售中心
开开集团小辛庄基地临时商业用房
上海平安金融广场(新华联商厦东楼)
上海万都中心
港汇广场
中心广场
商会大厦
巴鼎世纪广场
维一星城
杨家渡室内集贸市场
豫园商城——海底世界(咨询)
扬州时代广场初步设计咨询

万邦地铁广场
万象国际广场
九百城市广场
新世界城
南京国际商城
地铁石门路车站风井及出入口配套商办楼方案
蓝天商业楼

文化与广电建筑（包括观演、宗教、旅游）

上海市科学会堂1号楼改建
上海广播局扩建工程
大华书场改扩建
松江博物馆文物库房
琼海华侨图书馆
昆山影剧院及娱乐中心
市离退休干部活动用房
无锡东方水族世界
上海广播电视塔（东方明珠）
上海市广播电视局虹桥路1376号广播大楼(广电大厦)
上海广播电视国际新闻交流中心
上海市黄浦区文化局五星剧场改建初步设计
岳阳楼改建装修
朱家桥乡老年活动中心
海南中青物业视屏塔
徐汇国际网球俱乐部
上海徐家汇文化娱乐中心初步设计
天主教上海教区主教府改造项目
西上海乡村俱乐部有限公司俱乐部接待中心(预算)
上海影城二期初步设计
上海大剧院及其污水处理站
中国基督教三自爱国会加层改造
延安中路公共绿地及地下车库
无锡灵山大佛、综合站房、登运道
上海电视台电视制作综合楼
沪北电影院改扩建装修
卢湾区政府卢湾体育馆室内网球场
上海新世纪广场工程地下车库及地面广场
杨浦区文化馆娱乐楼综合楼
徐家汇文化娱乐中心方案
东方音乐厅(概算)
上海国际网球俱乐部扩初设计咨询
杨浦区文化馆杨浦影剧院加层
上海建筑科学研究院建科活动中心
重庆南路308基地文娱综合楼
苏州乐园太空馆、回归未来
上海淞沪抗战纪念馆
上海国际会议中心
上海市和平双厅电影院重建
东方明珠太空城高科技游乐中心
上海警察文化活动中心
金茂大厦剧院、凯悦酒店咨询
上海东方音乐厅扩初设计咨询
安徽省蚌埠市广播电视中心规划方案
上海欧美乐园
上海城市规划展示大厅、影视厅、展示厅、展示馆陈列设计
上海浦东新区源深路体育中心奥林匹克城综合楼
源深体育中心二期工程
上海市退休职工活动中心
上海国泰消防有限公司K.K保龄球馆
上海仙霞网球中心
北京万寿路甲A号电影厅
花都市慧源公司中华民族文化大观
上海艺术城
浦东源深体育发展中心训练馆
浦东新区源深体育发展中心
上海海运学院图书馆
保龄球馆
上海海底世界(水族馆)
上海英皇明星城
河南广播大厦(郑州电视台)
东方明珠电视塔裙房改建工程(历史博物馆)
上海科学会堂新楼
市北娱乐中心第一期
源深体育中心训练馆
上海建科活动中心
无锡邮电职工休养所
上海ROJAM DISCO娱乐城
上海公安局公安博物馆
“科学岛”广场
上海东方马戏娱乐城
苏州市体育中心体育场及总体
上海天鹭康保中心体育中心
洞庭明珠塔方案

会展建筑

虹桥国际展览中心
上海国际农展中心主体、国际农展中心多功能综合楼
上海国际农展中心
光大会展中心
上市公司博览中心
重庆国际会议展览中心

教育医疗建筑

上海畜牧兽医站
华东师大一附中教学楼、健身楼
甘泉医院药剂楼改造咨询
虹口区高阳路第二小学
虹口区第五中心小学
徐汇区精神病防治院
市工商局干部学校(党校)
长宁区新圣中学
上海化工厂托儿所
海南灵山镇中心小学
金山上海师大二附中
无锡市医药站
海滨中学实验楼
昆明市第一人民医院病房大楼
梅园新村地段医院
上海第五人民医院门诊楼地下医疗救护站
上海市第一医药商店新建工程、外立面装修
浦南医院800毫安X机房加层
黄浦区中心医院病房楼
华东疗养院X光楼
上海交通大学高科技大厦
上海第二工业大学商教综合楼
上海农垦医院
淮中中学餐厅、厨房
交大附中宿舍
行知中学图书馆加层
新华医院门诊病房综合大楼
卢湾中学教学楼、实验楼、天象馆
井冈山小学希望工程楼
交大附中多层教学楼
上海市第一人民医院扩建工程
复旦大学附属儿科医院医疗综合楼
上海市第一人民医院扩建工程规划方案咨询
上海交通大学 =虹桥路26层高层住宅
上海音乐学院教学实验综合楼
上海浦东新区中日友好瑞金医院
上海长宁区中心医院西移工程
无锡市第一人民医院改造、儿童医院建设
山东省省立医院锅炉房方案及施工图设计
中欧国际工商学院
常州财经学校
上海音乐学院工程
静安新城R2中学
教师办公综合楼
学生活动中心楼
上海海关高等专科学校浦东新校
嘉定区第一中学
上海市地铁培训中心
上海交通大学安泰综合楼
上海行政学院改扩建一期工程(上海市委党校)
上海浦东中日友好瑞金医院主楼
儿科医院病房改建
南通医学院附属医院急救中心
上海航空医疗培训中心
第一四八医院病房楼
上海大学新校区美术学院
眼耳鼻喉科医院门诊大楼及放疗中心
长春外国语学校净月潭分校

住宅建筑

浦东梅园新村高层住宅
海南金霖花园
农展馆住宅、程桥文化站
南京军区空后第一汽车修理厂职工住宅
上海市委机关淮海路A.B.C.D型住宅
空军工程部上海器材供应站家属宿舍
南市区住宅办大兴街基地住宅
三航局一公司殷高路住宅
建国东路497弄住宅基地住宅
西凌家宅小区
上海市委机关高安路住宅
东方航空公司家属宿舍
上海市住宅试点房建设工程
斜土路780商品房住宅
古北新区23#街坊方案
浦东新区龙阳小区意向规划
上海县房产公司莘庄一街坊住宅
上海市市委行政处余庆路190号住宅
上海市虹口区颜家洼高层住宅
海南芙蓉别墅
上海海丽花园设计方案
上海市机电局住宅办延安东路工

程方案设计
上海市虹梅别墅
东方龙邸
海潮路高层住宅、商场等
罗马花园
金杨新村B区二期动迁房
嘉华山庄别墅
鹤北居住区一街坊一期住宅、动迁房
辉高花园
太湖威尼斯花园
桃浦花园别墅、结构通用详图
沪市老干部丁香花园4号楼
凌家弄改造工程高层住宅
肇家浜路269号高层住宅
新华社海南分社别墅
海南长堤E段小区
南市区海潮路高层住宅
金家巷东弄基地
胶州路锦海花园
永阳房产公司上海亨纳斯花苑
金阳小区金杨新村4街坊
上海万科城市花园
六里乡昌里高层住宅
上海市南京西路19号B块(112#街坊、新世界商城)
富民路81号地块
莘庄水清三村K型18层高住#13、#14住宅二幢
虹镇老街174街坊基地
海军4306厂职工住宅
龙居花园高层住宅
凤江花园A-E 型别墅
青浦淀山湖水晶宫别墅及公寓
宛平南路521号地块恒昌花园
雪野六街坊1-3栋高层住宅
交通银行长阳路1297号商品住宅初步设计
金兰花苑高层公寓
静安三和花园住宅小区
颜家洼3号地块二住宅
岳洋花苑
凌家弄住宅改造工程1、2号住宅楼
北蔡镇西住宅小区
上海青龙田庄别墅
瑞金星钻
海南芙蓉住宅楼
海南福美海滨别墅
海南泰星公寓
富都花园、海富花园
新海房产公司2号楼商品公寓(新海2#公寓)
鸿安公寓A、B、C楼、鸿安广场
上海宏泰房地产公司香山新村
华泌公寓
新亚洲城
甘泉一村改建工程
东体育会路华能公寓
金钟公寓总体、1～8号楼、综合楼等
毛麻分公司南丹路高层住宅楼
玫瑰花园改建初步设计
上海展望房地产开发经营公司梅岭北路住宅基
上影广场综合楼、高层公寓
三亚市嘉海花园
银厦花园
虹叶花园
海鹏花苑
上海市东汉阳路危房改建1、2号楼
天山路杜家宅改建
龙华西路400号基地改建住宅
供电北村住宅楼咨询
陆洋公司桃林小区5-4基地高层住宅
中国东方航空公司吴中路高层住宅
上海浦东新区锦华小区住宅
上海长峰城住宅、公寓式办公楼、宾馆等
苏州馨都广场第二期高层公寓
制造局路208号多层住宅
申信公寓
浦发花园H1,H2高层住宅
塘镇花园别墅
上海市华山路地块高级住宅方案
上海富都花园设计咨询
上海帝京中心方案、初步设计咨询
静安花园设计方案
上海西藏中路福州路105号街坊A地块扩初设计咨询
静宁公寓、静安公寓
东南花苑
常高公寓二期
上海黄浦区26E地块工程高层、多层住宅
上海陕西南路联兴大厦基地工程、住宅
华进公寓
紫都商住小区A、B、C楼等
通达公寓
海鸥花苑
上海鑫和房地产开发有限和乐公寓
上海宏润花园
鹤北小区二街坊一、二期工程
虹口商业房地产公司22#地块危房改造
永发花苑扩初设计方案、咨询
上海东苑房地产经营公司长城花园第三期1、2号楼
上实花苑
上海浦东杨东小区东块
长宁置业公寓、海伦公寓
罗山小区德平路西块住宅
上实花苑高层单开式住宅、活动中心
泉州南丰花园
澳大利亚上海总领事馆公寓楼方案、初步设计咨询
杨浦区中王家宅东田高层公寓
凇虹新村(鸿翔公司商厦)
徐汇区政府第二招待所新建、翻建客房楼
莘浜路高层住宅
申花花园
人和花园、中华新苑
“春申”花苑
甘泉二村后街坊
奉贤县江海小区高层住宅楼
上海兴诚置业发展公司南衡公寓
肇嘉浜路地块住宅，汇峰花园
幸运坊高层住宅
宝钢月浦生活区冶建住宅
新闸路高层商住楼
今达花园小区
上海99号地块住宅规划初步方案设计
上海哥特公寓
江海五星住宅小区
复兴花苑工程
沪站花苑(明苑花园)
力鸿花园
万宸公寓
万里小区
华元公寓
新狮城
丁香公寓二期
斜土路”影屏花”高层职工住宅楼
虹桥天山公寓
四季园高层住宅
三泉公寓
吉祥苑
浦东新区国家安全局金桥别墅
绿宝园第一期
华能公寓
金苑
武康路198号花园别墅
绿洲紫荆花园
天安花园
新湖苑小区
松江方舟园小区居民住宅总体规划咨询
上海锦江经纬工程别墅、公寓、龙柏花苑
中山花苑
和乐公寓设计修改
三泉公寓二期A块住宅楼
宏润花园
肇嘉浜路99弄瑞嘉公寓
菊园住宅小区A地块
万科城市花园五区
上海华山公寓
春申(上房住宅示范区)世纪家园
新外滩花苑
莘纪苑(辛庄公寓)
新梅花苑三期工程
长发白玉公寓
夏州花园
滨江园工程
重庆市万州区三峡明珠工程
绿洲城市花园三期工程
苏州工业园区新世纪欧洲花园
东丽花苑
罗阳新村名雅苑
银都公寓办公楼
北外滩公寓
海友花园(光大会展中心东馆)改建
盛世大花园（盛大花园一期)
鹏利海景公寓
虹桥路1980号47号楼
重庆龙家湾非住宅还建房
华山公寓
东郊别墅小区
长宁区镇宁路69号地块商住发展项目
新虹桥花苑
锦沧公寓
虹桥开发区配套基地D地块住宅小区

怡绿房地产有限公司怡绿公寓(概算)
上海桃城度假村
西安高新技术产业开发区二期居住小区规划设计
西郊一品花园别墅方案各专业设计咨询
君临天下花园小区
上海紫阳路商住楼
共和花苑
昕泰苑住宅小区(汇商大厦)
新外滩花园、中闻公寓
紫都小区裙房
维多利亚花园
新贵都万体花园
桃江路46号住宅
康健新城
康沁苑
白金苑公寓(步高苑)
东郊花园
鲁班公寓
香榭丽花园住宅
时利花苑
上海力鸿房地产发展有限公司嘉豪苑
太子湾花苑住宅区(福楼望邸)
黄浦区88#街坊旧里改造工程
浅水湾花园
北巷小区安居朝阳苑
山东电力集团公司机关办公区规划建筑方案
贵都花园方案
空军装备部上海器材供应站家属宿舍扩建
嘉宛苑(肇嘉浜路1001号)
永盛苑新建工程(丁盛里旧改项目)
新城花园
流动公寓
澜韵园单体
爱法花园(暂名)
青岛泛海花园
海南三亚市南山观音文化苑
上海市职工住宅沪住10型五开间
重庆华宇金沙港湾方案
前进公寓

工业建筑

上海消防装备标准检测中心(消防科学所)
上海县五金交电公司维修业务楼
中国对外贸易公司钱塘公司汽车库、修理及备料间等
上海对外服务公司金陵业务用房
中山南一路实事工程
漕河泾台商工业城
上海申光玻璃总厂迁建
国家安全部8491工程
煤气公司、人行联合大楼(咨询)
黄浦区光辉电镀厂咨询
厂房屋架人字架梁质量鉴定
上海大众汽车有限公司新建及厂房改造
上海大江肉食品厂
上海船厂浦西分厂轮机车间改造一期工程、轮机车间二期工程
上海电冰箱厂
上海新兴技术开发区联合发展公司通用厂房
郑州中州结晶硅厂
上海冶炼厂
上海胶带总厂运输带车间
沈阳第一机床厂防微振基础
上海铃兰卫生用品公司
上海医药采购供应站榆林路仓库改造
上海文德堡公司生产大楼改造
上海海监局高桥信号台
上海合金厂恒温室改建
上海锦华联合总汇
上海玻璃厂改扩建
上海耀华皮尔金顿玻璃有限公司新建浮法玻璃工程
舟山海洋渔业公司万吨冷库等
南市发电厂改建工程、检修综合大楼、生产综合楼
虹桥国际候机楼通道监视电视系统
56111游艇改装
上海合成洗涤剂厂
上海市五金矿产进出口公司仓库
上海电器科学研究所合金中试车间及合金车间结构咨询
莘庄地球站天线基础加高
丹阳强华丝织厂织机车间
上海渔轮厂木模车间加层活动房
上海石英沙厂综合大楼
上海商业储运公司新开河24仓库改建
华美大厦煤气表房等
福州市灯泡厂煤气调压站及泵房
福州日光照明电器公司
福州万福金属化工制品公司调压站
上海远洋船舶修理厂供应科仓库改建
上海第四玻璃厂石英沙库加层
上海市金桥出口加工区开发公司通用厂房
上海合金球铁厂冲天平台加固
江苏省丹阳章绒丝织厂喷丝织机车间
江苏丹阳丝织厂生产大楼
上海注射针厂计量磨床车间
上海中药制药二厂固体口服制剂车间
上海信谊药厂嘉定分厂中药加工厂
上海大众汽车有限公司
上海大众汽车有限公司二期
震旦消防设备总厂
无锡市第四制药厂
海南太平洋金钢石工具制造有限公司
上海水产供销公司二分公司
中国唱片厂CD车间
上海市浦东电力服务公司生产基地
英协电通集团(上海)电子技术有限公司软件开发工厂
上海新力机器厂中小件加工车间
苏州立试制药有限公司
中国南极长城站扩建一阶段综合仓库、食品库
上海苏艺窗帘锈品厂电脑刺绣工程
T17-1 通用厂房
淮北第二纺织厂短落麻混纺线工程
上海汇众汽车制造公司
上海牙膏厂第一分厂
上海长途电信局国内人工台改造业务用房
上海外高桥保税区开发公司综合业务楼及通用厂房
上海房屋材料储运站建材仓库
上海庄臣有限公司浦东新厂
中国酿酒厂
外高桥保税区D1-004号工程
上海信谊药业公司金桥新厂
华商工程设备厂橡胶综合车间(预算)
上海海洋(远洋)船舶修理厂
长春生物高新技术应用研究所基因工程干扰素工业化生产基地
上海托普造形有限公司厂房
浙江溢华电子公司厂房及办公楼
第三海洋地质调查大队甲乙块用房
上海第五压缩机厂浦东分厂
上海生物制品研究所塑料车间、职工住宅
上海申丰食品有限公司二期扩建工程
苏州电视机厂新区厂房
上海昌化实业公司厂房
上海市肉类商品批发市场综合楼、副楼、辅房改建
外高桥保税区联合发展公司通用厂房
上海旭东海普制药厂
波北仑港保税区MG-1地块标准厂房
上海世霸包装材料有限公司第一期主厂房
五洲服装厂车间改建
宇航大厦(含玻璃幕墙)工程
上海意力速电子工业松江工场新筑工事
郑明明化妆品有限公司(概算)
上海滚动轴承厂退火间附房
上海色织十四厂新建天棚
海南省水产果蔬综合保鲜加工厂
虹桥机场锅炉房增荣改造
苏州铃兰卫生用品有限公司新建主厂房
上海外高桥保税区新发展有限公司F-10地块通用厂房
高力仓储厂房、办公综合楼
南汇工场
沪医药工业集团上海先灵葆雅制药有限公司厂房
美国联信公司(上海)涡轮增压器厂房工程基础设计
市北新区集中供热站
新民浦东印务公司胶印轮转机车间
苏州共立电子工业有限公司初步设计
美国标准公司新建主厂房
上海国际数字电话设备有限公司迁厂浦东金桥主厂房
上海易初通用机器有限公司(厂B区)机器加工车间设计咨询
上海葡萄王企业有限公司GMP工厂
上海易初摩托车有限公司销售中

心综合仓库
三上金刚石磨具有限公司一期工程
上海外高桥保税区联合发展有限公司(通用)厂房
上海市交通总队浦东考验场
上海长途电信局横浜综合通信楼
华瑞制药有限公司二期工程初步设计、预算
宇高服装厂(概算)
上海三景服装实业有限公司
利乐包装(昆山)厂房
上海美蓓亚精密机电有限公司
上海凤凰搪瓷电器厂搪瓷生产线搬迁工程(概算)
上海指甲钳厂三度迁建改造
上海联合公司陕西南路基地工程房方案
上海外高桥隧道机械厂厂房建筑设计
梅山崎日用品有限公司
宣桥浮法工程
上海摩根唐行钢砂厂
北京四环制药厂二期工程初步设计
桂林洋石材加工厂
海南农垦橡胶制品厂
上海通用汽车喇叭厂仓库与住宅
解放日报印务中心、印刷厂等
三产附属用房(招待所)
维隆木业(苏州)有限公司夹板车间、变电所
上海电影制片厂综合办公楼、洗印车间装璜
虹桥宾馆一号门高配间加建仓库车间装饰工程
上海欧雷法神川弹簧有限公司一期厂房工程
南汇供电局生产调度楼
外高桥保税区三联发展公司
FM5-1地块标准厂房二期工程设计
浦东新区杨高路停车(保养)场生活楼等
惠普公司上海外高桥保税区新厂
上海力宝中心
上海电话线路器材总厂硬塑波纹管车间
外高桥保税区外高桥联合发展公司D5--010通用厂房
上海嘉士伯啤酒厂一期工程
上海合众塑料印务公司生产车间大楼加层
上海杨浦区纸塑公司
上海可口可乐浓缩液新厂初步设计咨询
外高桥保税区D6C-55厂房，D5C-56、57厂房
上海君悦咖啡有限公司
英业达电脑厂房
上海申和热磁电子有限公司厂房
上海造币厂印花改扩建工程
GSD昆山厂房
资生堂化妆品有限公司
上海山海工业有限公司厂房
奥威公司厂房、办公楼
上海理光传真机公司仓库工程
泰州市供电局高港分局生产调度楼
飞利浦LCD厂房
嘉士伯啤酒厂基础
上海秋巴秋甫斯食品厂
通用旺旺食品有限公司
805所移北建设工程
长江经济联合发展集团公司国际货运部
上海华富集装箱运输有限公司
国际香料(中国)有限公司
上海基乐餐饮有限公司KYROS KEBAB
上海莘光体育器材厂
宝山华兴电线电缆厂

外经项目

中国驻突尼斯大使馆
印度尼西亚雅加达电视塔
印度尼西亚雅加达电视塔前期设计与调整
尼日利亚别墅

城市设计与规划

沪太新村东A、B、C、D、E区(包括沪太饭店，新上海影都)
上海虹桥开发区E区总体规划
陆家嘴金融贸易开发区3-1地块规划(峨山路工业街坊陆家嘴规划)
陆家嘴2--2地块详细规划
虹桥经济开发区20号地块
上海外高桥保税区E4S-28,29,30,31公建
龙华旅游风景区规划方案
漕溪北路201号地块
广州经济技术开发区
上海城发展规划第一期工咨询
N3-2-7地块的开发设计
上海创业城
中国城设计咨询
上海周家渡南村旧改地块详规
中远两湾城
星港西控规
上海市长宁区镇宁路69号地块方案设计咨询
上海浦东新区德国中心扩初设计咨询
上海浦东大自然健康城
静安寺改扩建工程
共康八村规划调整
上海市春申住宅区规划及总体
三联学院总体详细规划
回祥新村广场规划
沙溪中学新校区(生活区)规划
龙华路2480号地块
中药制药一厂总体规划
安徽三联学院工程建设及第一期工程
上海新天地广场咨询
南京西路绿地广场
上海莘庄工业区(北块)
昆明鸿发建设广场

其他

石化总厂铁路装卸区消防水喷淋灭火系统
华安美发厅装修
皇上皇食品店门窗翻新
“上海2号”游艇改建装修
鞍山四村小自行车房
上海油气实业公司浦建路加油站
茅家塘
上海开源房地产公司斜土路414基地
“三宝”基地二期工程
鸿泰丝绸服饰有限公司锅炉房
合肥市房地产开发公司“梅山路”工程
富士德233建筑装饰工程
斜土路“768”基地工程
吴江市汾湖旅游度假区净水厂、给排水管网设计
上海木材总公司沪北公司职工住宅基地一期工程
上海外滩信用门面及部分房屋装修
上海银宫商厦装修设计
江苏省仪征化纤商业服务公司商场装修
文峰饭店2号楼建筑装饰工程
盘谷银行大楼建筑装修
上海邮电大楼办公楼梁加固结构图
外滩信用社装修设计
防汛纠察值班
香满楼酒家改扩建装修
静安区文化馆小剧场加夹层活动室结构图
华东电业管理局调度室装修改建工程
上海市外高桥保税区办公楼交易大厅装饰工程
上海西亚新都娱乐城室内设计
上海市电力公司办公楼装修改建
上海钱景国际货运有限公司办公室改建装修
上海长途电信局和平营业厅室内装修
南通大饭店综合楼一二层装修、娱乐中心装修
上海市燃料公司办公楼改建装修
中国科技图书公司营业楼加固装修
农业银行厦门路国际业务部装潢
上海市农业银行长征招待所装修
南京状元楼酒店装修
凯博大酒店装潢
上海市内电话局职工之家俱乐部装饰
百盛购物中心室内装修
宁波新世纪商厦六号商业营业楼装饰
哈尔滨上海精品商厦商场装修
上海联合汽车交易市场装饰工程
飘鹰八达娱乐城装修改建
光明卖当劳快餐店室内设计
福州电网调度大楼增设电梯
仁和大厦室内设计
上海百通广告公司大型灯箱广告牌
上海东方平价商场直销平凉分店装修设计
安徽省宿县南苑宾馆主楼装修
浦东新区洋泾乡人民政府仁和大厦建筑装修
“虹口城”商贸总汇室内装修(高阳宾馆)

商贸大厦19～22层建筑装饰
海苏国际贸易韩国料理酒家装饰
上海华东物业公司综合楼室内装修
建设银行高桥支行潼港大厦办公楼装饰工程
麦当劳中山公园餐厅装修
新亚酒家室内设计
上海灯具总店改建装修
上海金辰广告有限公司虹桥路钢结构广告牌
北方科技开发公司金桥17-2-3厂房楼面结构加固(咨询)
上海市化学事故营救中心室内外装饰工程
上海临江花园大厦上海税务局楼面装饰设计
上海华泰大厦装修
中国科技图书公司星级书店装修
上海华侨大厦一、二层装修
浦东电力商厦辅楼装修
上海证券报社浦东办公楼室内设计
江苏如皋丽岛大酒店室内装修
上海市电力局北京东路办公大楼装修
永嘉路333号一楼内装修
上海八佰伴8、9层日本料理餐厅装饰
四平路新港路高层商住办基地(上海皮革公司)
上海服饰中心铝合金玻璃幕墙
深圳市石油联营公司沙头角加油站
深圳市友谊商店门面改建
上海市住宅建筑设计标准图
西藏南路5-1地块商业大楼顾问咨询
上海环球金融中心防火设计说明书咨询
上海恒昌置业有限公司恒昌花园部分装修工程
上海大众汽车有限公司来宾食堂装修
华山城市信用社实业大厦叶山信用社建筑装饰
中国农业银行上海东昌路支行室内改建装饰
上海云清商行巧帛服饰商店装修
牛庄路菜场改建入室工程装饰
新雅粤菜馆改建
上海市地铁2号线一期工程静安公园到静安寺站防灾报警及自动控制
海通证券有限公司办公楼装修
宝得利德式啤酒城室内装修
中国建设银行上海莘庄支行营业、办公综合楼室内装修
中国上海"上海城"(二期)工程装饰
上海商贸大厦首层大堂及牌楼装修
上海不夜城四层美食中心装修设计
上海中山东路十七号美国友邦大厦装修、桂林大楼装修工程
上海兰心大戏院装修总承包工程
上海证券报蜀韵大酒店装修设计
洪长兴外滩店装修设计
开开广场8层装修设计
上海虹桥国际机场新建多层停车库
华盛商城室内设计
一百集团大厦门厅大堂装修
上海洪长兴总店宝大祥店装修设计
振源大厦幕墙设计咨询
上海市地铁1号线车站室内环境设计方案咨询
上海浦东发展银行大厦概算
上海市黄陂北路综合大厦结构设计咨询
上海市交通总队浦东考验场施工图设计
东方明珠塔增设观光电梯
上海大剧院楼梯玻璃幕墙工程咨询
解放日报印物中心幕墙咨询
上海市建四公司新金桥大厦二期装饰
中山东一路24#基地改建方案设计
明城花苑玻璃幕墙竣工图
浦东国际机场供冷供热工程(动力中心)
南新雅饮食城裙房外立面石材干挂装饰
上海弘路实业公司中谊办公室装饰
交通银行徐家汇分理处装修工程
1122工程，"设计中心"
静安三和花园办公综合楼玻璃幕墙工程
上海汽车工业销售总公司会议室教室装饰
宝冶科技大楼立面修改
交通银行武昌路分理处装修工程
交通银行石泉路分理处装修工程
上海强生大厦玻璃幕墙咨询
苏州国际商城弱电系统
南新雅大厦裙楼幕墙
青浦宾馆装饰设计
文锦大厦玻璃幕墙
浦贸大厦-玻璃幕墙
新区总平面
上海兴业银行大厦基地临时房外高桥保税区大门
长阳路住院部中央空调工程
淮海中路地区停车库基地
南扩工程
余姚市南雷路拓宽工程
置地广场塔内加层工程
时代广场幕墙结构计算书咨询
上海淮海中路地区停车库
上海轻工大厦玻璃幕墙
上海信息城幕墙设计咨询
工商银行黄浦支行中山东二路15号装饰
中国工商银行浦东金融大厦幕墙咨询
上海城幕墙
恒昌花园游泳池
源深路体育中心屋面彩板工程
东航浦东机场基地1#地块
西郊宾馆主变电所改造
广电大厦七层有线台演播厅办公室改建装修
交通银行上海分行闵行支行装修
世贸商城办公室装修
仓储办公楼幕墙
上海市长途电信局综合通信楼微波铁塔钢结构
上海浦东国际机场基地
天主教上海教区教府工程精装潢设计
兴业银行大厦基坑围护5210JK
银冠大厦幕墙咨询
友谊会堂三楼地坪承载鉴定咨询
上海国威企业集团办公楼修建装饰工程
茉织华办公室装饰
新美丽园大酒店雨篷钢结构工程
徐家汇商业城E地块一期四区、二期给排水工程
国际航运大厦消防系统施工设计
杨浦区工商局档案室楼面加固
社会科学联合会活动中心装修设计
南梦宫电子游戏世界装修
南汇供电局生产调度楼装修
上海长信局广中路420号局房改建装修
西藏日喀则上海广场装饰
高泾变电站及市南电力调度中心基地
上海市园林宾馆网球场休息室加层工程抗震鉴定
上海展览中心中央空调系统及锅炉房更新
瑞金医院冷冻机房改建
飞利浦光磁电子(上海)有限公司厂房装修
上海恒源祥绒线公司5楼、6楼办公室装修
综合业务用房及配套用房地下基坑维护
泰兴商厦装饰工程
上海银建饭店装修
中福实业大厦九楼装修
和田路大楼装修工程
园林宾馆网球场休息室加层
上海时代广场调顶装修施工图
上海地铁1号线新龙华车辆段停车库接长改建
上海书城裙房装饰设计
公司制造部厂房抗震结构鉴定
上海九事大厦幕墙工程
天钥宾馆玻璃幕墙设计咨询
上海华山路688号高级住宅首层全玻大排窗
农行上海市分行金桥支行办公楼装修
槟城观音圣像主钢架
交银金融大厦幕墙工程
浦东机场A-1地块玻璃幕墙、天棚、雨棚
泉州市高尔夫俱乐部会馆装饰工程
广厦大厦修改设计
上海东亚饭店三楼餐厅装修
上海电视台电视制作综合楼幕墙
常州财经学校专业培训楼幕墙工程
浦东新区行政办公中心CO2自动灭火系统
圣爱广场主楼钢结构屋顶
名品商厦货运电梯加层工程
上海市房地产交易信息中心大厦玻璃幕墙工程
西郊宾馆一号门改建

浦东国际机场指挥塔幕墙工程
银杨大楼修理
定西路1100号融泽商务大厦改建、加层设计咨询
公路管理处五层办公楼整修
上海票据交换场
通成推广公交广告有限公司装饰
中国工商银行上海分行巨金大厦室内设计
东航吴中路高层住宅裙楼玻璃幕墙
建邦大厦铝合金玻璃幕墙
黄浦江行人隧道出入口
楼板及梁负载计算
浦东国际机场一期航管楼网架及屋面工程
开开自动门工程
上海宏成城市建设开发公宏成大厦概算
临时办公用房
通利商厦临时建筑
桃林5-2小区住宅基础设计
注册地装潢工程
上海浦东国际机场出入口标志及出入口岗亭
上海浦东国际机场当局办公楼内装饰工程
上海江海大厦裙房玻璃幕墙工程
虹桥宾馆大楼消防改建工程
浦东机场餐饮娱乐中心,当局办公楼网架咨询
重庆南路308基地文娱综合楼幕墙
上海东方广场玻璃幕墙咨询
1122青松城工程外立面石幕墙
上海市南供电局青浦农电培训中心网架工程
港泰广场九层广告牌钢架
城市规划展示馆幕墙工程
上海中欧国际工商学院不锈钢及铝合金门窗
恒隆广场幕墙咨询
华宝楼屋顶庭园
南市分店装潢设计
上海市闸北区财政局室内装修
上海炼油厂海韵招待所3#楼改建
上海市税务局黄浦分局办公楼装修
上海市财政局胶州路办公楼装修
重庆南路308基地文娱综合楼隐框窗(咨询)
二十一世纪中心大厦基坑围护工程
浦东长途通讯大楼铝板装饰工程
太湖防汛调度楼加固规划报告、大楼效果图估算
上海电视台电视制作综合楼屋顶餐厅钢结构
上海马戏城铝钛合金屋顶咨询
上海城市规划展示厅幕墙咨询
国信广场加层及应急发电机房
A型变电所
中国工商银行上海分行卢湾支行内装饰
太湖流域防汛调度楼加固改造工程
新亚广场大酒店酒店应急发电机系统
公司增资扩产微型轴承和外球面轴承项目
工商行政管理中心27-29楼隐框窗设计
上海国际航运大厦图纸咨询
黄金假日旅游咨询服务公司内装修电气安装
卓多姿中信化妆品公司一期工程办公楼幕墙
北欧亚海运(中国)有限公司上海办内装修
十六铺客运站迎送廊改造项目
杂技场幕
延安路江苏路人行天桥设计咨询和初步设计
铃澜卫生用品有限公司改建干燥房
中金大厦外挂式塑钢组合窗
集邮大楼(原古玩商店)东立面改造
虹口体育中心贵宾厅咨询
上海环卫局综合大楼外墙玻璃幕墙工程
华联集团大厦18楼平台屋顶花园
上海长途电信局电信大楼顶部广告钢结构咨询
华能虹桥基地工程
伊通轻质加气混凝土应用技术试点工程
十六铺客运候船大厅外立面改造
泰琪公寓精装修工程
岳阳路76号基地
上海国际商品拍卖有限公司装修工程
中国金山联合贸易公司办公层装修
交行长宁支行仙霞路分理处装饰工程
平湖油气田天然气处理厂消防站
澳门回归倒计时碑
浦项广场外墙干挂石材节点详图
上海站站屋立面改造
上海国际航运大厦钢楼板
新世界城B段顶层半球网架
上海汇英商务楼立面改造
山东济南世贸中心银生大饭店幕墙
新建变配电所
交行虹口支行大名百货分理处装饰工程
上海联合利华公司综合楼装修
上海港十六铺客运站迎送廊改建工程
上海工商行政管理局大楼群房外墙干挂
上海南洋大酒店幕墙工程
工商行政管理局装饰设计审图
上海南汇邮电大楼钢结构工程
上海马戏城(娱乐城)玻璃幕墙
10#楼大病房改变用途结构负载咨询
长沙报业中心幕墙咨询
上海创业城幕墙咨询
徐家汇人行天桥
恒隆广场35KV变电站二次线路
山东证券建国路营业部装修工程
上海市南电力实业总公司生产基地
上海国际拍卖行装饰工程幕墙工程
美国友邦大厦修缮及精装工程
乍浦路桥景观设计
延安路江苏路人行天桥施工图设计
力宝-香港广场连接廊
泰州供电局幕墙咨询
东航综合业务楼幕墙工程
银冠大厦幕墙咨询
浦东长途通信大楼中旋幕墙
嘉洲有限公司上海办事处装修咨询
太平洋邓禄投资(中国)有限公司空调、消防
上海金玉满堂酒家有限公司内装修
上海交大安泰综合楼网架，屋面
嘉里华山路住宅项目生活污水处理装置设计
上海马戏城球体玻璃咨询
浦东机场航站楼天窗咨询
港泰广场九层广告钢架广告照明电气
金帆大厦幕墙咨询
上海市东方马戏城内部通讯咨询
南丹路住宅玻璃幕墙方案认可
马戏城网架咨询
交银金融大厦网架咨询
梅山大楼三层裙房旋转梯外侧幕墙及铝门窗
上海宏黎公寓外墙花岗石饰面图
康沁苑售楼处修改
海南国投上证宜山路营业所装修
东汉阳路296号地块可行性研究报告
上海计划生育指导中心热水采暖工程
北蔡实业总公司综合办公楼挂石咨询
上海市世界外国语中学教学楼室内装饰工程
普陀区税务局办公楼装潢
交行大桥支行装修工程
交行上海分行凌兆支行装修工程
商业综合楼外墙装饰工程
市委党校外装饰工程
美商杰普有限公司装饰
虹桥机场塔台咨询
上海正大广场幕墙咨询
丁香公寓二期工程裙楼外墙花岗石干挂
联信涡轮公司车间空调、通风工程
千禧龙印基座
PHILIPS厂房幕墙咨询
市委党校改建一期工程钢结构咨询
南洋大酒店擦窗机咨询
工商行政管理局大门咨询
浦东东方路广告灯箱
上海交大安泰综合楼钢结构咨询
七层病房手术楼改造咨询
上海新世界大酒店擦窗机咨询
大鹏证券曲阳营业部二楼固定幕墙玻璃改气窗
建邦大厦幕墙咨询
海浦酒店公寓幕墙咨询
上海市女子监狱扩建工程
上海联合利华洗涤剂厂(基坑围护)咨询
凯旋路办公车库方案
徐汇区兴国路77号、81号、85号扩建工程
工商银行上海分行职工培训中心室内游泳池
南京西路绿地广场地下职工食堂前期方案

2000年代（2000—2013.8.30）

办公建筑（包括金融办公建筑）

新中华铸钢厂通用大厦
南京军区空军办公楼（4015）工程
科宏大厦
汉口路151号华东院办公楼装饰
春兰集团综合办公楼
东磁大厦
新加坡驻上海总领事馆
松江国税局业务用房
青岛信息大厦
宁波浙海大厦二期
中组部办公楼整修改造、综合楼
武汉广播电视中心
上海市松江区行政中心
辽宁证券大连营业部室内装修
银川供电局电力调度通信中心
中洲科技公司武定路办公楼装修
中旅证券上海营业部
江苏省兴化市供电局综合楼
上海区域空中交通管制中心
江苏省三河闸防汛综合楼
生理大楼改建
国家计委顺义培训中心(农业生态)
利群大厦
南京市中级人民法院法庭档案综合楼
安徽省电力公司电网生产调度楼
中科院上海药物研究所
房地大厦副楼大堂装饰
重庆广电大厦
交银金融大厦
上海WTO事务咨询中心办公室装修
上海一春巴比松贸易有限公司办公室装修
张江集电40#地块科研楼
张江高科技园区管理中心
上海市高级人民法院审判办公大楼
上海中侨科教发展有限公司一期
冠城中心
浦东新区税务局第二分局装修
菊园变电站办公楼装修
民申大厦
黄金山综合楼
宁波市公安交通指挥中心
上海机场集团有限公司建设开发公司业务用房
苏州阳澄湖华庆房地产有限公司
黄浦区104#地块总部大楼（都市总部）
上海时代广场写字楼大堂改建
黄金置地大厦
邯郸信华大厦
纳米科技研发大楼
太原万家寨水利枢纽调度中心大楼
永春建行大厦
上海精文城市家园办公室室内设计
农业银行外高桥支行营业部国际部装修
新奉贤中学北京华贸中心办公楼、酒店及二期
广电大厦部分楼层空调改造
汇亚大厦（原名：新资大厦）
B2-2地块SIRED大厦基坑围护工程(新资大厦)
白金府邸（东汉阳路296号地块）
新资大厦
明园大厦
浦东世纪大道裕龙大厦（华东汽车城）
闵行开发区新管理中心
苏州工业园区管理中心大楼
平顶山市市政大厦
中央宣传部1号楼装修
河南省郑州市中级人民法院迁建
上海区域管制中心综合用房工程（机场）
新华路办公用房改建装修（WTO）
中共中央对外联络部办公楼翻扩建
南京路156#地块宏伊大厦
金帆大厦室内装饰
上海市电力公司市东供电公司生产调度大楼
中国平安全国客户服务及后援技术中心
江苏省无锡工商行政管理局办公楼
洲际大厦续建
宝山工业区行政管理中心新建办公楼等
上海南站邮件转运站
港汇广场1期四区2、3期裙房、办公楼等
恒隆广场第二号办公楼
常熟市经济贸易委员会
柳州市文昌综合楼
上海市仲裁委员会办公室装修设计
长寿路移动通信大楼室内设计
上海京新生物医药有限公司
中信泰富
解放日报新闻中心
中国民生银行总行上海办公大厦
中国平安金融大厦
浦东海光大厦
北京中国国电集团公司办公楼室内设计
河南省招生考试信息化综合楼基地合生国际大厦(现名：未来资产大厦）
大连期货大厦
上海港国际港务大楼
华银大楼
中央统战部办公用房改建
上海盛大基地办公楼
中国银行信息中心（上海）一期、二期
成都高新技术产业区检察院
成都高新区法院审判法庭综合楼
上海轨道交通明珠线二期公司办公楼
明珠线二期公司办公楼
上海电视台SMG新闻中心
河北日报报业集团报业大厦
奉贤法院审判办案业务用房
上海电力物资有限公司职工培训中心
高宝金融大厦
青岛市企业经营者评荐中心扩建
张家口盛源矿业公司安全培训中心
浦东软件园陆家嘴D-5、E-5地块高密度研发楼
华敏帝豪大厦
上海西藏大厦改建
上海市发展和改革委员会培训中心
中国人民银行支付系统上海中心
崇明通信局房产
中国商务部扩建机关办公业务楼
上海保利大厦
华能大厦
成都市中级人民法院审判业务（法庭）综合楼
华东电力办公大楼
北京联东集团U谷
上海贝尔阿尔卡特股份有限公司B6项目
苏州工业园区唯亭行政中心
宁波海署科技创业大厦
上海市电子政务灾难恢复中心
丽婴房上海总部办公楼
上海机场青浦培训中心改造
陆家嘴金融中心(二期)、瑞明项目(双辉大厦、浦江双辉)
昆钢科技大厦
申能能源中心（大厦）
连云港供电公司综合业务楼
合肥华泰集团总部办公楼
金元集团公司金阳办公大楼及五星级酒店
华为北京环保科技园M06地块光网络研发中心
大唐集团公司技术经济研究院
上海银行数据处理中心
南通熔盛大厦
日立电梯（上海）有限公司研发中心建设工程
北京西山区翻建东区综合服务用房
河南省电力调度中心大楼
珠海供电局生产调度综合楼
燕京大厦
杭州国际办公中心
惠州华贸中心办公楼
上海移动金山移动通信信息综合楼
科技园核心区配套一期项目研发楼、专家楼
南山物业管理中心方案
香港中联办深圳培训调研中心
中信花桥金融后台外移外包服务中心
南通经济技术开发区总部大厦
海门经济开发区江海商务大厦
新疆电力公司电力调度信息中心
山东奥体西苑宜兴东氿大厦
上海力宝裙楼改建
中铁上海设计院集团有限公司新建科研设计大楼
超高压输变电公司浦东管理中心

徐汇区审判中心业务用房
蛋白质科学研究设施（上海）
国家能源大型涡轮叶片研发和实验中心大楼
中科院交叉前沿学科中心
中国农业银行重庆分行营业办公楼
重庆农业商业银行金融大厦
湖州吴兴中央商务区总部经济大楼
昆明西城国际金融项目红庙
武汉天丰实业综合楼项目
北京会议中心八号楼
上海大众技术管理中心
青岛国旅联合同安路项目
航天宝都C楼
奉贤中小企业大厦
新江湾城F3地块办公楼
武汉绿地国际金融城A01-1
九江金大地财富广场
外滩国际金融服务中心
鼎和大厦
中国金融信息大厦
苏州月亮湾B-05地块超高层办公楼

交通建筑

青岛市东部停车综合楼
新客站改建
上海市共和新路高架工程呼兰路站
上海市磁悬浮列车示范运营线工程龙阳路车站
上海站中廊道及候车室大修
上海南区长途汽车客运站
共和新高架延长路车站装饰
上海铁路南站站房
上海铁路南站广场工程（含长途客运站）、电信基站
东航售票大楼(海银国际大厦)
虹桥机场公务机楼及配套设施
浦东国际机场货运监管仓库扩建
上海南站主站屋基坑围护设计
上海国际航运中心洋山深水港区一期工程
上海南站主站屋Ⅲ区平台设计
轨道交通九号线佘山二站地区控详规
明珠线上海南站缩线、恢复及改建
浦东国际机场二期航站区
铁道部上海铁路局
虹桥机场候机楼B楼出发层改造
上海轨道交通10号线动物园站
上海磁浮快速列车龙阳路站、浦东机场站改造
轨道交通11号线北段(1期)墨玉路站汽车城站
浦东国际机场车货运配套办公楼、航站仓库
上海浦东国际机场一期工程改造
上海机场运行指挥中心业务用房
浦东机场公安安保用房及指挥中心改扩建
浦东国际机场金融中心室外热力管道改造
厦门机场3号候机楼改造
轨道交通10号线（M1线）一期工程空港一路站
轨道交通七号线浦江耀华站及附属
上海南站Ⅱ号地块
上海虹桥国际机场扩建工程西航站楼
虹桥交通枢纽工程东交广场、磁浮虹桥站
地铁10号线四川北路站综合开发
上海动物园综合客运交通枢纽及配套
上海虹桥国际机场公务机基地
上海虹桥国际机场扩建工程航空业务管理楼、旅客过夜用房
虹桥机场29#地块简易仓储改建职工文体活动用房
虹桥综合交通枢纽公共事务中心
上海轨道交通12号线大木桥路站
漕溪路站地铁公共开发空间建设工程（旅游集散中心）
上海站北广场站屋改建
浦东国际机场T1航站楼系列改造
铁路上海站北广场综合交通枢纽工程铁路配套房、站区管理房
宜昌任家交通枢纽中心
上海金罗店交通枢纽综合开发
无锡火车站北广场综合交通枢纽
常州市客运中心及综合配套系统工程
设施郑州交通枢纽公路客运中心
杭州萧山国际机场二期工程T3航站楼
烟台龙口港区航运中心
铁路南京南站地下空间开发设计
上海轨道交通11号线南段
上海汉中路交通枢纽及综合开发
苏中江都民用机场航站楼
金山站
南京禄口国际机场二期工程航站区设计
烟台潮水机场航站区航站楼、航管楼、塔台、高架路及停车场（库）
上海闵行区莘庄综合枢纽
温州永强机场新建航站楼
珠海横琴口岸及综合交通枢纽
港珠澳大桥珠海口岸交通枢纽

酒店建筑

华亭宾馆改建装修
大连七贤岭度假村改建
浦东国际机场轨道交通站及配套宾馆
大地宾馆
海南博鳌水域太阳城(金海岸温泉)C岛酒店
华旗银行上海和平饭店分部室内装饰设计
京西宾馆改建
由由大酒店扩建
新聚丰圆大酒店大厦
长峰大酒店
三亚万豪度假村
海南博鳌月光岛
上海云安度假村
通贸大酒店改造工程
上海世茂北外滩酒店
无锡皇冠大酒店暨皇冠国际会议中心
上海由由大酒店二期
无锡凯宾斯基大酒店
上海州际假日酒店
上海东郊宾馆主楼、宴会楼
浦东东方艺术中心配套宾馆
江苏太仓国际大酒店
上海王宝和大酒店二期
上海小南国花园酒店
上海绿化集团昆山酒店
阳光滨江中心酒店办公楼
南昌东方花园酒店
海悦山庄
银川凯宾斯基饭店
合肥翡翠湖迎宾馆
苏州金艺大酒店
虹港大酒店改建及连廊设计
莆田市三迪国际大酒店
苏州晋合大酒店
青岛环海凯莱商务酒店改造
黄山太平湖皇冠假日酒店
无锡第一国际酒店
阳光威尼斯酒店
东海县九龙温泉会馆改造
苏源大酒店扩建
上海卢湾区酒店发展
半汤国际温泉度假区
中青旅静思园国际大酒店
天津津滨汉沽游乐港酒店
重庆国际会展中心酒店
深圳坪地格兰云天大酒店
三亚中港海棠湾度假村（酒店）
新疆北庭府宾馆扩建
昆山富国宾馆
松江世茂天坑酒店及体验中心
中国湖州喜来登温泉度假酒店
北外滩鹏欣悦蓉酒店
杭州西溪旅游服务中心精品商业区联体产权式酒店及独特产权式酒店
上海衡山路12号精品酒店设计咨询
武夷山迎宾馆
江阴西城皇冠假日酒店
衡山路12号地块宾馆
南山佛光会馆
上饶格兰云天大酒店
昆山一醉皇冠会展酒店
启东林洋度假村
武汉生态城碧桂园会议中心酒店
拉萨香格里拉大酒店
长兴大酒店
镇江市金山湖旅游商业配套设施工程--贵宾一、二号楼
东郊宾馆一号楼扩建、健身中心室内设计
烟台南山天堂度假酒店
长沙世茂滨江酒店
迪庆香格里拉大酒店
海南天诚温泉度假大酒店
金桥碧云90酒店及写字楼项目咨询
南京东郊国宾馆16号楼改建
世茂闽侯滨江新城酒店
悦海湾铂金五星酒店
世茂晋江人工湖酒店设计

商业及建筑综合体

青岛音乐广场酒吧
新华路465弄商住办综合楼
中央花园（古北”一百金楼”）
上海国际商城
青岛汇丰广场
蒙特利广场
时代广场商场改造装修
张家港国泰现代城
水清木华小区会所
新青年会所
上海莘盛商贸中心（仲盛）
新金桥广场
闵行商贸中心
上海站商城改建
上海证大商城
天山路古8、古9基地商办大楼
浙江金恒得国际汽车物流广场
金富得商业广场
南京国际商城项目二期
大连世纪商园
上海名品商厦立面改造装修
东海商都改扩建
上海环球金融中心（咨询）
上海金玉兰广场
大上海会德丰广场
南京西路1627#、常德路55#越洋广场
上海平高世贸中心
上海五角世茂商城
宁夏银川凤凰广场A区商业楼
青岛海之旅商业文化广场
石家庄远洋城商业广场
苏州乾宁置业有限公司东方之门
北京耀辉国际城
绿地广场紫峰大厦(原名：南京市鼓楼A2地块工程)
上海屹丰模具新建曹安商贸城C-1、C-2地块
上海市静安区54号地块（华敏帝豪大厦）
无锡世界贸易中心
古北新区一、二商务分区9-4A地块商办楼
一百商城新楼
上海市陆家嘴金融贸易区X2地块（上海国金）
骏丰国际财富广场
郑州市郑东新区商品交易中心
无锡红豆国际广场
上海高行商业中心
金融街天津项目（津门、津塔）
润华国际大厦
国航总部经济广场
天津泰达邻里中心
上海金港广场
华丽家族复兴天地
宏伊大厦
郑州绿地广场
苏州润华环球大厦
绿地南桥奉浦酒店综合体
长春长影国际广场
天津津港中心
鼎鼎外滩
重庆保利国际广场
乌鲁木齐市南门国际城商业区
绍兴世茂新城
合肥华邦美家居国际广场
南京仙林大学城文苑广场（东城汇）商业中心
天津津滨时代国际
上海金虹桥国际中心
晋合广场
天津高银METROPOLITAN-中央商务区一期
南通市润华国际中心
龙华天地
成都国金中心
宁波市州中心区城市经典商业中心
鄞州中心区庙堰地块麒麟阁商业区
温州置信广场项目结构设计咨询
苏州吴中壹号广场
武汉中心
龙凤商厦
由由商贸中心
南昌绿地A区南昌中央广场
南京清江广场
上海东方国贸
常州润华环球中心
中信大厦
苏州财富国际广场
星海路发广场
普利中心（济南普利门超高层商业综合体）
上海中心
南京市金润国际广场
武汉世茂嘉年华
青岛国际啤酒城主体商业
苏州工业园区271号地块超高层
重庆国金中心
南京世界贸易中心
轨道交通吴中路线上盖商业综合开发（古北上盖商业开发）
中关村长三角创新园商务功能区
金融中心及商业广场
天津富力广东大厦
苏宁天御国际广场
无锡燕莎商务中心
南昌绿地高新项目
浦东金融广场
上海北外滩苏宁广场
中美信托金融大厦
北京诺德国际广场
武汉绿地中心
上海梅陇南方商务区
金鹰天地广场
济南鲁能领秀城商业综合体
虹桥机场2号航站楼商业改造
甘肃鸿运金茂项目
珠海盛明国际广场城市综合体建设项目
上海古北地铁上盖
万众国际大厦
汉森手帕厂改建雨润中央新天地
汕头苏宁电器广场
泛海国际中心
世博轴综合利用改建
沙钢宏润房产城市综合体
易家金山国际商业广场
重庆江北城A07地块超高层公建
虹桥商务区核心区一期08地块
世博A片区绿谷地块

文化与广电建筑（包括观演、宗教、旅游）

浙江丽水文化中心
泰州市文化活动中心 梅兰芳剧院(一期)
宁波大剧院
南昌市广播电视中心
东方艺术中心
灵山文化广场
紫竹科学园区科学广场
中央电视台新台址建设工程
日本国驻上海总领事馆扩建
东方卫视直播室
中国移动通讯上海民生路展示中心
江苏广电城一、二期
东林大佛
韩国之窗
青岛世纪名人广场
上海市政俱乐部改建
苏州科技文化艺术中心
无锡市滨湖区河埒地区河埒地区文化广场
上海影城二期
郑州市世界客属文化中心
沪西、沪东、小桃园清真寺重建与改造
重庆大剧院
杭州钱江新城波浪文化城
青岛大剧院
佛教博物馆
圣三一堂教堂修缮和钟楼修复
无锡灵山圣境三期工程整体设计、梵宫
浦宁之珠--西宁电视塔
虹口区嘉兴路社区文化活动中心
上海浦东图书馆(新馆)
泰安市泰山文化交流中心
上海世博演艺中心
浦东图书馆新馆
世博公共活动中心
上海益民食品一厂历史展览馆
天津市文化中心大剧院
日照市图书馆、科技文化中心
成都大魔方（剧院+商业）
宜兴文化中心
金鼎大佛规划及方案设计
湖北广电传媒基地

会展建筑

湖州市科技文化博览中心
重庆国际会议展览中心
青岛国际会展中心二期扩建
南京会议展览中心
世博轴及地下综合体
上海名特农产品国际物流与交易中心
苏州国际博览中心、酒店
上海世博会特钢大舞台
世博沪上生态家
中国2010年世博会阿联酋国家馆
世博庆典广场
2010上海世博会信息馆
世博中心

武汉花庄生态新城生态技术展示中心
中国博览会会展综合体

教育医疗建筑

中共中央党校综合教学楼、体育中心、商业中心
东城区九年一贯制民办学校
中共上海教委党校综合办公教学楼（一期）
上海大学附属中学
上海大学体育中心
上海富欣培训中心
湖南省火电建设公司科技培训大楼
上海外国语大学松江校区第二教学楼
南通瑞慈医院
上海有机所研究生宿舍楼
复旦大学生活园区
金山区山龙小学
天津泰达图书馆
甘肃省人民医院门诊医技楼
长海医院新病房楼
松江九亭医院
中山医院门急诊医疗综合楼
南京理工大学第四教学楼、兵器教学楼
松江大学城前区景观设计
上海市松江区中心医院改建
中国郑州烟草研究院易地建院
重庆大学主教学楼
中国音乐学院排演厅及综合教学楼
科教门诊综合楼
复旦大学附属妇产科医院改扩建一期
上海市胸科医院住院楼
江苏国际图书中心
复旦大学眼耳鼻喉科医院门诊综合楼
北京国华电力生产实验楼
瑞金医院感染科，呼吸内科病房楼
江西省人民医院综合病房楼
复旦大学附属金山医院病房大楼
张江高科小型智能化孵化楼三期
国家图书馆二期工程暨国家数字图书馆
中南大学湘雅三医院外科病房楼
周口市中心医院新建病房楼
湖州市妇幼保健院新住院楼
中国浦东干部学院
胶州市人民医院
上海交通大学闵行创新楼
上外贸二级学院绿化景观
海南软件职业技术学院
宁海详鸣医院
西南交通大学体育中心
柳州市景行小学东校园
柳州市十二中东校园
浙江横店集团新医院
上海中医药大学附属岳阳中西医综合医院病房楼
宜昌市第一人民医院门诊病房大楼
富阳市妇幼保健院二期扩建工程病房楼
河南中医学院新校区教学实验楼
天津医科大学泰达中心医院
上海市金山区公共卫生机构迁建
宁夏医学院附属医院综合住院大楼
上海市嘉兴学院实验室
上海外国语大学实验学校
苏州独墅湖高教区第二教学楼
上海第二医科大学附属瑞金医院科研实验楼
江西省妇幼保建院住院部综合大楼和医技楼
上海交通大学图书馆、信息中心楼、材料大楼、软件大楼
中国福利会绿地幼儿园
松江区中心医院改扩建工程，传染病综合楼
柳州市高级中学东校园生活区（二期）
上海开元骨科医院
复旦大学附属妇产科医院杨浦新院
松江区迁建妇幼保健院
卢班戈省医院纳米贝市医院万博省医院
上海市南汇区医疗卫生中心
上海交通大学医学院附属仁济医院干部保健综合楼、地下车库
永州职业技术学院
复旦大学附属妇产科医院黄浦老院改造
沧州市中心医院门急诊内科大楼
恰格拉克乡张江置业希望小学
复旦大学附属眼耳鼻喉科医院改扩建病房楼
华山医院传染科门急诊、病房楼
改扩建
南昌大学第二附属医院医疗中心大楼
江西省新余市人民医院新院
肿瘤医院门急诊医技综合楼（南楼）
武汉枫叶教育园
蚌埠医学院第三附属医院综合楼
太仓市第一人民医院迁建
山东省立医院东院区一期修建性详细规划和单体建筑设计
浦东新区区委党校迁建
武汉光谷第二高级中学规划及单体建筑方案
中国科学技术大学特书实验室、学生食堂
咸宁市中心医院整体搬迁
花桥医院改扩建
中科院上海分院生命科学实验楼
科教综合楼变配电新建
中央党校中直分校办学场所
上海市胸科医院肺部肿瘤临床医学中心病房楼改扩建工程
崇明县堡镇人民医院整体迁建
上海市第一妇婴保健院迁建
宝山区中西结合医院总体改扩建
嘉定区妇幼保健院迁建
上海市周浦医院迁建
都江堰市胥家镇公立卫生院重建
都江堰解放社区卫生院
都江堰市精神卫生中心
湖北省新华医院脑科中心综合楼
上海交通大学医学院附属第三人民医院
黄浦区医疗中心
南京市第一医院改扩建工程总体规划
朱家角人民医院迁建
宝山区大场医院迁建
中国少年儿童科技培训基地及配套工程
南昌市第三医院
上海宝山区大场镇文海敬老院
重庆市妇幼保健中心
南山老年大学
盐城高新技术产业区盐龙医院
河南郑州大学第一附属医院新建病房楼
安阳市人民医院
海门市人民医院新院
海门市公共卫生中心
山东菏泽单县东大医院
复旦大学管理学院新院区
千佛山医院保健综合楼

住宅建筑

瑞嘉花苑
仁恒滨江园三期
东方明珠新苑
东方世纪花苑
岭南雅苑
东上海花园一期广德公寓
静安54-1地块旧住房成套改造
吉发花园
万里城 7-1A 地块安居工程
万里城11#、15#地块
东方明珠大宁公寓大门
宁波明楼北地块住宅小区
云南鸿发海埂别墅区
811研究所干燥房改造
盛大花园二期、五期
福州紫荆花园
浦东东方城市花园
新长征花苑泰宸苑三期
静安新城R3 、C4地块住宅
新加坡驻上海总领事馆职工宿舍
徐汇区虹桥路640号地块（乐庭）
东方城市花园一期
新野公司虹桥怡景苑
森豪公寓改建装修
大宁绿地农民安居房
万辰公寓
黄浦区5号街坊商品住宅
东塘子泾商品住宅（东方时空）
西安”香樟花园”
上海玉佛城小区B、G栋
浦东世纪花苑二三期
嘉富丽花园
松江区住宅平改坡及外墙修缮装修
“嘉园”住宅小区
青岛北海花苑
上海世茂湖滨花园（别墅）
香梅花园
北京冠城园(马甸危改小区)16#楼
西漕地块商品房
仁恒河滨花园
龙柏六村住宅
浦东金磐高级公寓

徐州铜电家园
云电阳光住宅小区4期
好世凤凰城二、三期
新天地安信豪园（绿洲美菲尔公寓）
老西门新苑
卢湾花园会所装修
“东方城市花园”二期
绿地兰馨公寓
莘纪苑三期
延吉路福州路小区（田家村职工宿舍）
好收成晶苑别墅
太阳宫新区E区
仁恒锦绣园
科达花园
浙江家园
万里示范居住区控详
美岸栖庭
金桥碧云国际社区S8地块公寓A、B组团
绿洲长岛花园三期
南京世茂外滩新城
上海国家会计学院扩建
宁波云龙小康居住区修详规划
松江东明大酒店办公会展公寓住宅(夏威夷)
福州世茂外滩花园
太阳星城F区二期
浙江新亿达龙庭国际
上海西郊别墅南苑
普陀区金光地区安居房
扬州137号地块扬名苑
碧云国际社区S1地块酒店式服务公寓
虹口区121号地块豪景苑
浦东花园C金桥S9-I、S9-R地块二期公寓
绿地金卫
白洋淀温泉永基别墅区
中浩云名邸
上海绿地金山住宅小区
盛大金磐二期
江西萍乡金信花园
山东省省直机关汉峪住宅区一期方案
北海舰队退休干部经济适用房
华德住宅小区规划及单体
安康苑规划方案
金口一路46、48号经济适用房
樱花苑住宅小区修建性详规、单体
枫丹明珠（三迪凯旋枫丹）
上海法官培训基地新建宿舍楼
四季花城
民院路住宅
上海滨江凯旋门(潍坊新村23宗地块)
世博村(A地块)VIP生活楼
武汉市大邱新村小区三期方案设计
武汉天地龙城居住区
杨东小户型项目(陆家嘴金融中心青年金融人才宿舍)
河南国基置业家天下
建业里(东区、西区)
泰安市泰城新区住宅示范区
兴江海景园
扬州锦苑二期
北蔡锦华住宅小区3-2#、4#地块规划设计咨询
莱芜市钢城区中心商贸区3#地块
西冶村回迁住宅和商业单体
上海盘古天地住宅小区
新江湾城D3地块仁恒怡庭
晋合服务式公寓
沈阳华府天地二期
金光地块重大工程配套商品房二期调整
中信泰富扬州锦苑三期
中洋高尔夫公寓
三亚中央海岸
泛海国际公寓（10号地块）
顺泽福湾
崇明县陈家镇滨江生态休闲运动居住社区4号地块、二期
林克司B-04地块别墅项目
湖滨御景花园
江苏省太仓市城厢镇南郊安置小区
周大福滨海中心二期
君地新大陆
虹桥镇95号地块住宅
嘉宇万豪名苑

工业建筑

上海航空公司浦东基地食品包装车间加层
上海航空公司浦东货运仓库
斯伦贝谢厂房装修
上海国昌高级服饰有限公司生产基地
复旦金山医院直线加速器机房
汇丰大厦新建CPU冷却水系统
上海南市发电厂停车库、一号楼、开关楼装修
张江高科四期标准厂房二期
上海五丰上食食品有限公司肉类加工中心
上海理光传真机有限公司扩建厂房
漕河泾新建通用厂房（一期-四期）
光复西路仓储管理用房
上海造币厂厂前区改造、金银币生产大楼
上海移动通信有限公司松江移动通信局房
杨浦移动通信局房
无锡透平叶片有限公司生产基地迁建
华为杭州二期生产基地佘山源林
三星家电扩建综保区厂房
中国移动上海分公司奉贤分公司通信局房
上海开开衬衫总厂厂房改扩建
科研设计生产用房
上海外高桥万国数据F16号地块87号厂房
成都二环路川棉厂
腾冲恒益东山温泉大酒店上海爱德航汽车部件制造有限公司新建厂房
智富名品城二期张江新建集电港二期西块29幢变配电站及储油罐

外经项目

菲律宾佬澳海景假日酒店
斯里兰卡Havelock city
印尼格马悦兰新城前期概念设计及可行性研究
安哥拉教育部学校交钥匙工程
凯姆克公司安哥拉卫生部医院交钥匙工程
科威特奥林匹亚综合楼
特立尼达和多巴哥西班牙港现代艺术中心
卡塔尔多哈城市大厦
印度Pune Hinjewadi综合项目
安哥拉卫生部和教育部一揽子项目
罗安达高级技术学院
印度Vedanta Alumina Limited Jhasuguda Township
Abu Dhabi A1 Reem Island RT-4-C6～C9 地块
南亚之门
委内瑞拉玻利瓦尔共和国国家馆
萨摩亚TTM医院

城市设计与规划

正大广场修改
虹口区74号危改地块
天津经济技术开发区金融开发区金融街、司法服务中心
松江行政中心及市民广场环境设计
武汉新华家园沿街景观设计
皖通高速高科技产业园
芜湖市中联世纪花园
克拉水城
上海城发展一期
苏州市体育中心体育场
康桥科技园商贸区一期
十里明珠堤工程景观设计
北京太阳宫（太阳星城F区、E区一期景观设计）
松江中山中路步行街改造及景观设计
上海市松江区司法广场景观
中远两湾老西门广场
世纪广场
碧云洋房一期西班牙里弄
东营市经济适用住房居住区二期规划、修详规划
上海长途汽车客运总站北广场
重庆市渝北区民营经济开发区规划
山东省体育中心、济南植物园地段城市设计
湖北省咸宁市重点区域控制性详规
湖州新天地景观工程
上海国际医学园区控制性详细规划
广州科学城KXC-H2地块修建性详细规划
南京鼓楼A1地块
宝山新城（宝山西城区9号地块）方案
科达花园西区规划及单体
闵行莘庄镇80号地块
浦东新区竹园商贸区2-7-3地块
浦东新区张江功能区域唐镇新市镇控祥规划

703研究所哈尔滨科研试验基地修建性详规
上海西郊国际农产品交易中心控制性详细规划
通用电气上海张江二期园区
东营经济开发区东凯高科技工业园
沈阳华晨汽车大厦规划及单体
董家渡地区11号地块旧区改造
普陀区兰溪路140号~190号地块
合肥利港银河新城规划和单体方案
新鸿基上海淮海中路3号地块
扬州208号地块项目一期工程
上海市南京西路1788地块
绍兴世茂新城规划设计暨一期概念
武汉市流芳新城镇二期方案
交通轨道7#线新华南里综合开发
轨道交通七号线浦江耀华站(18-1)街坊综合开发
中欧论坛6#地块
卢湾区47、48号街坊
无锡市南长区XDG-2006-15号地块
福州世茂茶亭街英皇明星城
上海浦东三林商业中心W13-4、W14-2地块
辽宁省大连开发区滨海新区1号地块规划及单体设计方案
印研所新建园区
武汉市紫菘保温瓶厂地块
上海东方渔人码头（一期）
复旦大学附属金山医院修建性详细规划
太平桥126、127地块
陆家嘴X3-2地块
浦东东航机务区W6W7地块修建性详细规划设计方案
静安寺交通枢纽及商业开发
世纪大道2-4地块
淮海中路龙凤地块商业开发概念方案
天津滨海新区于家堡金融区起步区一期地块Y-1-20工程
长风地区4#东-南地块
天津现代城A地块B区
天津于家堡金融起步区
黄浦区中山南路B4地块
斜土街道107街坊龙华路1960号地块
华莱坞电影工业创意产业园
武汉永清综合开发项目A1、A2、A3地块
中信泰富朱家角新城D19、D20地块
华新丽华河西项目A、B地块
上海市长宁区临空经济园区13-1、13-2地块
上海黄浦江中心段E18单元1-8地块
龙华街道161街坊33丘等地块（龙华地区综合改造）
天山西路新泾港旧区改造
上海轨道交通十一号线嘉定新城综合物业开发（402地块）
上海市虹口区海南路10号地块
绿地集团大连东港区B04地块
绿地崇明城桥31#地块综合开发设计
南京金鹰三期、所街6号地块
长沙市芙蓉区东牌楼地块
上海市卢湾区太平桥126地块发展项目
上海保利黄浦江E18单元1-8地块
四川北路4街坊108号地块综合开发
武汉王家墩商务区宗地11-13地块
上海船厂2E3-1地块
马鞍山地块

其他

肇嘉浜路1033号基地
龙吴路道班房
云间绿大地
上海科学会堂新楼幕墙、钢结构咨询
华东院办公楼装饰方案设计咨询
四川省国税局综合业务楼方案咨询
泰州铁塔基座附属房建筑设计咨询
周家桥住宅小区规划及方案咨询
海埂高级别墅区咨询
东方风情桑拿健康中心咨询
万象国际广场修改方案咨询
长宁区公交会所幕墙咨询
公交会所大隔断玻璃、球体天幕等咨询
上海大学新校区体育中心网架工程咨询
青岛尼科森商务咨询有限公司咨询
上海国际航运大厦咨询
CS屋盖结构设计咨询
上海长城得力工程有限公司咨询、内装修咨询
上海日通实业有限公司内装修咨询
复旦北区学生公寓复体园总体规划方案咨询
松江电力生产调度楼幕墙咨询
上海拓新物流有限公司咨询
河南广播大厦咨询
上海龙飞国际物流有限公司咨询
东方国际货运有限公司咨询
圣爱广场商办楼铝门窗、BAS系统咨询
静安希尔顿饭店消防平面图咨询
众达国际法律事务所咨询
SDT体育馆屋盖图、SDY音乐厅屋盖图咨询
中信泰富广场510商铺装修、421单元装修咨询
中海大厦10楼E、F座咨询
绿地广场钢结构及装饰工程咨询
松江电力局调度大楼方案修正咨询
基乐餐饮有限公司愚园路烤肉霸餐厅装修咨询
中信泰富广场221单元装修咨询
百腾大厦1109-1110装修咨询
义乌东方大厦地下室混凝土底板柱墙板咨询
振源大厦咨询
杭州国际会议度假村规划设计方案咨询
中信泰富地下LG02-06装修
四季园D楼裙房南立面外墙干挂石材咨询
镇江市竹林山庄(暂定名)咨询
仙都坊住宅小区咨询
延安西路住宅总体规划咨询
万科黎明花园咨询
北京大马庄住宅小区总体规划咨询
157#街坊西块商办综合楼外墙石材幕墙等咨询
文锦大厦安保系统咨询
古象大酒店幕墙咨询
温州中心商贸大厦方案咨询
上海新鸣木业有限公司5#厂房钢屋架咨询
亨纳斯花园钢结构咨询
顺苑住宅小区规划咨询
兰州敦煌研究院二期工程规划咨询
新建药物所咨询
厦门会展中心多功能厅会议厅音视频系统设计咨询
东安路251#地块项目咨询
西藏迎宾馆方案设计咨询
邮电管理局办公室装修改建设计咨询
上海欣红纺织有限公司主车间咨询
金岸大厦幕墙咨询
九亭体育接待中心工程地质勘察报告
城市经典
上海联合利华有限公司YEW项目
普陀区东新地块设计咨询
东方商厦地下室安装自动扶梯土建结构修改咨询
兴化市供电局综合楼方案调整咨询
亭林中学总体规划咨询
富欣培训中心网架屋面咨询
A筒体103.05m标高楼层改造财务票据库房咨询
西藏大厦泛光照明设计咨询
上海市房地产交易信息中心大厦咨询
华山公寓大堂雨篷咨询
长发大厦幕墙方案咨询咨询
桂彬轩装饰工程中创大厦八层咨询
凯旋路办公楼及停车库咨询
上海新世界大饭店二期塔楼幕墙工程咨询
上海机场城市航站楼幕墙咨询咨询
磁悬浮龙阳路车站BAS咨询
“旺角广场”住宅楼方案及结构加层意见咨询
原创艺术城总体规划单体方案咨询
证券中央登记结算公司中保大厦公司咨询
二号楼小演播厅改造（雨淋系统）咨询
上海科技城藏品区咨询
上海嘉源宾馆改造装修工程咨询
花旗银行和平饭店分部室内装饰方案设计咨询
杨州市时代广场五个钟、塔屋顶钢结构咨询
宝钢生产指挥中心大楼抗震评估咨询
商铺装潢咨询
古北路古8、古9基地咨询
上海正大广场外墙百叶窗咨询
磁悬浮浦东机场站楼宇自控工程咨询
星美(正大)影院钢结构咨询
北京京西宾馆西楼改建立面墙面分隔咨询
白玉兰广场景观设计咨询
陆海空大厦基坑围护

上海交通大学闵行校区二期控制性详规
科达集团住宅及配套设施修建性详规
江泉世纪花苑修建性祥规(山东临沂)
海悦大酒店装修工程结构机电配合设计
蚌埠光彩大市场
康桥科技创业园集贸市场
来福士广场公共部位装修
中远老西门广场基坑围护
（金玉兰广场二期）仕格维花园基坑围护
上海市张江集电港二期
常德路55号地块项目开发基坑围护
上海市枫泾镇新城区管线综合(控规)
世茂北外滩酒店公寓基坑围护
建行南中心机房工程装饰和机电施工图设计顾问
朱家花园停车场
兰馨公寓基坑围护工程
虹口区82#地块项目基坑围护结构设计
上海二建由由大酒店二期基坑围护
市府机关事务局和平西苑6号楼改造室内设计
海南三亚南山观音苑室内及景观设计
上海市“12319”城建服务热线场地室内设计
东方艺术中心配套宾馆基坑维护
新江湾城道路绿化景观设计
“韩国之窗”C地块建材市场
人民大会堂上海厅装饰改造
梅川新村二街坊南块商品住宅基坊围护
碧玉蓝天基坑围护
杭州桥北区景观绿化及城市阳台
人民大道200号装修改造解放日报新闻中心基坑
苏州东方之门基坑围护
浦东国际机场二期能源中心
新黄浦大厦改建室内设计
上海市政协常委会议厅大修工程室内设计
威海国际商品交易中心室内设计
上海永达大厦基坑围护结构设计
上海光源工程基坑围护
恒大小区咸山路地块住宅地下车库基坑围护
虹港大酒店二楼大堂与侯机楼A楼连廊方案
南汇供电分公司基地改造
国家电力调度中心大楼北厅改造、绿化景观
虹梅商务大厦三层二次装修室内设计
威海市海滨公园景观设计
上海弘基商业广场酒店室内及景观设计
上海移动通信民生路旗舰店二楼展厅
泉州市海峡体育中心体育场
浙江清华长三角研究院院北区创业大厦基坑围护
杨浦中央社区生活工作区6-5、6-6、8-3围护
天津津塔基坑围护
南京德基广场二期工程基坑围护
由由国际广场(垃圾站)
紫竹大学生创业中心室内及景观设计
上海地铁四号线站点商业策划、上体馆站室内设计
海东大厦（台海大厦）立面装修
无锡市河埒市民广场二期景观设计
上海苏州河畔办公楼基坑围护
“沟道100”营业厅改造
上海杨浦大学城一期工程基坑围护
上海宝矿国际广场基坑围护
仁济医院干部保健综合楼基坑围护
中煤体育馆外立面方案设计
复旦大学视觉艺术学院多功能厅室内设计
威海市市委市府会议中心室内设计
武汉东湖宾馆百花1号2号楼水榭咖啡厅
国家电网公司室内外扩建
江苏广电中心新闻中心及声学用房内装饰设计
中石化西部科研生产指挥综合基地
南昌大学第一附属医疗中心大楼基坑围护
东滩商务中心食堂扩建
港汇广场续建工程住宅楼RT1精装修改造
中国船级社上海审图中心办公大楼装修工程
天津津门工程基坑围护结构设计
曹娥江大闸枢纽
浦东国际机场上航国际、国内VIP休息室室内装潢设计
上海虹桥国际机场扩建工程能源中心
南汇嘴观海公园配套设计
衡山路696弄4～7号平改坡设计
上海金岛（温莎）酒店扩建工程基坑围护
天津金港工程基坑围护
武汉火车站钢结构安装型钢胎架设计
太平金融大厦基坑围护设计
上海长海医院锅炉房
中央大厦14、15号楼室内装饰设计
煤炭大厦冷源扩充及装修改造
新药创制技术保障条件
厦门东平山体育公园A区配套服务设施
星海街公共绿地及地下车库
绿地卢湾滨江CBD上海银行数据处理——中心基坑维护
西安咸阳国际机场二期扩建工程T3A航站楼幕墙与金属屋面工程深化设计
绿地南昌工商城项目基坑围护
上海战略高科技研发技术保障条件建设
上海市消防局综合训练基地
上海动物园大门区域改建工程
轨道11号线室内装饰项目
铁路上海南站城市动力广场地下一层广告灯光改造
深圳证券交易所营运中心地下顶板加固方案
常州现代传媒中心基坑围护设计
中国人寿数据中心工程基坑围护结构设计
协和医院门诊医技大楼基坑逆作法设计
上海闸北嘉里不夜城三期基坑围护
上海北外滩白玉兰广场基坑围护
中钢天津响螺湾项目基坑支护设计
西藏南路1368号“申都大厦”装修工程
徐汇区船厂路综合开发项目基坑围护设计
上海嘉里中心裙房装饰改造
2#能源中心水蓄冷罐扩建及冷水管网改造
中共柳州市委党校新校区信息弱电系统
郑州希尔顿酒店D1座办公楼D2座幕墙咨询服务
莲花河畔景苑后续工程6号楼基础加固
华润时代广场10F～33F办公楼机电改造
上海500千伏静安（世博）输变电工程基坑围护
上海中信五牛城A座、B座、C座局部改造结构设计
宝山顾村一号基地A2-4地块办公楼室内设计
星海街苏雅璐口地下过街通道
大华虎城C1地块工程基坑围护结构设计
平安任城祝频监控系统工程设计
无锡太湖生态馆弹塑性分析技术咨询
沈阳沈抚新城生命之环
和丰创意广场照明设计
大唐盛世花园四期-35/10KV变电站
虹桥商务区核心区（一期）区域供能能源中心及配套工程
仙霞西路绿地及地下空间设施
浦东大厦内部改造
沈阳新世界中心结构审计
泛海城市广场二期基坑维护结构设计
宿迁雨润广场基坑围护结构设计
上海机场公安视频改造工程咨询
中国人寿数据中心工程附属设备基坑
长风地区3D地块商业办公综合项目智能化咨询设计
苏州国际财富广场项目基坑围护设计
上海长风3A地块-东渡国际企业中心基坑围护结构设计
生命之杯灯光夜景工程
泗阳雨润广场基坑围护结构设计
大连生态科技创新新城中央公园咖啡吧
青枫苑智能化咨询设计
常州市富都溪湖国际大饭店智能化设计咨询
淘宝城一期工程弱电设计咨询

结语

曾有约 3 700 人在华东院工作过。很多人奉献了职业生涯的全部，从风华正茂，到白发苍苍。

无法用一本书来描述设计师们在这 60 年中所有的经历，也无法用语言一一赞美他们所有的精神创造，更无法一一列举华东院在 60 年中所有的丰硕成果。

华东院设计师们充满激情的作品获得了高度评价。60 年来，他们在国家专业机构主持的评奖中，获得 136 奖次，其中金奖、一等奖和大奖 35 奖次。

那些登上东方明珠、在陆家嘴流连的游客，那些拿到美丽新村钥匙的年轻夫妇，那些进出恢弘的虹桥、浦东机场的旅人，那些在大剧院沉醉于交响乐里的观众，那些以千万计数不知疲倦的世博会参观者……人们在享受和欣赏作品时由衷的笑容，是设计师们获得的最大回报。

华东院的作品是有形的——长久地留在了大地上。而华东院的精神，则留在了曾经在这里工作过的人们的心中。触发留恋和怀念的，可能是亲身经历的某一或重大或细致的工程，留下久久回味的，是这个团队中的人。留恋可能始于回忆者本人不可或缺的一部分生命乐章，最后沉浸其中的，往往是整个团队的群像。

60 年的传承，留下了珍贵的沉淀。

这是一个具有以人为本建筑理想的团队。

自华东院的元老拿起笔，勾勒第一张草图开始。无论是早期的工厂建筑，还是后期的交通建筑、民用建筑，无论是在内地还是在海外，他们一直在思考的，是如何让城市变得更美好，让建筑空间变得更温馨，让使用功能更便捷。设计者殚精竭虑，关注在建筑内外人的活动，人的体验。因而，在他们的设计中，建筑构成的不是纯物质的空间，也包含着人的精神世界。

60 年来，世事变幻，这种带着人间温暖的建筑理想却一直薪火相传。即使在“文革”之中，身处逆境，设计限制甚多，他们图纸上的许多细节，也是特地因人而设。这是敬业，也是境界。是对现代建筑思想的理解，也是对中国古代“天人合一”观念的诠释。一代代人的传承，以人为本的设计理念融入了他们的建筑理想，这是他们光荣的传统。

这是一个以功能需求为己任的团队。

似乎很难归纳一个综合性大型建筑设计院的共同风格。60 年中，中国建筑设计经历了急剧的变革。不同时期，他们都有属于时代的贡献，而每一位大师，都有自己的独创。

检阅华东院的作品，研究者不难发现，在不同时代的探索中，在不同建筑师设计的作品中，他们大多将功能需求放在第一位。

这或许是基于他们以人为本的设计理想，或许因为他们从最重视功能的工业设计开始自己的历史，也可能因为，在计划经济的相当长时间里，习惯于根据“实用、经济、美观”的原则进入构思。更可能因为，在改革开放之后，作为中国重要的设计机构，他们的设计很多都担负着国家和城

上图：爱心西部行（玉树）
下图：爱心西部行（赤水）

市发展的使命。因此，思考的次序不由自主循着墨子阐明的美学观念，“先质而后文”。

这也不难理解，改革开放之后，对于林林总总的现代建筑观念，他们更容易认同芝加哥学派的“形式追随功能”。而他们对于功能的重视，则由不自觉一步步走向了自觉而为之。

如今，他们的设计已经延伸到诸多领域，华东院每一位领军人物的建筑美学词典中，齐备的功能都是不可或缺的设计原点，然后才是形的创造。“质”和“文”互为表里，形神兼备，则是他们完美的追求。在他们每一个领域的杰出建筑作品中，对于建筑新功能与时俱进的创造性探索，往往被研究者所注重。

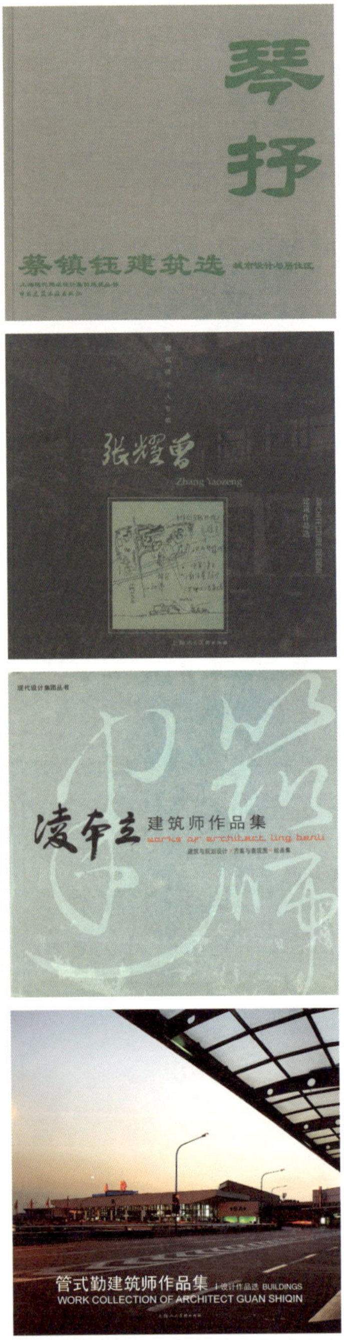

蔡镇钰、张耀曾、凌本立、管式勤的建筑作品集

这是一个追求艺术氛围的团队。

艺术蕴含着建筑恒久的生命力。当建筑艺术被充分演绎，人们已经意识到现代的建筑设计者，首先就是一位艺术家。

建筑是设计师们的专业，而他们往往又都有各自的艺术天地，于绘画、书法、摄影、雕塑，乃至话剧、歌唱、舞蹈、戏曲、诗歌和时装表演等领域，都有不俗的才艺。于其他单位，这些都可归于“丰富业余生活”，而对于华东院的建筑设计者来说，这却是不可缺少的艺术实践。

建筑艺术绝不孤立地存在于一般艺术之外，它遵从于艺术创作的共同规律。因而，设计机构应该是一个充满艺术氛围的地方。华东院每一个重要作品形成之前的大讨论，都充满着对于艺术观念和艺术形象的演绎和阐述。这些讨论从建院之初上海中苏友好大厦设计，一直到世博会的诸多重点项目，60 年来几乎没有间断。其中出色的例子是用现代技术和现代材料建筑起来的东方明珠电视塔，可以用一句千余年前的唐诗“大珠小珠落玉盘”点破意境。

积年累月地通过其他门类的艺术实践，设计师们持续了对生活的思考，感受了当代艺术潮流。从各种艺术门类中吸取丰富的养料，不仅能丰富建筑师的视野，提高设计师的境界，而且会经常触动建筑设计的创作灵感。华东院卓然有成的老建筑师于此最有体会。当他们回顾自己的创作时，欣然将水彩、速写、雕塑和建筑作品一起，收入自选集中。

这是一个有着浓厚本土背景的团队。

华东院的“本土”在中西文化交汇的上海。上海处于吴越之间，于中国建筑风格传承中，深得江南的灵秀和生动。自开埠至改革开放，又获风气之先。城市的文化，融会贯通，博采众长，而又卓然独立。短短百余年的城市现代史，因动荡与革新之巨变而越发深刻。上海终成建筑语汇非常丰富的城市。华东院长期于此氛围的熏陶之中，是他们的幸运。

“本土”对于上海来说，是一个变动和发展的词汇。当代上海，对于建筑的追求，就是对世界顶尖水平的中国追求。陆家嘴开发和世博会建设等，都以特殊的角度提供了本土和世界先进概念融合的舞台。上海市民不仅有改变天际线的强烈愿望，更期待本土设计师在城市更新中有地域色彩浓郁的精彩表现。这对于华东院来说，是激励，更是义不容辞的责任。

陈陈相因，一次次重复前人的成功，不可能在上海获得长久的生存。“无新不出门”，华东院的人不能在图纸上留下平庸的作品。因而，一次又一次挑战自我，一次又一次挑战建筑的前沿，就成为自觉的创作基点。仰看世界风云，俯听浦江波涛，华东院那些对上海天际线作“眼前一亮”改变的建筑，都包含着对国际化条件下上海城市风格和中国传统精神的反复阅读。因而这些作品才能让人深深感动。

他们读懂了上海，就能读懂其他城市，上海就是其他城市比照的基础。他们从本土出发，是“有根”的一族，必能越走越远。

这是一个崇尚技术的团队。

“崇尚技术”，可以理解为对业务的尊重。从建院开始，前辈以身作则，不说空话，以搞技术为荣，大家都埋头钻研业务。即使到今天，资深总师也都是亲自画图，穷究细节。因此他们的设计，绝对没有时下的浮躁。这种安于业务的风气，日积月累至今，华东院硕果累累。在交通建筑领域，华东院可以与国际上大型的知名建筑事务所同台竞技。在超高层建筑领域，华东院在全国名列前茅。在酒店、商业与演艺建筑等领域，也都是华东院的优势。

“崇尚技术”又可理解为不仅看重建筑艺术，也看重建筑科技。华东院对于工程师的尊重蔚然成风。他们知道从古代开始，筑巢挖穴，建设者一身二任，是工程师，也是建筑师。现代建筑，也是建筑师和工程师共同创作的成果。正是华东院对于工程师的重视，如今在结构技术、建筑技术、机电技术、声学技术、智能技术、绿色技术及计算机应用技术等方面都获得了重大的突破。况且，技术正在一天天深度影响现代建筑的内在功能，进一步影响建筑美学。很多时候，建筑对于天际线的改变，首先基于建筑

的内在科学动因，基于技术上的进步，基于新功能的发现。东方明珠等重要的作品，都有着大师级结构工程师对造型美的贡献。

崇尚技术已经融入团队，并在团队文化中发挥了巨大的作用，形成基于科学发展的严谨风格。

1 | 2 | 3 | 4 | 5 | 6
7
8

图1：大虹桥区域规划讨论会
图2：2011年华东院主办超高层峰会合影
图3：援建青海校舍方案讨论交流会
图4：2011年酒店建筑沙龙活动现场
图5：世博芬兰馆JKMM事务所设计师讲座
图6：2011年华东院创作中心学术交流部“失落的城市”主题沙龙
图7：2010年9月党组织活动陈云故居参观合影
图7：达人秀表演

这是一个勤于学习，善于学习的团队。

这种学习贯穿于华东院发展的全过程。华东院创办伊始，他们就派员至南京，和著名学者一起探索、研究中国建筑。改革开放之后，他们不断展开对世界建筑走向的讨论。他们走出国门和世界最优秀的团队合作，在交流中不断地汲取。因为客观和科学，他们没有固步自封；因为虚心和诚恳，他们不会遗漏任何有用的东西。而强烈的消化和吸收能力，在业界被传为佳话。

华东院被称作“不发文凭的大学”。皆因在这里工作的每一个人，和从这里走出的每一个人，在工作的同时，都有思考、学习和研究的经历，并且以之为荣。任何曾经在华东院工作过的人，即使如今在别处创业，即使已经是声名卓著的大师，都会回忆起在华东院的学习收获。

当一个团队把学习作为改变自己的共识，当一个团队的学习是真诚和科学的，当一个团队致力于将学习到的东西付诸实践，这个团队就具有了超前的意识，也就有了锦绣前程。如今中国建筑设计界正处在迅速成长期，而华东院等中国建筑设计的中坚，已经领先一步，走向成熟。如饥似渴的学习，正是这个团队与时俱进的原因。

这是有着科学管理风格的团队.

至今，研究者还非常惊讶，华东院老一辈创始人，为什么一开始就能够为一个大型设计院设置一个非常合理和科学的模式。那是因为，开创华东院事业的人，既是管理者，也是设计师。他们是有着无私忘我精神的革

命者，也是有着科学观念的实践者。相信，即使在白色恐怖，生死之间，他们就曾经憧憬国家美好的未来。

在建院早期，管理者的位置在前面。他们用自己的脊梁，引领着技术人员，到最艰苦的地方，祖国最需要的地方去。每一处远行，总有一位领导，走在第一。在华东院多次大规模的支援东北、西北、西南等地，身先士卒的都是管理者。在三线，在地震灾区，领头的核心又都是管理者。

在改革开放之后，管理者的位置在后面。无论是机制改革，无论是开拓市场，无论是创造激励手段，其目的，都是推动设计企业的高效运作。他们中的一些，原本是很有前途的设计师，转移到了管理岗位，他们从个人专业事业的光环中淡出。但他们又都在管理岗位上焕发异彩，他们在错综的矛盾之间，在变幻莫测激烈异常的市场竞争中找到并开拓发展之路、成功之路。他们组织联合作战的团队，经常是设计者的后勤，为一线人员排忧解难。每一个优秀作品走到公众的视线交汇点，获得喝彩，都有他们在背后的推力。

无论在前面，还是在后面，管理者都本着共同的思路，那就是，管理的本质是建筑设计生产力的高效发挥，就是艺术创作的灵感激发。无论在什么环境之中，管理必须建立在科学发展的基础之上。

华东院的 60 年历程，是中国建筑设计业在新中国发展的缩影，也是当代中国建筑设计文化逐渐成熟的象征，更是新上海的城市建设史不可或缺的组成部分。当华东院的元老推开 151 号大门的时候，可能没有预见到 60 年后，他们的晚辈设计者们会有这样一片广阔的天地，会有如此理念先进的作品。然而，创业者们终究充满着理想，在草创初期，基于对这个国家、这个民族、这个城市的热爱而激发的企业文化精神已经在形成之中，他们的目光便能够穿越历史。他们相信，如果这样的精神能够薪火相传，与时俱进，未来不会让具有文化自觉性的团队失望的。

访谈花絮

后　记

2009 年 10 月，我们开始策划华东院 60 年的图书，将这本定位为华东院企业文化的故事集，能够记录下华东院 60 年的那些人、那些事、那些作品、那些沿着时间的脉络所串联起的企业文化史，希望以此见证企业悠久的发展历程。我们在华东院浩瀚的历史中探寻企业的足迹，在华东院博大精深的文化宝库中搜索珍贵的文字、图片、音像和那些被尘封的记忆。华东院是中国建筑设计行业的典型样本，如一面镜子，折射出新中国建设的 60 年历程，记录着国家跌宕起伏的发展轨迹，反映出中国建筑设计行业曲折前行的发展历程，更是见证了华东院几代人的坚定信念和不懈追求。

近千个日日夜夜的工作，虽然聚沙成塔地写就了这洋洋洒洒的 400 页文字，但面对华东院深厚的历史积淀，要全面梳理 60 年的企业历程，完整记录 60 年的企业足迹，疏漏与差错在所难免，恳请谅解并请指正。我们期待在未来的修订版中有机会加以完善和补充。值得欣慰的是，随着本书的编撰，留存下了大量的珍贵史料和素材，这将成为宝贵的企业文化遗产。

感谢那些接受采访的华东人，是你们的无私、热情和投入感动了我们。

感谢所有的华东人，是你们的足迹引领我们穿越 60 年的岁月，发现了设计的价值与力量。

这是一次不寻常的经历，我们上北京、到南京、去西安……所见所闻，感同身受。

这是一次情感的交流，我们拜访了一位位老前辈，引发了一次次的追忆……情真意切，发自内心。

这是一次与历史的对话，我们查阅史料犹如聆听悠远的回声，激越悠扬，久久回荡。

感谢所有为这本书作出奉献的人。

愿华东院的未来更辉煌！

图书在版编目（CIP）数据

悠远的回声：汉口路壹伍壹号 / 华东建筑设计研究总院，《时代建筑》杂志编辑部著 . -- 上海：同济大学出版社，2016.1

ISBN 978-7-5608-5433-5

Ⅰ . ①悠… Ⅱ . ①华… ②时… Ⅲ . ①建筑设计 – 研究 – 中国 Ⅳ . ① TU2

中国版本图书馆 CIP 数据核字 (2014) 第 036307 号

悠远的回声：汉口路壹伍壹号

华东建筑设计研究总院　《时代建筑》杂志编辑部 著

出 品 人　支文军

责任编辑　江　岱　　助理编辑　沈志联　　责任校对　徐春莲　　装帧设计　张　微

出版发行　同济大学出版社 www.tongjipress.com.cn
（地址：上海四平路 1239 号　邮编：200092　电话：021–65985622）

经　　销　全国各地新华书店
印　　刷　上海安兴汇东纸业有限公司
开　　本　787mm×1092mm　1/16
印　　张　28.5
印　　数　1—2 100
字　　数　711 000
版　　次　2016 年 1 月第 1 版　　2016 年 1 月第 1 次印刷
书　　号　ISBN 978-7-5608-5433-5
定　　价　150.00 元